CAXA CAD 电子图板 2018 标准实例教程

胡仁喜　解江坤　等编著

机械工业出版社

本书重点介绍了CAXA CAD电子图板2018的新功能及各种基本方法、操作技巧和应用实例。全书共12章，分别介绍了CAXA CAD电子图板2018入门、系统设置与界面定制、基本图形绘制、曲线编辑、图形编辑、视图控制、图纸幅面、文件操作、系统查询、工程标注与标注编辑、块操作与库操作、典型机械零件绘制实例等。

本书在讲解的过程中，注意由浅入深，从易到难，各章节既相互独立又前后关联。编者根据多年的经验及学习者的通常心理，及时给出典型实例、总结和提示，帮助读者快捷地掌握所学知识。

本书既可以作为CAXA电子图板软件初学者的入门与提高教程，也可以作为机械、建筑、电子等相关专业本、专科学生学习工程制图课程的参考教程，还可以作为相关专业工程技术人员的参考书。

图书在版编目（CIP）数据

CAXA CAD电子图板2018标准实例教程/胡仁喜等编著.—北京：机械工业出版社, 2019.8

ISBN 978-7-111-63606-9

Ⅰ.①C…　Ⅱ.①胡…　Ⅲ.①自动绘图－软件包－教材　Ⅳ.①TP391.72

中国版本图书馆CIP数据核字(2019)第195292号

机械工业出版社（北京市百万庄大街22号　邮政编码100037）
责任编辑：曲彩云　　责任校对：刘秀华　　责任印制：郜　敏
北京中兴印刷有限公司印刷
2019年10月第1版第1次印刷
184mm×260mm・22.25印张・549千字
0001－3000册
标准书号：ISBN 978-7-111-63606-9
定价：79.00元

电话服务
客服电话：010-88361066
010-88379833
010-68326294

网络服务
机工官网：www.cmpbook.com
机工官博：weibo.com/cmp1952
金书网：www.golden-book.com
机工教育服务网：www.cmpedu.com

前　言

CAXA CAD 电子图板是北京北航海尔软件有限公司开发的二维绘图通用软件，该软件易学、易用，符合工程师的设计习惯，而且功能强大，兼容 AutoCAD，是国内普及率最高的 CAD 软件之一。CAXA CAD 电子图板在机械、电子、航空航天、汽车、船舶、军工、建筑、教育和科研等多个领域都得到了广泛的应用。目前，已在众多大中型企业普及应用，用户已超过 20 万，清华大学、北京大学等 1000 多所大中专院校将其作为机械设计与绘图课程的教学软件，此外，CAXA CAD 电子图板还是人力资源和社会保障部制图员职业资格考试指定软件。

作为绘图和设计的平台，CAXA CAD 电子图板将设计人员从繁重的设计绘图工作中解脱出来，大大提高了设计效率。CAXA CAD 电子图板的功能简洁、实用，每增加一项新功能，都充分考虑到国内客户的实际需求。和国外的一些绘图软件相比，切合我国国情易学、好用、够用是 CAXA CAD 电子图板的最大优势。继 CAXA-EB97、2000、V2、XP、XPr2、2005、2007、2009、2015 等版本之后，北京北航海尔软件有限公司又推出了电子图板的新版本 CAXA CAD 电子图板 2018，该版本在保持与以前版本兼容的基础上在图形绘制、编辑、系统设置和数据接口等多个方面都有较大的改进。

本书以该软件的用户指南为基础，结合编者在多年从事教学和科研的过程中使用 CAXA CAD 电子图板的经验体会编写而成，书中很多地方都体现出了编者独到的见解，衷心希望本书能够对广大读者的学习有所帮助。

本书在前面几个版本的基础上，根据读者的反馈和各个学校任课老师的教学优化意见，扩充新的知识，改正旧版本中的个别错误修订而成。新版本重点介绍了 CAXA CAD 电子图板 2018 的新功能及各种基本方法、操作技巧和应用实例。全书共 12 章，分别介绍了 CAXA CAD 电子图板 2018 入门、系统设置与界面定制、基本图形绘制、曲线的编辑、图形编辑、视图控制、图纸幅面、文件操作、系统查询、工程标注与标注编辑、块操作与库操作、典型机械零件绘制实例等。在讲解的过程中，注意由浅入深，从易到难，各章节既相互独立又前后关联。编者根据多年的经验及学习者的通常心理，及时给出总结和提示，帮助读者快捷地掌握所学知识。

为了配合学校师生利用本书进行教学的需要，随书配赠了电子资料包，包含全书实例操作过程 AVI 文件和实例源文件，以及专为老师教学准备的 PowerPoint 多媒体电子教案。读者可以登录百度网盘（地址：https://pan.baidu.com/s/131eBs7olh7FJCEeNowS1OA）下载，密码：eufa（读者如果没有百度网盘，需要先注册才能下载）。

本书主要由石家庄三维书屋文化传播有限公司的胡仁喜博士和解江坤老师编写，参加编写的人员还有刘昌丽、康士廷、王敏、王玮、孟培、王艳池、闫聪聪、王培合、王义发、王玉秋、杨雪静、卢园、孙立明、甘勤涛、李兵、李亚莉、张俊生、周冰等。

由于编者水平有限，时间仓促，所以本书难免在内容选材和叙述上有欠缺之处。欢迎广大读者在阅读过程中登录网站 www.sjzswsw.com 或联系 win760520@126.com 批评指正。也欢迎加入三维书屋图书学习交流群（QQ：863644779）交流探讨。

编　者

前 言

目　录

第 1 章

CAXA CAD 电子图板 2018 入门

CAXA CAD 电子图板是二维绘图软件，可以作为绘图和设计的平台。它易学易用、符合工程师的设计习惯，而且功能强大、兼容AutoCAD，是国内普及率最高的CAD软件。本章先介绍CAXA CAD 电子图板的系统特点以及2018版的新增功能、系统的安装与运行，然后对CAXA CAD 电子图板2018的用户界面和基本操作做了详细介绍，最后，通过一个简单的实例，使读者对使用CAXA CAD 电子图板进行产品设计有一个完整的认识。

- 概述
- 系统安装与运行
- 用户界面
- 基本操作
- 实例入门

1.1 概述

1.1.1 CAXA CAD 电子图板 2018 的系统特点

CAXA CAD 电子图板经过多年的完善和发展，具有如下特点：

◆耳目一新的界面风格，打造全新交互体验。CAXA CAD 电子图板采用普遍流行的 Fluent/Ribbon 图形用户界面。新的界面风格更加简洁、直接，使用者可以更加容易地找到各种绘图命令，交互效率更高。同时，新版本保留原有 CAXA 风格界面，并通过快捷键切换新老界面，方便老用户使用。CAXA CAD 电子图板优化了并行交互技术、动态导航以及双击编辑等方面的功能，辅以更加细致的命令整合与拆分，大幅改进了 CAD 软件同用户的交流体验，使命令更加直接简捷，操作更加灵活方便。

◆全面兼容 AutoCAD、综合性能提升。为了满足跨语言、跨平台的数据转换与处理的要求，CAXA CAD 电子图板基于 Unicode 编码进行重新开发，进一步增强了对 AutoCAD 数据的兼容性，保证 CAXA CAD 电子图板 EXB 格式数据与 DWG 格式数据的直接转换，从而完全兼容企业历史数据，实现企业设计平台的转换。CAXA CAD 电子图板支持主流操作系统，改善了软件操作性能，加快了设计绘图速度。

◆专业的绘图工具以及符合国家标准的标注风格。除了拥有强大的基本图形绘制和编辑能力外，CAXA CAD 电子图板 2018 还提供了智能化的工程标注方式，包括尺寸标注、坐标标注、文字标注、尺寸公差标注、几何公差标注、表面结构标注等。具体标注的所有细节均由系统自动完成，真正轻松地实现设计过程的“所见即所得”。

◆开放幅面管理和灵活的排版打印工具。CAXA CAD 电子图板提供开放的图纸幅面设置系统，可以快速设置图纸尺寸、调入图框、标题栏、参数栏以及填写图纸属性信息。也可以通过简单的几个参数设置，快速生成需要的图框。还可以快速生成符合标准的各种样式的零件序号、明细表，并且能够保持零件序号与明细表之间的相互关联，从而极大地提高编辑修改的效率，并使工程设计标准化。CAXA CAD 电子图板支持主流的 Windows 驱动打印机和绘图仪，提供指定打印比例、拼图以及排版、支持.pdf、.jpg 打印等多种输出方式，保证工程师的出图效率，有效节约时间和资源。

◆参数化图库设置和辅助设计工具。CAXA CAD 电子图板针对机械专业设计的要求，提供了符合国家标准的参量化图库，共有 50 大类，4600 余种，近 100000 个规格的标准图符，并提供完全开放式的图库管理和定制手段，方便快捷地建立、扩充自己的参数化图库。在设计过程中针对图形的查询、计算、转换等操作提供辅助设计工具，集成多种外部工具于一身，有效满足不同场景下的绘图需求。

1.1.2 CAXA CAD 电子图板 2018 新增功能简介

CAXA CAD 电子图板 2018 是 CAXA 电子图板的新版本，该版本在 2015 版本的基础上增加或改进了许多实用功能。CAXA CAD 电子图板 2018 为继 2015 版本后又一款精心打造的精品二维 CAD 软件。除继承以往版本的优点外，在软件的稳定性、运行速度、兼容性、操作效率、交互便捷性等方面又有较大突破和创新。详细介绍如下：

1. 平台升级

（1）更友好的界面布局。

1）提供三种界面颜色：蓝色、深灰色、白色。

2）根据功能命令的使用频率、辨识性等提供直观和合理的选项面板布局。

3）特性面板支持布局记忆，每个对象在特性面板编辑布局后，此布局信息会被记录供下次使用。

4）增加“自定义功能区”功能，可修改选项卡和功能图标布置。

（2）支持 Windows 10 操作系统。

（3）优化 CRX 二次开发平台，提升了稳定性。

（4）性能优化。

1）提升了打开和保存DWG文件的性能。

2）优化了图片数据的内存占用，并提高了缩放时的显示效果。

（5）支持快捷键和快捷命令的数据迁移。

2. 绘图编辑

（1）图库功能改进。

1）新增图符近1000个，图库图符数量达到4600余种，覆盖了50多个大类。

2）图库管理中，支持 Ctrl 键或 Shift 键选择多个图符后，批量修改属性信息。

（2）优化样条功能，增加新的样条编辑功能。拾取样条后，支持进行闭合或打开、合并、拟合数据、编辑顶点、转化为多段线等操作。

（3）优化局部放大图序号编辑功能。

（4）剖面线支持夹点编辑边界。

（5）添加图片多边形裁剪功能。

（6）表格功能提升。

1）表格支持文字竖写属性。

2）表格对象支持随图幅比例变化。

3. 标注

（1）支持创建多标准，通过标准管理可以修改相应设置。

（2）基准代号增加用于调整引线长度的夹点。

（3）增加新的剖切符号编辑功能。

1）拾取剖切符号后，单击右键可以切换符号方向。

2）双击剖切符号后，可以添加标签、删除标签、修改标签。

（4）标高对象支持双击编辑修改参数。

（5）符号标注支持添加多条引线。

形位公差、表面粗糙度、焊接符号、引出说明、基准代号等标注均支持添加多条引线。

拾取已有的符号单击右键，在菜单中选择“添加引线”、“删除引线”即可进行相关操作。

（6）自动列表和自动孔表改进。

坐标标注的自动列表和自动孔表功能，生成的表格改为使用表格对象，提高了编辑数据的方便性。

4．图幅

（1）增加明细表夹点用以更方便地定位。拾取明细表后，四个角点均可以用于定位操作。

（2）添加调整明细表的表头位置功能。拾取明细表后，单击右键，可以进行“切换方向”。

（3）明细表风格可配置合并选项。

（4）添加序号合并功能。拾取两个以上序号，可以合并为只包含一个引出点的连续序号。

（5）明细表中总重可以自动更新。

5．PDM 集成

（1）集成组件提供接口支持用户自定义配置路径，如外部文件路径。

（2）集成组件支持将图纸转换为 PDF 和图片格式。

（3）优化了集成组件的签名文字和图片相关功能。

（4）集成组件和打印工具新增添加水印的能力。

（5）增强了集成组件的错误反馈。

6．工具集

新增扩展工具提供多种专业功能，包括图纸重命名、替换标题栏、导入样式、一致性检查、合并图层线型、图纸清理、文字替换、修改图纸信息、导入零件信息、创建零件模板等。

1.2 系统安装与运行

1.2.1 系统安装

1．运行环境

（1）硬件环境：P4 2.0GHz 以上 CPU；256MB 以上内存；24 位真彩色显卡，64MB 以上显存；分辨率 1024×768 以上真彩色显示器；USB 串行总线控制器；安装分区拥有 400MB 以上剩余空间。

（2）软件环境：Windows XP/Windows 2003/ Windows Vista/Windows 7/Windows 8/Windows 10。

2．安装过程

CAXA CAD 电子图板 2018 是以光盘的形式发布的，在其封装中标明了产品的序列号，另外还有相关的技术手册和使用说明。下面以 Windows 7 中文版操作系统为例，介绍其安装过程。

（1）启动 Windows 程序，将 CAXA CAD 电子图板 2018 安装光盘放入光驱中，系统将自动执行安装程序。若系统未自动执行安装程序，在光盘目录中找到 setup 文件，双击其图标即可开始安装，如图 1-1 所示。

图1-1　CAXA CAD电子图板 2018机械版系统欢迎界面

（2）选择语言为“中文（简体）”。单击“下一步”按钮。弹出安装选项界面，在该对话框中勾选要安装的组件。如图 1-2 所示。

（3）单击“开始安装”按钮。弹出安装过程界面。安装完成，界面如图 1-3 所示。

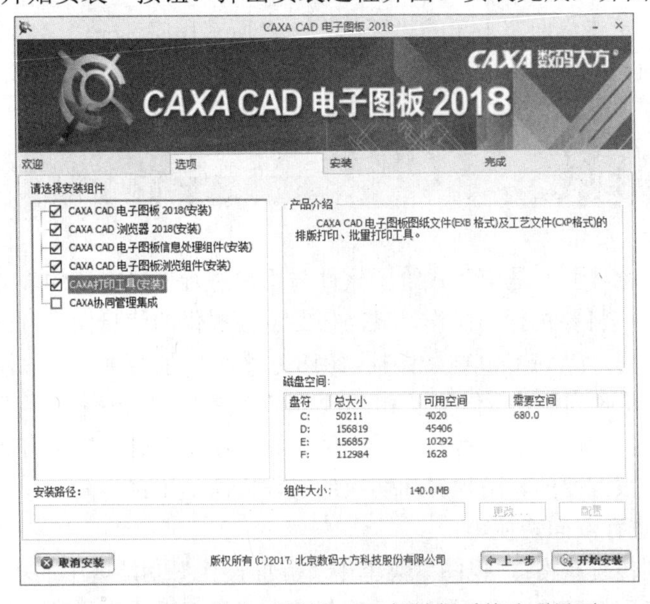

图1-2　CAXA CAD电子图板 2018机械版系统选项界面

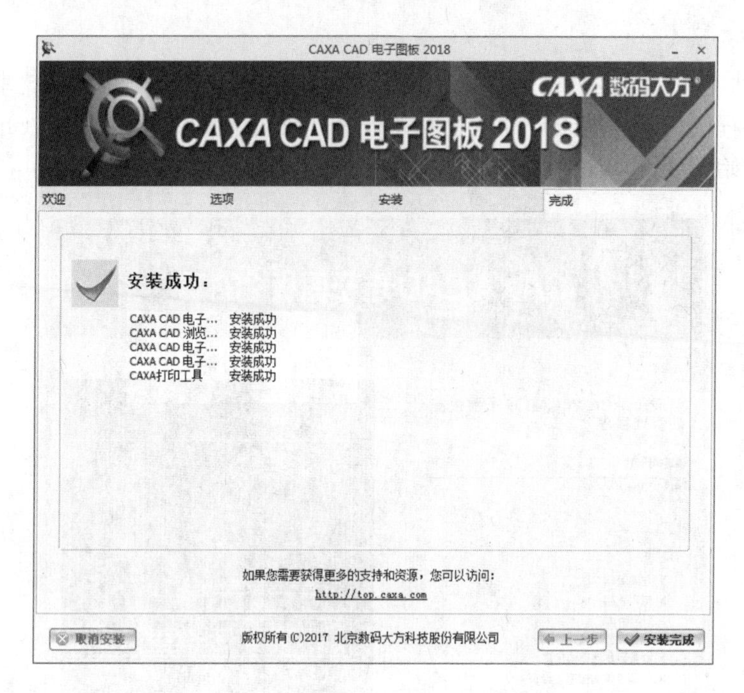

图1-3　CAXA CAD电子图板 2018安装完成界面

1.2.2　系统运行

CAXA CAD 电子图板 2018 系统运行的常用方法有以下两种：

◆快捷方式：在正常安装完成时，Windows 桌面会出现 CAXA CAD 电子图板的图标，双击图标就可运行软件。

◆程序方式：单击桌面左下角的“开始”→“所有程序”→“CAXA”→“CAX CAD 电子图板 2018（x64）”→“CAXA CAD 电子图板 2018（x64）”菜单来运行软件。

1.3 用户界面

用户界面（简称界面）是交互式绘图软件与用户进行信息交流的中介。系统通过界面反映当前信息状态或将要执行的操作，只需按照界面提供的信息做出判断，并经由输入设备进行下一步的操作。CAXA CAD 电子图板 2018 系统采用了两种用户显示模式，提供给用户进行选择，一种是时尚风格，借鉴了 Office2007 软件的设计风格，将界面按照各个“功能”分成几个区域，方便查找。另一种属于传统界面模式，对于使用习惯了以前版本的用户，这种方式还是很方便的。两种界面切换的操作方法如下：

◆按 F9 键，进行双向切换。

◆从新风格到传统风格：“视图”菜单中“界面操作”功能区中的“切换风格”按钮。

◆从传统风格到新风格：选择“工具”菜单中“界面操作”中的“切换”项目。

如图 1-4 所示为 CAXA CAD 电子图板 2018 新风格的用户界面。

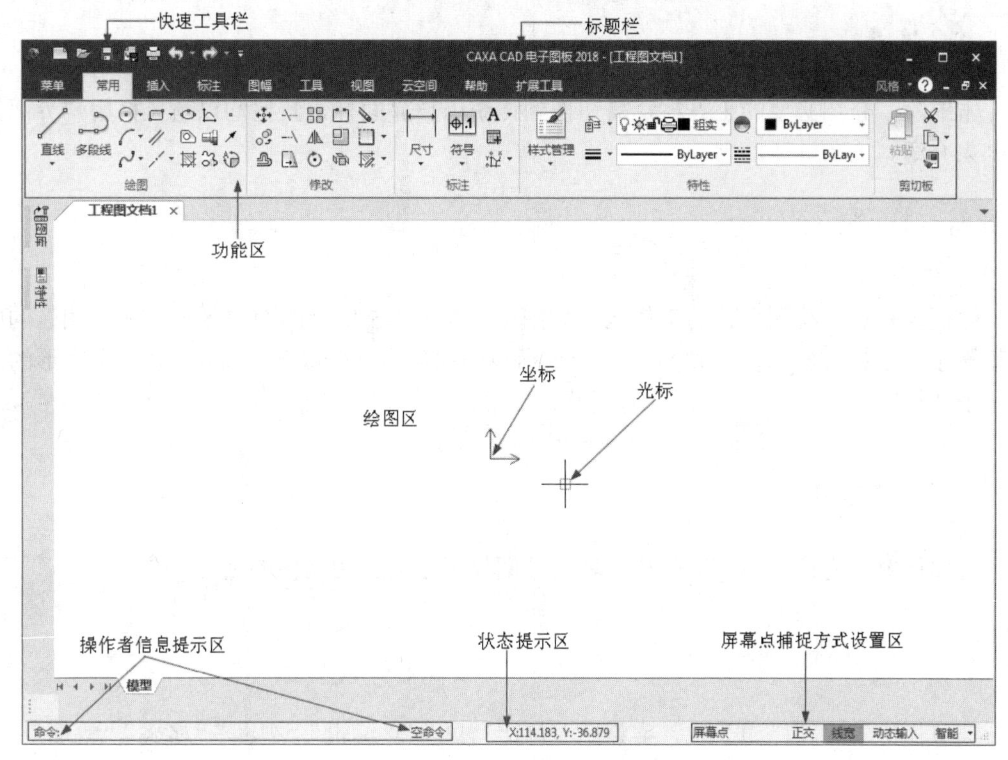

图1-4　CAXA CAD电子图板 2018新风格的用户界面

CAXA CAD 电子图板 2018 传统的用户界面如图 1-5 所示。

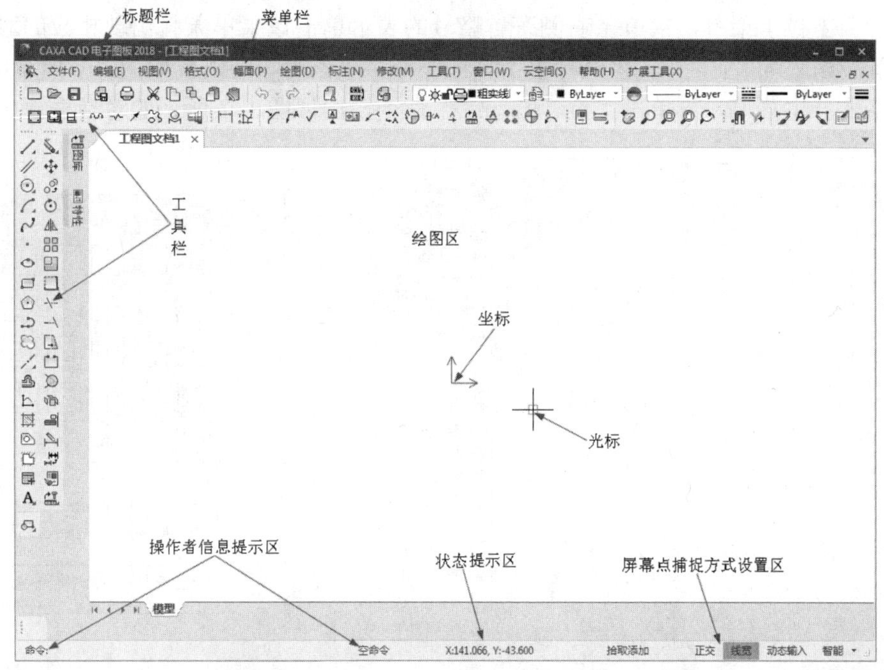

图1-5　CAXA CAD电子图板2018传统用户界面

注意

本书除了介绍必要的工具栏，需切换到传统用户界面外，其他均以新风格用户界面为基础来介绍。

1.3.1 绘图区

绘图区是进行绘图设计的工作区，如图1-4或图1-5所示的空白区域。在绘图区的中央设置了一个标准的平面直角坐标系，坐标系的原点是（0.0000，0.0000），十字形的光标出现在绘图区。

1.3.2 标题栏

界面最上方为标题栏，标题栏区域的中间显示当前绘图文件的名称。

1.3.3 菜单栏

菜单栏位于标题栏的下方，菜单栏中包括“文件”“编辑”“视图”“格式”“幅面”“绘图”“标注”“修改”“工具”“窗口”“云空间”“帮助”“扩展工具”等主菜单，单击任意一个主菜单，将会弹出相应的下拉子菜单。下拉菜单中的菜单条右侧有箭头的表示该项操作有下一级下拉子菜单，菜单条右侧有省略号的表示单击该菜单条将出现相应的对话框。例如，单击“工具”主菜单，将光标置于界面操作菜单条上，则出现如图1-6所示的画面。单击“格式”主菜单，再单击“点（P）...”命令，出现图1-7所示的对话框。

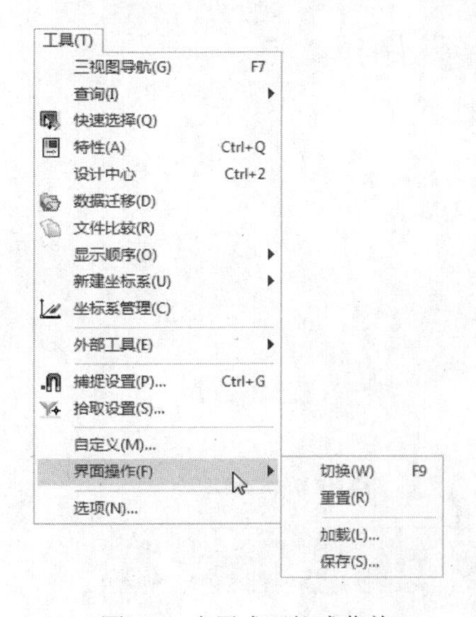

图1-6 多层式下拉式菜单

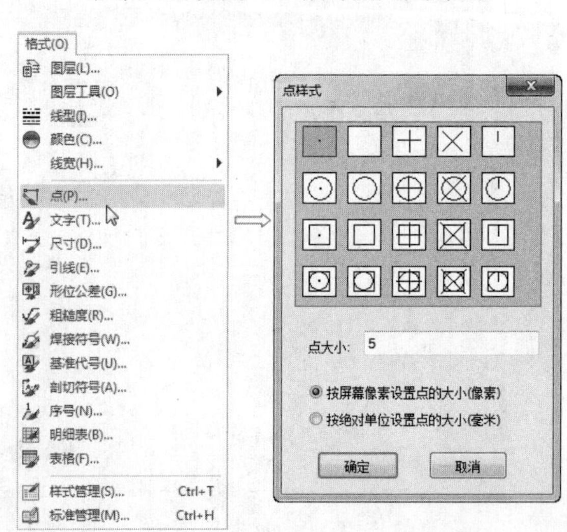

图1-7 下拉式菜单与对话框

1.3.4　工具栏

下拉式菜单中的大部分命令在工具栏中都有对应的按钮。在工具栏中，可以通过单击相应的图标按钮执行操作。使用工具栏中的图标按钮进行操作有助于提高绘图设计的效率。

系统默认的出现在界面中的工具栏有：颜色图层工具栏、标准工具栏、设置工具栏、图幅工具栏、常用工具栏、编辑工具栏、绘图工具Ⅱ工具栏、绘图工具栏、标注工具栏等（见图 1-8）。用户界面中的工具栏可以用鼠标拖动，任意调整其位置。

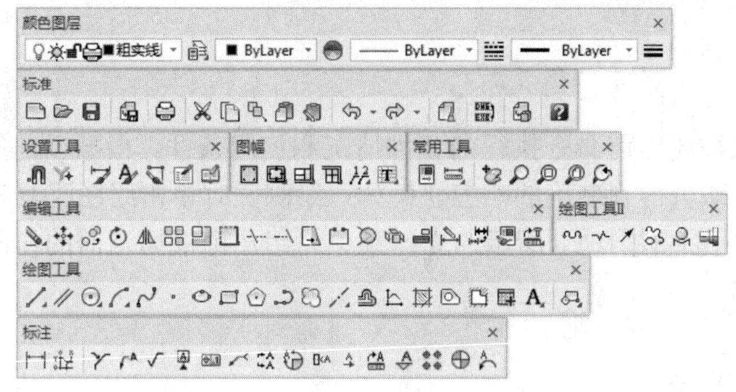

图1-8　工具栏

1.3.5　状态栏

状态栏位于屏幕底部，如图 1-9 所示，它包括如下内容：

◆操作信息提示区：用于提示当前命令执行情况或提醒用户输入。

◆点工具状态提示：自动提示当前点的性质以及拾取方式。例如，点可能为屏幕点、切点、端点等等，拾取方式为添加状态、移出状态等。

◆命令与数据输入区：用于由键盘输入命令或数据。

◆命令提示区：显示目前执行的功能的键盘输入命令的提示，便于用户快速掌握电子图板的键盘命令。

◆当前点坐标显示区：当前点的坐标值随鼠标光标的移动作动态变化。

◆点捕捉状态设置区：在此区域内设置点的捕捉状态，分别为自由、智能、栅格和导航，如图 1-10 所示。设置方法如下：先单击右侧的向下箭头，然后点取所需的捕捉方式。

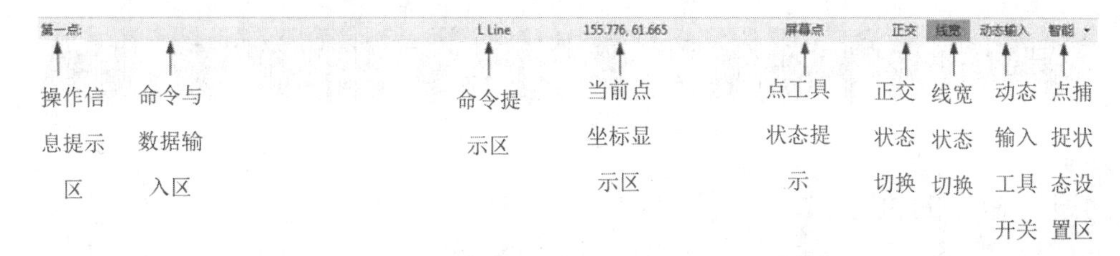

图1-9　状态栏

◆正交状态切换：单击该按钮可以打开或关闭系统为“非正交状态”或“正交状态”，也可以通过按 F8 键进行切换。

◆线宽状态切换：单击该按钮可以在“按线宽显示”和“细线显示”状态间切换。

◆动态输入工具开关：单击该按钮可以打开或关闭“动态输入”工具。

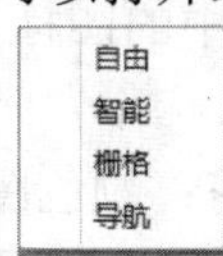

图1-10　点的捕捉方式

1.3.6　立即菜单

立即菜单用来描述当前命令执行的各种情况和使用条件。根据当前的作图要求，正确地选择某一选项，即可得到准确的响应。例如，绘制圆时单击绘图工具栏中的绘制圆的图标，窗口左下角出现图 1-11 所示的立即菜单。用户可根据当前的作图要求，选择适当的立即菜单的内容。

1.3.7　工具菜单

工具菜单包括空格键的工具点菜单、右键拾取菜单，在进入绘图命令（例如，绘制直线、圆、圆弧等）后需要输入特征点时，只要按下空格键，即在屏幕上弹出如图 1-12 所示的工具点菜单。

图1-11　“绘制圆时”立即菜单

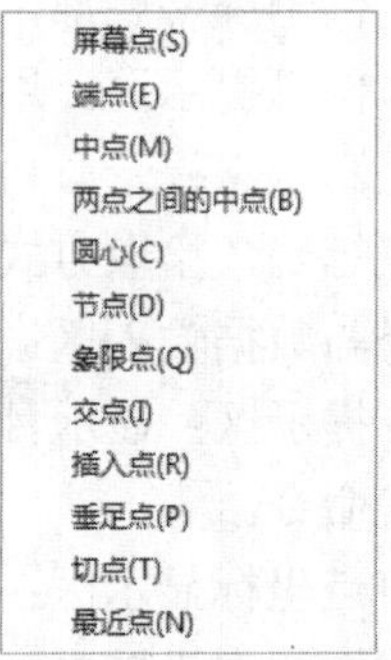

图1-12　工具点菜单

1.4　基本操作

1.4.1　命令的执行

CAXA CAD 电子图板 2018 命令的执行有两种方法，鼠标选择和键盘输入。鼠标选择方式就是根据屏幕显示的状态或提示，单击菜单或者工具栏图标按钮去执行相应的操作。

1.4.2 点的输入

1）由键盘输入点的坐标：点在屏幕上的坐标有绝对坐标和相对坐标两种，它们在输入方法上是完全不同的。绝对坐标可直接输入 X、Y 即可。

X 与 Y 之间必须用逗号隔开，并且是英文状态下的逗号，如：30,45。

相对坐标是指相对系统当前点的坐标，与坐标系原点无关。在输入时，为了区分不同性质的坐标，CAXA CAD 电子图板对相对坐标的输入做了如下规定：输入相对坐标时，必须在第一个数值前面加一个“@”，以表示相对。例如：@30,40，表示输入点相对于系统当前点的坐标为“30，40”。另外，相对坐标也可以用极坐标的方式来表示。例如：@60<80 表示输入了一个相对当前点的极坐标。相对当前点的极坐标半径是 60，半径与 X 轴的逆时针方向夹角为 80°。

2）用鼠标输入的点：鼠标输入点的坐标就是通过移动十字光标选择需要的点的位置。选中后按下鼠标左键，该点的坐标即被输入。

3）工具点的捕捉：工具点捕捉就是在作图过程中用鼠标捕捉工具点菜单中具有某些几何特征的点，如圆心点、曲线端点、切点等。下面举例说明。

例 1-1：以图 1-13a 中的十字线的交点为圆心绘制一个圆，并且使该圆与斜线相切。

绘制步骤：

（1）单击“常用”选项卡“绘图”面板中的“圆”按钮，单击“绘图工具”工具栏中的绘制圆的图标，然后按空格键，出现如图 1-12 所示的工具点菜单。

（2）鼠标单击选择交点，这时移动光标，使得十字线的交点处于十字光标上的小方框内部，再单击鼠标并移动，屏幕上出现以交点为圆心的红色动态圆。

（3）按空格键，在工具点菜单中选择“切点”选项，移动鼠标单击斜线，屏幕上出现一个以十字线的交点为圆心并且与斜线相切的圆，如图 1-13b 所示。

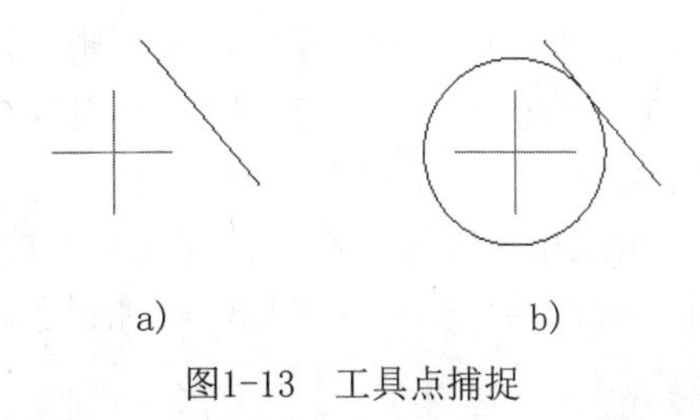

图1-13　工具点捕捉

1.4.3 选取实体

在绘图区所绘制的图形（如：直线、圆、图框等）均称为实体。CAXACAD 电子图板中选取实体的方式有以下两种：

1）点选方式：单击要选择的实体，实体呈现加亮状态（默认为红色），则表明该实体被选中。用户可连续拾取多个实体。

2）窗口方式：除点选方式外，用户还可用窗口方式一次选取多个实体。当窗口是从左向右的方向拉开时，被窗口完全包含的实体被选中，部分被包含的实体不被选中。当窗口是从右向左的方向拉开时，被窗口完全包含的实体和部分被包含的实体都将被选中。

1.4.4 键盘及鼠标的设置风格

这里主要介绍鼠标按键、Enter 键、空格键及功能热键和快捷键等设置的功能及操作方法。

1）鼠标：是交互式绘图软件的输入设备之一。在 CAXA 电子图板中，使用具有三个或两个按键的鼠标。

左键：最常用的一个鼠标键。主要用于选取菜单和拾取对象等操作。

右键：主要用于弹出菜单的操作和“确认拾取”、终止当前命令（使命令行上出现“命令”提示）；还可以重复上一条命令(在“命令”提示状态下)等。

2）键盘：

Enter 键：结束数据的输入或确认默认值；重复上一条命令(同鼠标右键)。

空格键：在绘制曲线中，按空格键弹出工具点菜单，可进行点的捕捉。

在“命令”提示状态下，选择已绘制的曲线，接着按空格键，弹出拾取元素编辑菜单，可进行元素的编辑。

◆Esc 键：该键用于终止当前命令的执行。在各种命令的执行过程中，按 Esc 键终止命令，返回“命令”提示状态。

◆快捷键：快捷键有 10 个，它们分别规定为 Alt+1～Alt+9。其功能是可以迅速激活“立即菜单”中所标数字对应的菜单命令，以便做出选择或输入数据(在立即菜单的各选项前都标有数字序号，用快捷键可以激活其对应的菜单命令)。

◆功能热键：简称为功能键，按下每一个功能键都可以完成某种预定的操作，在本系统中设置了以下几种功能热键。

F1 键：请求系统的帮助。在执行任何一种操作的过程中，如果遇到了困难想得到帮助时，可以按 F1 键。此时系统会列出与该操作有关的技术内容，指导用户如何完成该项操作。在了解或明确了正确的操作以后，选择取消帮助的按钮，可继续进行正常的操作。

F2 键：切换动态坐标显示或相对位置。在绘直线等画线功能时，在拖动过程中按 F2 键切换动态拖画时的长度、与前点的坐标差和坐标值两种状态。

F3 键：显示全部图形。

F4 键：指定一个当前点作参考点，常用于相对坐标点的输入。如果用户想以某点作为参考点进行相对坐标的输入，则可以按 F4 键。此时，在立即菜单区的位置下方出现“请指定参考点:”提示。用户可按提示要求选取某一特征点作为参考点，系统将把该点作为下一点的相对基准点，允许用户采用相对坐标的方式进行点的输入。F4 键还有显示绘图区的网格功能。

F5 键：当前坐标系切换开关。一般情况下都是在世界坐标系下进行操作的。如果已经建立了一个用户坐标系(也称局部坐标系)，可以使用 F5 键进行切换。但是应当注意，只有在建立了用户坐标系以后，F5 键才能起作用，否则按 F5 键系统无任何反应。用户坐标系设置在“设置”菜单栏中。

F6 键：点捕捉方式切换开关。电子图板设置自由捕捉、智能捕捉、栅格捕捉以及导航捕捉等四种不同的点捕捉方式。使用 F6 键可以交替地切换它们。

F7 键：三视图导航开关。为绘制三视图提供的一种方便的导航方式。

F8 键：正交模式的开关。

F9 键：界面风格的交替开关。交替显示新界面风格和传统界面风格。

方向键（↑↓→←）：在输入框中用于移动光标的位置；其他情况用于移动图形。

PageUp 键：显示放大。

PageDown 键：显示缩小。

Home 键：显示复原。

End 键：在输入框中用于将光标移至行尾。

Delete 键：删除拾取加亮的图素。

1.4.5　右键直接操作功能

拾取一个或多个实体后，单击右键，系统弹出如图 1-14 所示的右键快捷菜单，利用其中的命令对选中的实体进行操作。

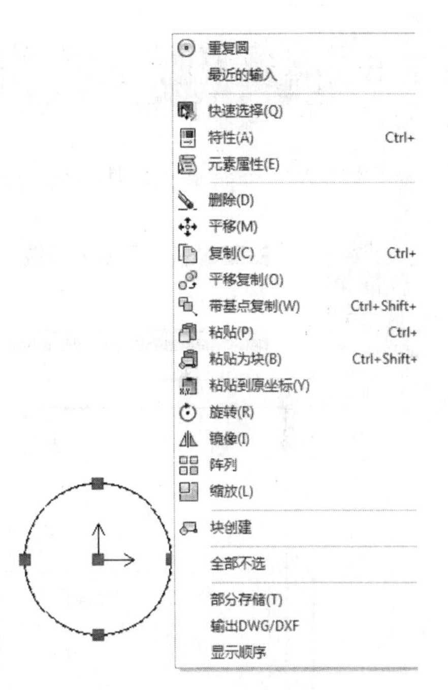

图1-14　右键快捷菜单

选取的实体或实体组不同，弹出的快捷菜单也会有所区别。

1.4.6　立即菜单的操作

对立即菜单的操作主要是适当选择或填入各项内容。例如，绘制直线时，单击“常用”选项卡“绘图”面板中的“直线”按钮，窗口左下角出现图 1-15 所示的立即菜单。可根据当前的作图要求，单击立即菜单 1 或 2 各项中右侧的向下箭头，以适当选择立即菜单的内容。

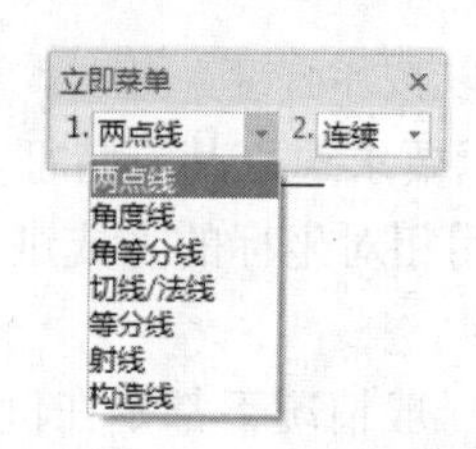

图1-15 “绘制直线”立即菜单

1.4.7 公式的输入操作

CAXA 系统提供了计算功能，在图形绘制过程中，在操作提示区中，系统提示要输入数据时，既可以直接输入数据，也可以输入一些公式表达式，系统会自动完成公式的计算。

例如：80*2+35/7、32*sin(π/3)等。

1.5 实例入门

本节以一个简单的零件为例来说明 CAXA CAD 电子图板 2018 绘图的主要过程。

例 1-2：绘制如图 1-16 所示的零件图。

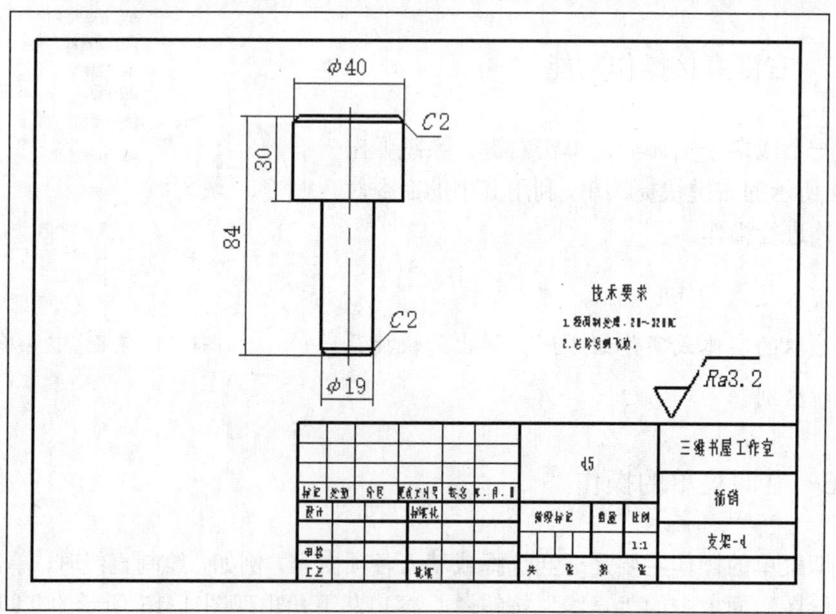

图1-16 入门实例零件图

本案例视频内容电子资料路径：“X：\动画演示\第 1 章\插销.avi”。

绘制步骤：

（1）进入 CAXA CAD 电子图板 2018 绘图环境。双击桌面上的 CAXA 图标，进入 CAXA CAD 电子图板 2018 绘图环境。系统自动建立新文件，标题栏中显示“工程图文档 1”字样。

（2）绘制阶梯轴。

❶选取“绘图”→“孔/轴”菜单命令，窗口的左下角出现图 1-17 所示的立即菜单。在立即菜单 1 中选择“轴”选项，2 中选择“直接给出角度”选项，3 中的中心线角度一栏输入 90，然后根据状态栏中的提示在屏幕上选择适当的插入点，单击确认。由上向下绘制轴。

注意

“绘图”→“孔/轴”表示先选取“绘图”菜单，再在下拉菜单中选取“孔/轴”子菜单；直接在绘图工具Ⅱ工具栏中选取绘制孔/轴的图标按钮也可，选取命令菜单和单击图标按钮的功能完全相同。另外，在操作提示区输入命令“hole”也可。建议初学的读者采用前两种方式。

❷向下拉动鼠标，屏幕上出现如图 1-18 所示的动态轴，屏幕左下角出现如图 1-19 所示的立即菜单，立即菜单下方的状态栏中提示插入轴的终点或长度值。在立即菜单 1 中选择“轴”选项，2 中的起始直径和 3 中的终止直径栏中均填入 40，4 中选择“有中心线”选项，然后在数据输入区输入轴的长度中心线延伸长度 3，按 Enter 键。

图1-17　“绘制轴”立即菜单　　图1-18　绘制轴操作

❸向下拉动光标，屏幕上的图形如图 1-20 所示，屏幕左下角出现立即菜单，立即菜单下方的状态栏中提示插入轴的终点或中心线延伸长度值。在立即菜单 1 中选择“轴”选项，2 中的起始直径和 3 中的终止直径栏中均填入 19，4 中选择“有中心线”选项，然后在数据输入区输入轴的中心线延伸长度 3（见图 1-21），按 Enter 键。屏幕上出现一个完整的阶梯轴，如图 1-22 所示。

图1-19　“绘制轴”立即菜单　　图1-20　绘制轴操作

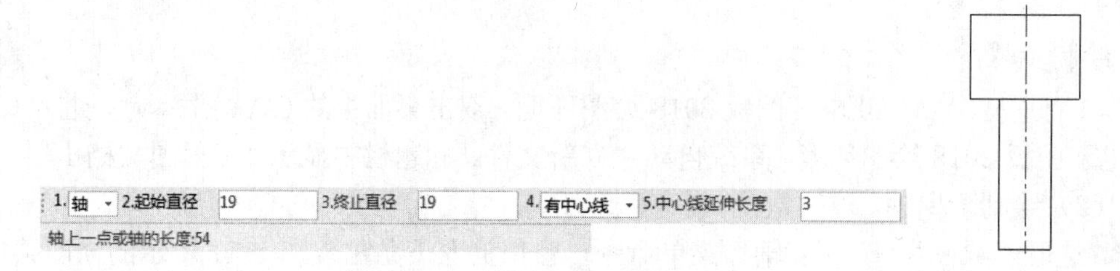

图1-21 “绘制轴”立即菜单　　　图1-22 绘制轴操作

（3）绘制倒角。单击“常用”选项卡“修改”面板中的“外倒角”按钮，屏幕左下角出现如图 1-23 所示的立即菜单。在立即菜单 2 中的长度填入 2，3 中的角度填入 45，然后按照立即菜单下方的状态栏中的提示选择形成外倒角的 3 条直线（图 1-24 中标有 1、2、3 的 3 条直线边），屏幕上自动生成轴端外倒角。以同样方法可绘制此轴下端的外倒角，如图 1-25 所示。

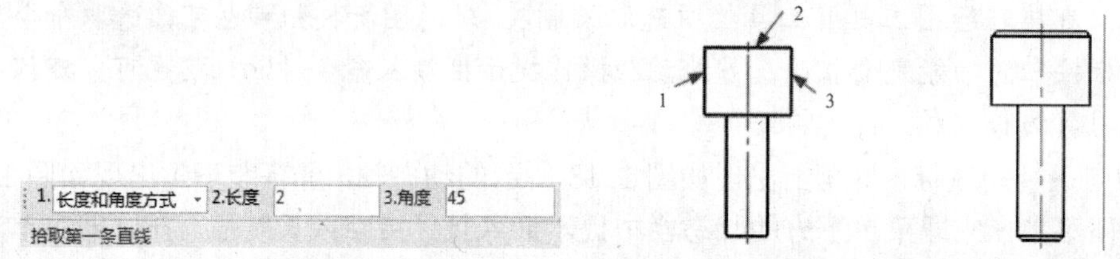

图1-23 “绘制倒角”立即菜单　　　图1-24 绘制倒角　　　图1-25 绘制倒角效果

（4）标注直径尺寸。单击“常用”选项卡“标注”面板中的“尺寸标注”按钮，屏幕左下角出现标注立即菜单。在立即菜单 1 中选择“基本标注”选项，如图 1-26 所示，然后按照立即菜单下方的操作提示区中的提示选择标注元素，依次选择如图 1-27 所示的直线 1、3，屏幕左下角出现“尺寸标注”立即菜单，各选项的选择方式如图 1-28 所示（注意：只要第 3 项选择“直径”，第 6 项中显示“%c”，此标志代表直径 ϕ），然后在绘图区移动鼠标，选择合适的位置单击鼠标，ϕ40 的直径尺寸标注完成。以同样方法可标注阶梯轴细端直径尺寸（即直线 5、6 之间的尺寸）ϕ19，结果如图 1-29 所示。

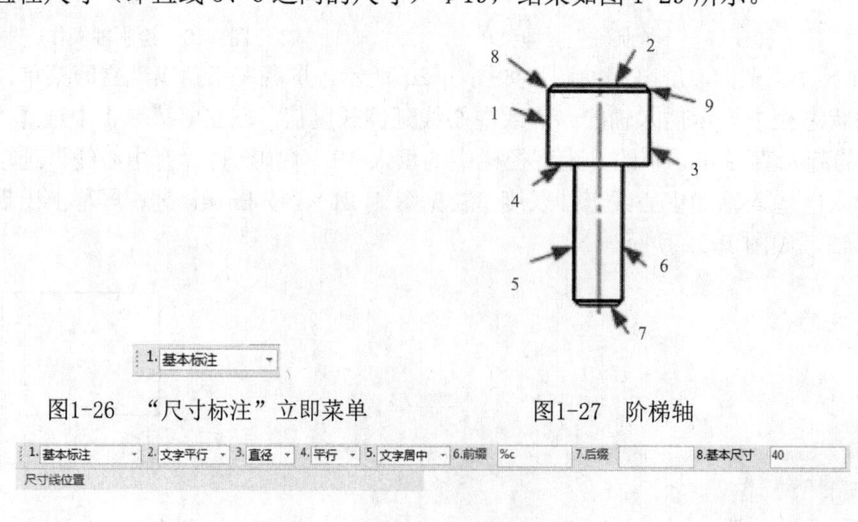

图1-26 “尺寸标注”立即菜单　　　图1-27 阶梯轴

图1-28 “直径标注”立即菜单

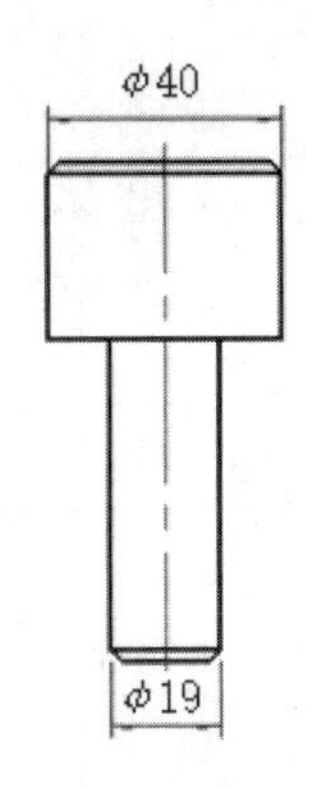

图1-29　标注直径尺寸

尺寸标注时可利用“格式”→“尺寸”菜单命令，对标注的字高，箭头等参数进行设置。

（5）标注长度尺寸。单击“常用”选项卡“标注”面板中的“尺寸标注”按钮，屏幕左下角出现标注立即菜单。在立即菜单1中选择“基本标注”选项，然后按照立即菜单下方的状态栏中的提示选择标注元素，依次选择如图1-27所示的直线2、4，屏幕左下角出现尺寸标注立即菜单，各选项的选择方式如图1-30所示（注意：第3项选择“长度”，第5项中空白），然后在绘图区移动光标，选择合适的位置单击，30的长度尺寸标注完成。以同样的方法标注长度尺寸84即可，结果如图1-31所示。

图1-30　“长度标注”立即菜单

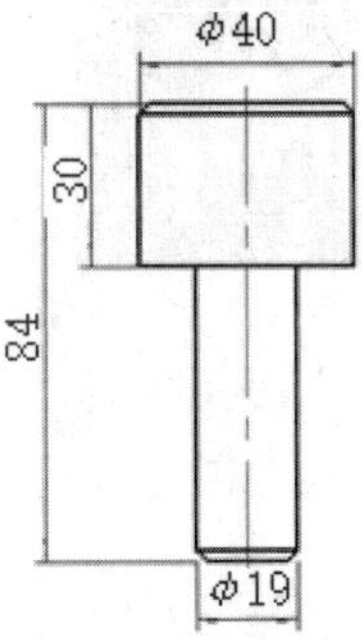

图1-31　标注长度尺寸

（6）标注倒角尺寸。单击“标注”选项卡“符号”面板中的“倒角标注”按钮，屏幕左下角出现“倒角标注”立即菜单。在如图1-32所示的立即菜单中选择“轴线方向为Y轴方向”选项，然后按照立即菜单下方的状态栏中的提示拾取倒角线，选择如图1-27中轴的倒角线9（选倒角线8也可），选项5显示基本尺寸，然后在绘图区移动光标到合适的位置单击，上端C2的倒角尺寸标注完成。以同样的方法标注下端倒角尺寸C2即可，结果如图1-33所示。

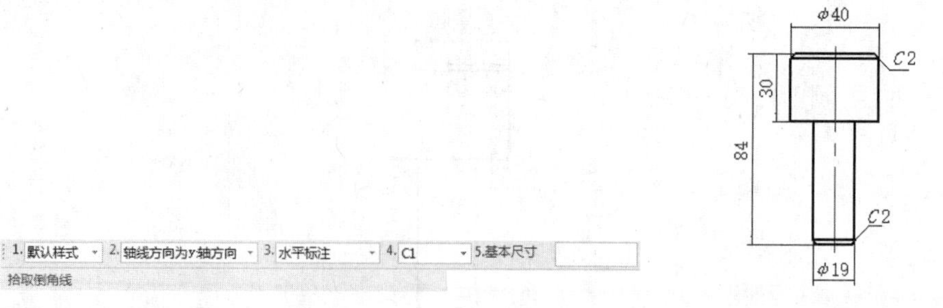

图1-32 “倒角标注”立即菜单　　　　图1-33 标注倒角尺寸

注意

尺寸标注时由于软件默认标注的符号和数值采用同样的文字样式，但在标准标注中符号或前缀为斜体如倒角 *C*2、直径 *ϕ*40、半径 *R*5、表面粗糙度 $\sqrt{Ra3.2}$ 等，这时需要将标注分解后再进行编辑即可。

（7）设置图纸幅面并调入图框、标题栏。选取“幅面”→“图幅设置”菜单命令，弹出图 1-34 所示的“图幅设置”对话框，选择图纸幅面为“A4”，绘图比例一栏中填入“1:1”，调入图框一栏选择“A4A-A”选项，调入标题栏一栏选择“GB-A”选项，单击“确定”按钮即可。

（8）填写标题栏。选取“幅面”→“标题栏”→“填写”菜单命令，弹出图 1-35 所示的“填写标题栏”对话框，按图所示填入有关信息，单击“确定”按钮即可。

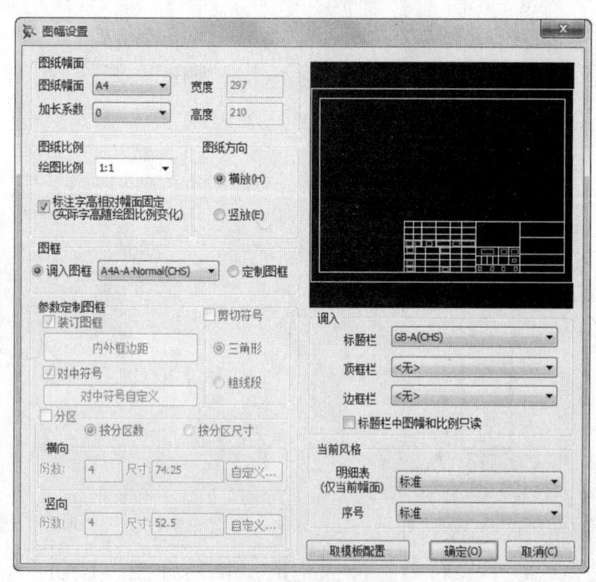

图1-34 “图幅设置”对话框

图1-35 “填写标题栏”对话框

（9）标注技术要求。选取“标注”→“技术要求”菜单命令，弹出图 1-36 所示的“技术要求库”对话框，在空白处填入有关信息，单击“生成”按钮。

按照操作提示信息的要求选择技术要求的标注区域的第一个和第二个角点，在两个角点所形成的矩形框内出现如图 1-37 所示的技术要求。

图1-36 “技术要求库”对话框

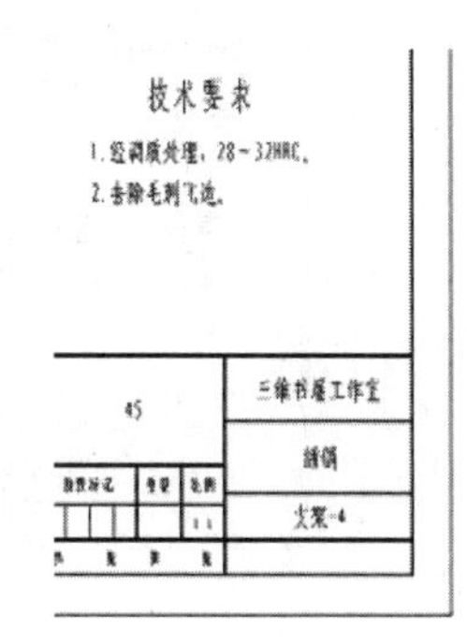

图1-37 生成的技术要求

（10）标注表面粗糙度。因本例的所有表面粗糙度都要求为$\sqrt{Ra3.2}$，所以在标题栏的右上角统一标注即可，标注方法如下：单击“常用”选项卡“标注”面板中的“粗糙度”按钮√，屏幕左下角出现表面粗糙度标注立即菜单，选择“标准标注”。弹出如图 1-38 所示的“表面粗糙度”对话框，在对话框里填写数值，然后在绘图区选择合适的位置单击，并在操作提示区输入旋转角度 0 即标注完毕。

（11）编辑标注。选择直径、倒角、表面粗糙度的标注，单击“常用”选项卡“修改”面板中的“分解”按钮，将其分解，然后编辑标注前边的前缀，将其改为斜体，最终结果如图 1-16 所示。

（12）保存文件。单击“快速访问工具栏”中的“保存文件”按钮，出现如图 1-39 所示的对话框，这时可选择文件的存盘目录，并在文件名一栏中填写文件的名称，单击“保存”按钮即可。

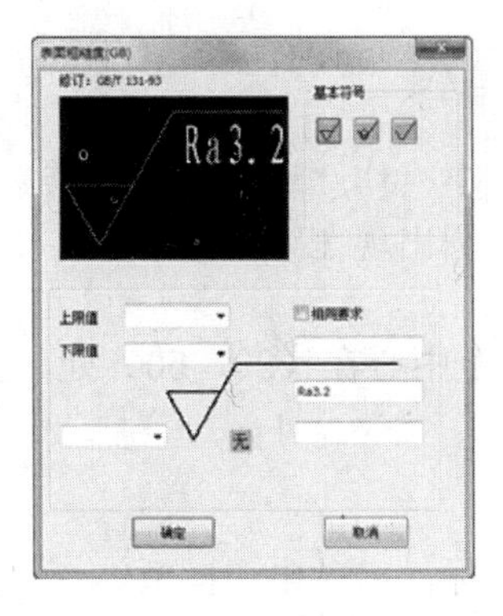

图1-38 “表面粗糙度”对话框

第一次单击按钮保存文件时出现如图 1-39 所示的“另存文件”对话框，以后

再单击按钮，保存文件不再出现此对话框。

图1-39　“另存文件”对话框

1.6 实践与操作

1. 用鼠标输入方式绘制一个圆。

操作提示：

❶双击桌面的电子图板的图标，启动电子图板。

❷操作提示区提示“命令:”，单击“常用”选项卡“绘图”面板中的“圆”按钮。

❸在绘图区左下角出现“绘制圆”立即菜单，如图 1-40 所示，选择“圆心-半径、直径”方式，系统提示“圆心点:”，在绘图区合适位置单击以确定圆心的位置。

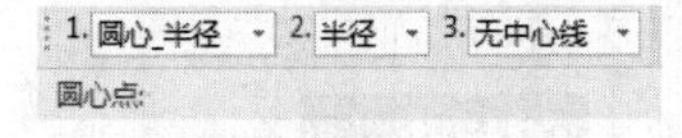

图1-40　“绘制圆”立即菜单

❹移动鼠标，再单击，一个圆出现在绘图区。

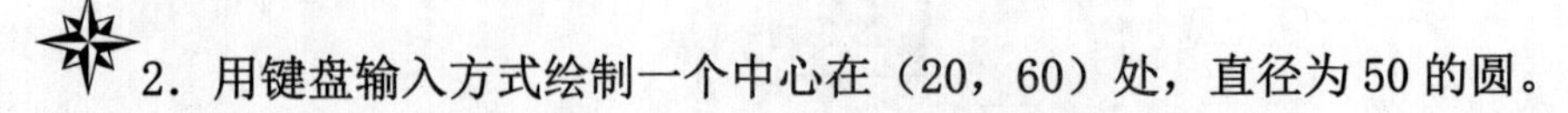

2. 用键盘输入方式绘制一个中心在（20，60）处，直径为 50 的圆。

操作提示：

❶双击桌面的电子图板的图标，启动电子图板。

❷操作提示区提示“命令:”用键盘输入绘制圆的命令“circle”并按 Enter 键。

❸在绘图区左下角出现绘制圆的立即菜单，选择“圆心-半径、直径”方式，系统提示“圆心点:”，用键盘输入圆的圆心坐标“20、60”并按下回车键。

❹系统又提示“输入直径或圆上一点:”，用键盘输入圆的直径 50 并按 Enter 键，圆

的绘制完成。

1.7 思考与练习

1. 请指出 CAXA CAD 电子图板 2018 操作界面中绘图区、标题栏、菜单栏、工具栏、状态栏的位置和作用。

2. 练习存储文件、打开文件及退出系统的方法。

3. 试绘制一条从点（0，15）到点（30，50）的直线。

4. 请读者自己用相对坐标输入法绘制第 3 题中的直线。

5. 尝试在第 3 题绘制直线的过程中打开工具点菜单。

6. 单击或用窗口方式选取第 3 题中绘制的直线。

7. 练习当绘制的直线被选中呈高亮状态时，单击右键弹出右键快捷菜单。

第2章

系统设置与界面定制

系统设置是对系统的初始化环境和条件进行设置。包括图层层控制、线型、颜色、文本风格、标注风格、剖面图案、点样式、三视图导航、用户坐标系、捕捉点设置、拾取过滤设置、系统配置、界面定制、界面操作等。

- 图层、线型和颜色设置
- 文本风格、标注风格
- 设置基准代号样式、点样式及捕捉点
- 用户坐标系与三视图导航
- 拾取过滤设置
- 界面定制与界面操作

2.1 图层

系统设置和界面定制的命令主要集中在“格式”和“工具”菜单，如图 2-1、图 2-2 所示。工具栏操作主要集中在“颜色图层”和“设置工具”工具栏，如图 2-3 所示。

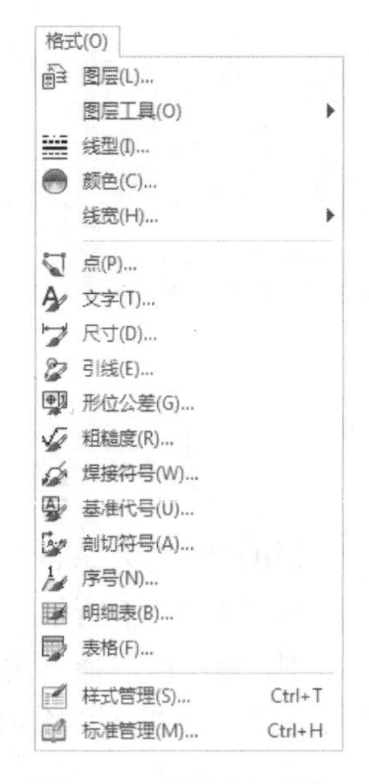

图 2-1 “格式”菜单

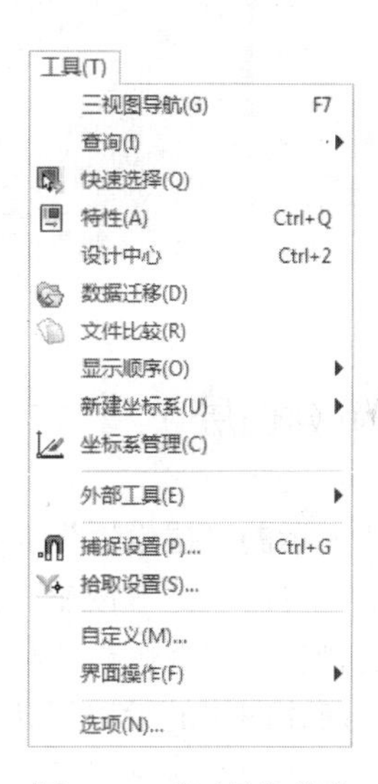

图 2-2 “工具”菜单

图 2-3 “颜色图层”和“设置工具”工具栏

执行方式

命令行：layer

菜单：“格式”→“图层”

工具栏：“颜色图层”工具栏→

选项卡：单击“常用”选项卡“特性”面板中的“图层”按钮

操作步骤

1）启动“图层”命令，系统弹出“层设置”对话框，如图 2-4 所示。

2）在“层设置”对话框中，可以进行相关的图层操作。

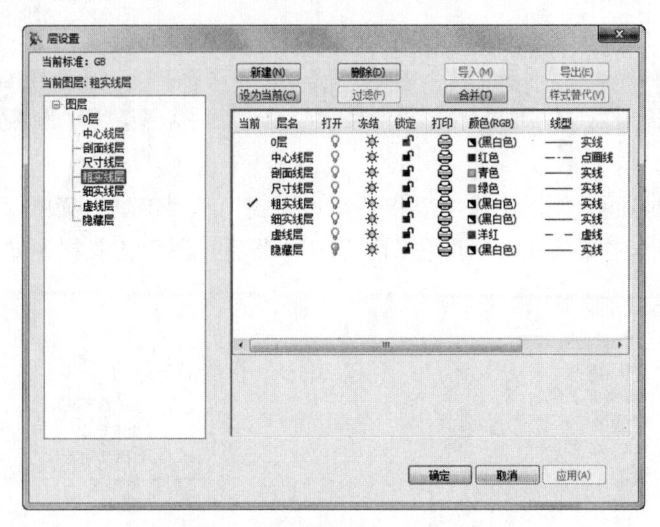

图2-4 “层设置”对话框

2.1.1 新建图层

在图 2-4 所示的“层设置”对话框中，单击“新建”按钮，弹出“CAXA CAD 电子图板 2018”对话框，单击“是”按钮；弹出“新建风格”对话框，如图 2-5 所示。输入一个图层名称，并选择一个基准风格，单击“下一步”按钮后在图层列表框的最下边一行可以看到新建图层，新建图层的设置默认使用所选的基准图层的设置，如图 2-6 所示。

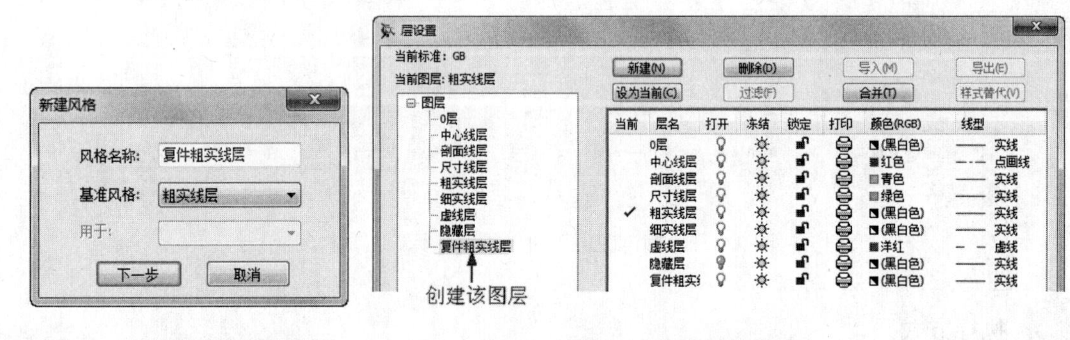

图2-5 “新建风格”对话框

图2-6 新建图层结果

2.1.2 层属性操作

在图 2-6 中可以看出，层状态为“打开”状态，颜色为“黑白色”，线型为“粗实线”，图层锁定为打开，图层打印为打印。可以对其中任何一项进行修改。

◆修改层名：在对话框左侧的图层列表中选取要改名的图层，单击右键，在弹出的快捷菜单选择“重命名图层”，如图 2-7 所示。该图层名称变为可编辑状态，输入文字 7，单击对话框空白处，如图 2-8 所示。

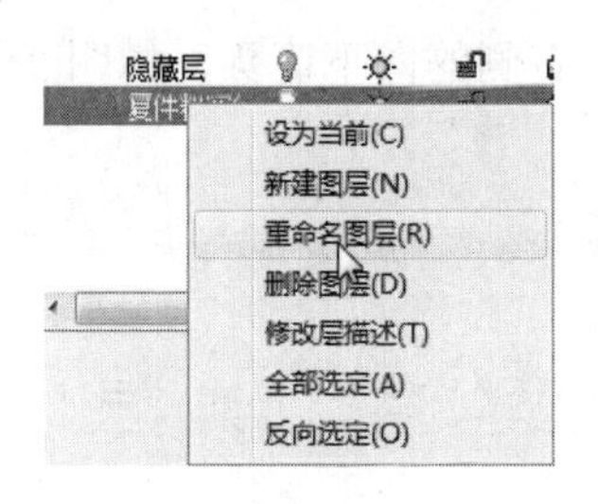

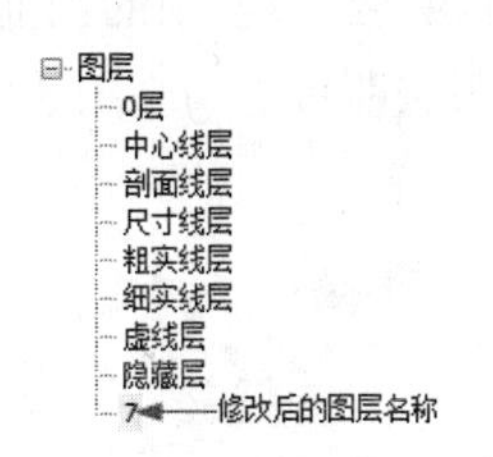

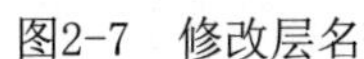

图2-7　修改层名　　　图2-8　修改层名结果

◆改变图层状态：在要打开或关闭图层的层状态💡处，单击💡按钮，进行图层打开或关闭的切换。

◆改变颜色：单击层颜色■(黑白色)，将出现“颜色选取”对话框，如图 2-9 所示，在此选择或定制该图层的颜色，然后单击“确定”按钮即可。具体方法见“颜色设置”一节。

◆改变线型：单击图层线型—— 实线，将出现“线型”对话框，如图 2-10 所示，单击选择该图层的线型，然后单击“确定”按钮即可。

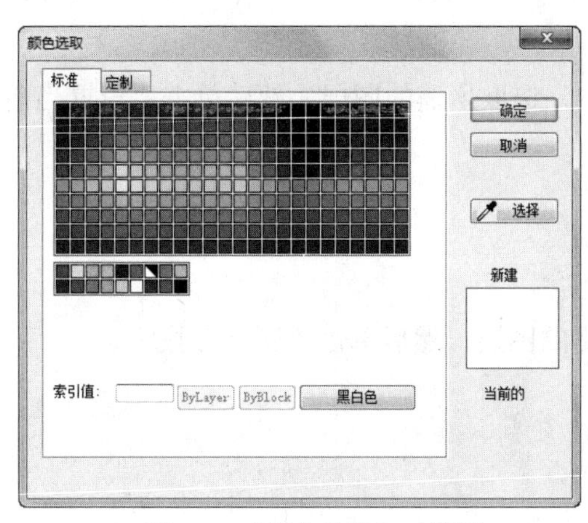

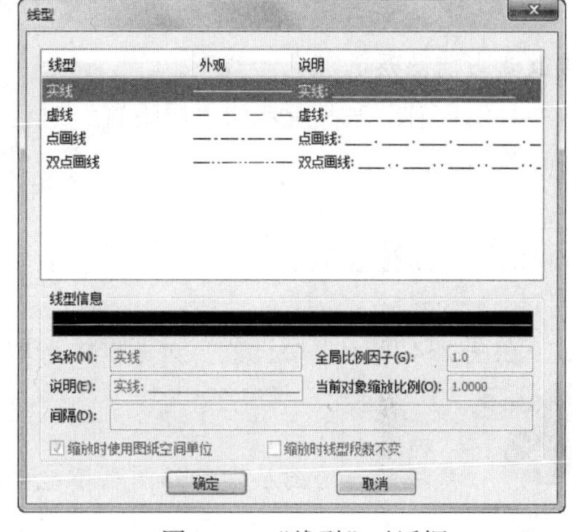

图2-9　“颜色选取”对话框　　　图2-10　“线型”对话框

◆改变图层冻结：在要冻结或解冻图层的图层状态☼处，单击☼按钮，可以进行图层冻结或解冻的切换。

◆改变图层锁定：在要冻结或解冻图层的图层状态🔓处，单击🔓按钮，可以进行图层冻结或解冻的切换。

◆改变图层打印：在要设置为打印或不打印图层的图层状态处，单击🖨按钮，可进行图层打印或不打印的切换。图层不打印的图层状态的图标变为🖨，此图层的内容打印时不会输出，这对于绘图中不想打印出的辅助线层很有帮助。

2.1.3　设置当前图层

当前图层是指绘图正在使用的层，要想在某图层上绘图，心须首先将该层设置为当前图层。

将某层设置为当前图层，有以下两种方法：

（1）单击属性工具栏中的当前图层下拉列表右侧的向下箭头，如图 2-11 所示，在列表中选取所需图层即可。

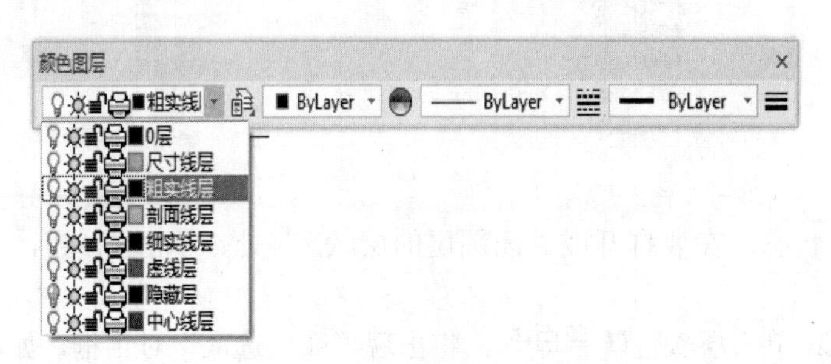

图2-11 设置当前图层

单击图 2-11 中的颜色设置图标或层线条框 —— ByLayer 右侧向下箭头可直接改变当前图层的颜色和线型。

（2）在图 2-4 所示的“层设置”对话框中，选取所需的图层，然后单击“设置当前图层”按钮。

2.1.4 删除图层

在图 2-4 所示“层设置”对话框中选取所需的图层，然后单击“删除”按钮。

系统的当前图层和初始图层不能被删除。

2.2 线型设置

执行方式

命令行：ltype
菜单：“格式”→“线型”
工具栏：“颜色图层”工具栏→
选项卡：单击“常用”选项卡“特性”面板中的“线型”按钮

操作步骤

启动“线型设置”命令，系统弹出“线型设置”对话框，在对话框中列出了系统中的所有线型，如图 2-12 所示，在此对话框中可以对线型进行设置。

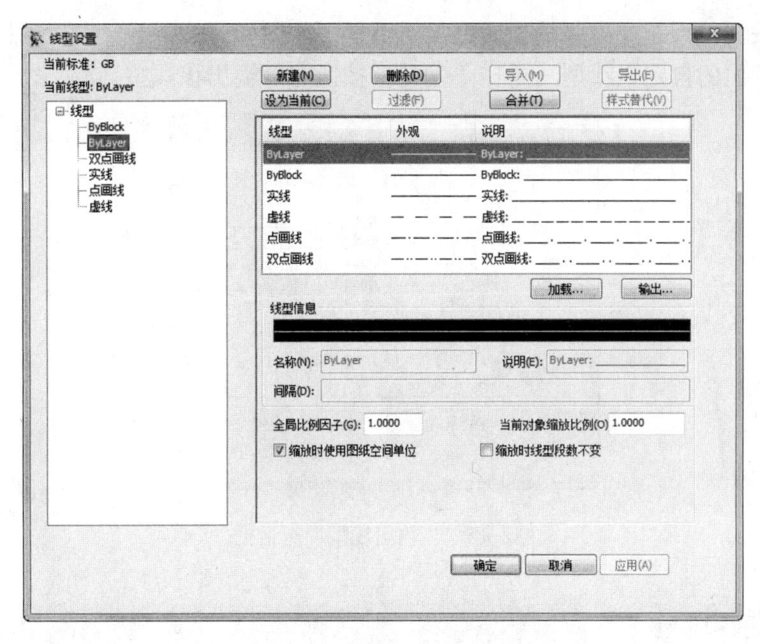

图2-12 “线型设置”对话框

2.2.1 加载线型

加载线型就是将线型加载到当前程序中。单击图 2-12“线型设置”对话框中的“加载”按钮，屏幕上会出现如图 2-13 所示的“加载线型”对话框。单击“文件”按钮，系统弹出如图 2-14 所示的对话框，选择要加载的线型，单击“确定”按钮。

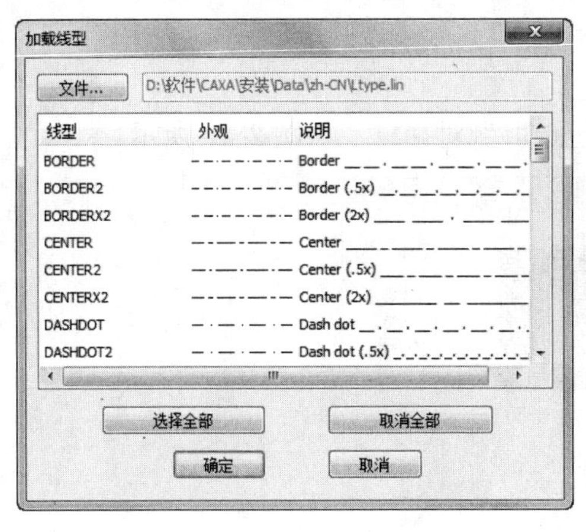

图2-13 “加载线型”对话框

图2-14 “打开线型文件”对话框

2.2.2 输出线型

将已有线型输出到一个线型文件保存。在图 2-12 所示的“线型设置”对话框中，单击“输出”按钮，系统弹出“输出线型”对话框，如图 2-15 所示。在对话框中的列表框中选中需要输出的自定义线型，单击“确定”按钮即可输出该线型。

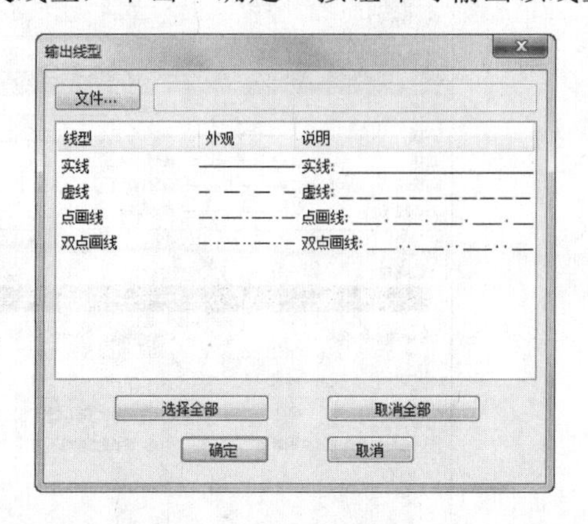

图2-15　“输出线型”对话框

2.3 颜色设置

执行方式

命令行：color

菜单：“格式”→“颜色”

工具栏：“颜色图层”工具栏→

选项卡：单击“常用”选项卡“特性”面板中的“颜色”按钮

操作步骤

（1）启动“颜色”命令，系统弹出“颜色选取”对话框，如图 2-16 所示。

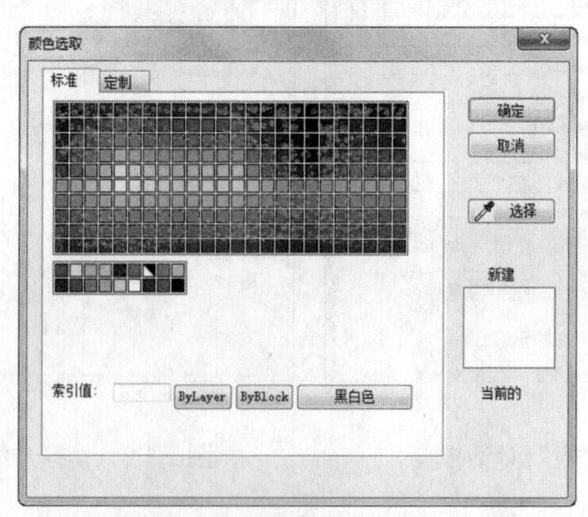

图2-16　“颜色选取”对话框

（2）当选中适当的颜色后，单击“确定”按钮即可完成颜色的设置。

在对话框中，可以直接单击，选取某种基本颜色，也可以添加定制颜色。添加定制颜色有以下三种方法：

1）可以直接在窗体右下角的 6 个文本框中输入相应的数值来选择颜色。

2）可以按下鼠标左键拖动色彩框中的光标，同时注意观察“颜色”上面的颜色框的变化，当颜色框中颜色符合要求时，松开鼠标。

3）单击“选择”按钮[选择]，光标变为后单击屏幕上一点选取一个颜色即可。

2.4 文本风格

执行方式

命令行：textpara

菜单：“格式”→“文字”

工具栏：“设置工具”工具栏→

选项卡：单击“常用”选项卡“特性”面板“样式管理”下拉菜单中的“文本样式”按钮

操作步骤

（1）启动“文本风格”命令，系统弹出“文本风格设置”对话框，如图 2-17 所示。

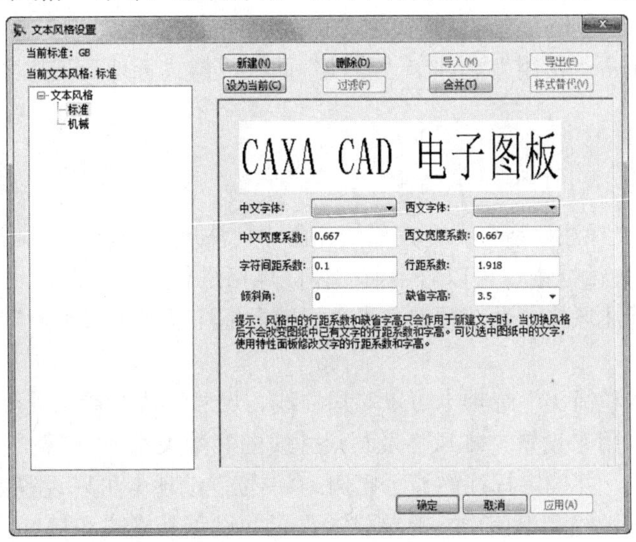

图2-17 “文本风格设置”对话框

（2）通过对此对话框的操作，可以设置绘图区文字的各种参数。设置完毕后，单击“确定”按钮即可。

在“文本风格设置”对话框中，列出了当前文件中所有已定义的字型。如果尚未定义字型，系统预定义了一个“标准”和“机械”的默认样式，“标准”样式不可删除但可以编辑。选中一个文字样式后，在对话框中可以设置字体、宽度系数、字符间距、倾斜角、字高等参数，并可以在对话框中预览。

◆中文字体：可选择中文文字所使用的字体。

◆西文字体：选择方式与中文相同，只是限定的是文字中的西文。

◆中文宽度系数、西文宽度系数：当宽度系数为 1 时，文字的长宽比例与 TrueType 字体文件中描述的字形保持一致；为其他值时，文字宽度在此基础上缩小或放大相应的倍数。

◆字符间距系数：同一行(列)中两个相邻字符的间距与设定字高的比值。

◆行距系数：横写时两个相邻行的间距与设定字高的比值。

◆倾斜角：横写时为一行文字的延伸方向与坐标系的 X 轴正方向按逆时针方向测量的夹角；竖写时为一列文字的延伸方向与坐标系的 Y 轴负方向按逆时针测量的夹角。旋转角的单位为角度。

◆缺省字高：设置生成文字时默认的字高。

2.5 标注风格

执行方式

命令行：dimpara

菜单："格式"→"尺寸"

工具栏："设置工具"工具栏→

选项卡：单击"常用"选项卡"特性"面板"样式管理"下拉菜单中的"尺寸样式"按钮

操作步骤

（1）启动"标注风格"命令，系统弹出"标注风格设置"对话框，如图 2-18 所示。

（2）在该对话框中，可以对当前的标注风格进行编辑修改，也可以新建标注风格并设置为当前的标注风格。系统预定义了"标准"标注风格，它不能被删除或改名，但可以编辑。

（3）"直线和箭头"选项卡可以对尺寸线、尺寸界线及箭头进行颜色和风格的设置；"文本"选项卡用来设置文本风格及与尺寸线的参数关系；"调整"选项卡可以设置尺寸线及文字的位置，并确定标注的显示比例；"单位"选项卡可以设置标注的精度；"换算单位"选项卡可以标注测量值中换算单位的显示并设置其格式和精度；"公差"选项卡可以设置标注文字中公差的格式及显示；"尺寸形式"选项卡可以控制弧长标注和引出点等参数。

2.5.1 新建标注风格

（1）单击图 2-18 对话框中的"新建"按钮可以重新创建其他标注风格。单击"新建"按钮，弹出图 2-19 所示的"新建风格"对话框。

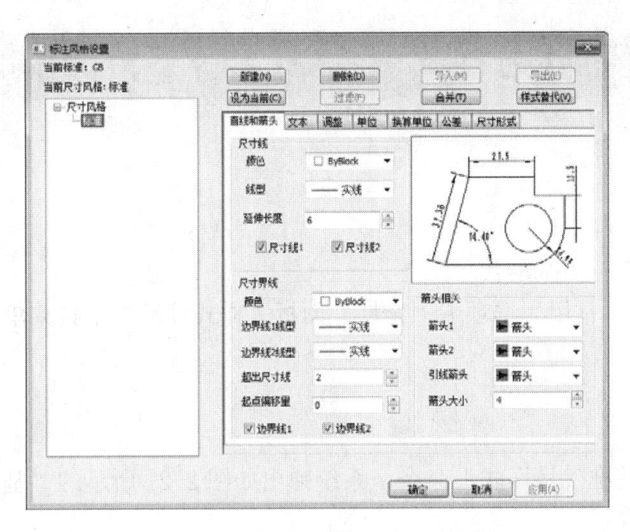

图2-18 “标注风格设置”对话框

（2）在“风格名称”的文本框中输入新建风格的名称，单击“下一步”按钮，弹出图 2-20 所示的“标注风格设置”对话框。在“直线和箭头”“文本”“调整”“单位”“换算单位”“公差”和“尺寸形式”7 个选项卡中可以对新建的标注风格进行编辑、设置。

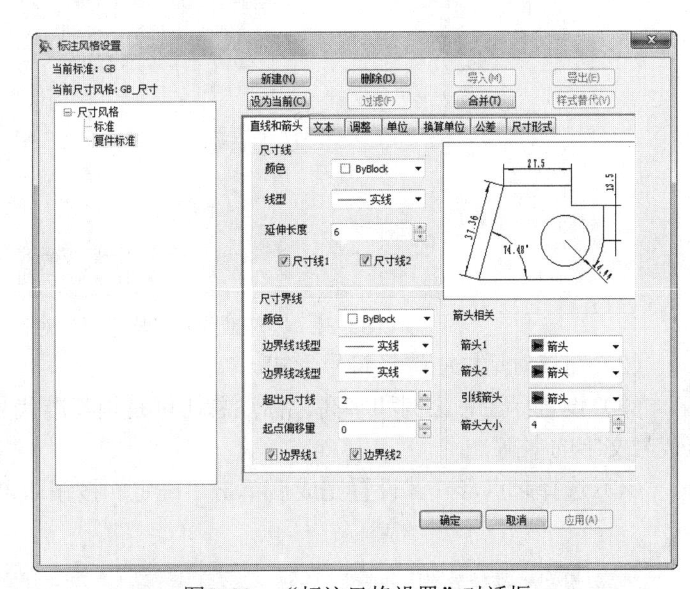

图2-19 “新建风格”对话框　　　　图2-20 “标注风格设置”对话框

（3）设置完成后，单击“确定”按钮即可。

2.5.2 设置为当前标注风格

在图 2-20 对话框的风格列表中选择一种标注风格，单击“设为当前”按钮可以将该种标注风格设置为当前风格。

2.6 设置基准代号样式

命令行：ddptype

菜单："格式"→"基准代号"

选项卡：单击"常用"选项卡"特性"面板"样式管理"下拉菜单中的"基准代号"按钮

操作步骤

（1）启动"基准代号样式"命令，系统弹出如图2-21所示的"基准代号风格设置"对话框。

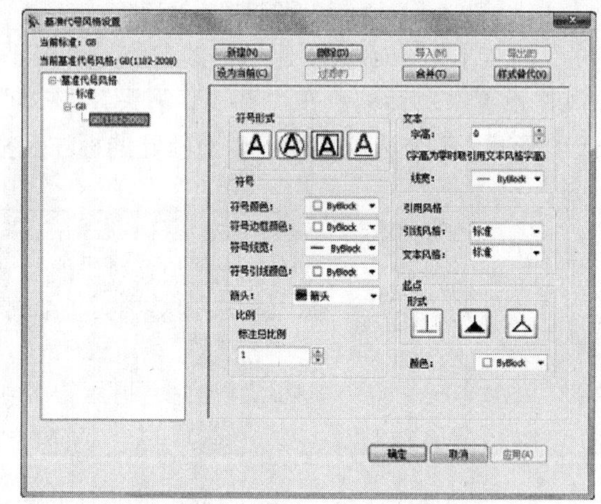

图2-21 "基准代号风格设置"对话框

（2）在该对话框中选择符号形式。

（3）设置标注总比例和字高。标注总比例是指基准代号的标注总比例；字高是指基准代号文字的字高。

（4）选择起点形式。设置完成后单击"确定"按钮即可。

2.7 设置点样式

命令行：ddptype

菜单："格式"→"点"

工具栏："设置工具"工具栏→

选项卡：单击"工具"选项卡"选项"面板中的"点样式"按钮

操作步骤

（1）启动“点样式”命令，系统弹出如图 2-22 所示的“点样式”对话框。

（2）在该对话框中，用户可选择 20 种不同风格的点，还可根据不同需求来设置点的大小。其中，“按屏幕像素设置点的大小”指的是像素值，即点相对于屏幕的大小。“按绝对单位设置点的大小”指的是实际点的大小，以毫米为单位。

（3）设置完成后单击“确定”按钮即可。

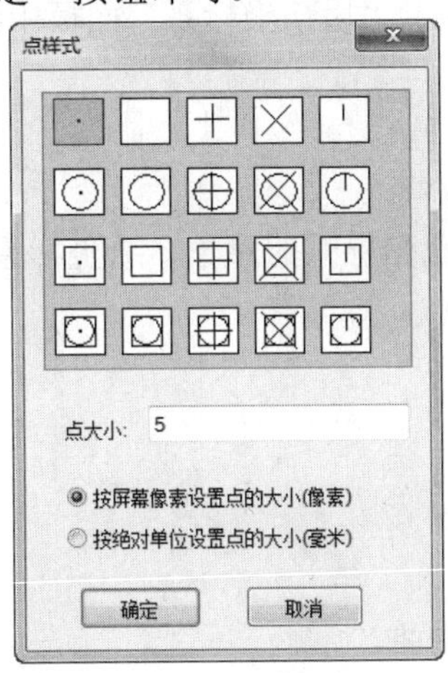

图2-22　“点样式”对话框

2.8 用户坐标系

绘制图形时，合理使用用户坐标系可以使得坐标点的输入很方便，从而提高绘图效率。

2.8.1　新建用户坐标系

1. 原点坐标系

执行方式

命令行：newucs

菜单：“工具”→“新建坐标系”→“原点坐标系”

工具栏：“用户坐标系”工具栏→

选项卡：单击“视图”选项卡“用户坐标系”面板中的“新建原点坐标系”按钮

操作步骤

（1）启动“原点坐标系”命令。

（2）按照系统提示输入用户坐标系的原点，再根据提示输入坐标系的旋转角，新坐标系设置完成。

2. 对象坐标系

执行方式

命令行：newucs
菜单：“工具”→“新建坐标系”→“对象坐标系”
工具栏：“用户坐标系”工具栏→
选项卡：单击“视图”选项卡“用户坐标系”面板中的“新建对象坐标系”按钮

操作步骤

（1）启动“对象坐标系”命令。
（2）按照系统提示选择放置坐标系的对象，新坐标系设置完成。

2.8.2　管理用户坐标系

执行方式

命令行：swith
菜单：“工具”→“坐标系管理”
工具栏：“用户坐标系”工具栏→
选项卡：单击“视图”选项卡“用户坐标系”面板中的“管理用户坐标系”按钮

操作步骤

（1）启动“管理用户坐标系”命令，系统弹出如图2-23所示的“坐标系”对话框。
（2）在对话框中可以对坐标系进行重命名和删除。

原当前坐标系失效，颜色变为非当前坐标系颜色；新的坐标系生效，坐标系颜色变为当前坐标系颜色。

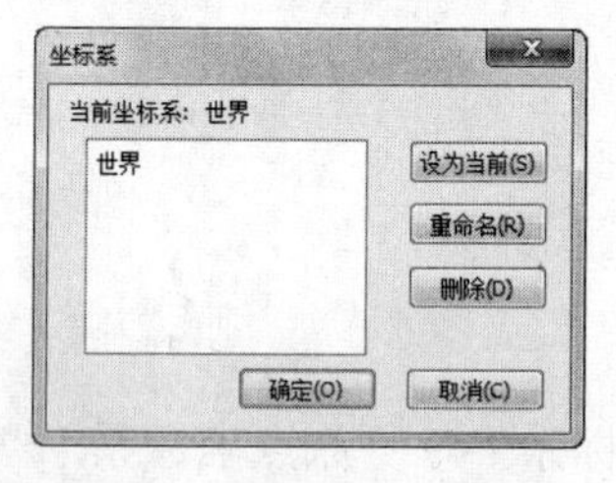

图2-23　“坐标系”对话框

2.8.3　切换当前用户坐标系

执行方式

快捷键：F5

操作步骤

直接启动“切换用户坐标系”命令，原当前坐标系失效，颜色变为非当前坐标系颜色；新的坐标系生效，坐标系颜色变为当前坐标系颜色。

2.9 捕捉点设置

执行方式

命令行：potset

菜单：“工具”→“捕捉设置”

工具栏：“设置工具”工具栏→

选项卡：单击“工具”选项卡“选项”面板中的“捕捉设置”按钮

操作步骤

启动“捕捉设置”命令，系统弹出“智能点工具设置”对话框，如图 2-24 所示，通过对该对话框进行操作，可以设置鼠标在屏幕上的捕捉方式。

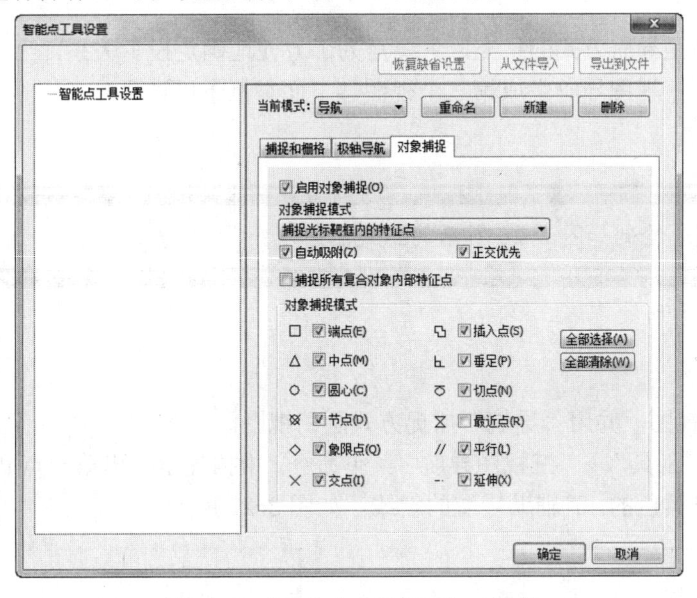

图2-24 “智能点工具设置”对话框

点的捕捉方式有如下几种：

◆自由：点的输入完全由鼠标当前的实际位置来确定。

◆栅格：可以捕捉栅格点并可设置栅格的可见与不可见。

◆智能：鼠标自动捕捉一些特征点，如：圆心，切点，中点等。

◆导航：系统可以通过光标对若干特征点进行导航，如孤立点、线段中点等。

“捕捉和栅格”选项卡可以设置间距捕捉和栅格显示；“极轴导航”选项卡可以设置

极轴导航参数；“对象捕捉”选项卡可以设置对象捕捉参数。

既可以通过“智能点工具设置”对话框来设置屏幕点的捕捉方式，也可以通过屏幕右下角的“捕捉状态”立即菜单来转换捕捉方式，如图 2-25 所示。

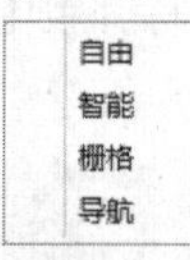

图2-25 “捕捉状态”立即菜单

2.10 三视图导航

执行方式

命令行：guide

菜单：“工具”→“三视图导航”

快捷键：F7

操作步骤

三视图导航是导航方式的扩充，主要是为了方便地确定投影关系，当绘制完两个视图之后，可以使用三视图导航生成第三个视图。下面举例予以说明。

例：绘制如图 2-26 所示的三视图。

绘制步骤：

（1）画主视图，并用“导航”捕捉方式画俯视图。

（2）选择“工具”→“三视图导航”菜单命令，根据提示给出第一点 P1 及第二点 P2，屏幕上出现一条黄色的 45° 辅助导航的斜线，如图 2-27 所示。

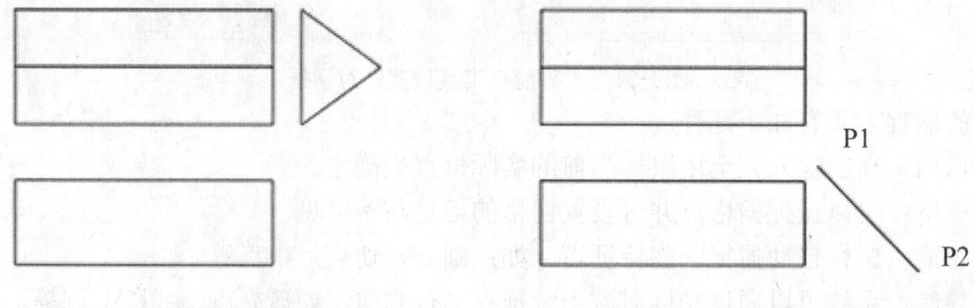

图 2-26 三视图导航实例　　图 2-27 绘制导航斜线

（3）单击“绘图”面板中的绘制直线按钮，弹出“绘制直线”立即菜单如图 2-28 所示，使用导航功能找到 A 点单击，然后移动光标到 B 点再次单击，依次移动光标到 C、A 点并单击（分别如图 2-29～图 2-32 所示，绘制完成。

（4）再次选择“工具”→“三视图导航”菜单命令，黄色的导航线自动消失。

图 2-28　“绘制直线”立即菜单

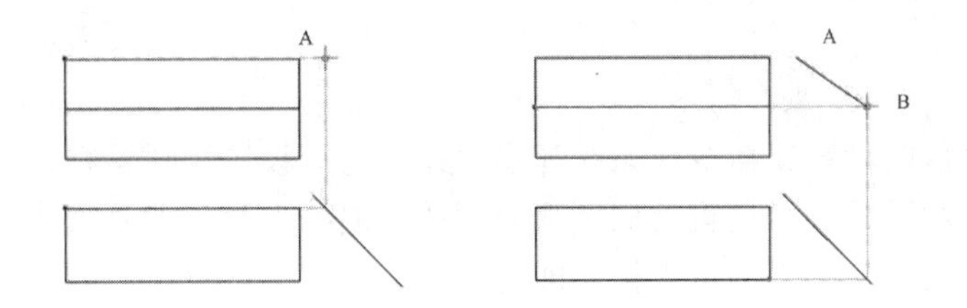

图2-29　利用导航功能找到A点　图2-30　利用导航功能找到B点

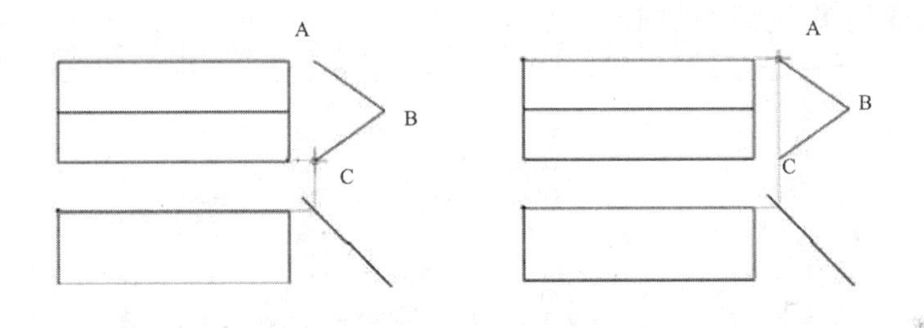

图2-31　利用导航功能找到C点　图2-32　利用导航功能再次找到A点

2.11 属性查看

执行方式

菜单：“工具”→“特性”

工具栏：“常用工具”工具栏→

操作步骤

当没有选择图素时，系统查看显示的是全局信息，选择不同的图素，则显示不同的系统信息，以下是选择直线时的属性查看信息，如图 2-33 所示。信息中的内容除灰色项外都可进行修改。

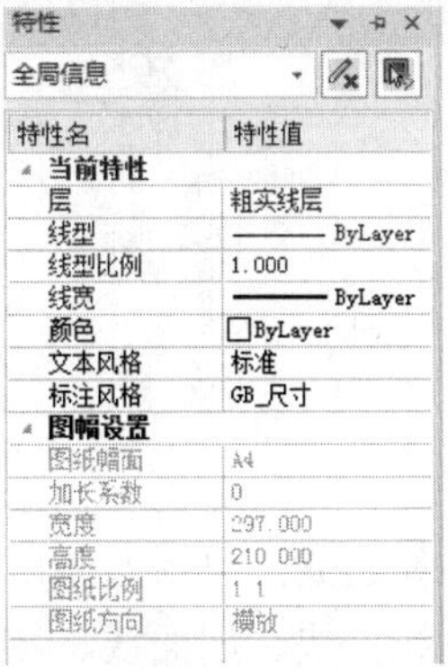

特性

全局信息

特性名	特性值
当前特性	
层	粗实线层
线型	ByLayer
线型比例	1.000
线宽	ByLayer
颜色	ByLayer
文本风格	标准
标注风格	GB_尺寸
图幅设置	
图纸幅面	A4
加长系数	0
宽度	297.000
高度	210.000
图纸比例	1:1
图纸方向	横放

图2-33　属性查看信息

2.12 拾取过滤设置

执行方式

命令行：objectset

菜单："工具"→"拾取设置"

工具栏："设置工具"工具栏→

选项卡：单击"工具"选项卡"选项"面板中的"拾取设置"按钮

操作步骤

（1）启动"拾取设置"命令，系统弹出"拾取过滤设置"对话框，如图 2-34 所示。

（2）通过该对话框可以设置拾取图形元素的过滤条件和拾取盒大小。

（3）设置完成后单击"确定"按钮即可。

在"拾取过滤设置"对话框中，拾取过滤条件包括：实体过滤、线型过滤、图层过滤、颜色过滤。这 4 种过滤条件的交集就是有效拾取，利用过滤条件组合进行拾取，可以快速、准确地从图中拾取到想要拾取的图形元素。

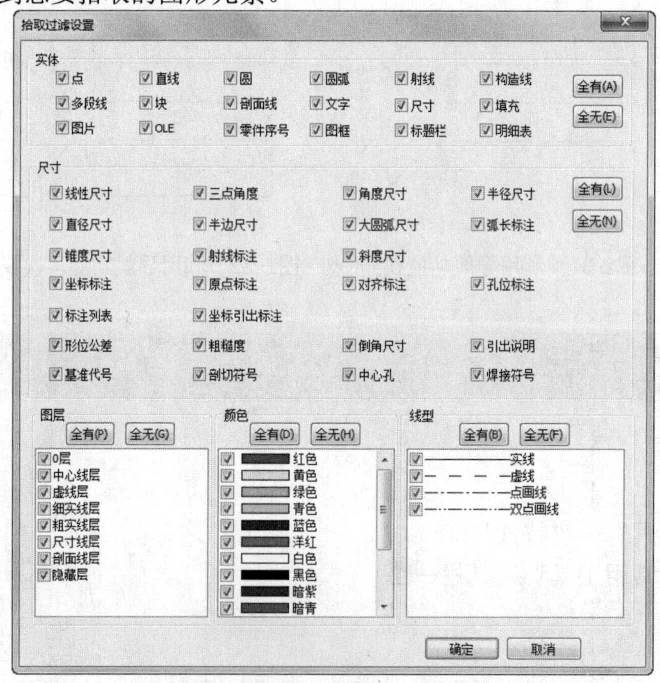

图2-34 "拾取过滤设置"对话框

◆实体过滤：包括系统所具有的所有图形元素种类如点、直线、圆、圆弧、尺寸、文字、多段线、块、剖面线、零件序号、图框、标题栏、明细表、填充等。

◆线型过滤：包括系统当前所具有的所有线型种类如实线、虚线、点画线、双点画线、用户自定义线型等。

◆图层过滤：包括系统当前所有处于打开状态的图层。

◆颜色过滤：包括系统 64 种颜色。

2.13 系统配置

执行方式

菜单：“工具”→“选项”

选项卡：单击“工具”选项卡“选项”面板中的“选项”按钮

操作步骤

（1）启动“选项”命令，系统弹出“选项”对话框；

（2）单击“路径”选项，显示出“路径”选项卡，如图 2-35 所示。在该选项卡中对文件路径进行设置。

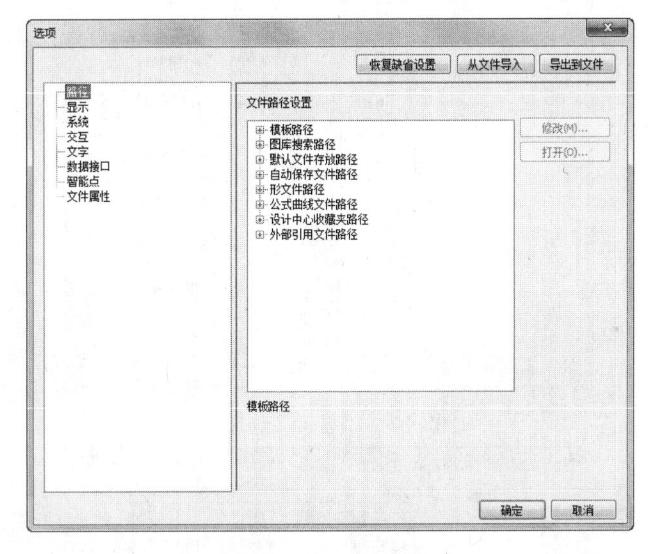

图2-35 “路径”选项卡

（3）单击“系统”选项，显示出“系统”选项卡，如图 2-36 所示。在该选项卡中对系统的一些参数进行设置。

（4）单击“显示”选项，显示出“显示”选项卡，如图 2-37 所示。在该选项卡中可以对系统的一些颜色参数和光标进行设置。

（5）单击“文字”选项，显示出“文字”选项卡，如图 2-38 所示。在该选项卡中可以对系统的一些文字参数进行设置。

（6）单击“数据接口”选项，显示出“数据接口”选项卡，如图 2-39 所示。在该选项卡中可以对系统的一些接口参数进行设置。

（7）单击“文件属性”选项，显示出“文件属性”选项卡，如图 2-40 所示。在该选项卡中可以设置文件的图形单位的长度，角度、标注是否关联、填充的剖面线是否关联以及在创建新图纸的时候创建视口。

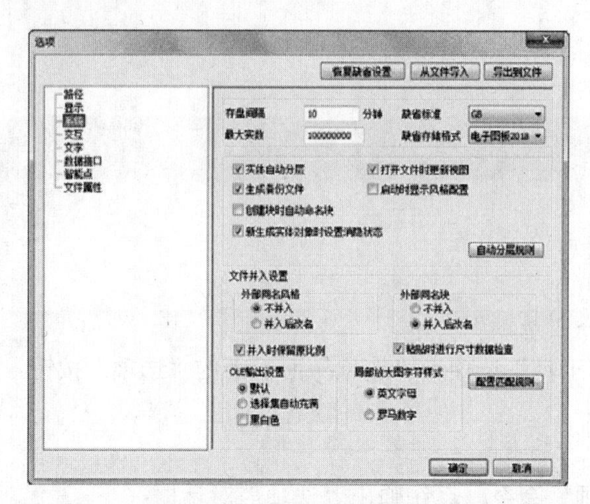

图2-36 “系统”选项卡

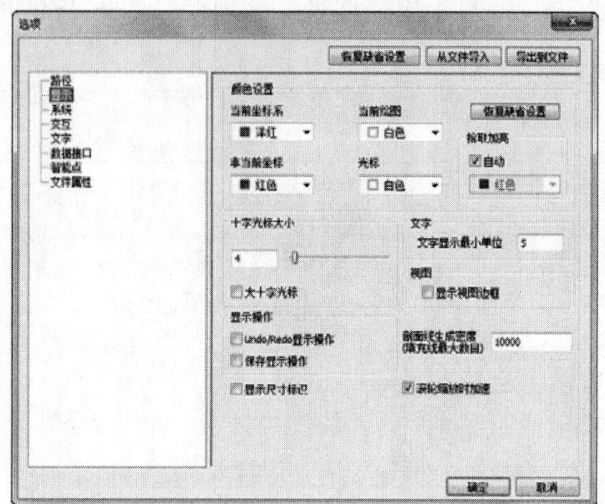

图2-37 “显示”选项卡

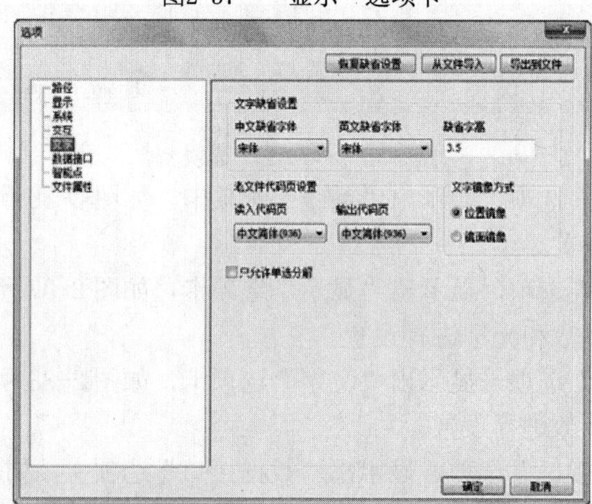

图2-38 “文字”选项卡

（8）单击“交互”选项，显示出“交互”选项卡，如图2-41所示。在该选项卡中可以设置拾取框、夹点的大小及颜色、命令风格和右键及空格的自定义。

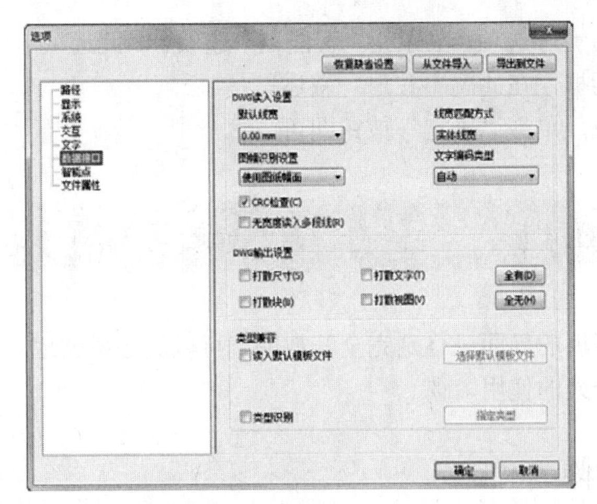

图2-39 “数据接口”选项卡

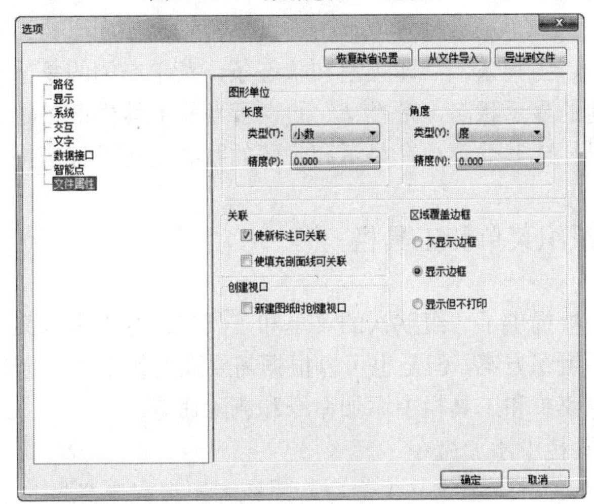

图2-40 “文件属性”选项卡

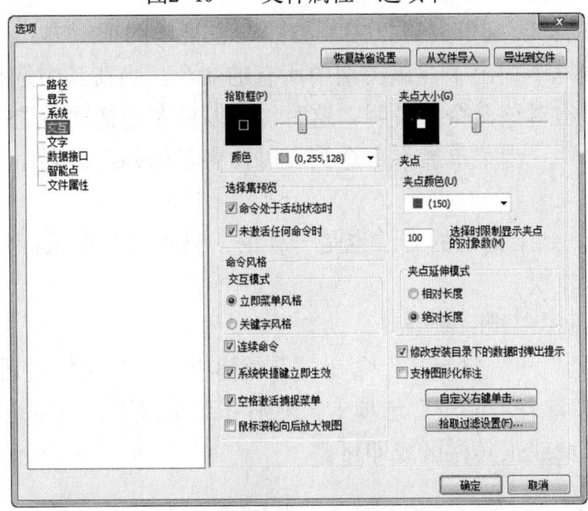

图2-41 “交互”选项卡

（9）单击“智能点”选项，显示出“智能点”选项卡，此选项卡同图 2-24 所示的“智能点工具设置”对话框，在此就不在一一叙述。

（10）设置完成，单击“确定”按钮即可。

2.14 界面定制

CAXA CAD 电子图板的界面风格是完全开放的，可以随心所欲地对界面进行定制，使界面的风格更加符合个人的使用习惯。

2.14.1 显示/隐藏工具栏

将光标移动到任意一个工具栏区域单击右键，都弹出如图 2-42 所示的快捷菜单，在菜单中列出了主菜单、工具条、立即菜单和状态条，菜单左侧的复选框中显示出菜单栏、工具栏、状态栏当前的显示状态，带“√”的表示当前工具栏正在显示，点取菜单中的选项可以使相应的工具栏或其他菜单在显示和隐藏的状态之间进行切换。

2.14.2 重新组织菜单和工具栏

CAXA CAD 电子图板提供了一组默认的菜单和工具栏命令组织方案，一般情况下这是一组比较合理和易用的组织方案，但是也可以根据需要通过使用界面定制工具重新组织菜单和工具栏，即可以在菜单和工具栏中添加命令和删除命令。

1. 在菜单和工具栏中添加命令

（1）选择“工具”→“自定义”命令，系统弹出“自定义”对话框，在对话框中选择“命令”选项卡，如图 2-43 所示。

（2）在对话框的“类别”列表框中，按照在主菜单的组织方式列出了命令所属的类别，在“命令”列表框中列出了在该类别中所有的命令，当在其中选择了一个命令以后，在“说明”栏中显示出对该命令的说明。这时，可以使左键拖动所选择的命令，并将该命令拖动到需要的菜单中。当菜单显示命令列表时，将鼠标移至需要命令出现的地方，然后释放鼠标。

（3）将命令插入到工具栏的方法也是一样的，只不过是在鼠标移动到工具栏中所需的位置时再释放鼠标左键。

2. 从菜单和工具栏中删除命令

（1）选择“工具”→“自定义”命令，系统弹出“自定义”对话框。

（2）在对话框中选择“命令”选项卡，然后在菜单或工具栏中选中所要删除的命令，将该命令拖出菜单区域或工具栏区域即可。

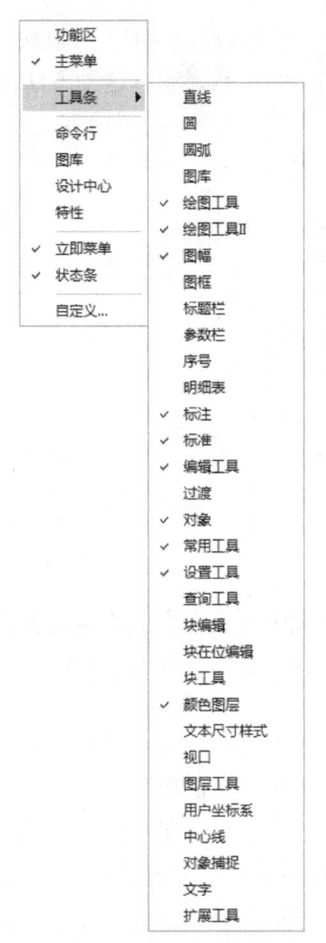

图2-42　“显示/隐藏工具栏”快捷菜单

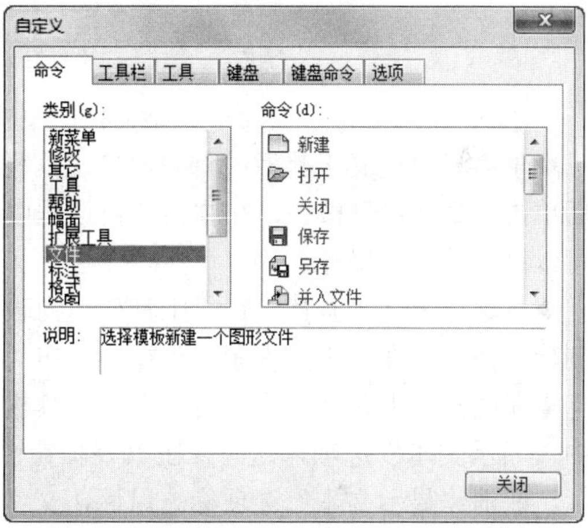

图2-43　“命令”选项卡

2.14.3　定制工具栏

选择“工具”→“自定义”命令，系统弹出“自定义”对话框，在对话框中选择“工具栏”选项卡，如图 2-44 所示。在该选项卡中可以进行以下设置：

◆重新设置：如果对工具栏中的内容进行修改以后，还想回到工具栏的初始状态，可以使用重新设置工具栏功能，方法是在“工具栏”列表框中选择要进行重新设置的工具栏，然后单击“重新设置”按钮，在弹出的提示对话框中选择“是”按钮。

◆重新设置所有工具栏：如果需要将所有的工具栏恢复到初始的状态，可以直接单击“全部重新设置”按钮，在弹出的提示对话框中选择“是”按钮即可。

注意

当工具栏被全部重置以后，所有的自定义界面信息将全部丢失，不可恢复，因此进行全部重置操作时应该慎重。

◆新建工具栏：单击“新建”按钮，弹出如图 2-45 所示的对话框，在对话框中输入新建工具栏的名称，单击“确定”按钮以后就可以新创建一个工具栏，接下来可以按照“重新组织菜单和工具栏”一节中介绍的方法向工具栏中添加一些按钮，通过这种方法就可以将常用的功能进行重新组合。

图2-44 “工具栏”选项卡

◆重命名自定义工具栏：首先在“工具栏”列表框中选中要重命名的自定义工具栏，然后单击“重命名”按钮，在弹出的对话框中输入新的工具栏名称，单击“确定”按钮后就可以完成重命名操作。

◆删除自定义工具栏：在“工具栏”列表框中选中要删除的自定义工具栏，然后单击“删除”按钮，在弹出的提示对话框中单击“是”按钮后就可以完成删除操作。

◆在图标下方显示文本：首先在“工具栏”列表框中选中要显示文本的工具栏，然后选中“显示文本”选项，这时在工具栏按钮图标的下方就会显示出文字说明，如图 2-46 所示。取消“显示文本”选项标志以后，文字说明也就不再显示了。

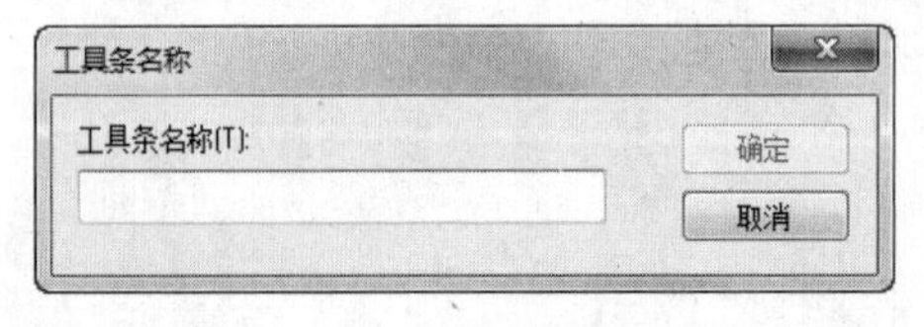

图2-45 “新建工具栏”对话框

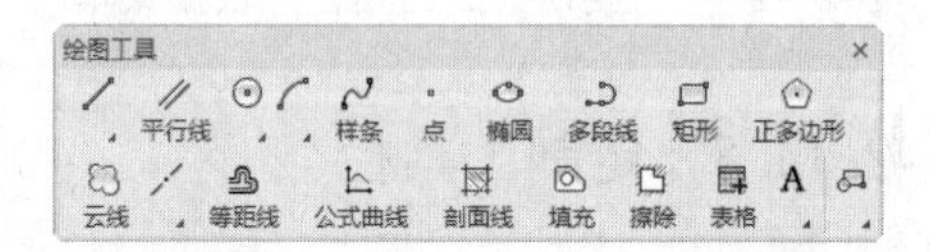

图2-46 工具栏下方显示文本

注意

只能对自己创建的工具栏进行重命名和删除操作，不能更改 CAXA CAD 电子图板自带工具栏的名称，也不能删除 CAXA CAD 电子图板自带的工具栏。

2.14.4 定制工具

在 CAXA CAD 电子图板中，通过外部工具定制功能，可以把一些常用的工具集成到电子图板中，使用起来会十分方便。

选择“工具”→“自定义”菜单命令，系统弹出“自定义”对话框，在对话框中选择“工具”选项卡，如图 2-47 所示。

在“菜单目录”栏中，列出了 CAXA CAD 电子图板中已有的外部工具，每一个列表项中的文字就是这个外部工具在“工具”菜单中显示的文字；列表框上方的 4 个按钮分别是新建、删除、上移一层和下移一层工具；在列表框下面的“命令”编辑框中记录的是当前选中外部工具的执行文件名，在“行变量”编辑框中记录的是程序运行时所需的参数，在“初始目录”编辑框中记录的是执行文件所在的目录。通过这个选项卡，可以进行以下操作：

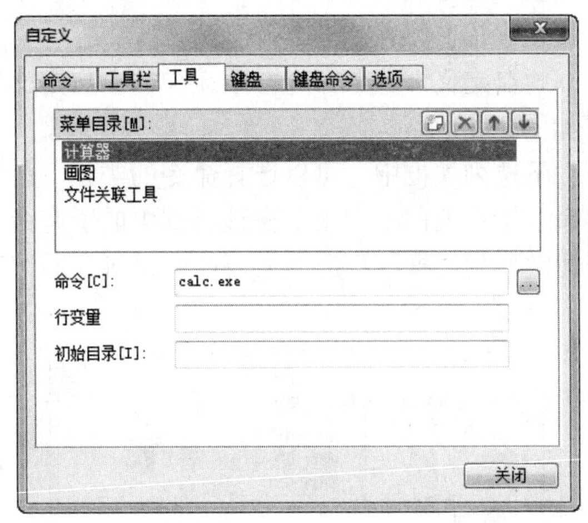

图2-47 “工具”选项卡

◆修改外部工具的菜单内容：在“菜单目录”列表框中双击要改变菜单内容的外部工具，在相应的位置上会出现一个编辑框，在这个编辑框中可以输入新的菜单内容，输入完成以后按 Enter 键确认就可以完成外部工具的更名操作。

◆修改已有外部工具的执行文件：在“菜单目录”列表框中选中要改变执行文件的外部工具，在“命令”编辑框中会显示出这个外部工具所对应的执行文件，可以在编辑框中输入新的执行文件名，也可以单击编辑框右侧的按钮，弹出“打开”对话框，在对话框中选择所需的执行文件。

注意

如果在“初始目录”编辑框中输入了应用程序所在的目录，那么在“命令”编辑框中只输入执行文件的文件名就可以了，但是如果在“初始目录”编辑框中没有输入目录，那么在“命令”编辑框中就必须输入完整的路径及文件名。

◆添加新的外部工具：单击按钮，在“菜单目录”列表框的末尾会自动添加一个编辑框，在编辑框中输入新的外部工具在菜单中显示的文字，按 Enter 键确认。接下来，在“命令”“行变量”和“初始目录”中输入外部工具的执行文件名、参数和执行文件所在的目录，如果在“命令”编辑框中输入了包含路径的全文件名，则“初始目录”也可以不填。

◆删除所选的外部工具：在“菜单目录”列表框中选择要删除的外部工具，然后单击按钮，就可以将所选的外部工具删除掉。

◆移动外部工具在菜单中的位置：在“菜单目录”列表框中选择要改变位置的外部工

具，然后单击⬆按钮或者⬇按钮调整该项在列表框中的位置，这也就是在“工具”菜单中的位置。

2.14.5 定制快捷键

在 CAXA CAD 电子图板中，可以为每一个命令指定一个或多个快捷键，这样对于常用的功能，就可以通过快捷键来提高操作的速度和效率。

首先选择“工具”→“自定义”菜单命令，系统弹出“自定义”对话框，在对话框中选择“键盘”选项卡，如图 2-48 所示。

在选项卡的“类别”下拉列表框中，可以选择命令的类别，命令的分类是根据主菜单的组织而划分的。在“命令”列表框中列出了在该类别中的所有命令，当选择了一个命令以后，会在右侧的“快捷键”列表框中列出该命令的快捷键。通过这个选项卡可以实现以下功能：

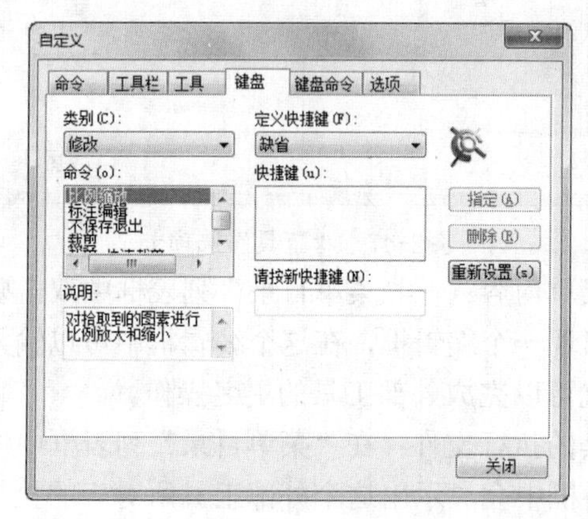

图2-48 “键盘”选项卡

◆指定新的快捷键：在“命令”列表框中选中了要指定快捷键的命令以后，左键在“请按新快捷键”编辑框中点一下，然后输入要指定的快捷键，如果输入的快捷键已经被其他命令使用了，那么会弹出对话框提示重新输入，如果这个快捷键没有被其他命令所使用，单击“指定”按钮就可以将这个快捷键添加到“快捷键”列表框中。关闭“自定义”对话框以后，使用刚才定义的快捷键，就可以执行相应的命令。

在定义快捷键的时候，最好不要使用单个的字母作为快捷键，而是要加上 Ctrl 键和 Alt 键，因为快捷键的级别比较高，比如定义打开文件的快捷键为“o”，则当您输入平移的键盘命令“Move”时，输入了“o”以后就会激活打开文件命令。

◆删除已有的快捷键：在“快捷键”列表框中，选中要删除的快捷键，然后单击“删除”按钮，就可以删除所选的快捷键。

◆恢复快捷键的初始设置：如果需要将所有快捷键恢复到初始的设置，可以单击“重新设置”按钮，在弹出的提示对话框中选择“是”按钮确认重置即可。

重置快捷键以后，所有的自定义快捷键设置都将丢失，因此进行重置操作时应该慎重。

2.14.6 定制键盘命令

在 CAXA CAD 电子图板中，除了可以为每一个命令指定一个或多个快捷键以外，还可以指定一个键盘命令，键盘命令不同于快捷键，快捷键只能使用一个键（可以同时包含功能键 Ctrl 和 Alt），单击快捷键以后立即响应，执行命令；而键盘命令可以由多个字符组成，不区分大小写，输入完键盘命令以后需要按空格键或 Enter 键以后才能执行命令，由于所能定义的快捷键比较少，因此键盘命令是快捷键的补充，两者相辅相成，可以大大提高操作的速度和效率。

首先选择“工具”→“自定义”菜单命令，系统弹出“自定义”对话框，在对话框中选择“键盘命令”选项卡，如图 2-49 所示。

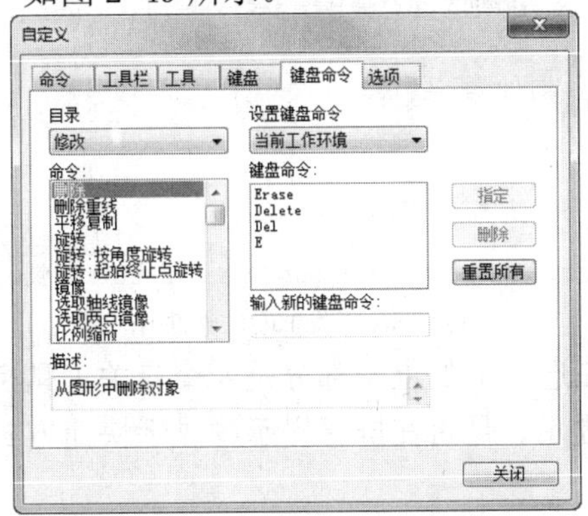

图2-49 “键盘命令”选项卡

命令的分类是根据主菜单的组织而划分的。在“命令”列表框中列出了在该类别中的所有命令，当选择了一个命令以后，会在右侧的“快捷键”列表框中列出该命令的快捷键。通过这个选项卡可以实现以下功能：

◆指定新的键盘命令：在“命令”列表框中选中了要指定键盘命令的命令以后，用左键在“输入新的键盘命令”编辑框中点一下，然后输入要指定的键盘命令，单击“指定”按钮，如果输入的键盘命令已经被其他命令使用了，那么会弹出对话框提示重新输入，如果这个键盘命令没有被其他命令所使用，就可以将这个键盘命令添加到“键盘命令”列表框中。关闭“自定义”对话框以后，使用刚才定义的键盘命令，就可以执行相应的命令。

◆删除已有的键盘命令：在“键盘命令”列表框中，选中要删除的键盘命令，然后单击“删除”按钮，就可以删除所选的键盘命令。

◆恢复键盘命令的初始设置：如果需要将所有键盘命令恢复到初始的设置，可以单击“重置所有”按钮，在弹出的提示对话框中选择“是”按钮确认重置即可。

重置键盘命令以后，所有的自定义键盘命令设置都将丢失，因此进行重置操作时应该慎重。

2.14.7 其他界面定制选项

首先选择“工具”→“自定义”菜单命令，系统弹出“自定义”对话框，单击“选项”选项卡，如图 2-50 所示。在该选项卡中，可以设置工具栏的显示效果和个性化菜单。

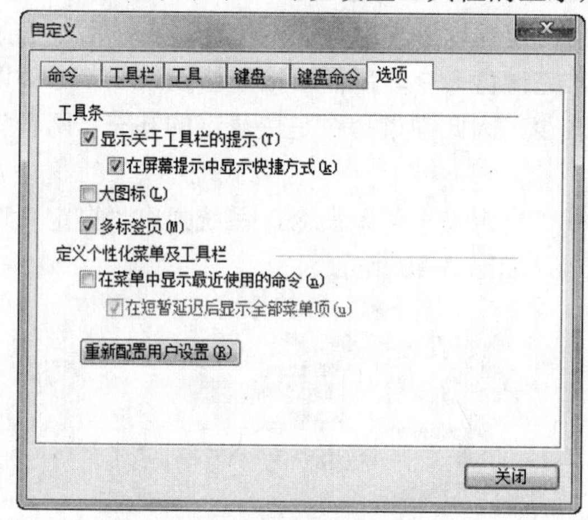

图2-50 “选项”选项卡

◆工具栏显示效果：在选项卡的上半部分是 4 个有关工具栏显示效果的选项，可以选择是否显示关于工具栏的提示、是否在屏幕提示中显示快捷方式、是否将按钮显示成大图标、是否采用多标签页。

◆个性化菜单：是在 Windows 2000 和 Office 2000 中采用的新界面技术，在使用了个性化菜单风格以后，菜单中的内容会根据使用频率而改变，常用的菜单会出现在菜单的前台，而总不使用的菜单将会隐藏到幕后，如图 2-51 左图所示，当鼠标在菜单上停留片刻或者单击菜单下方的下拉箭头以后，会列出整个菜单，如图 2-51 右图所示。在图 2-51 中的两幅图中显示出个性化菜单的效果，在右侧的菜单中可以看出，使用频率高的菜单项和不经常使用的菜单项是有区别的。

CAXA CAD 电子图板在初始的设置中没有使用个性化菜单，如果需要使用个性化菜单，应该在选项卡中选中“在菜单中显示最近使用的命令”选项。

◆重置个性化菜单：当单击“重新配置用户设置”按钮后，会弹出一个对话框询问是否需要重置个性化菜单，如果选择“是”按钮，则个性化菜单会恢复到初始的设置，在初始的设置中，提供了一组默认的菜单显示频率，自动将一些使用频率高的菜单放到了前台显示。

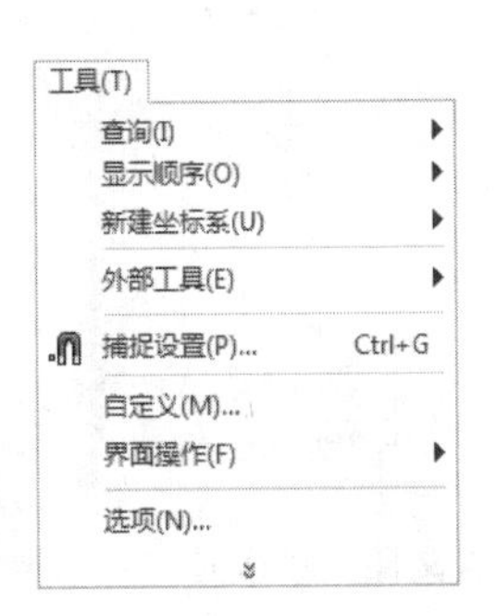

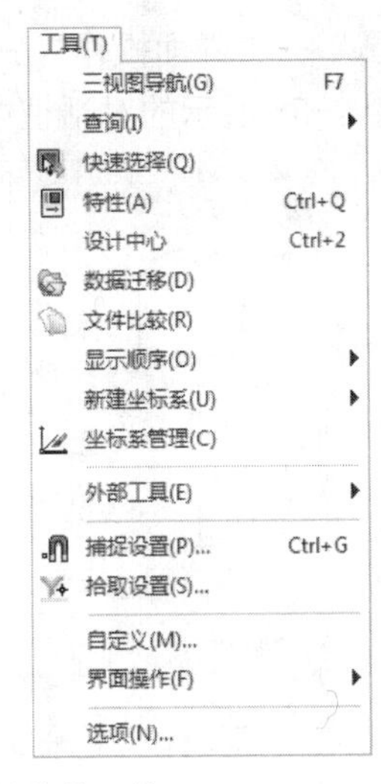

图2-51　个性化的菜单风格

2.15 界面操作

2.15.1　切换界面

执行方式

命令行：interface

菜单："工具"→"界面操作"→"切换"

选项卡：单击"视图"选项卡"界面操作"面板中的"切换界面"按钮

快捷键：F9

操作方法

利用各种执行方式，直接操作，即可实现新旧界面的切换。

当切换到某种界面后正常退出，下次再启动 CAXA CAD 电子图板时，系统将按照当前的界面方式显示。

2.15.2　保存界面配置

执行方式

菜单："工具"→"界面操作"→"保存"

选项卡：单击"视图"选项卡"操作界面"面板中的"保存配置"按钮

操作步骤

（1）单击“工具”→“界面操作”→“保存”菜单命令；

（2）在弹出如图 2-52 所示的对话框中输入相应的文件名称，单击“保存”按钮即可。

图2-52 “保存交互配置文件”对话框

2.15.3 加载界面配置

执行方式

菜单：“工具”→“界面操作”→“加载”

选项卡：单击“视图”选项卡“界面操作”面板中的“加载配置”按钮

（1）启动“加载界面配置”命令。

（2）在系统弹出的“加载交互配置文件”对话框中选择相应的自定义界面文件并单击“打开”按钮即可，如图 2-53 所示。

图2-53 “加载交互配置文件”对话框

2.15.4 界面重置

菜单：“工具”→“界面操作”→“重置”

选项卡：单击“视图”选项卡“界面操作”面板中的“界面重置”按钮

单击“工具”→“界面操作”→“重置”命令即可。

2.16 实践与操作

1．试将当前屏幕点的捕捉方式设置为“智能”方式。

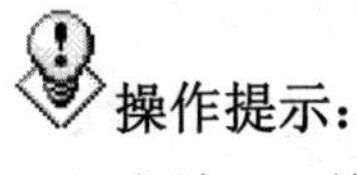

方法 1：单击屏幕右下角的点捕捉方式立即菜单，选择“智能”捕捉方式即可。

方法 2：“工具”→“捕捉设置”菜单命令。在“屏幕点设置”对话框中选择“智能”捕捉方式，单击“确定”按钮即可。

2．试将当前图层变为“中心线”图层，颜色和线型均为“BLAYER”。

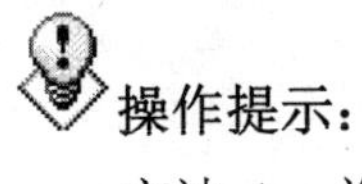

方法 1：单击属性工具栏中的当前图层下拉列表右侧的向下箭头，在列表中选取“中心线”层即可。

方法 2：选择“格式”→“图层”菜单命令（或单击“颜色图层”工具栏的图标按钮），系统弹出“层设置”对话框，选取“中心线”层，然后单击“设为当前”按钮。再单击“确定”按钮。

3．绘制图 2-54 所示三视图。

操作提示：

（1）将屏幕点捕捉方式设置为“导航”捕捉方式。

（2）绘制主视图。

（3）利用“导航”捕捉方式绘制俯视图。

（4）选择“工具”→“三视图导航”菜单命令，并按系统提示绘制 45° 导航线。

（5）利用“三视图导航功能”绘制左视图。

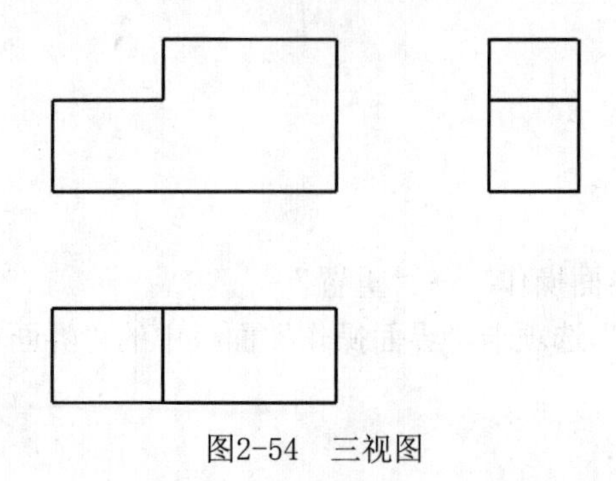

图2-54　三视图

2.17 思考与练习

1．“栅格点”“智能点”“导航点”在绘图过程中有什么作用？

2．在绘图区的（50，50）点处建立一个用户坐标系，并让此坐标系的两坐标轴与默认的世界坐标系平行。

3．建立一个自己喜欢的界面，并保存界面配置。

4．建立一个新图层，并将其层名、层描述、层状态、颜色和线型分别设置为“7”“自定义层”“打开”“红色”“双点画线”，然后将该层设置为当前图层，在该层中绘制图2-55所示的图形。

5．利用“导航”捕捉方式和“三视图导航功能”绘制图2-56所示图形，尺寸不限。顺序为先绘制主视图、再利用导航方式绘制俯视图，最后利用三视图导航功能绘制左视图。

6．按照先绘制主视图、再利用导航方式绘制左视图，最后利用三视图导航功能绘制俯视图的顺序再次绘制练习5图2-56所示中所示的三视图图形，尺寸不限。

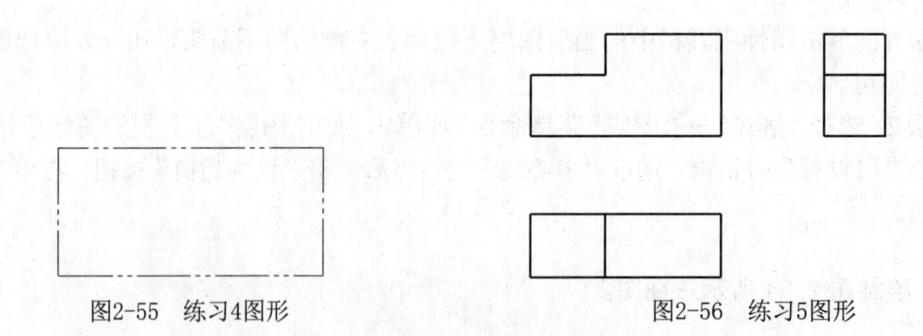

图2-55　练习4图形　　图2-56　练习5图形

第 3 章

基本图形绘制

基本图形的绘制是CAD绘图软件构成的基础，CAXA CAD 电子图板以先进的计算机技术和简捷的操作方式代替了传统的手工绘图方法，CAXA CAD 电子图板为用户提供了功能齐全的作图方式，利用它，可以绘制各种复杂的工程图。本章主要介绍各种曲线的绘制方法。

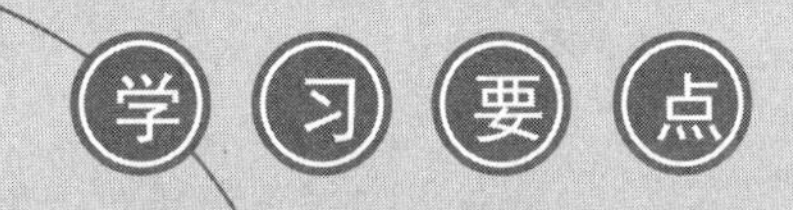

- 绘制直线、平行线、圆、圆弧、样条、点、公式曲线
- 绘制椭圆、矩形、正多边形
- 绘制中心线、等距线、剖面线
- 绘制填充、文字、局部放大图
- 绘制多段线、波浪线、双折线、箭头
- 绘制齿轮轮廓、圆弧拟合样条、孔/轴

3.1 绘制直线

曲线绘制命令的菜单操作主要集中在“常用”选项卡中的“绘图”面板中，如图 3-1 所示，“绘图”菜单，如图 3-2 所示。工具栏操作主要集中在“绘图”工具栏，如图 3-3 所示和“绘图工具Ⅱ”工具栏中，如图 3-4 所示。

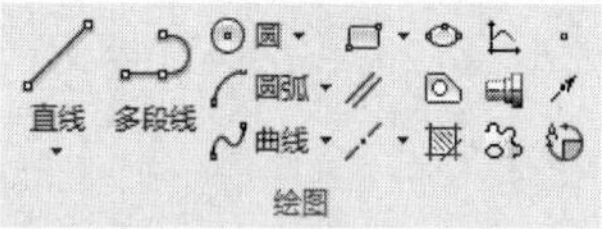

图3-1 “绘图”面板

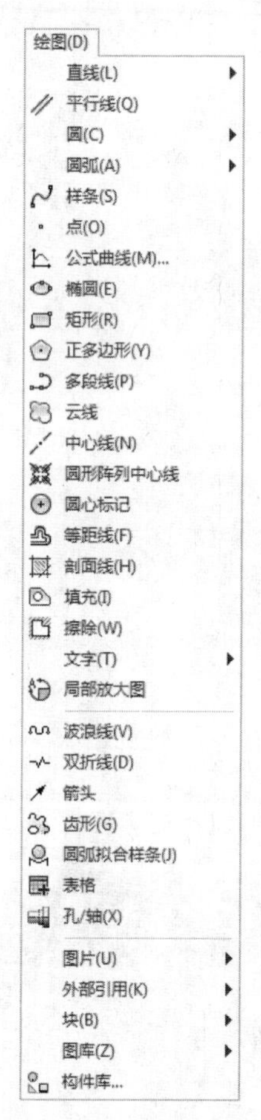

图3-2 “绘图”菜单

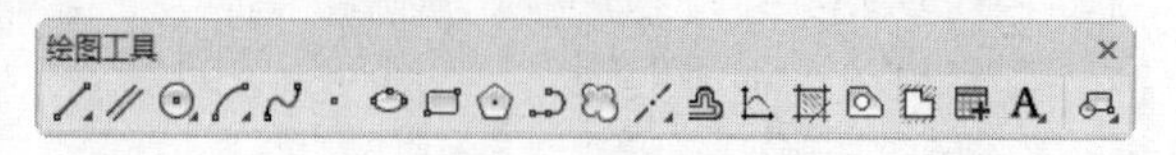

图3-3 “绘图”工具栏

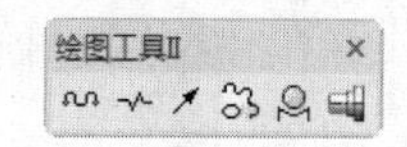

图3-4 “绘图工具Ⅱ”工具栏

命令行：line

菜单：“绘图”→“直线”

工具栏：“绘图工具”工具栏→

选项卡：单击“常用”选项卡“绘图”面板中的“直线”按钮

选项说明

单击“绘图”面板中的绘制直线按钮，进入绘制直线命令后，在屏幕左下角的操作提示区出现“绘制直线”立即菜单，单击立即菜单 1 可选择绘制直线的不同方式，如图 3-5 所示；单击立即菜单 2，该项内容由“连续”变为“单个”，“连续”表示每段直线段相互连接，前一段直线段的终点作为下一直线段的起点，而单个是指每次绘制的直线段相互独立，互不相连。

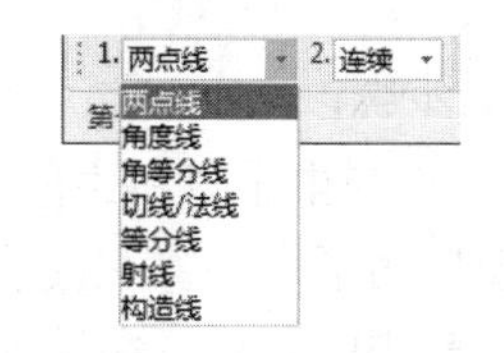

图3-5　绘制直线的立即菜单

CAXA CAD 电子图板提供了 5 种绘制直线的方式：两点线、角度线、角等分线、切线/法线和等分线。下面分别举例予以介绍。

3.1.1　绘制两点线

例 3-1：绘制一条从（0，0）点到（80，100）点的一条直线。

绘制步骤：

（1）单击“常用”选项卡“绘图”面板中的“直线”按钮（或者选取“绘图”→“直线”→“直线”菜单），启动绘制直线命令后，在绘图区左下角弹出绘制直线的立即菜单。

（2）在立即菜单 1 中选择 “两点线”选项，2 中选择“连续”选项。

（3）按照系统提示，在操作提示区输入第一点坐标“0,0”，然后根据系统提示输入第二点坐标“80,100”，屏幕上出现如图 3-6 所示的直线。

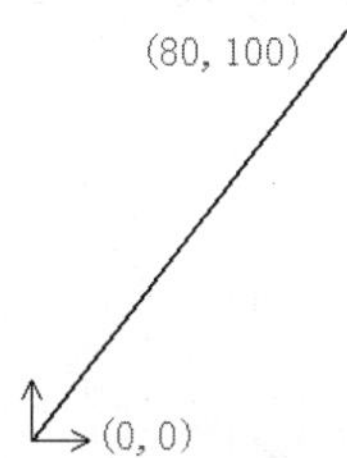

图3-6　绘制两点直线

例 3-2：绘制两个圆的公切线。

绘制步骤：

（1）打开电子资料中的“初始文件”→“3”→“例 3-2”文件。单击“常用”选项卡“绘图”面板中的“直线”按钮（或者选取“绘图”→“直线”→“直线”菜单），启动绘制直线命令后，在绘图区左下角弹出绘制直线的立即菜单。

（2）在立即菜单 1 中选择“两点线”选项；2 中选择“单根”选项。

（3）当系统提示输入第一点坐标时，按空格键，弹出工具点菜单，选择“切点”选项，如图 3-7 所示，然后按提示拾取第一个圆，拾取点如图 3-8a 中 1 点附近的位置，系统提示输入第二点时，按空格键又弹出工具点菜单，再次选择“切点”选项，然后按提示拾取第二个圆，拾取的位置如图 3-8a 中 2 点附近的位置。两圆的外公切线自动生成，结果如图 3-8b 所示。

屏幕点(S)
端点(E)
中点(M)
两点之间的中点(B)
圆心(C)
节点(D)
象限点(Q)
交点(I)
插入点(R)
垂足点(P)
切点(T)
最近点(N)

图3-7　工具点菜单

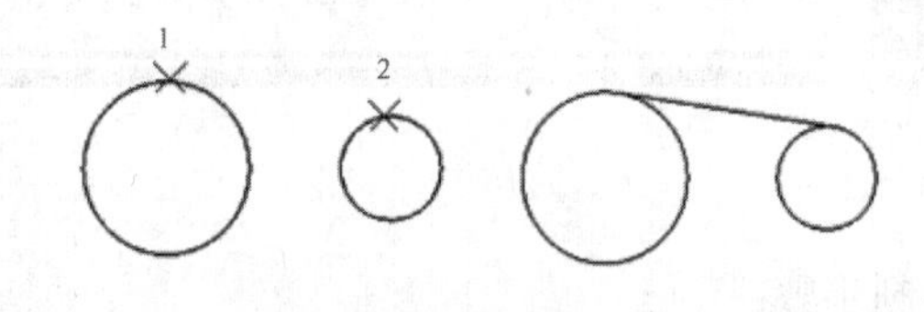

a)操作前　　b)操作后

图3-8　绘制圆的外公切线

注意

在拾取圆时，取的位置不同，则切线绘制的位置也不同。若第二点选在如图 3-9 所示的位置，则做出的为两圆的内公切线，如图 3-10 所示。

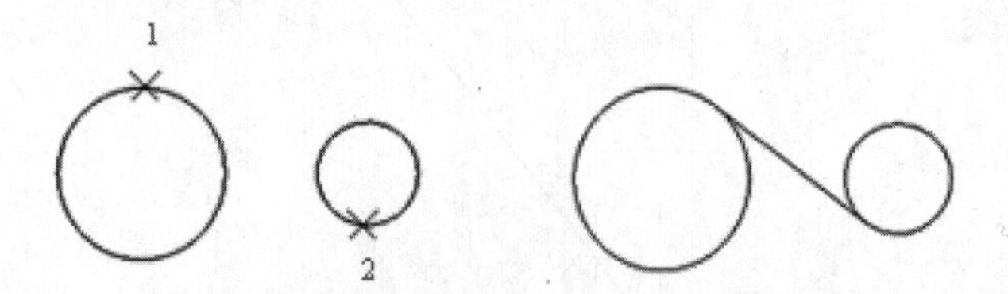

图3-9　绘制圆的内公切线操作前　图3-10　绘制圆的内公切线操作后

例 3-3：用相对坐标和极坐标绘制边长为 30 的五角星，如图 3-11 所示。

绘制步骤：

（1）单击“常用”选项卡“绘图”面板中的“直线”按钮 （或者选取“绘图”→“直线”→“直线”菜单），启动绘制直线命令后，则在绘图区左下角弹出绘制直线的立即菜单.

（2）在立即菜单 1 中选择“两点线”选项；2 中选择“连续”选项。

（3）按照系统提示，在操作提示区输入第一点坐标“0,0”；然后输入第二点坐标“@30,0”，这是相对于第一点的坐标；输入第三点坐标“@30<-144”，这是相对于第二点的极坐标；按照系统提示按顺序输入第四点的坐标“@30<72”，最后再输入第一点坐标“0,0”，单击右键结束绘制直线操作，整个五角星绘制完成。

极坐标的角度是指从 X 正半轴开始，逆时针方向旋转为正，顺时针方向旋转为负。

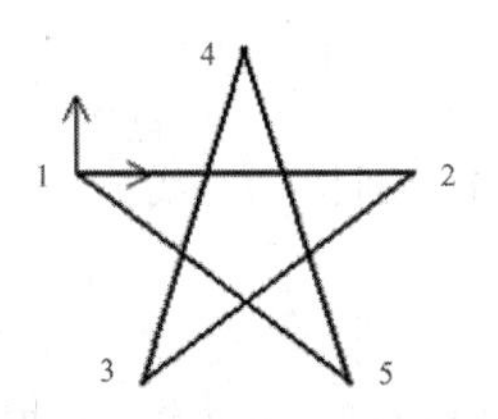

图3-11 五角星

3.1.2 绘制角度线

例 3-4：过坐标系的原点绘制一条与 X 轴呈 30° 夹角的直线，如图 3-12 所示。

绘制步骤：

（1）单击“常用”选项卡“绘图”面板中的“直线”按钮 （或者选取“绘图”→“直线”→“直线”菜单），启动绘制直线命令后，则在绘图区左下角弹出“绘制直线”立即菜单。

（2）在立即菜单 1 中选择“角度线”选项；后面几项的选择如图 3-13 所示。

（3）在操作提示区输入直线的起点坐标“0,0”，屏幕上直线的起点锁定在坐标系原点。

（4）移动光标到直线的终点位置时单击，绘制完成。

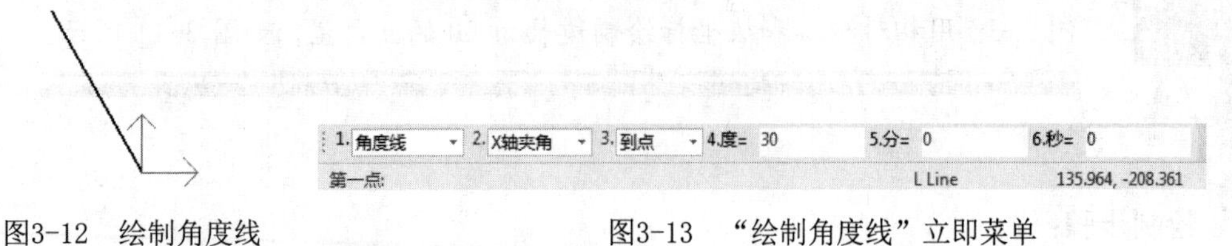

图3-12 绘制角度线　　　　图3-13 “绘制角度线”立即菜单

3.1.3 绘制角等分线

例 3-5：绘制∠AOB 的三等分线，如图 3-14 所示。

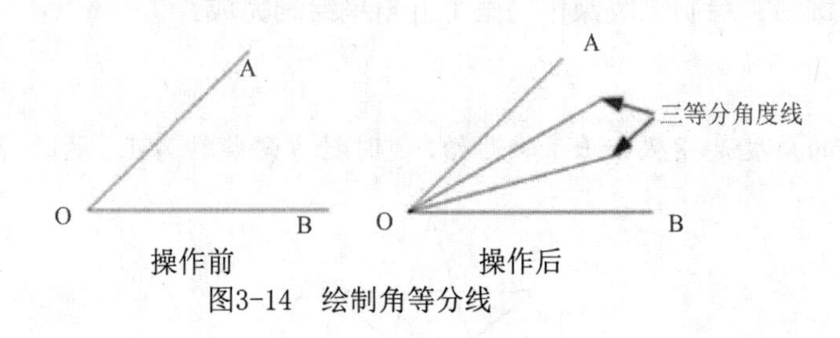

图3-14 绘制角等分线

绘制步骤：

（1）打开电子资料中的“初始文件”→“3”→“例 3-5”文件。单击“常用”选项卡“绘图”面板中的“直线”按钮（或者选取“绘图”→“直线”→“直线”菜单），启动绘制直线命令后，在绘图区左下角弹出“绘制角等分线”立即菜单。

（2）在立即菜单 1 中选择“角等分线”选项；后面几项的选择如图 3-15 所示。

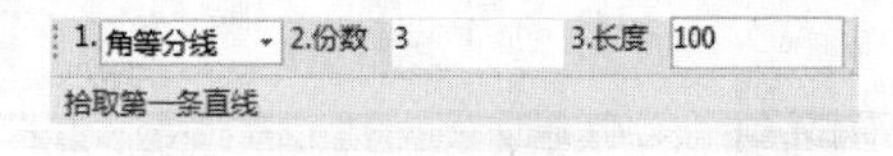

图3-15 “绘制角等分线”立即菜单

（3）根据系统提示，依次拾取∠AOB 的两条边，∠AOB 的三等分线绘制生成。

3.1.4 绘制切线/法线

例 3-6：过给定点绘制圆弧的切线和法线，如图 3-16 所示。

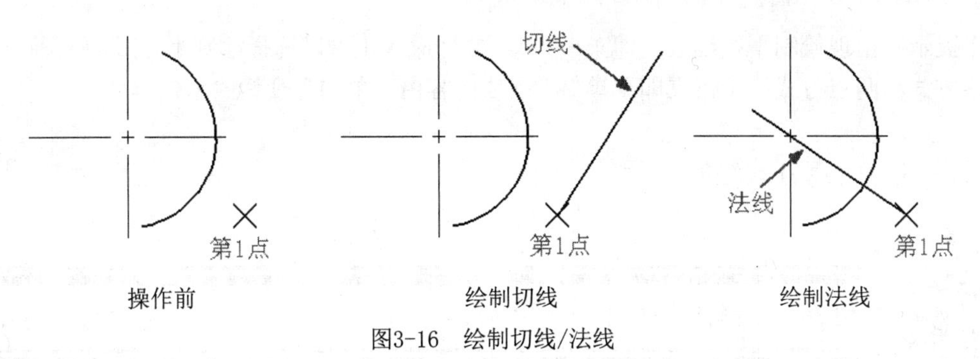

图3-16　绘制切线/法线

绘制步骤：

（1）打开电子资料中的“初始文件”→“3”→“例 3-6”文件。单击“常用”选项卡“绘图”面板中的“直线”按钮（或者选取“绘图”→“直线”→“直线”菜单），启动绘制直线命令后，在绘图区左下角弹出绘制直线的立即菜单。

（2）在立即菜单 1 中选择“切线/法线”选项；后面几项的选择如图 3-17 所示。

（3）当系统提示拾取曲线时，单击图中圆弧，系统提示选择输入点，单击第一点处，系统提示输入第二点或长度，这时单击图中第二点处。切线绘制完成。

（4）如绘制圆弧的法线，则在第 2 步中的立即菜单 2 中选择“法线”选项，如图 3-18 所示，然后根据系统提示拾取圆弧，并按图 3-16 中绘制法线所示的位置输入第一点和第二点即可。

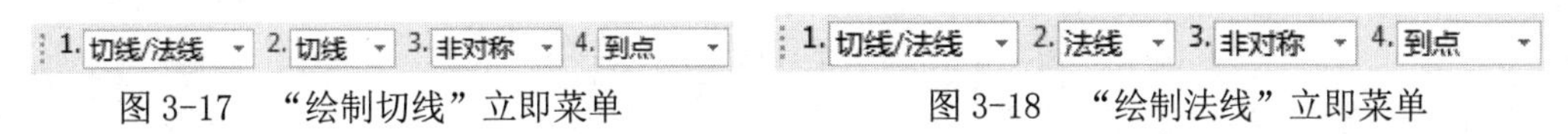

图 3-17　“绘制切线”立即菜单　　图 3-18　“绘制法线”立即菜单

在 CAXACAD 电子图板中拾取点时，可充分利用工具点、智能点、导航点、栅格点等功能。

3.2 绘制平行线

执行方式

命令行：ll

菜单：“绘图”→“平行线”

工具栏：“绘图工具”工具栏→

选项卡：单击“常用”选项卡“绘图”面板中的“平行线”按钮

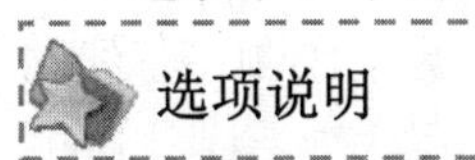

选项说明

选择“绘图”面板中的“平行线”按钮，进入绘制平行线命令后，在屏幕左下角的操作提示区出现绘制平行线的立即菜单，单击立即菜单 1 可以选择绘制平行线的两种方式：偏移方式和两点方式；单击立即菜单 2，该项内容由“单向”变为“双向”。

3.2.1 两点方式绘制平行线

例 3-7：绘制两条相距 50 的平行线。

绘制步骤：

（1）打开电子资料中的“初始文件”→“3”→“例 3-7”文件。单击“常用”选项卡“绘图”面板中的“平行线”按钮（或者选取“绘图”→“平行线”菜单），启动绘制平行线的命令后，在绘图区左下角弹出“绘制平行线”立即菜单，如图 3-19 所示。

（2）在立即菜单 1 中选择“两点方式”选项；2 中选择“距离方式”选项。

（3）拾取一条已知线段，在立即菜单 4 中输入距离为 50。

（4）在屏幕中适当的位置确定直线的起点和终点，绘制结果如图 3-20 所示。

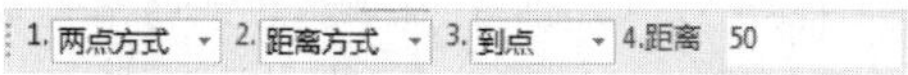

图3-19 “绘制平行线”立即菜单

图3-20 两点方式绘制平行线

3.2.2 偏移绘制平行线

例 3-8：绘制两条相距 50 的平行线

绘制步骤：

（1）打开电子资料中的“初始文件”→“3”→“例 3-8”文件。启动绘制平行线的命令后，在绘图区左下角弹出“绘制平行线”立即菜单，如图 3-21 所示。

（2）在立即菜单 1 中选择“偏移方式”选项；2 中选择“单向”选项。

（3）拾取一条已知线段。

（4）在操作提示区输入平行线的距离“50”。然后按Enter键，绘制完成，结果如图3-22所示。

图3-21 “绘制平行线”立即菜单

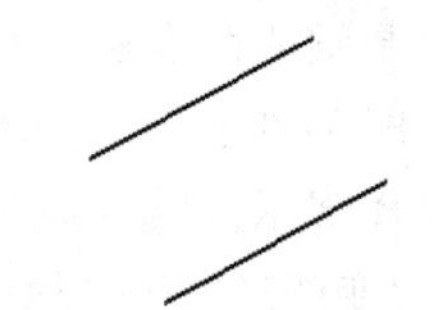

图3-22 偏移方式绘制平行线

3.3 绘制圆

执行方式

命令行：circle

菜单：“绘图”→“圆”

工具栏：“绘图工具”工具栏→

选项卡：单击“常用”选项卡“绘图”面板中的“圆”按钮

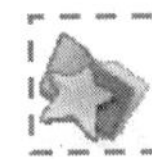

选项说明

单击“绘图”面板中的“圆”按钮，进入绘制圆命令后，在屏幕左下角的操作提示区出现“绘制圆”立即菜单，单击立即菜单1可选择绘制圆的不同方式，如图3-23所示；单击立即菜单2，该项内容由“直径”变为“半径”，“半径”表示用户由键盘输入的值为半径；单击立即菜单3，该项内容由“无中心线”变为“有中心线”并且立即菜单4可以输入中心线的延长长度。CAXA CAD电子图板提供了4种绘制圆的方式：圆心-半径方式、两点方式、三点方式、两点-半径方式。下面分别举例予以介绍。

图3-23 “绘制圆”立即菜单

3.3.1 已知圆心、半径绘制圆

例3-9：绘制一个圆心在“30，30”处，半径为30的圆，如见图3-24所示。

绘制步骤：

（1）单击“常用”选项卡“绘图”面板中的“圆”按钮（或者选取“绘图”→“圆”菜单），启动绘制圆的命令后，在绘图区左下角弹出绘制圆的立即菜单。

（2）在立即菜单 1 中选择“圆心-半径”选项；2 中选择“半径”选项。

（3）在操作提示区输入圆的圆心点坐标“30,30”，屏幕上会生成一个圆心固定，半径由鼠标拖动改变的动态圆，这时系统提示输入圆的半径，在操作提示区输入 30，然后按 Enter 键，绘制完成。

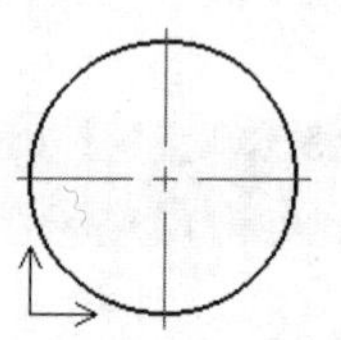

图3-24　圆心-半径方式绘制圆

3.3.2　绘制两点圆

例 3-10：绘制一个以直线 L1 的两个端点为直径的圆，如图 3-25a 所示。

绘制步骤：

（1）打开电子资料中的“初始文件”→“3”→“例 3-10”文件。单击“常用”选项卡“绘图”面板中的“圆”按钮（或者选取“绘图”→“圆”菜单），启动绘制圆的命令后，在绘图区左下角弹出绘制圆的立即菜单。

（2）在立即菜单 1 中选择“两点”选项。

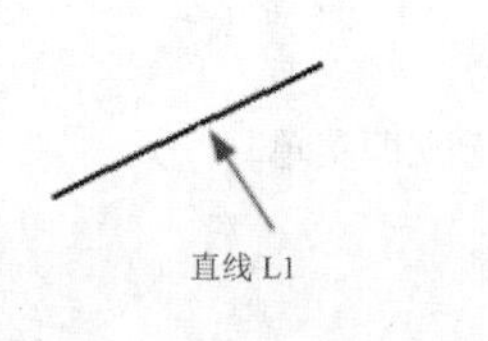

a）操作前

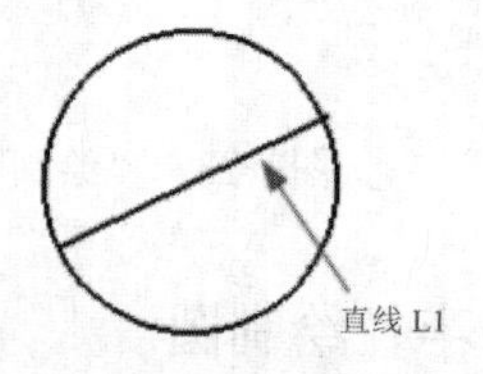

b）操作后

图3-25　绘制两点圆

（3）系统提示输入圆的第一点的坐标，按空格键，在工具点菜单中选取“端点”选项，单击直线 L1 的左下部分一个以光标点与直线 L1 的左下端点为直径的动态圆出现在屏幕上，系统提示输入第二点的坐标，再次按下空格键，在工具点菜单中选取“端点”选项，单击直线 L1 的右上部分，一个以直线 L1 的两端点为直径的圆绘制完成，如图 3-25b 所示。

3.3.3 绘制三点圆

例 3-11：绘制图 3-26a 所示的三角形的内切圆和外接圆。

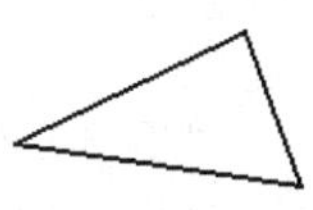
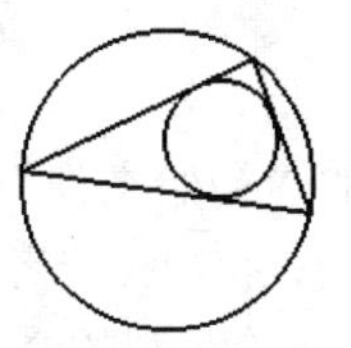

a）操作前　　b）操作后

图3-26 利用“三点”方式绘制三角形的内切圆和外接圆

绘制步骤：

（1）打开电子资料中的“初始文件”→“3”→“例 3-11”文件。单击“常用”选项卡“绘图”面板中的“圆”按钮（或者选取“绘图”→“圆”菜单），启动绘制圆的命令后，在绘图区左下角弹出绘制圆的立即菜单。

（2）在立即菜单 1 中选择“三点”选项。

（3）绘制内切圆。系统提示输入圆的第一点的坐标，按下空格键，在工具点菜单中选取“切点”选项，单击三角形的第一条边，系统提示输入第二点，再次按下空格键并在工具点菜单中选取“切点”选项，单击三角形的第二条边，这时屏幕上会生成一个与边相切且过光标点的动态圆，系统提示输入第三点，再次按下空格键并在工具点菜单中选取“切点”选项，单击三角形的第三条边，这时屏幕上会生成一个与 3 条边均相切的圆。

（4）绘制外接圆。重复步骤 1-2；系统提示输入圆的第一点的坐标，按下空格键，在工具点菜单中选取“交点”选项，单击三角形的第一个顶点，系统提示输入第二点，再次按下空格键并在工具点菜单中选取“交点”选项，单击三角形的第二个顶点，这时屏幕上会生成一个过两个顶点和光标点的动态圆，系统提示输入第三点，再次按下空格键并在工具点菜单中选取“交点”选项，单击三角形的第三个顶点，这时屏幕上会生成一个过 3 个顶点的外接圆。绘制结果如图 3-26b 所示。

3.3.4 已知两点、半径绘制圆

例 3-12：绘制图 3-27a 所示与∠AOB 的两边相切半径为 60 的圆。

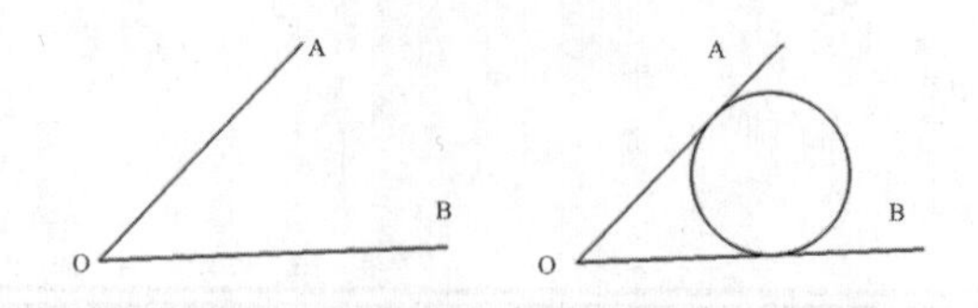

a）操作前　　b）操作后

图3-27　利用“两点-半径”方式绘制圆

绘制步骤：

（1）打开电子资料中的“初始文件”→“3”→“例 3-12”文件。单击“常用”选项卡“绘图”面板中的“圆”按钮（或者选取“绘图”→“圆”菜单），启动绘制圆的命令后，则在绘图区左下角弹出绘制圆的立即菜单。

（2）在立即菜单 1 中选择“两点-半径”选项。

（3）系统提示输入圆的第一点的坐标，按下空格键，在工具点菜单中选取“切点”选项，单击∠AOB 的任一条边，系统提示输入第二点，再次按下空格键并在工具点菜单中选取“切点”选项，单击∠AOB 的另一条边，这时屏幕上会生成一个与两边均相切且过光标点的动态圆，系统提示输入第三点或圆的半径，在操作提示区输入 60，这时屏幕上生成如图 3-27b 所示的圆。

3.4　绘制圆弧

执行方式

命令行：arc

菜单：“绘图”→“圆弧”

工具栏：“绘图工具”工具栏→

选项卡：单击“常用”选项卡“绘图”面板中的“圆弧”按钮

选项说明

单击“绘图”面板中的“圆弧”按钮，进入绘制圆弧命令后，在屏幕左下角的操作提示区出现“绘制圆弧”立即菜单，单击立即菜单 1 可选择绘制圆弧的不同方式，如图 3-28 所示。

CAXA CAD 电子图板提供了 6 种绘制圆弧的方式：三点圆弧、圆心_起点_圆心角、两点-半径、圆心_半径_起终角、起点_终点_圆心角、起点_半径_起终角。下面分别举例进行介绍。

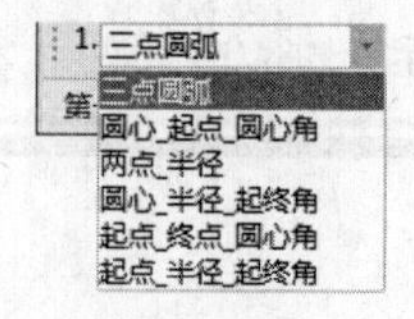

图3-28　“绘制圆弧”立即菜单

3.4.1 通过三点绘制圆弧

例 3-13：过图 3-29a 中的 A、O、B 三点绘制圆弧。

绘制步骤：

（1）打开电子资料中的“初始文件”→“3”→“例 3-13”文件。单击“常用”选项卡“绘图”面板中的“圆弧”按钮（或者选取“绘图”→“圆弧”菜单），启动绘制圆弧的命令后，则在绘图区左下角弹出绘制圆弧的立即菜单。

（2）在立即菜单 1 中选择“三点圆弧”选项。

（3）系统提示输入圆的第一点的坐标，按下空格键，在工具点菜单中选取“端点”选项，单击∠AOB 的 AO 边的右上半部分，系统提示输入第二点，再次按下空格键并在工具点菜单中选取“交点”选项，单击∠AOB 的顶点 O，这时屏幕上会生成一个过点 A、点 O 和光标点的动态圆弧，系统提示输入第三点，按下空格键，在工具点菜单中选取“端点”选项，单击∠AOB 的 OB 边的右半部分，如图 3-29b 所示的圆弧绘制完毕。

注意

本例中，A、O、B 三点选取的顺序不同，绘制的圆弧也不同。如果将 A 点选作第一点，B 点选作第二点，O 点选作第三点，则绘制的圆弧如图 3-30 所示。

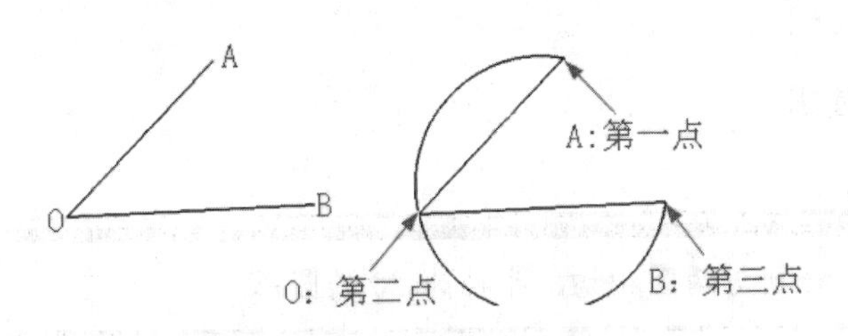

a）操作前　　b）操作后

图3-29　利用“三点”方式绘制圆弧

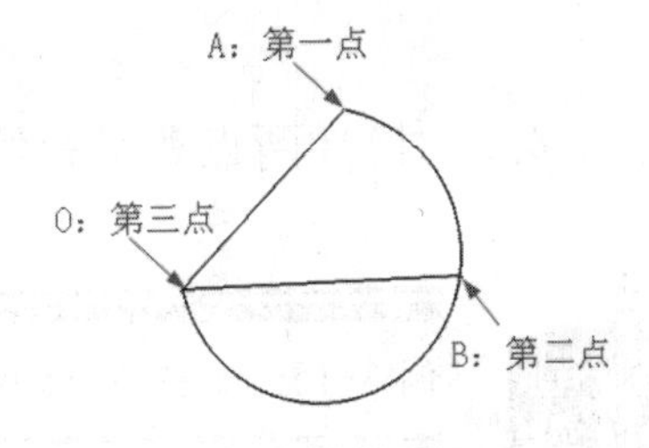

图3-30　绘制三点圆弧

3.4.2 已知圆心、起点、圆心角绘制圆弧

例 3-14：绘制以图 3-31a 中 O 点为圆心，A 点为起点，圆弧角度为 300° 的圆弧。

绘制步骤：

（1）打开电子资料中的“初始文件”→“3”→“例 3-14”文件。单击“常用”选项卡“绘图”面板中的“圆弧”按钮（或者选取“绘图”→“圆弧”菜单），启动绘制圆弧的命令后，在绘图区左下角弹出绘制圆弧的立即菜单。

（2）在立即菜单 1 中选择“圆心-起点-圆心角”选项。

（3）系统提示输入圆心的坐标，单击点 O 所在的位置，系统提示输入圆弧的起点，单击 A 点所在的位置，这时屏幕上会生成一个以 O 点为圆心，以 A 点为起点，终点由鼠标拖动的动态圆弧，系统提示输入圆弧的角度，在操作提示区输入 300，圆弧绘制完成，如图 3-31b 所示。

注意

CAXA CAD 电子图板中的圆弧以逆时针方向为正，如果在上面的第（3）步中输入的圆弧角度为-300，则绘制的圆弧如图 3-32 所示。

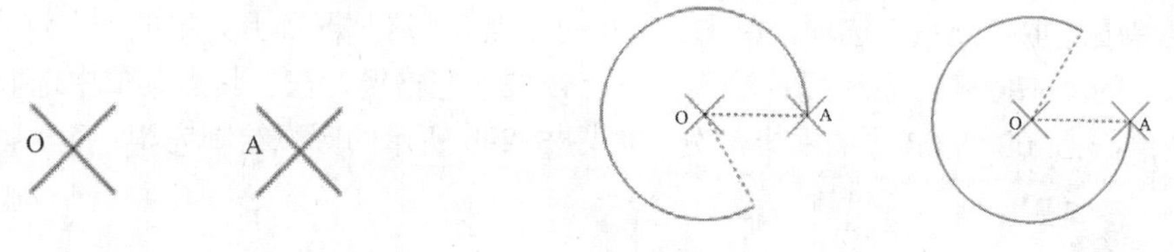

a）操作前　　b）操作后

图3-31　已知圆心、起点、圆心角绘制圆弧　　　　图3-32　绘制角度为-300° 的圆弧

3.4.3　已知两点和半径绘制圆弧

例 3-15：如图 3-33 所示，绘制与两圆相切，半径为 30 的圆弧。

绘制步骤：

（1）打开电子资料中的“初始文件”→“3”→“例 3-15”文件。单击“常用”选项卡“绘图”面板中的“圆弧”按钮（或者选取“绘图”→“圆弧”菜单），启动绘制圆弧的命令后，在绘图区左下角弹出绘制圆弧的立即菜单。

（2）在立即菜单 1 中选择“两点-半径”选项。

（3）系统提示输入第一点的坐标，按下空格键，在工具点菜单中选取“切点”选项，单击左侧的圆，这时统提示输入第二点的坐标，再次按下空格键，在工具点菜单中选取“切点”选项，单击右侧的圆，屏幕上会生成一段起点和终点固定(与两圆相切)，半径由鼠标拖动改变的动态圆弧，移动鼠标使圆弧成凹形时，在操作提示区输入圆弧半径 30，圆弧绘制完成，如图 3-33b 所示。

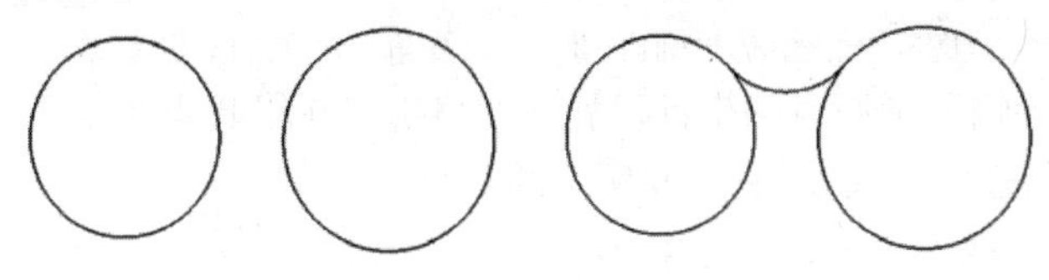

a）操作前　　　　b）操作后

图3-33　绘制“两点-半径”圆弧

注意

如果在上面的第（3）步中移动鼠标使圆弧成凸形时，在操作提示区输入圆弧半径 30，圆弧绘制完成，如图 3-34 所示。

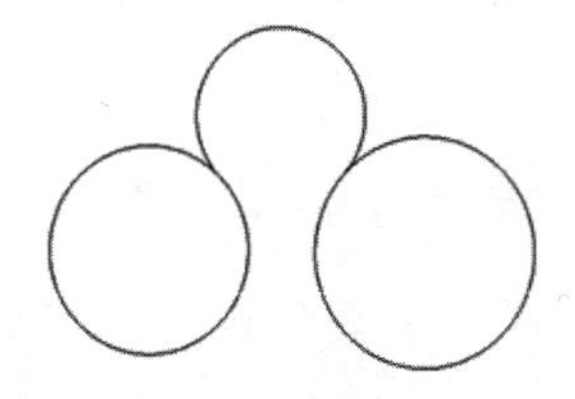

图3-34　绘制“两点-半径” 凸圆弧

3.4.4　已知圆心、半径、起终角绘制圆弧

例 3-16：如图 3-35 所示，绘制 M12 的螺纹外径圆弧（即与已知的 Φ10 圆同心，半径为 6 的 270° 的圆弧）。

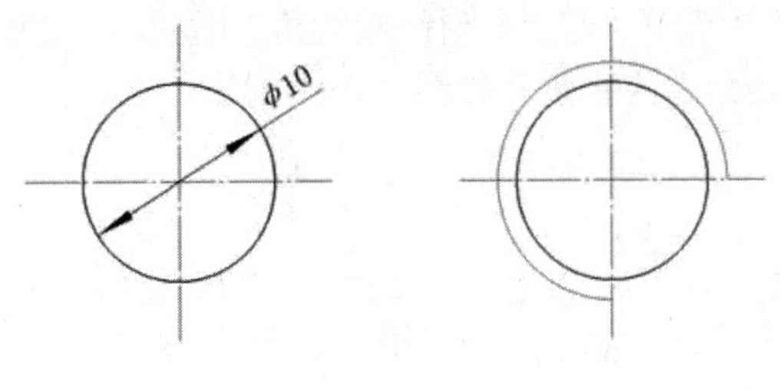

操作前　　　　操作后

图3-35　绘制“圆心-半径-起终角”圆弧

绘制步骤：

（1）打开电子资料中的“初始文件”→“3”→“例 3-16”文件。单击“常用”选项卡“绘图”面板中的“圆弧”按钮 （或者选取“绘图”→“圆弧”菜单），启动绘制圆弧的命令后，在绘图区左下角弹出“绘制圆弧”立即菜单。

（2）在立即菜单 1 中选择“圆心-半径-起终角”选项，其余选项如图 3-36 所示。

1. 圆心_半径_起终角 2.半径= 6 3.起始角= 0 4.终止角= 270

图3-36 绘制“圆心-半径-起终角”圆弧的立即菜单

（3）系统提示输入圆心点的坐标，按下空格键，在工具点菜单中选取“圆心”选项，单击 $\Phi10$ 的圆，屏幕上生成如图 3-35 所示的圆弧。

3.4.5 已知起点、终点、圆心角绘制圆弧

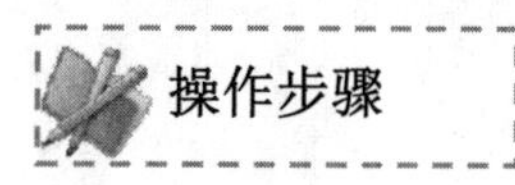

（1）单击“常用”选项卡“绘图”面板中的“圆弧”按钮（或者选取“绘图”→“圆弧”菜单），启动绘制圆弧的命令后，在绘图区左下角弹出“绘制圆弧”立即菜单。

（2）在立即菜单 1 中选择“起点-终点-圆心角”选项，在 2 中输入圆弧的圆心角，如图 3-37 所示。

1. 起点_终点_圆心角 2.圆心角: 60

图3-37 绘制“起点-终点-圆心角”圆弧的立即菜单

（3）拖动或键盘输入圆弧的起点，屏幕上会生成一段起点固定、圆心角固定的圆弧，拖动圆弧的终点到合适的位置单击，确定即可。

3.4.6 已知起点、半径、起终角绘制圆弧

（1）单击“常用”选项卡“绘图”面板中的“圆弧”按钮（或者选取“绘图”→“圆弧”菜单），启动绘制圆弧的命令后，在绘图区左下角弹出“绘制圆弧”立即菜单。

（2）在立即菜单 1 中选择“起点-半径-起终角”选项，在 2 中输入圆弧半径的值，3、4 中分别输入圆弧的起始角、终止角，如图 3-38 所示。

图3-38 绘制“起点-半径-起终角”圆弧的立即菜单

（3）输入以上条件后，就会生成一段符合以上条件的圆弧，拖动圆弧的起点到合适的位置后单击，确定即可。

3.5 绘制样条

样条线是指过一些给定点的平滑曲线，样条线的绘制方法就是给定一系列顶点，由计算机根据这些给定点按照插值方式生成一条平滑曲线。

命令行：spline

菜单："绘图"→"样条"

工具栏："绘图工具"工具栏→

选项卡：单击"常用"选项卡"绘图"面板中的"样条"按钮

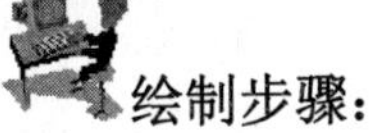

单击"绘图"面板中的"样条"按钮，进入绘制样条曲线命令后，在屏幕左下角的操作提示区出现绘制样条的立即菜单，单击立即菜单 1 可转换绘制样条的不同方式。

3.5.1 通过屏幕点直接作图

例 3-17：绘制过点（0,0），（3,5），（8,15），（50,20）的样条曲线。

绘制步骤：

（1）单击"常用"选项卡"绘图"面板中的"样条"按钮（或者选取"绘图"→"样条"菜单），启动绘制样条的命令后，在绘图区左下角弹出绘制样条的立即菜单。

（2）在立即菜单 1 中选择"直接作图"选项，在 2 中选择"缺省切矢"选项，3 中选择"开曲线"选项，如图 3-39 所示。

1. 直接作图 2. 缺省切矢 3. 开曲线 4.拟合公差 0

图3-39 "绘制样条曲线"立即菜单

（3）系统提示输入点的坐标，输入第一点的坐标（0，0），按 Enter 键，依次输入后面各插值点的坐标并按 Enter 键确认，最后单击右键结束操作。绘制结果如图 3-40 所示。

图3-40 绘制样条曲线结果

在图 3-39 中的立即菜单 2 中，可以选择"缺省切矢"或"给定切矢"；3 中可以选择"开曲线"或"闭曲线"。如果选择了"缺省切矢"，那么系统将根据数据点的性质，自动地确定端点切矢（一般采用从端点起的 3 个插值点构成的抛物线端点的切线方向）；如果选择了"给定切矢"，那么右键结束输入插值点后，拖动或键盘输入一点，该点与端点形成的矢量作为给定的端点切矢。在"给定切矢"方式下，也可以单击右键忽略。

3.5.2 通过从文件读入数据绘制样条

（1）单击“常用”选项卡“绘图”面板中的“样条”按钮（或者选取“绘图”→“样条”菜单），启动绘制样条的命令后，在绘图区左下角弹出绘制样条的立即菜单。

（2）在立即菜单 1 中选择“从文件读入”选项，系统弹出图 3-41 所示的“打开样条数据文件”对话框。

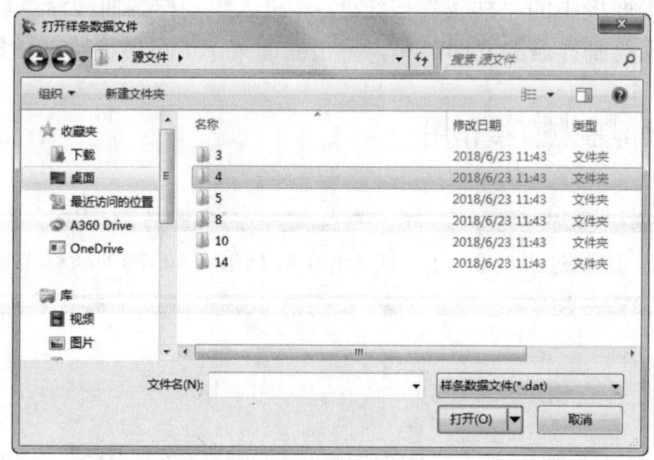

图3-41 “打开样条数据文件”对话框

（3）样条文件中存储的是样条曲线的插值点的坐标，因此从对话框中选择一个样条数据文件，单击“打开”按钮，系统自动生成样条曲线。

存储样条数据的文本文件可用任何一种文本编辑器生成，结构如下：

```
5
0,0
100,30
40,60
30,-40
-90,-40
```

第一行为插值点的个数，以下各行分别为各个插值点的坐标。

3.6 绘制点

CAXA CAD 电子图板可以生成孤立点实体，该点既可作为点实体绘图输出，也可用于绘图中的定位捕捉用。

执行方式

命令行：point
菜单："绘图"→"点"
工具栏："绘图工具"工具栏→▫
选项卡：单击"常用"选项卡"绘图"面板中的"点"按钮▫

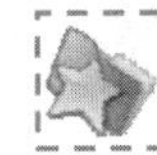
选项说明

单击"绘图"面板中的"点"按钮▫，进入绘制点的命令后，在屏幕左下角的操作提示区出现绘制点的立即菜单，单击立即菜单 1 可转换绘制点的不同方式。下面分别予以介绍。

3.6.1 绘制孤立点

操作步骤

（1）单击"常用"选项卡"绘图"面板中的"点"按钮▫（或者选取"绘图"→"点"菜单），启动绘制点的命令后，在绘图区左下角弹出绘制样条的立即菜单。

（2）在立即菜单 1 中选择"孤立点"选项。

（3）直接单击所需孤立点的位置，或输入孤立点的坐标即可生成孤立点（用工具点菜单绘制曲线的特征点也可）。

3.6.2 绘制等分点

操作步骤

（1）单击"常用"选项卡"绘图"面板中的"点"按钮▫（或者选取"绘图"→"点"菜单），启动绘制点的命令后，在绘图区左下角弹出"绘制点"立即菜单。

（2）在立即菜单 1 中选择"等分点"选项。在 2 中输入曲线将被等分的份数。

（3）点取需要等分的曲线即可。图 3-42 所示为绘制等分点的图例。

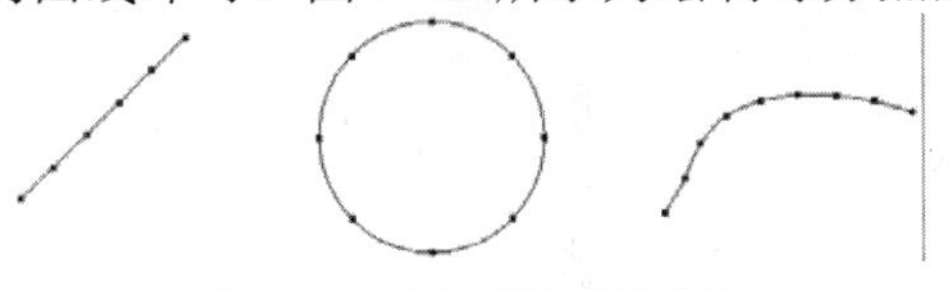

图3-42　绘制等分点图例

3.6.3 绘制等距点

例 3-18：绘制如图 3-43a 中曲线的等距点

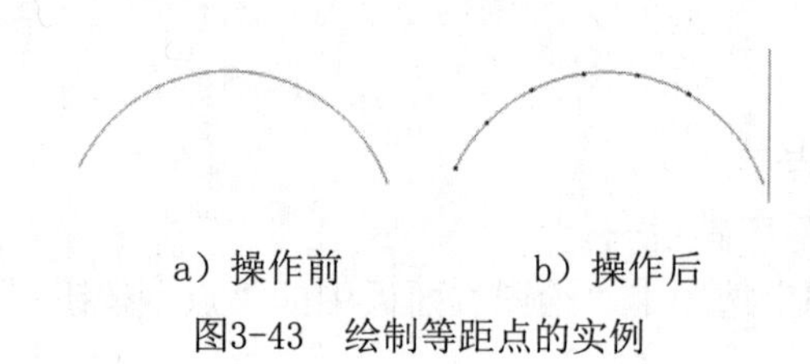

a）操作前　　　　b）操作后

图3-43　绘制等距点的实例

绘制步骤：

（1）打开电子资料中的“初始文件”→“3”→“例 3-18”文件。单击“常用”选项卡“绘图”面板中的“点”按钮▫（或者选取“绘图”→“点”菜单），启动绘制点的命令后，在绘图区左下角弹出“绘制点”立即菜单。

（2）在立即菜单 1 中选择“等距点”选项。在 2 中选择“指定弧长”，3 中输入每一份的弧长数，4 中输入等分的份数，如图 3-44 所示。

1. 等距点　2. 指定弧长　3.弧长 5　4.等分数 7

图3-44　绘制等弧长点的立即菜单

（3）系统提示拾取要等分的曲线，这时点取图中的曲线，接着系统提示拾取起始点，按下空格键，在工具点菜单中选取“端点”选项，点取图中曲线左半部分，再根据绘图区出现的提示箭头选择等分方向“向右”，即可绘制出曲线的等距点。绘制结果如图 3-43b 所示。

3.7 绘制公式曲线

CAXACAD 电子图板可以绘制数学表达式的曲线图形，也就是根据数学公式（或参数表达式）绘制出相应的数学曲线，公式的给出既可以是直角坐标形式的也可以是极坐标形式的。

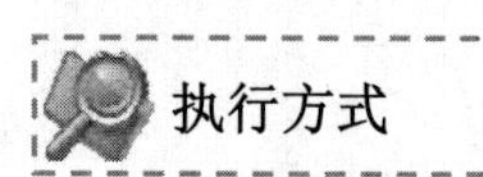

执行方式

命令行：formula

菜单：“绘图”→“公式曲线”

工具栏：“绘图工具”工具栏→

选项卡：单击“常用”选项卡“绘图”面板中的“公式曲线”按钮

下面以一例说明公式曲线的绘制方法。

例 3-19：绘制 y=80*（sin(x/30)）的公式曲线。

绘制步骤：

（1）单击“常用”选项卡“绘图”面板中的“公式曲线”按钮（或者选取“绘图”→“公式曲线”菜单），启动绘制公式曲线命令。

（2）系统弹出“公式曲线”对话框，在对话框中，坐标系一栏中“选择直角坐标系”，单位选择“弧度”，参变量一栏中填入 t，起始值一栏中填入 0 终止值一栏中填入 300。公式名称中默认为“无名曲线”（也可输入曲线的名称），“x(t)=”一栏中填入 t，“y(t)=”一栏中填入“80*（sin(t/30)）”（可参照图 3-45 所示填写各项内容），单击“预显”按钮在图形框中观察一下曲线是否合乎要求，如合适，则单击“确定”按钮。

（3）公式曲线出现在屏幕上，系统提示输入曲线的定位点，输入“0,0”，按下 Enter 键，此曲线的起始点在坐标系原点定位，如图 3-46 所示。

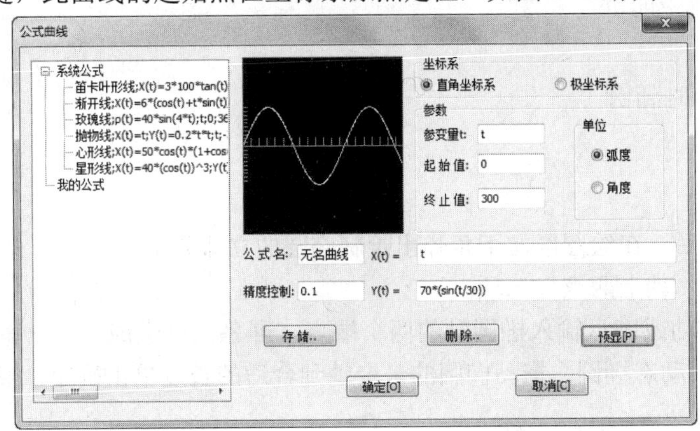

图3-45 “公式曲线”对话框

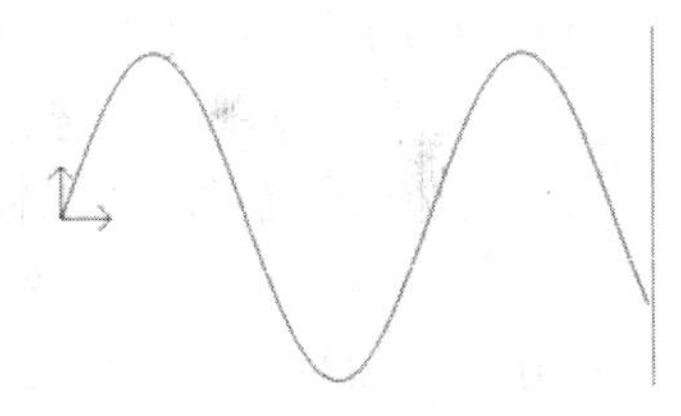

图3-46 公式曲线绘制结果

3.8 绘制椭圆

执行方式

命令行：ellipse

菜单：“绘图”→“椭圆”

工具栏：“绘图工具”工具栏→

选项卡：单击“常用”选项卡“绘图”面板中的“椭圆”按钮

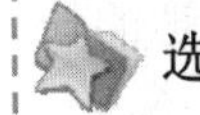

选项说明

单击“绘图”面板中的“椭圆”按钮，进入绘制椭圆的命令后，在屏幕左下角的操作提示区出现绘制椭圆的立即菜单，单击立即菜单 1 可选择绘制椭圆的不同方式，如图3-47所示，下面分别予以介绍。

图3-47 选择绘制椭圆的不同方式

3.8.1 给定长短轴绘制椭圆

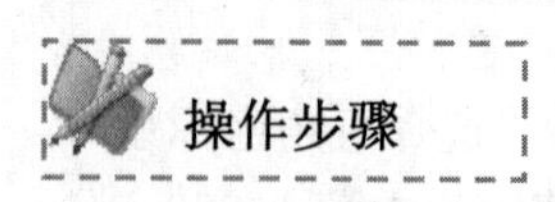

（1）启动绘制椭圆的命令后，在绘图区左下角弹出绘制椭圆的立即菜单。

（2）在立即菜单 1 中选择“给定长短轴”选项。在 2 中输入长半轴的长度值，3 中输入短半轴的长度值，4 中输入旋转角度值；5 中输入起始角度“绘制点”；6 中输入终止角度“绘制点”。

（3）输入以上条件后，就会生成一段符合以上条件的椭圆（弧），拖动椭圆（弧）的中心点到合适的位置后单击，确定即可。

3.8.2 通过轴上两点绘制椭圆

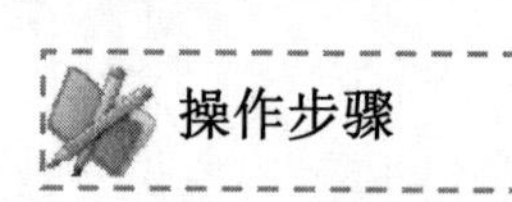

（1）启动绘制椭圆的命令后，在绘图区左下角弹出绘制椭圆的立即菜单。

（2）在立即菜单 1 中选择“轴上两点”选项。

（3）按屏幕提示的要求拖动或键盘输入椭圆轴的两个端点，屏幕上会生成一个一轴固定另一轴随鼠标拖动而改变的动态椭圆，拖动椭圆的未定轴到合适的长度单击确定，或用键盘输入未定轴的半轴长度即可。

未定轴的半轴长度等于光标点到椭圆中心点的距离。

3.8.3 通过中心点和起点绘制椭圆

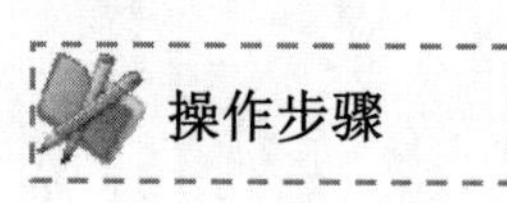

（1）启动绘制椭圆的命令后，则在绘图区左下角弹出绘制椭圆的立即菜单。

（2）在立即菜单 1 中选择“中心点-起点”选项。

（3）按屏幕提示的要求拖动或键盘输入椭圆的中心点和一个轴的一个端点，屏幕上会生成一段一轴固定另一轴随鼠标拖动而改变的动态椭圆，拖动椭圆的未定轴到合适的长度单击确定，或用键盘输入未定轴的半轴长度即可。

3.9 绘制矩形

执行方式

命令行：rect

菜单："绘图"→"矩形"

工具栏："绘图工具"工具栏→

选项卡：单击"常用"选项卡"绘图"面板中的"矩形"按钮

选项说明

单击"绘图"面板中的"矩形"按钮，进入绘制矩形的命令后，在屏幕左下角的操作提示区出现绘制矩形的立即菜单，单击立即菜单1可选择绘制矩形的不同方式，下面分别予以介绍。

3.9.1 通过两角点绘制矩形

操作步骤

（1）启动绘制矩形的命令后，在绘图区左下角弹出绘制矩形的立即菜单。

（2）在立即菜单1中选择"两角点"选项，2中选择"有中心线"选项，3中输入中心线延伸长度，如图3-48所示。

图3-48 以"两角点"方式绘制矩形的立即菜单

（3）按屏幕提示的要求拖动或输入矩形的"第一角点"与"第二角点"即可。图3-49所示为用以上步骤和参数绘制的矩形。

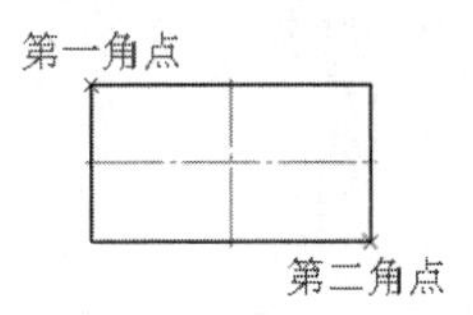

图3-49 以"两角点"方式绘制的矩形

3.9.2 已知长度和宽度绘制矩形

操作步骤

（1）启动绘制矩形的命令后，在绘图区左下角弹出绘制矩形的立即菜单。

（2）在立即菜单1中选择"长度和宽度"选项，2中选择"中心定位"方式，3中输入矩形的旋转角度值，4中和5中分别输入矩形的长度值和宽度值，6中选择"有中心线"选项，7中输入中心线延伸长度值，如图3-50所示。

1. 长度和宽度	2. 中心定位	3.角度 0	4.长度 200	5.宽度 100	6. 有中心线	7.中心线延伸长度 3

图 3-50　以“长度和宽度”方式绘制矩形的立即菜单

（3）给定上述参数后，屏幕上出现一个由上述给定参数生成的动态矩形，系统提示输入矩形的定位点。按屏幕提示的要求拖动或键盘输入矩形的定位点即可(本例中，输入矩形的定位点为“0,0”)。图 3-51 所示为用以上步骤和参数绘制的矩形。

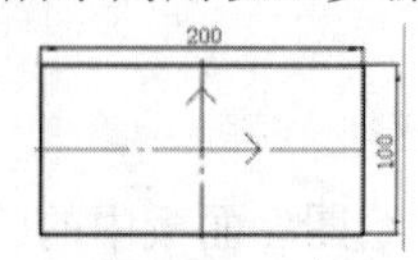

图3-51　以“长度和宽度”方式绘制的矩形

3.10　绘制正多边形

执行方式

命令行：polygon

菜单：“绘图”→“正多边形”

工具栏：“绘图工具”工具栏→

选项卡：单击“常用”选项卡“绘图”面板“正多边形”按钮

选项说明

单击“绘图”面板中的“正多边形”按钮，进入绘制正多边形的命令后，在屏幕左下角的操作提示区出现绘制正多边形的立即菜单，单击立即菜单 1 可选择绘制正多边形的不同方式，下面分别予以介绍。

3.10.1　以中心定位绘制正多边形

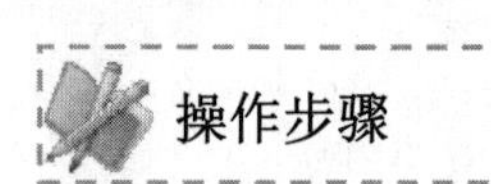

操作步骤

（1）启动绘制正多边形的命令后，在绘图区左下角弹出绘制正多边形的立即菜单。

（2）在立即菜单 1 中选择“中心定位”选项，2 中选择“给定半径”或“给定边长”方式，3 中选择“内接于圆”或“外切于圆”方式，4 中和 5 中分别输入正多边形的边数和旋转角值，6 中选择“无中心线”或“有中心线”，如图 3-52 所示。

1. 中心定位	2. 给定半径	3. 内接于圆	4.边数 6	5.旋转角 0	6. 无中心线

图3-52　以“中心定位”方式绘制正多边形的立即菜单

（3）立即菜单项中的内容全部设定完以后，按照系统提示输入一个中心定位点，则系统又提示输入“圆上一点或内接（或外切）圆半径”，这时输入半径值或输入圆上一点，由立即菜单所决定的内接正六边形被绘制出来，图 3-53、图 3-54 所示分别为以内接和外切方式生成多边形的示意图。

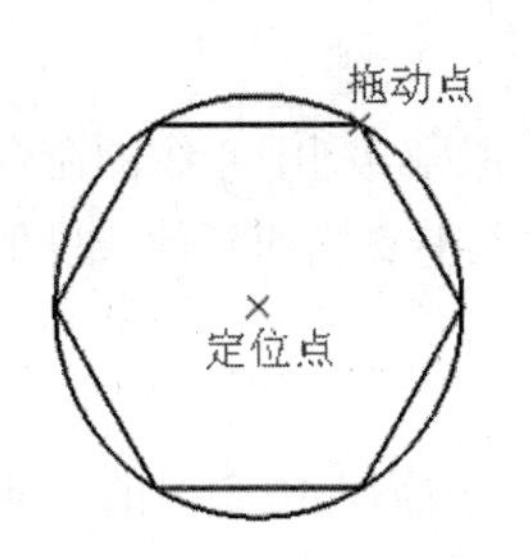

图3-53 内接方式生成正多边形

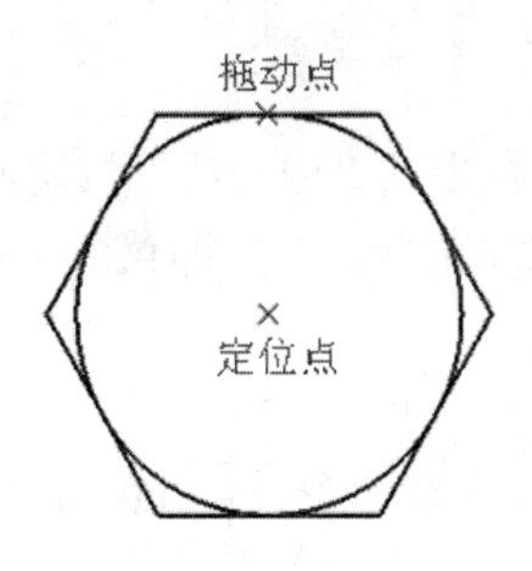

图3-54 外切方式生成正多边形

3.10.2 以底边定位绘制正多边形

操作步骤

（1）启动绘制正多边形的命令后，在绘图区左下角弹出绘制正多边形的立即菜单。

（2）在立即菜单 1 中选择“底边定位”选项，2 中输入多边形的边数，3 中输入正多边形的旋转角，4 中选择“无中心线”选项，如图 3-55 所示。

图3-55 以“底边定位”方式绘制正多边形的立即菜单

（3）立即菜单项中的内容全部设定完以后，按照系统提示输入第一点，则系统又提示输入“第二点或边长”，输入第二点或边长后，由立即菜单所决定的正六边形被绘制出来，图 3-56 所示为以“底边定位”方式绘制正多边形的示意图。

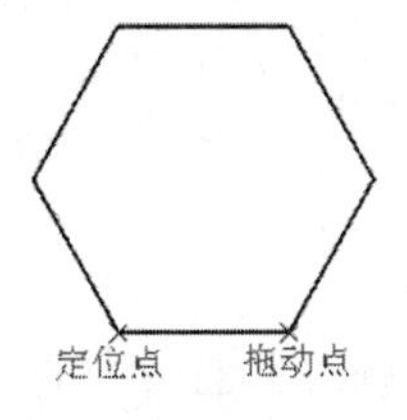

图3-56 以“底边定位”方式绘制正多边形

3.11 绘制中心线

CAXA CAD 电子图板可以绘制孔、轴或圆、圆弧的中心线。

执行方式

命令行：centerl

菜单：“绘图”→“中心线”

工具栏：“绘图工具”工具栏→

选项卡：单击“常用”选项卡“绘图”面板中的“中心线”按钮

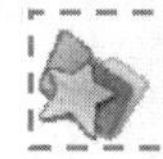

选项说明

单击“绘图”面板中的“中心线”按钮，进入绘制中心线的命令后，在屏幕左下角出现绘制中心线的立即菜单，在立即菜单1可输入中心线的延伸长度值。

操作步骤

（1）进入绘制中心线命令后，在立即菜单 1 中输入中心线的延伸长度值后，系统提示拾取圆（弧、椭圆）或第一条直线。

（2）如果拾取的是直线，提示拾取另一条直线，以生成孔或轴的中心线。

（3）如果拾取的是圆、圆弧或椭圆，则生成一对相互正交且按当前坐标系方向的中心线。图 3-57 所示为绘制中心线的一些实例。

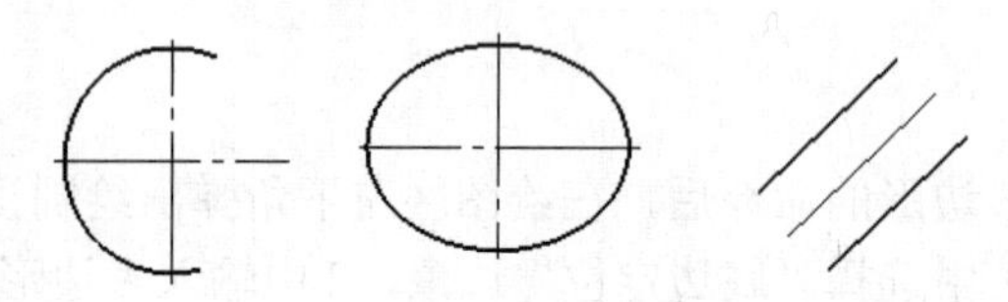

图3-57　绘制中心线的实例

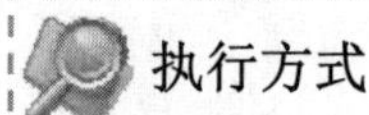

3.12 绘制等距线

CAXA CAD 电子图板可以按等距方式生成一条或同时生成数条给定曲线的等距线。

执行方式

命令行：offset

菜单：“绘图”→“等距线”

工具栏：“绘图工具”工具栏→

选项卡：单击“常用”选项卡“修改”面板中的“等距线”按钮

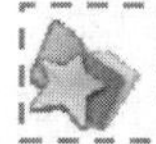

选项说明

启动绘制等距线命令后，则在绘图区左下角弹出绘制等距线的立即菜单，单击立即菜单1可选择用不同的拾取方式绘制等距线，下面分别进行说明。

3.12.1　单个拾取绘制等距线

例 3-20：在图 3-58 的基础上绘制图 3-59 所示的各种等距线

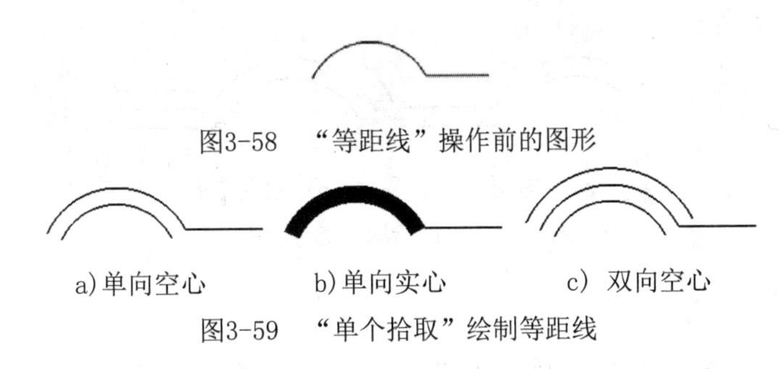

图3-58 “等距线”操作前的图形

a) 单向空心　　b) 单向实心　　c) 双向空心

图3-59 “单个拾取”绘制等距线

绘制步骤：

（1）打开电子资料中的“初始文件”→“3”→“例 3-20”文件。单击“常用”选项卡“修改”面板中的“等距线”按钮（或者选取“绘图”→“等距线”菜单），启动绘制等距线的命令后，则在绘图区左下角弹出绘制等距线的立即菜单。

（2）在立即菜单 1 中选择“单个拾取”选项，2 中选择“指定距离”选项，3 中选择“单向”选项， 4 中选择“空心”选项，5 中输入距离（本例中为“10”），6 中输入份数（本例中为“1”），7 中选择“保留源对象”，8 中选择“使用源对象属性”选项，如图 3-60 所示。

1. 单个拾取　2. 指定距离　3. 单向　4. 空心　5.距离 10　6.份数 1　7. 保留源对象　8. 使用源对象属性

图3-60 以“单个拾取”方式绘制等距线的立即菜单

（3）立即菜单项中的内容全部设定完以后，系统提示拾取曲线，单击图 3-55 中的圆弧部分，系统会显示等距方向的箭头，如图 3-61 所示，并提示选择方向，只需选择带方向的箭头确认等距方向，本例中应单击图 3-61 中的下方箭头，即生成图 3-59a 所示的等距线。

（4）绘制图 3-59b 中的单向实心等距线时，步骤同上述的（1）～（3），只要上面第 2 步中的立即菜单 4 中的选项由“空心”改为“实心”即可。

（5）绘制图 3-59c 中的双向空心等距线时，步骤同上述的（1）～（3），只要上面第（2）步中的立即菜单 3 中的选项由“单向”改为“双向”即可。

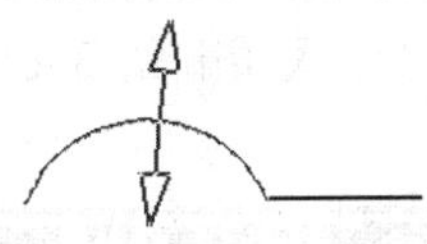

图3-61 系统提示确认等距方向

3.12.2 链拾取绘制等距线

例 3-21：在上面的图 3-58 的基础上绘制图 3-62 所示的各种等距线。

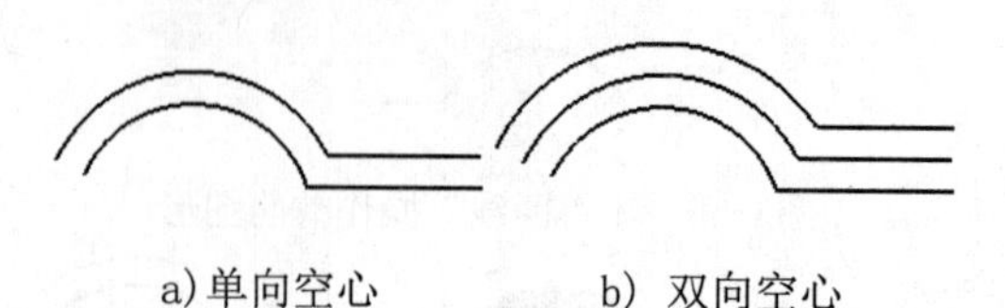

a) 单向空心　　　　b) 双向空心

图3-62　“链拾取”绘制等距线

绘制步骤：

（1）打开电子资料中的“初始文件”→“3”→“例 3-21”文件。单击“常用”选项卡“修改”面板中的“等距线”按钮（或者选取“绘图”→“等距线”菜单），启动绘制等距线的命令后，在绘图区左下角弹出绘制等距线的立即菜单。

（2）在立即菜单 1 中选择“链拾取”选项，2 中选择“指定距离”，3 中选择“单向”，4 中选择“尖角连接”选项，5 中选择“空心”选项，6 中输入距离为 10，7 中输入份数为 1，8 中选择“保留源对象”选项，如图 3-63 所示。

（3）立即菜单项中的内容全部设定完以后，系统提示拾取曲线，单击图 3-58 中曲线的任意部分，系统会显示等距方向的箭头，如图 3-64 所示，并提示选择方向，只需选择带方向的箭头确认等距方向（本例中应单击图 3-64 中的下方箭头），即生成图 3-62a 所示的等距线。

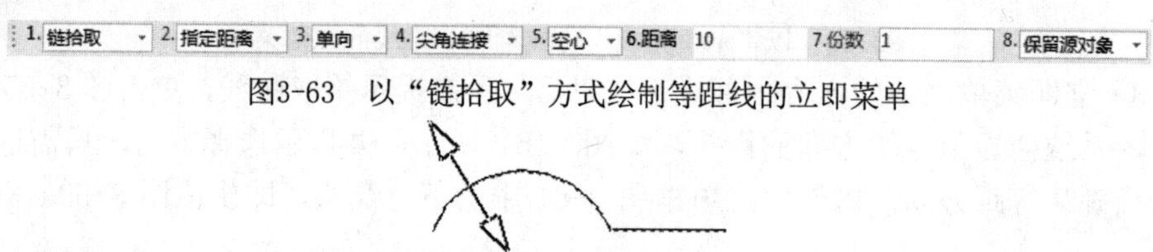

图3-63　以“链拾取”方式绘制等距线的立即菜单

图3-64　系统提示确认等距方向

（4）绘制图 3-61b 中的双向空心等距线时，步骤同上述的（1）～（3），只要上面第（2）步中的立即菜单 3 中的选项由“单向”改为“双向”即可。

例 3-22：利用“链拾取”方式绘制图 3-65 中的距形的各种等距线，如图 3-66 所示）。

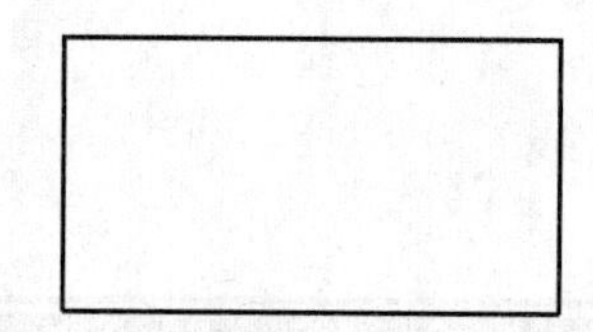

图3-65　“等距线”操作前的距形

绘制步骤：

（1）打开电子资料中的“初始文件”→“3”→“例 3-22”文件。单击“常用”选项卡卡“修改”面板中的“等距线”按钮（或者选取“绘图”→“等距线”菜单），启动绘制等距线的命令后，在绘图区左下角弹出绘制等距线的立即菜单。

a）单向空心　　b）单向实心　　c）双向空心

图3-66　“链拾取”绘制等距线

（2）在立即菜单 1 中选择“链拾取”选项，2 中选择“指定距离”选项，3 中选择“单向”选项，4 中选择“尖角连接”选项， 5 中选择“空心”选项，6 中输入距离为 10，7 中输入份数为 1，8 中选择“保留源对象”选项，如图 3-67 所示。

图3-67　以“链拾取”方式绘制等距线的立即菜单

（3）立即菜单项中的内容全部设定完以后，系统提示拾取曲线，单击图 3-65 中距形的任一条边，系统会显示等距方向的箭头，如图 3-68 所示，并提示选择方向，只需选择带方向的箭头确认等距方向（本例中是单击图 3-68 中的下方箭头），即生成图 3-66a 所示的等距线。

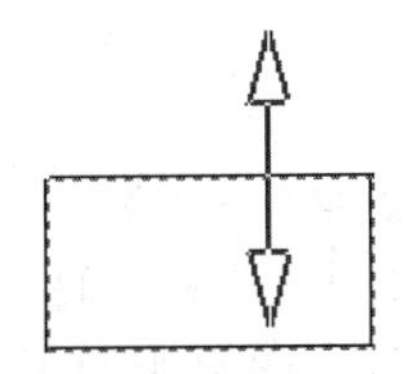

图3-68　系统提示确认等距方向

（4）绘制图 3-66b 中的单向实心等距线时，步骤同上述的（1）～（3），只要上面第（2）步中的立即菜单 4 中的选项由“空心”改为“实心”即可。

（5）绘制图 3-66c 中的双向空心等距线时，步骤同上述的（1）～（3），只要上面第（2）步中的立即菜单 3 中的选项由“单向”改为“双向”即可。

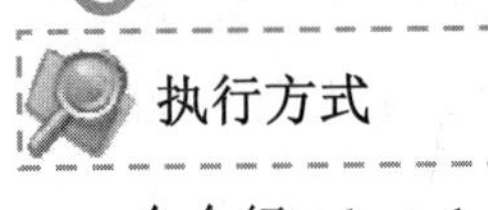

只有封闭的曲线图形才能用“链拾取”方式绘制“实心”等距线。对于非封闭的图形只能先生成空心等距线，然后用后面要介绍的填充功能间接生成。

3.13 绘制剖面线

执行方式

命令行：hatch

菜单：“绘图”→“剖面线”

工具栏：“绘图工具”工具栏→

选项卡：单击“常用”选项卡“绘图”面板中的“剖面线”按钮

选项说明

单击“绘图”面板中的“剖面线”按钮，进入绘制剖面线的命令后，在屏幕左下角出现绘制剖面线的立即菜单，单击立即菜单 1 可选择绘制剖面线的方式。系统提供了两种绘制剖面线的方式，下面分别予以说明。

3. 13. 1　通过拾取环内点绘制剖面线

以拾取环内点方式生成剖面线。根据拾取点搜索最小封闭环，根据环生成剖面线。搜索方向为从拾取点向左的方向，如果拾取点在环外，则操作无效。单击封闭环内任意点，可以同时拾取多个封闭环，如果所拾取的环相互包容，则在两环之间生成剖面线。

例 3-23：用“拾取点”方式在图 3-69 的基础上绘制图 3-70 所示的剖面线。

绘制步骤：

（1）打开电子资料中的“初始文件”→“3”→“例 3-23”文件。单击“常用”选项卡“绘图”面板中的“剖面线”按钮（或者选取“绘图”→“剖面线”菜单），启动绘制剖面线的命令后，则在绘图区左下角弹出绘制剖面线的立即菜单。

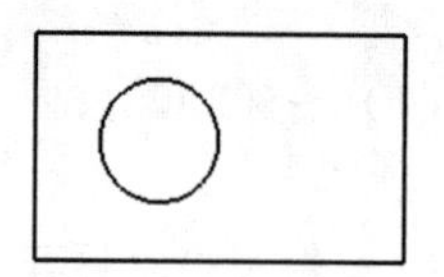

图3-69　绘制剖面线前的图形

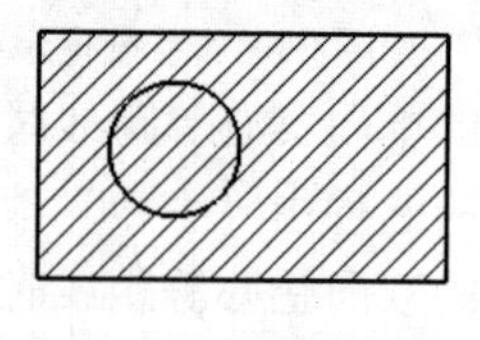

a）

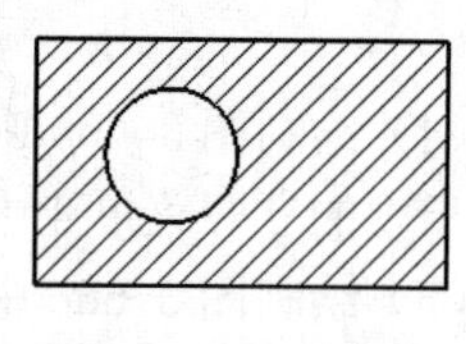

b）

图3-70　绘制剖面线后的图形

（2）在立即菜单 1 中选择“拾取点”选项，2 中选择“不选择剖面图案”选项，3 中选择“非独立”选项，4 中输入比例值 3，5 中输入角度值 45，6 中输入间距错开值 0，7 中输入允许的间隙公差值 0.0035，如图 3-71 所示。

1. 拾取点　2. 不选择剖面图案　3. 非独立　4.比例: 3　5.角度 45　6.间距错开: 0　7.允许的间隙公差 0.0035

拾取环内一点:

图3-71　以“拾取点”方式绘制剖面线的立即菜单

（3）立即菜单项中的内容全部设定完以后，系统提示拾取环内点，单击图 3-69 中距形内的任意一点，图 3-70a 所示的剖面线自动生成。

（4）图 3-70b 所示的剖面线绘制步骤与（1）～（3）步相同，只是在第（3）步中，系统提示拾取环内点时，单击图 3-69 中距形内的任意一点后，再单击圆内任意一点，使得矩形和圆均成为绘制剖面线区域的边界线，然后系统生成图 3-70b 所示的剖面线。

3.13.2 通过拾取封闭环的边界绘制剖面线

以拾取边界方式生成剖面线，根据拾取到的曲线搜索封闭环，根据封闭环生成剖面线。如果拾取到的曲线不能生成互不相交的封闭环，则操作无效。

例 3-24：用“拾取边界”方式在图 3-69 的基础上绘制图 3-70 所示的剖面线

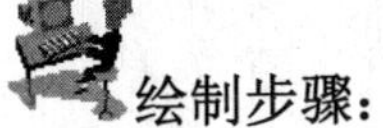

绘制步骤：

（1）打开电子资料中的“初始文件”→“3”→“例 3-24”文件。单击“常用”选项卡“绘图”面板中的“剖面线”按钮（或者选取“绘图”→“剖面线”菜单），启动绘制剖面线的命令后，在绘图区左下角弹出绘制剖面线的立即菜单。

（2）在立即菜单 1 中选择“拾取边界”选项，2 中选择“不选择剖面图案”选项，3 中输入比例值“3”，4 中输入角度值“45”，5 中输入间距错开值“0”，如图 3-72 所示。

1. 拾取边界	2. 不选择剖面图案	3.比例:	3	4.角度	45	5.间距错开:	0

图3-72　以“拾取边界”方式绘制剖面线的立即菜单

（3）立即菜单项中的内容全部设定完以后，系统提示拾取边界曲线，依次单击图 3-69 中距形 4 条边，然后单击右键，自动生成图 3-70a 所示的剖面线。

（4）若在第❷步完成后，系统提示拾取边界曲线时，用窗口方式拾取矩形和圆为绘制剖面线的边界线，如图 3-73 所示，则生成 3-70b 所示的剖面线。

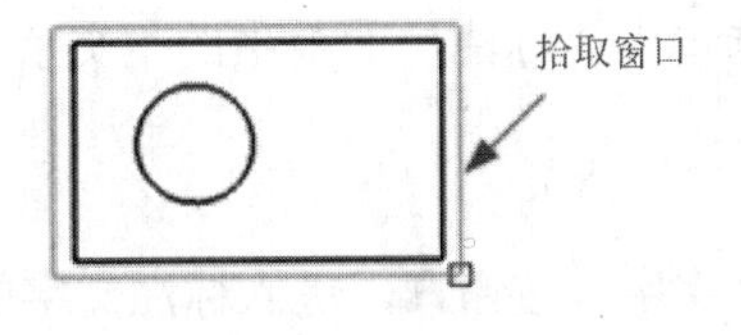

图3-73　用窗口方式拾取边界

注意

系统总是在用户拾取点亮的所有线条（也就是边界）内部绘制剖面线，所以在拾取环内点或拾取边界以后，读者一定要仔细观察哪些线条被点亮了。通过调整被点亮的边界线，就可以调整剖面线的形成区域。

3.14 填充

将一块封闭区域用一种颜色填满，根据屏幕提示拾取一块封闭区域内的一点，系统即以当前颜色填充整个区域。

填充实际是一种图形类型，其填充方式类似剖面线的填充，对于某些制件剖面需要涂黑时可用此功能。

执行方式

命令行：solid

菜单："绘图"→"填充"

工具栏："绘图工具"工具栏→

选项卡：单击"常用"选项卡"绘图"面板中的"填充"按钮

系统提供了两种填充方式，下面分别予以说明。

◆单击"绘图"面板中的"填充"按钮，进入填充的命令后，系统提示拾取环内点；

◆单击要填充区域内的任一点，然后单击右键即可。

3.15 绘制（标注）文字

文字标注用于在图形中标注文字。文字可以是多行，可以横写或竖写，并可以根据指定的宽度进行自动换行。

执行方式

命令行：text

菜单："绘图"→"文字"

工具栏："绘图工具"工具栏→**A**

选项卡：单击"常用"选项卡"标注"面板中的"文字"按钮**A**

选项说明

单击"标注"面板中的"文字"按钮**A**，进入标注文字的命令后，在屏幕左下角出现标注文字的立即菜单，单击立即菜单1可选择标注文字的方式。

系统提供了3种标注文字的方式，下面分别介绍。

3.15.1 在指定两点的矩形区域内标注文字

操作步骤

（1）启动标注文字的命令后，在绘图区左下角弹出标注文字的立即菜单。

（2）在立即菜单 1 中选择“指定两点”选项，如图 3-74 所示。

1. 指定两点

图3-74 标注文字的立即菜单

（3）立即菜单项设定完成以后，根据系统提示依次指定标注文字的矩形区域的第一角点和第二角点。系统弹出“文字编辑器-多行文字”对话框，如图 3-75 所示。

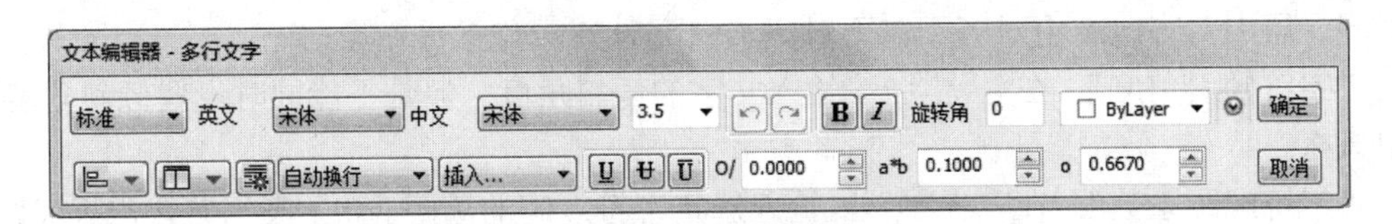

图3-75 “文本编辑器-多行文字”对话框

（4）对话框下部的编辑框用于输入文字，文本编辑器中显示出当前的文字参数设置。

（5）单击“确定”按钮。系统开始生成相应的文字并插入到指定的位置；单击“取消”按钮则取消操作。

文字编辑器各项参数的含义和用法如下：

“文本风格”：可以选择“标准”或“机械”标注风格。

“字体”：单击英文和中文右边的选择框可以为新输入的文字指定字体或改变选定文字的字体。

“旋转角”：在旋转角右边的输入框可以为新输入的文字设置旋转角度值或改变已选定文字的旋转角度值。横写时为一行文字的延伸方向与坐标系的 x 轴正方向按逆时针方向测量的夹角；竖写时为一列文字的延伸方向与坐标系的 y 轴负方向按逆时针方向测量的夹角。旋转角的单位为角度。

“字符颜色”：可以指定新文字的颜色或更改选定文字的颜色。

可以为文字指定与被打开的图层相关联的颜色(Bylayer)或所在的块的颜色(BYBLOCK)。也可以从颜色列表中选择一种颜色，或单击“其他”打开“选择颜色”对话框。

“文字高度”：设置新文字的字符高度或修改选定文字的高度。

“粗体”：单击 **B** 打开或关闭新文字或选定文字的粗体格式。此选项仅适用于使用 TrueType 字体的字符。

“斜体”：单击 *I* 打开或关闭新文字或选定文字的斜体格式。此选项仅适用于使用 TrueType 字体的字符。

“下划线”：单击 U 为新文字或选定文字打开或关闭下划线。

“中划线”：单击 U 为新文字或选定文字打开或关闭中划线。

“上划线”：单击 U 为新文字或选定文字打开或关闭上划线。

“特殊符号”：单击“插入”可以插入各种特殊符号包括直径符号、角度符号、正负号、偏差、上下标、分数、表面粗糙度、尺寸特殊符号等。

“换行”：可以设置文字自动换行、压缩文字或手动换行。自动换行是指文字到达指定区域的右边界(横写时)或下边界(竖写时)时，自动以汉字、单词、数字或标点符号为单位换行，并可以避头尾字符，使文字不会超过边界(例外情况是当指定的区域很窄而输入的单词、数字或分数等很长时，为保证不将一个完整的单词、数字或分数等结构拆分到两行，生成的文字会超出边界)；压缩文字是指当指定的字型参数会导致文字超出指定区域时，系统自动修改文字的高度、中西文宽度系数和字符间距系数，以保证文字完全在指定的区域内；手动换行是指在输入标注文字时只要按Enter键，就能完成文字换行。

“对齐方式”：可以设置文字的对其方式，包括左上对齐、中上对齐、右上对齐、左中对齐、居中对齐、右中对齐、左下对齐、中下对齐、右下对齐等。

“字符倾斜角度”：在 0.0000 输入文字的倾斜角度。但是不能同时设置倾斜角度和倾斜风格。

“字符间距系数”：在 0.1000 输入选定字符之间的间距。0.1表示设置常规间距，设置大于0.1表示增大间距，设置小于0.1表示减小间距。

“字符宽度系数”：在 0.6670 输入字符的宽度。0.667表示设置代表此字体中字母的常规宽度，可以增大该宽度或减小该宽度。

注意

如果框填充方式是自动换行，同时相对于指定区域大小来说文字比较多，那么实际生成的文字可能超出指定区域。例如对齐方式为左上对齐时，文字可能超出指定区域下边界；如果框填充方式是压缩文字，则在必要时系统会自动修改文字的高度、中西文宽度系数和字符间距系数，以保证文字完全在指定区域内。

3.15.2 在已知封闭矩形内部标注文字

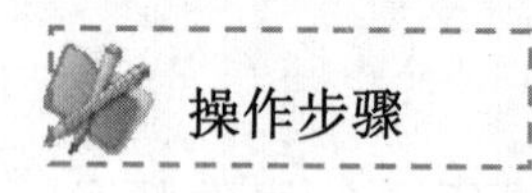

（1）启动标注文字的命令后，在绘图区左下角弹出“标注文字”立即菜单。

（2）在立即菜单1中选择“搜索边界”选项，如图3-76所示，2中输入边界缩进系数为0。

（3）立即菜单项设定完成以后，根据系统提示指定矩形边界内一点，系统弹出“文本编辑器-多行文字”对话框，如图3-75所示。

（4）以后的步骤与3.15.1节相同。

1. 搜索边界 2.边界缩进系数: 0

图3-76 “标注文字”立即菜单

注意

在已知封闭矩形内部标注文字时，绘图区应该已有待填入文字的矩形，这种方式一般用于填写文字表格。

3.15.3 曲线上标注文字

（1）启动标注文字的命令后，在绘图区左下角弹出“标注文字”立即菜单。

（2）在立即菜单 1 中选择“曲线文字”选项，如图 3-77 所示。

（3）根据系统提示拾取曲线，然后指定文字所在的方向。在曲线上拾取要标注文字的起点位置和终点位置。系统弹出“曲线文字参数”对话框，如图 3-78 所示。

（4）在文字内容中输入文字，在对话框中的参数中显示输入文字的参数，单击“确定”按钮，完成文字输入。

1. 曲线文字

图3-77 “标注文字”立即菜单

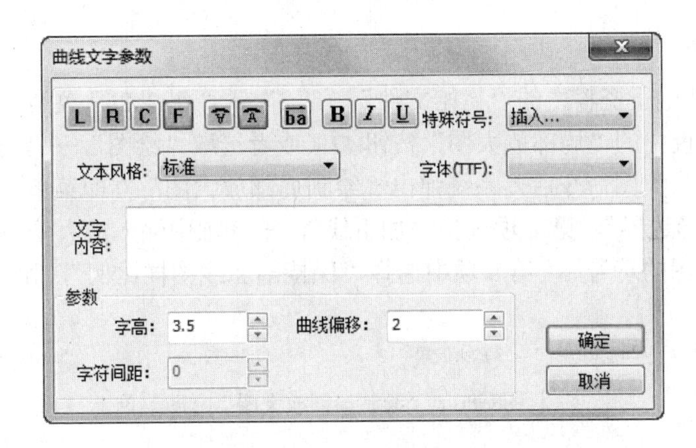

图3-78 “曲线文字参数”对话框

3.16 绘制局部放大图

命令行：enlarge

菜单：“绘图”→“局部放大图”

工具栏：“标注”工具栏→

选项卡：单击“常用”选项卡“绘图”面板中的“局部放大图”按钮

单击“绘图”面板中的“局部放大图”按钮，系统弹出绘制局部放大图立即菜单。单击立即菜单 1 可以选择绘制局部放大图的方式。

3.16.1　用圆形边界绘制局部放大图

例 3-25：绘制图 3-79 所示齿轮图中齿形的局部放大图。

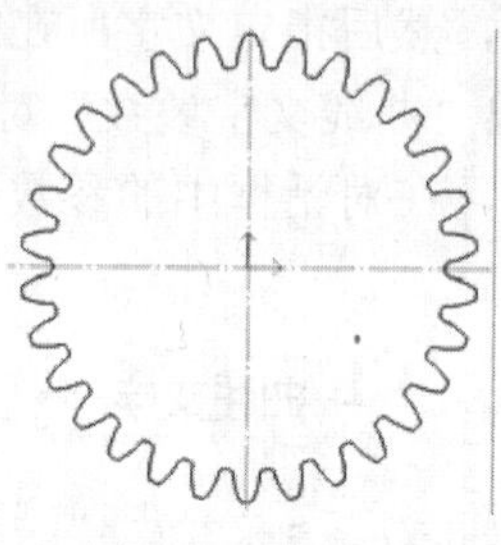
图3-79　齿轮图

绘制步骤：

（1）打开电子资料中的“初始文件”→“3”→“例 3-25”文件。单击“常用”选项卡“绘图”面板中的“局部放大图”按钮（或者选取“绘图”→“局部放大图”菜单），启动绘制局部放大图命令后，系统弹出“绘制局部放大图”立即菜单。在此立即菜单中第 1 项选择“圆形边界”，第 2 项选择“加引线”，第 3 项中输入放大倍数“3”，第 4 项中输入此局部放大图的符号 A，第 5 项中选择“保持剖面线图样比例”，如图 3-80 所示。

1. 圆形边界　2. 加引线　3.放大倍数　3　4.符号　A　5. 保持剖面线图样比例

图3-80　“绘制局部放大图”立即菜单

注意

第 3 项中的放大倍数可以从 0.001～1000，小于 1 时为缩小；第 4 项中输入该局部视图的名称。

（2）在绘图区齿形的合适位置，如图 3-81 所示，单击以输入局部放大图形的圆心点；然后输入圆形边界上的一点或输入圆形边界的半径以确定要放大区域的大小。

（3）按照系统提示选择符号插入点，移动光标在屏幕上选择好合适的符号文字插入位置后单击，插入符号文字（如果不需要标注符号文字，则单击右键）。

（4）此时系统提示指定“实体插入点”。已放大的局部放大图形虚像随着光标的移动动态显示。在屏幕上选取合适的位置输入实体插入点后，系统提示输入图形的旋转角度，此时可以在操作提示区输入局部放大图的旋转角 0（注：鼠标右键也是默认旋转角为零度）。局部放大图生成。移动光标在屏幕上合适的位置输入符号文字插入点，生成符号文字（若此时单击右键，则不生成符号文字，按 Esc 键，则取消整个操作，不生成放大图形）。到此为止，局部放大图绘制完成，如图 3-82 所示。

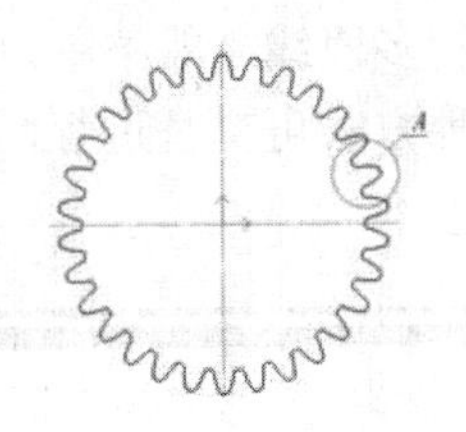

图3-81 指定圆形放大区域的位置

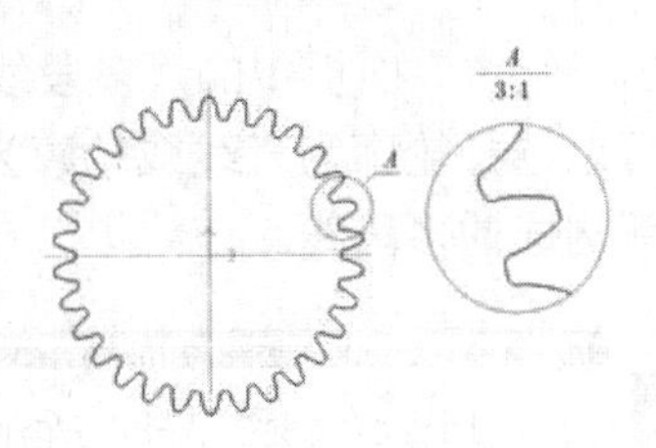

图3-82 齿轮齿形及其局部放大图

3.16.2 用矩形边界绘制局部放大图

操作步骤

（1）启动绘制局部放大图命令后，系统弹出“绘制局部放大图”立即菜单。在此立即菜单 1 中选择“矩形边界”选项，2 中选择“边框可见”选项或“边框不可见”选项，3 中选择“加引线”选项或“不加引线”选项（是在 2 中选择边框可见才有此项），4 中输入的放大倍数为 2，5 中输入此局部放大图的符号，6 中选择“保持剖面线图样比例”，如图 3-83 所示。

图3-83 “绘制局部放大图”立即菜单

（2）以后的操作与 3.16.1 节基本相同，有兴趣的读者可以将上例中齿形的局部放大图用“矩形边界”绘制出来。

注意

局部放大图中标注的比例是此局部放大图的尺寸与真实零件尺寸之间的比例，而与图幅的比例无关。另外，细心的读者可能会发现，在系统默认的界面中，工具栏上面并没有绘制局部放大图的图标按钮。如果经常使用该功能的话，读者可以通过第 2 章中的界面设置操作使之显示在工具栏中。

3.17 绘制多段线

CAXA CAD 电子图板可以生成由直线和圆弧构成的首尾相接或不相接的一条多段线。

执行方式

命令行：contour

菜单：“绘图”→“多段线”

工具栏：“绘图工具”工具栏→

选项卡：单击“常用”选项卡“绘图”面板中的“多段线”按钮

选项说明

单击“绘图”面板中的“多段线”按钮，系统弹出绘制多段线立即菜单。单击立即菜单 1 可以选择轮廓为直线或轮廓为圆弧。在绘制过程中两种方式可交替进行，生成由直线和圆弧构成的多段线。

例 3-26：绘制图 3-84 所示的图形。

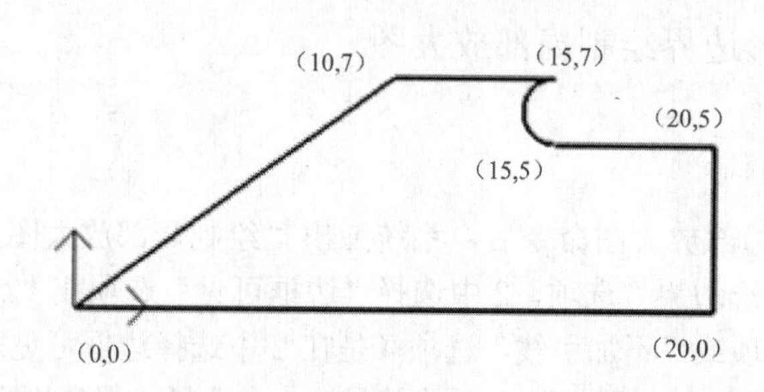

图3-84　绘制图形

绘制步骤：

（1）单击“常用”选项卡“绘图”面板中的“多段线”按钮（或者选取“绘图”→“多段线”菜单），启动绘制多段线命令后，系统弹出“绘制多段线”立即菜单。在此立即菜单 1 中选择“直线”选项，2 中选择“不封闭”选项，3 中输入起始宽度为 0，4 中输入终止宽度为 0，在状态栏中单击正交模式或者按 F8 键，如图 3-85 所示。

图3-85　“绘制直线多段线”立即菜单

（2）系统提示输入多段线的“第一点”，在操作提示区输入“0,0”，系统又提示输入“下一点”，在操作提示区输入“20,0”，依次根据提示输入坐标（20,5），（15,5）。

（3）单击立即菜单，1 中选择“圆弧”选项，2 中选择“不封闭”选项，3 中输入起始宽度为 0，4 中终止宽度为 0，如图 3-86 所示，再根据系统提示输入坐标 15,7。

图3-86　“绘制圆弧多段线”立即菜单

（4）单击立即菜单 1 转换为“直线”绘制方式，2 中选择“封闭”，根据系统提示输入点的坐标“10,7”，然后单击右键多段线自动封闭，绘制完成。

多段线为直线时 2 中可选择多段的封闭与否，如选择封闭，则多段线的最后一点可省略（不输入），直接单击右键结束操作，系统将自行使最后一点回到第一点，使多段图形封闭（正交封闭轮廓的最后一段直线不保证正交）。

多段线为圆弧时，相邻两圆弧为相切的关系，立即菜单 2 中可以选择多段的封闭与否，如选择封闭，在做多段线的最后一点可省略（不输入），直接单击右键结束操作，系统将自行使最后一点回到第一点，使多段图形封闭（封闭多段的最后一段圆弧与第一段圆弧不保证相切关系）。

3.18 绘制波浪线

CAXA CAD电子图板可以按给定方式生成波浪曲线。此功能常用于绘制剖面线的边界线，一般用细实线。

执行方式

命令行：waved

菜单："绘图"→"波浪线"

工具栏："绘图工具Ⅱ"工具栏→

选项卡：单击"常用"选项卡"绘图"面板中的"波浪线"按钮

选项说明

单击"绘图"面板中的"波浪线"按钮，系统弹出绘制波浪线立即菜单。立即菜单1中可以输入波浪线的波峰高度（即波峰到平衡位置的垂直距离）。

操作步骤

（1）启动绘制波浪线命令后，系统弹出绘制波浪线的立即菜单。在立即菜单1中输入波浪线的波峰高度。

（2）根据系统提示输入第一点和以后各点的坐标。

（3）单击右键，结束绘制波浪线操作。图3-87所示为一个波浪线的实例。

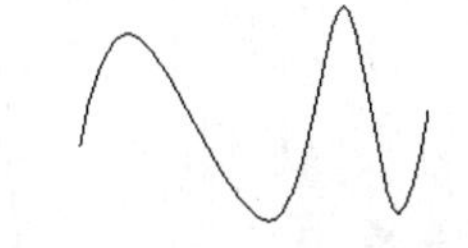

图3-87 绘制波浪线的实例

3.19 绘制双折线

基于图幅的限制，有些图形元素无法按比例画出，可以用双折线表示。可通过两点画出双折线，也可以直接拾取一条现有的直线将其改为双折线。

执行方式

命令行：condup

菜单："绘图"→"双折线"

工具栏："绘图工具Ⅱ"工具栏→

选项卡：单击"常用"选项卡"绘图"面板中的"双折线"按钮

选项说明

单击“绘图”面板中的“双折线”按钮，系统弹出绘制双折线立即菜单。单击立即菜单1可以选择“折点个数”或“折点距离”方式。

操作步骤

（1）启动绘制双折线命令后，系统弹出“绘制双折线”立即菜单，如图3-88所示。

1. 折点距离 2.长度= 10 3.峰值 1.75　1. 折点个数 2.个数= 8 3.峰值 1.75

图3-88 “绘制双折线”立即菜单

（2）如果在立即菜单1中选择“折点距离”选项，在2中输入长度值，则要生成给定折点距离的双折线，3中输入峰值。如果在立即菜单1中选择“折点个数”，在2中输入折点个数的值，3中输入峰值，则要生成给定折点个数的双折线。

（3）根据系统提示拾取直线或输入第一点坐标。如拾取直线则直线按照第2步中的参数变为双折线。如依次输入两点的坐标，系统按照第2步中的参数在两点之间生成双折线。

注意

双折线根据图纸幅面将有不同的延伸长度：A0、A1的延伸长度为1.75，其余图纸幅面的延伸长度为1.25。

3.20 绘制箭头

执行方式

命令行：arrow

菜单：“绘图”→“箭头”

工具栏：“绘图工具Ⅱ”工具栏→

选项卡：单击“常用”选项卡“绘图”面板中的“箭头”按钮

选项说明

单击“绘图”面板中的“箭头”按钮，系统弹出绘制箭头立即菜单。单击立即菜单1可以选择“正向”或“反向”方式。

操作步骤

（1）启动绘制箭头命令后，系统弹出“绘制箭头”立即菜单，如图3-89所示。

1. 正向 2.箭头大小 4

图3-89 “绘制箭头”立即菜单

（2）单击立即菜单1选择箭头的方向。

（3）系统提示拾取直线、圆弧、样条或第一点，如果先拾取箭头第一点，再拾取第二点，即可作出带引线的实心箭头（如果立即菜单中选择了“正向”，则箭头指向第一点，否则指向第二点）。如果拾取了弧或直线，系统自动生成正向或反向的动态箭头，拖动箭头到需要的位置单击即可。

注意

为弧和直线添加箭头时，箭头方向定义如下：对于直线是以坐标系的 X、Y 方向的正方向作为箭头的正方向，X、Y 方向的负方向作为箭头的反方向；对于圆弧是以逆时针方向为箭头的正方向，顺时针方向为箭头的反方向。

3.21 绘制齿轮轮廓

执行方式

命令行：gear

菜单："绘图"→"齿轮"

工具栏："绘图工具Ⅱ"工具栏→

选项卡：单击"常用"选项卡"绘图"面板中的"齿轮"按钮

操作步骤

（1）启动齿轮绘制命令后，系统弹出"渐开线齿轮齿形参数"对话框。在此对话框中设置齿轮的齿数、模数、压力角、变位系数等，如图 3-90 所示。用户还可改变齿轮的齿顶高系数和齿顶隙系数来改变齿轮的齿顶圆半径和齿根圆半径，也可直接指定齿轮的齿顶圆直径和齿根圆直径。

（2）确定完齿轮的参数后，单击"下一步"按钮，系统弹出"渐开线齿轮齿形预显"对话框，如图 3-91 所示。在此对话框中，用户可设置齿形的齿顶过渡圆角的半径和齿根过渡圆弧半径及齿形的精度，并可确定要生成的齿数和起始齿相对于齿轮圆心的角度，确定完参数后可按"预显"按钮观察生成的齿形（如果要修改前面的参数，单击"上一步"按钮可回到前一对话框）。

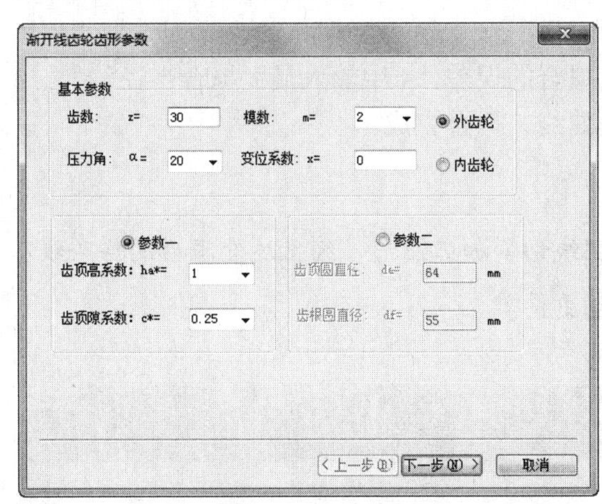

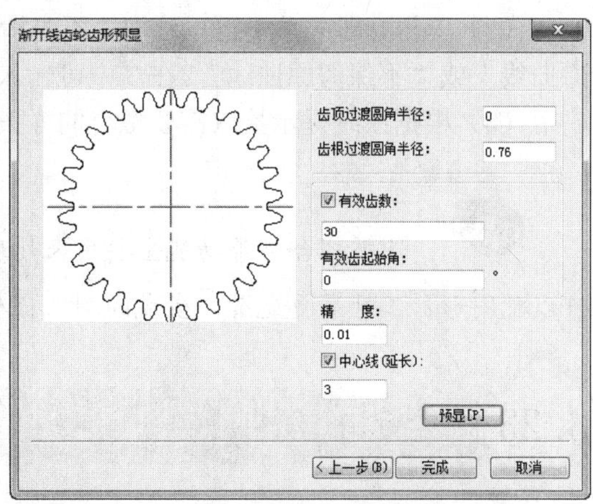

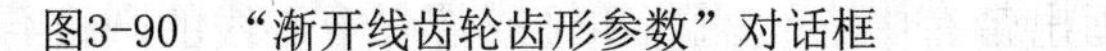

图3-90 "渐开线齿轮齿形参数"对话框　　图3-91 "渐开线齿轮齿形预显"对话框

该功能生成的齿轮要求模数大于 0.1、小于 50，齿数大于或等于 5、小于 1000。

（3）当图 3-90 中的预览框中的齿形合乎要求后，单击“完成”按钮。这时系统提示输入齿轮的定位点，在操作提示区输入齿轮的中心点坐标（本例中输入的定位点坐标为“0,0”），按 Enter 键，齿轮中心固定在定位点，绘制完成后如图 3-92 所示。

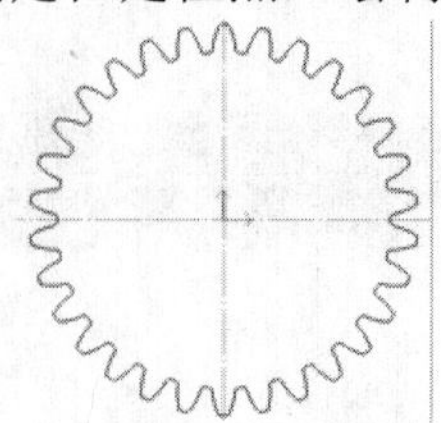

图3-92　齿轮固定在坐标系原点

3.22 圆弧拟合样条

执行方式

命令行：nhs

菜单：“绘图”→“圆弧拟合样条”

工具栏：“绘图工具Ⅱ”工具栏→

选项卡：单击“常用”选项卡“绘图”面板中的“圆弧拟合样条”按钮

操作步骤

（1）启动圆弧拟合命令后，系统弹出“圆弧拟合”立即菜单，如图 3-93 所示。

1. 不光滑连续　2. 保留原曲线　3.拟合误差 0.05　4.最大拟合半径 9999

图3-93　“圆弧拟合”立即菜单

（2）单击立即菜单 1 可以选取“不光滑连续”或“光滑连续”方式，2 可选取“保留原曲线”或“不保留原曲线”，在 3 中可输入拟合的误差，4 中输入最大拟合半径。

（3）根据系统提示拾取需要拟合的样条曲线，拟合完成。

圆弧拟合样条功能主要用来处理线切割加工图形，经上述处理后的样条线，可以使图形加工结果更光滑，生成的加工代码更简单。

3.23 绘制孔/轴

CAXA CAD 电子图板可以在给定位置画出带有中心线的孔和轴或带有中心线的圆锥孔或

圆锥轴。

执行方式

命令行：hole

菜单："绘图"→"孔/轴"

工具栏："绘图工具Ⅱ"工具栏→

选项卡：单击"常用"选项卡"绘图"面板中的"孔/轴"按钮

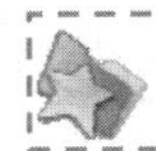

选项说明

单击"绘图"面板中的"孔/轴"按钮，系统弹出"绘制孔/轴"立即菜单，如图 3-94 所示。单击立即菜单 1 可以选择绘制"孔"或"轴"，单击立即菜单 2 可以选择"直接给出角度"或"两点确定角度"。

1.轴 2.两点确定角度

图3-94 "绘制孔/轴"立即菜单

3.23.1 绘制轴

利用此功能，可以绘制圆柱轴、圆锥轴、阶梯轴，轴的中心线可以水平、竖直、倾斜。

例 3-27：绘制图 3-95 所示的阶梯轴（不标注尺寸，轴的中心线与 X 轴的夹角为 20°）。

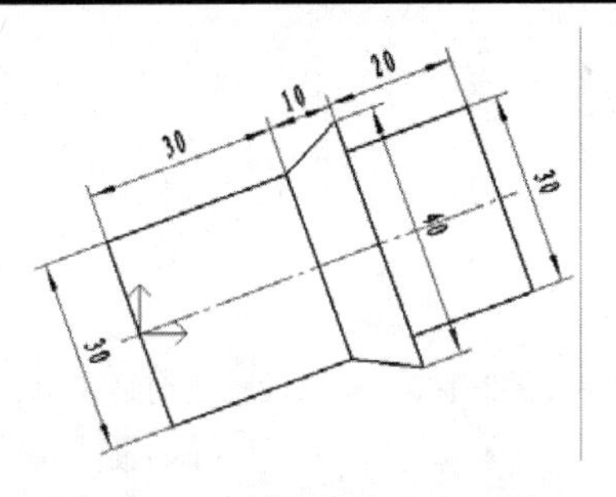

图3-95 绘制阶梯轴的实例图

绘制步骤：

（1）单击"常用"选项卡"绘图"面板中的"孔/轴"按钮（或者选取"绘图"→"孔/轴"菜单），启动绘制孔/轴命令后，则在绘图区左下角弹出"绘制孔/轴"立即菜单，在立即菜单 1 中选择"轴"选项；2 中选择"直接给出角度"选项； 3 中输入角度值 30，如图 3-96 所示。

（2）按照系统提示，在操作提示区输入轴的插入点坐标"0,0"并按 Enter 键，向右拉动鼠标，一个直径为默认值的动态轴出现在屏幕上，这时在变化后的立即菜单 2 和 3 中均输入 30，4 中选择“有中心线”选项，再在操作提示区输入轴的长度 30，如图 3-97 所示，按 Enter 键，第一段轴绘制完毕。如图 3-98 所示。

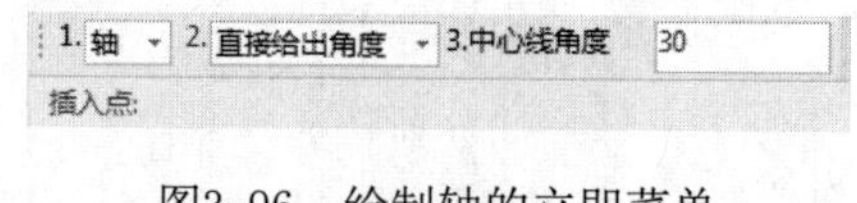

1. 轴
2. 直接给出角度
3.中心线角度
30
插入点:

图3-96　绘制轴的立即菜单

1. 轴
2.起始直径
30
3.终止直径
30
4. 有中心线
5.中心线延伸长度
3
轴上一点或轴的长度:30
Hoax HA
@280.549 <0.000°

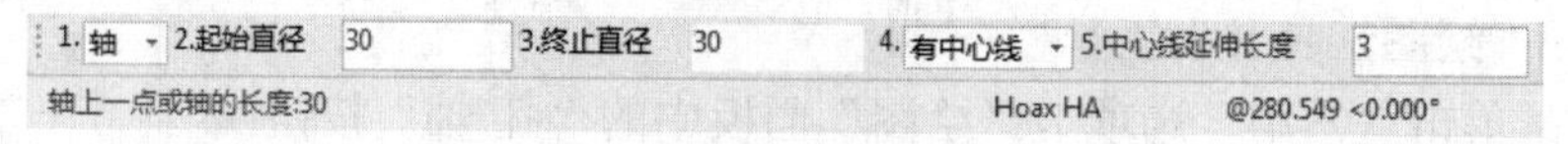

图3-97　“绘制轴”立即菜单

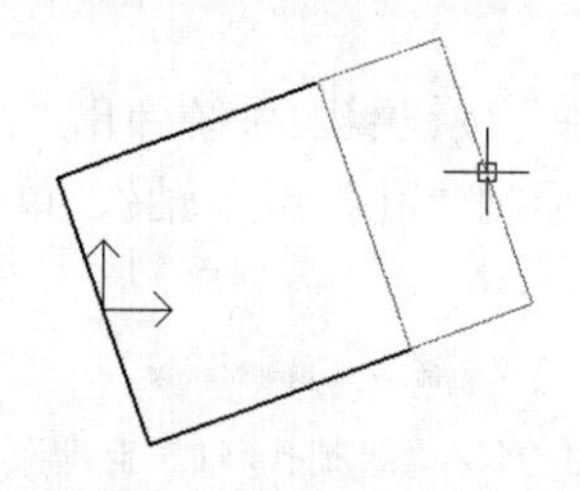

图3-98　第一段轴绘制结束

（3）向右上方拉动鼠标，重新填写立即菜单，并在操作提示区中输入轴的长度 10，如图 3-99 所示，按 Enter 键，第二段轴绘制完毕，如图 3-100 所示。

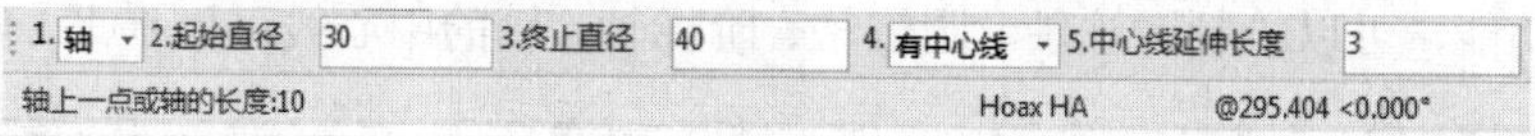

1. 轴
2.起始直径
30
3.终止直径
40
4. 有中心线
5.中心线延伸长度
3
轴上一点或轴的长度:10
Hoax HA
@295.404 <0.000°

图3-99　“绘制轴”立即菜单

（4）向右上方拉动鼠标，重新填写立即菜单，并在操作提示区中输入轴的长度 20，如图 3-101 所示，按 Enter 键，第三段轴绘制完毕。单击右键结束绘制孔/轴命令。绘制结果如图 3-102 所示。

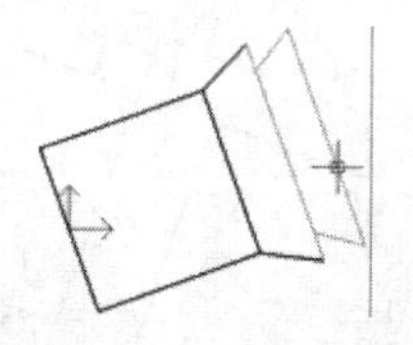

图3-100　第二段轴绘制结束

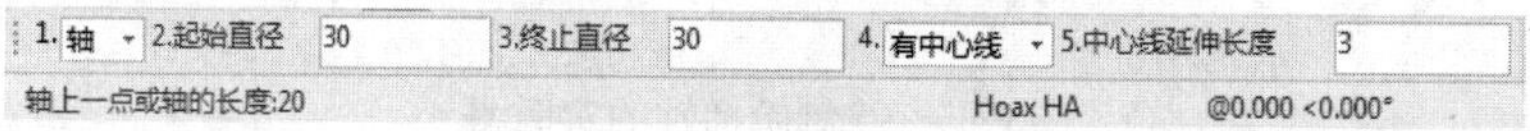

1. 轴
2.起始直径
30
3.终止直径
30
4. 有中心线
5.中心线延伸长度
3
轴上一点或轴的长度:20
Hoax HA
@0.000 <0.000°

图3-101　“绘制轴”立即菜单

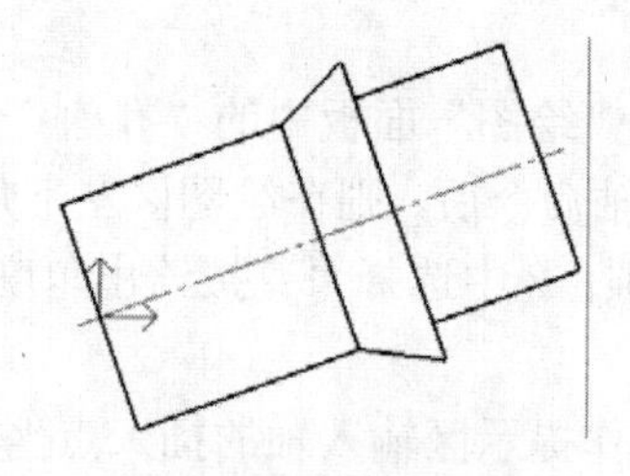

图3-102　阶梯轴绘制结束

3.23.2 绘制孔

利用绘制孔功能，可以绘制圆柱孔、圆锥孔、阶梯孔，孔的中心线可以水平、竖直、倾斜。

例 3-28：绘制图 3-103 所示的阶梯孔图（不标注尺寸，孔的中心线与 X 轴的夹角为 20°）。

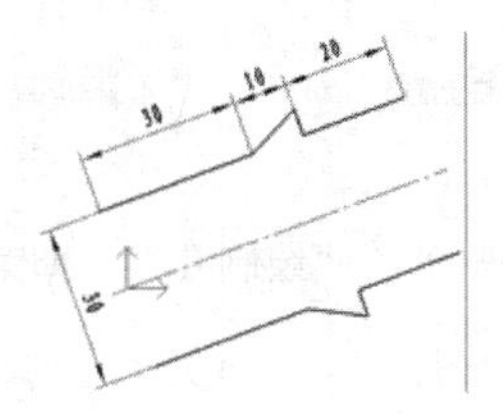

图3-103 绘制阶梯孔的实例图

绘制步骤：

（1）单击“常用”选项卡“绘图”面板中的“孔/轴”按钮（或者选取“绘图”→“孔/轴”菜单），启动绘制孔/轴命令后，在绘图区左下角弹出绘制孔/轴的立即菜单，在立即菜单 1 中选择“孔”选项；2 中选择“直接给出角度”选项；3 中输入角度值 30，按照系统提示，在操作提示区输入轴的插入点坐标“0,0”并按 Enter 键，如图 3-104 所示。

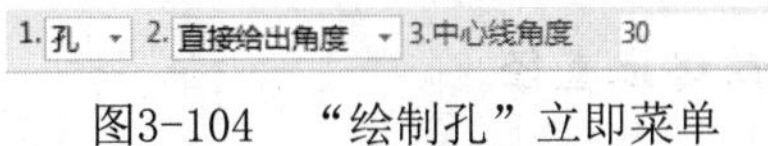

图3-104 “绘制孔”立即菜单

（2）向右拉动鼠标，一个直径为默认值的动态轴出现在屏幕上，这时在变化后的立即菜单 2 和 3 中均输入 30，4 中选择“有中心线”选项，再在操作提示区输入孔的长度 30，如图 3-105 所示，按 Enter 键，第一段孔绘制完毕，如图 3-106 所示。

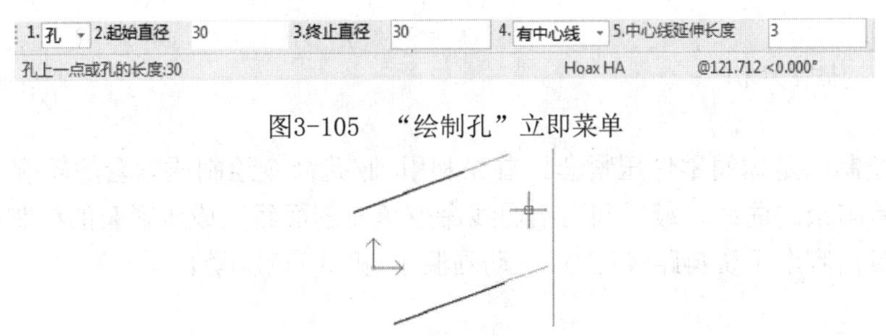

图3-105 “绘制孔”立即菜单

图3-106 第一段孔绘制结束

（3）向右上方拉动鼠标，重新填写立即菜单，并在操作提示区中输入轴的长度 10，如图 3-107 所示，按 Enter 键，第二段孔绘制完毕，如图 3-108 所示。

1. 孔　2.起始直径 30　3.终止直径 40　4. 有中心线　5.中心线延伸长度 3
孔上一点或孔的长度:10　Hoax HA　@113.482 <0.000°

图3-107 “绘制孔”立即菜单

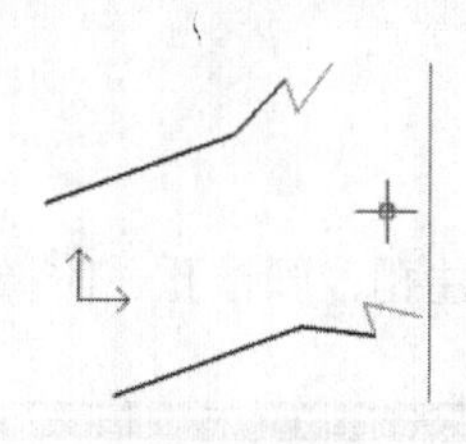

图3-108 第二段孔绘制结束

（4）向右上方拉动鼠标，重新填写立即菜单，并在操作提示区中输入孔的长度 20，如图 3-109 所示，按 Enter 键，第三段孔绘制完毕。单击鼠标右键结束绘制孔/轴命令。绘制结果如图 3-110 所示。

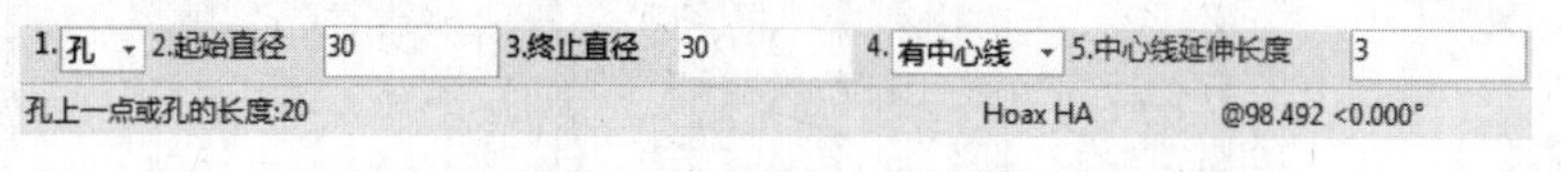

图3-109 “绘制孔”立即菜单

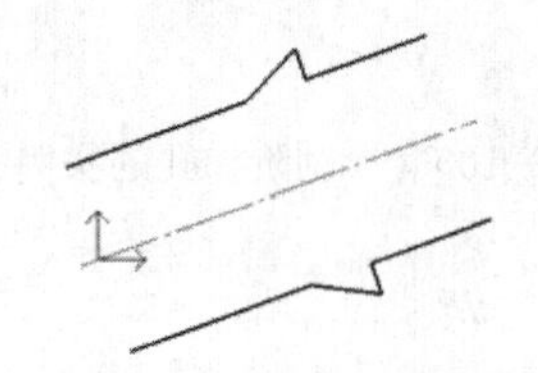

图3-110 阶梯孔绘制结束

注意

单击绘制孔/轴的立即菜单 2 输入起始直径时，同时也修改 3 中的终止直径；也可以单击立即菜单 3 单独修改终止直径。

3.24 实例——压紧套

3.24.1 思路分析

本例要绘制的是球阀零件压紧套。首先利用轴/孔命令绘制压紧套的轮廓，其次利用裁剪命令删除多余的曲线，最后利用剖面线命令填充剖面线完成压紧套的绘制。

本例视频内容电子资料路径：“X：\动画演示\第 3 章\压紧套.avi”。

3.24.2 绘制步骤

（1）启动 CAXA CAD 电子图板，创建一个新文件。

（2）绘制轴：单击“常用”选项卡“绘图”面板中的“孔/轴”按钮（或者选取“绘图”→“孔/轴”菜单），键盘命令“hole”，在立即菜单 1 中选择 “轴”，2 中选择“直接给出角度”，3 中输入中心线角度为 90。从上到下的顺序，轴的直径与长度如下所设：

第一段轴直径为：24，长度为：11。

第一段轴直径为：22，长度为：4。

结果如图 3-111 所示。

（3）绘制孔：单击“常用”选项卡“绘图”面板中的“孔/轴”按钮（或者选取“绘图”→“孔/轴”菜单），键盘命令“hole”，在立即菜单 1 中选择“孔”，2 中选择“直接给出角度”，3 中输入中心线角度为 90。从上到下的顺序，孔的直径与长度如下所设：

第一段孔直径为：16，长度为：5

第一段孔直径为：14，长度为：10

结果如图 3-112 所示。

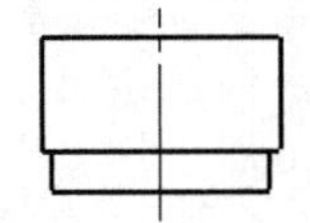

图3-111 绘制轴

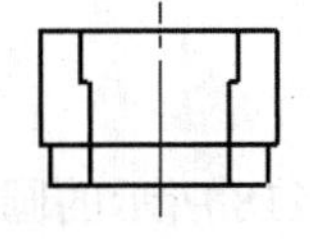

图3-112 绘制孔

（4）偏移处理：单击“常用”选项卡“修改”面板中的“等距线”按钮（或者选取“绘图”→“等距线”菜单），键盘命令“offest”，立即菜单选择为如图 3-113 所示。系统提示：

拾取曲线：（拾取水平的最上部的直线）

请拾取所需的方向：（鼠标选择在直线的下方的箭头）

结果如图 3-114 所示。

1.单个拾取 2.指定距离 3.单向 4.空心 5.距离 3 6.份数 1 7.保留源对象 8.使用源对象属性

图3-113 “等距线”立即菜单

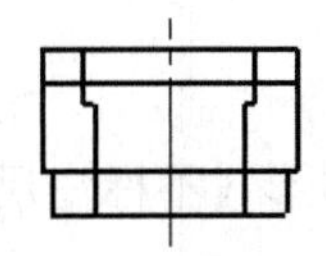

图3-114 偏移结果

（5）裁剪处理：单击“常用”选项卡“修改”面板中的“裁剪”按钮（或者选取“修改”→“裁剪”菜单），键盘命令“trim”。在如图 3-115 所示的立即菜单 1 中选择“快速剪裁”，删除多余的曲线。

1.快速裁剪

图3-115 “剪裁”立即菜单

（6）绘制直线：单击“常用”选项卡“绘图”面板中的“直线”按钮（或者选取“绘图”→“直线”→“直线”菜单），键盘命令“line”，在立即菜单 1 中选择“两点线”选项，2 中选择“单根”选项，连接孔端面，结果如图 3-116 所示。

（7）填充剖面线：单击“常用”选项卡“绘图”面板中的“剖面线”按钮（或者选取“绘图”→“剖面线”菜单），键盘命令“hatch”，在立即菜单 1 中选择“拾取点”选项，2 中选择“不选择剖面图案”选项，4 中输入比例为 1，5 中输入角度为 45°，6 中输入间距错开为 0，在视图中单击压紧套两侧空白区，结果如图 3-117 所示。

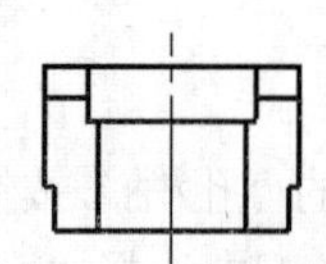
图3-116　裁剪处理

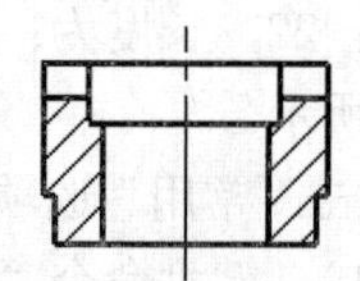
图3-117　填充剖面线

3.25 实践与操作

1. 绘制如图3-118所示的圆弧板图形（不标注尺寸）。

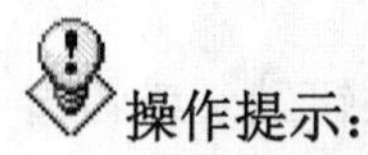
操作提示：

（1）将当前图层设置为中心线图层。

（2）绘制图中4条中心线（注意利用正交功能和平行线的偏移方式）。

（3）将当前图层设置为0图层，再绘制4个圆（注意使用工具点菜单中的“交点”或“圆心”选项以精确定位）。

（4）利用绘制圆弧中的“两点-半径”方式绘制*R*70、*R*50的圆弧（注意利用工具点菜单中的“切点”选项功能自动捕捉特征点）。

（5）绘制切线（利用直线中的两点线方式，配合使用工具点菜单以“切点”选项精确捕捉特征点）。

2. 绘制如图3-119所示的板手图形（不标注尺寸）。

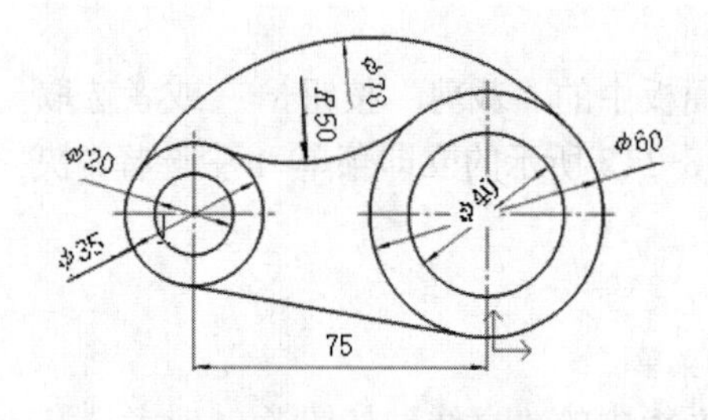

图3-118　圆弧板

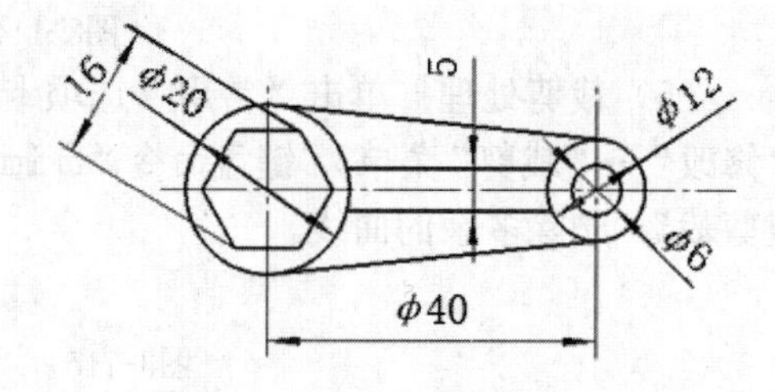

图3-119　板手

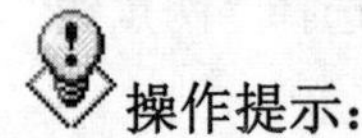
操作提示：

（1）将当前图层设置为中心线图层。

（2）绘制图中3条中心线（注意利用正交功能和平行线的偏移方式）。

（3）将当前图层设置为0图层。

（4）绘制圆和多边形（注意使用工具点菜单中的“交点”选项以精确定位）。

（5）绘制两条切线（利用直线中的两点线方式，配合使用工具点菜单以“切点”选项精确定位）。

（6）用等距线命令绘制两条水平的平行线。

（7）单击“常用”选项卡“修改”面板中的“裁剪”按钮，裁剪多余部分。

3. 绘制如图 3-120 所示的机床手柄 1 的图形（不标注尺寸）。

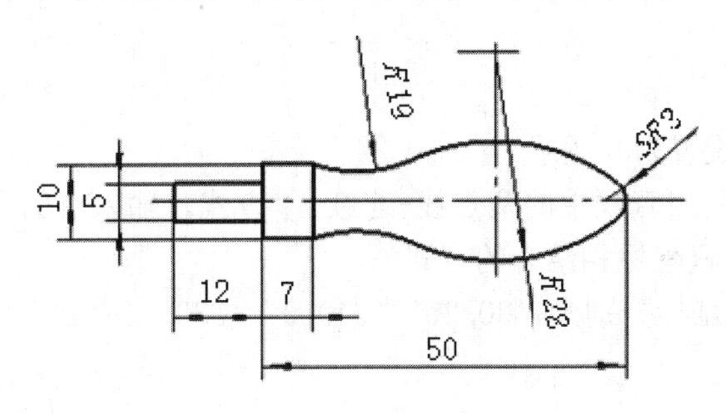

图3-120 机床手柄1

操作提示：

（1）将当前图层设置为 0 图层。

（2）利用“孔/轴”命令绘制图中左端的阶梯轴。

（3）将当前图层设置为中心线图层，并利用平行线偏移的方式找到 R28 的圆心。

（4）将当前图层设置为 0 图层；并绘制两个 R28 的圆。

（5）利用绘制圆弧中的“两点-半径”方式绘制两个 R19 的圆弧，再利用此命令绘制最右侧的 R3 的小圆弧（注意利用工具点菜单中的“切点”选项功能自动捕捉特征点）。

（6）单击“常用”选项卡“修改”面板中的“裁剪”按钮，裁剪多余部分。

4. 绘制如图 3-121 所示的机床手柄 2 的图形（不标注尺寸）。

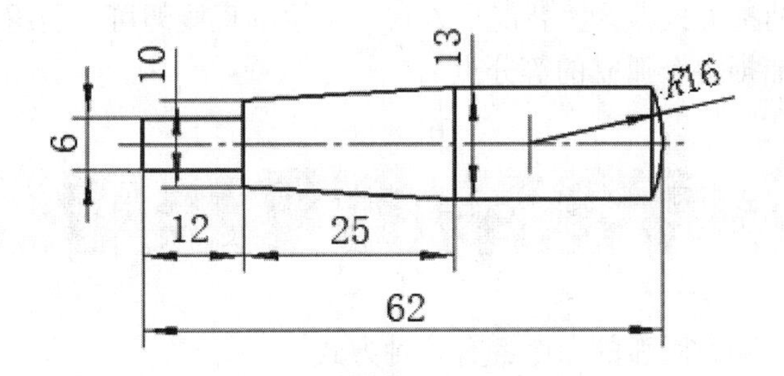

图3-121 机床手柄2

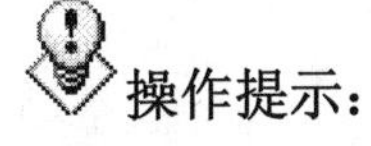

操作提示：

（1）将当前图层设置为 0 图层。

（2）利用“孔/轴”命令绘制图中的阶梯轴（注意锥轴的画法）。

（3）将当前图层设置为中心线图层，并利用平行线偏移的方式找到 $R16$ 的圆心。

（4）将当前图层设置为 0 图层；并绘制 $R16$ 的圆。

（5）单击“常用”选项卡“修改”面板中的“裁剪”按钮，裁剪多余部分。

5．绘制如图 3-122 所示的五角星图形（不标注尺寸）。

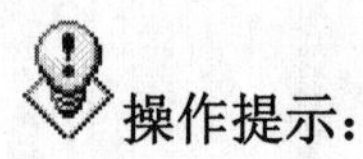

操作提示：

（1）将当前图层设置为 0 图层。

（2）绘制直线（利用直线中的两点线-连续 “方式，输入点的坐标，坐标输入采用绝对坐标、相对坐标、极坐标相结合的方式）。

（3）1～5 各点的坐标分别为“30,30”“@40,0”“@30,∠-144”“@30,∠72”“@30,∠-72”。

6．绘制如图 3-123 所示的五角星图形（尺寸不限）。

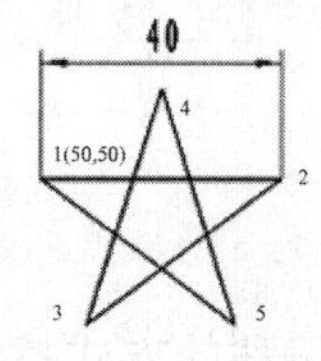

图3-122　五角星

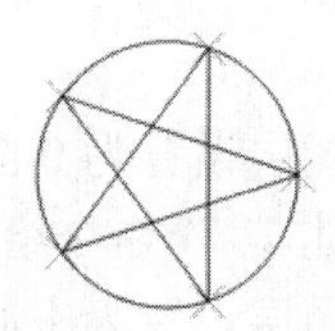

图3-123　圆内五角星

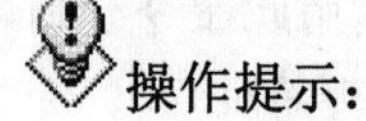

操作提示：

（1）将当前图层设置为 0 图层。

（2）绘制圆，再利用绘制点的“等分点”方式绘制圆的五等份点。

（3）启动“点样式”命令，将点的样式改为╳形。

（4）将点的捕捉方式改为“智能”方式，再绘制直线即可（利用直线中的两点线-连续 “方式，智能捕捉各个孤立的等分点）。

3.26 思考与练习

1．绘制直线、圆、圆弧的命令各有几种方式？

2．绘制正多边形、椭圆、矩形的命令各有几种方式？

3．在绘制直线的立即菜单中，“单个”和“连续”的含义是什么？

4．“正交”和“非正交”的含义是什么？

5．绘制轴与绘制孔的命令有何区别和联系？

6．绘制如图 3-124 所示的图形，尺寸不限。

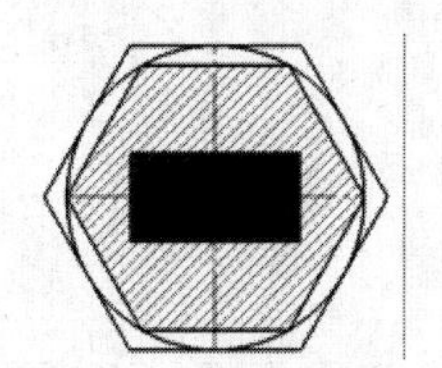

图3-124 练习5图形

7. 试绘制公式曲线 y=32+48x^2(x∈(0,100)。

第4章

曲线编辑

对当前的图形进行编辑修改，是交互式绘图软件不可缺少的功能，它对提高绘图速度和质量都具有至关重要的作用，CAXA CAD 电子图板充分考虑了用户的需求，提供了功能齐全、操作灵活的编辑修改功能。

- 曲线的裁剪、过渡、打断、拉伸操作
- 实体的平移、平移复制、旋转、镜像操作
- 实体的缩放、阵列操作
- 特性匹配

4.1 裁剪

对曲线进行编辑的主要目的是为了提高作图效率以及删除在作图过程中产生的多余线条，曲线编辑命令的菜单操作主要集中在“修改”菜单，如图 4-1 所示，工具栏操作主要集中在“编辑”工具栏，如图 4-2 所示，选项卡操作主要集中在“常用”选项卡的“修改”面板中，如图 4-3 所示。

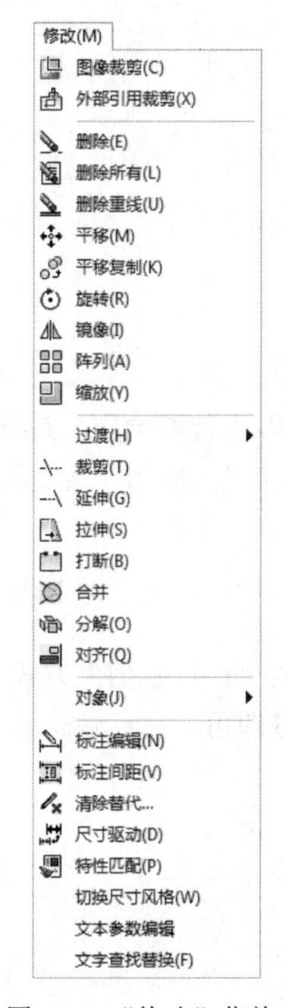

图 4-1 “修改”菜单

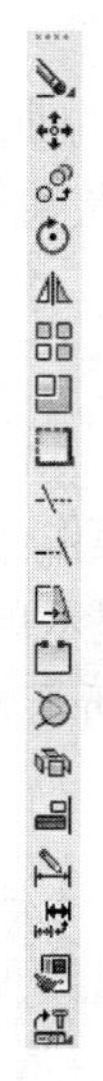

图 4-2 “编辑”工具栏

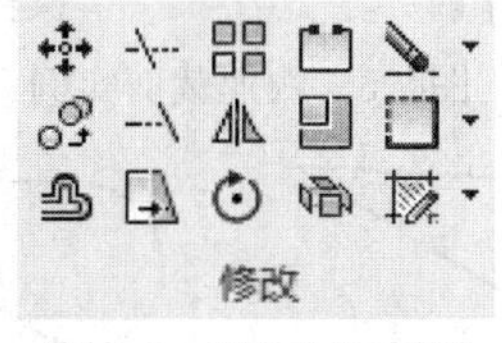

图 4-3 “修改”面板

裁剪功能用于对给定曲线(一般称为被裁剪线)进行修整，删除不需要的部分，得到新的曲线。

执行方式

命令行：trim

菜单："修改"→"裁剪"

工具栏："编辑工具"工具栏→

选项卡：单击"常用"选项卡"修改"面板中的"裁剪"按钮

选项说明

进入裁剪操作命令后，在屏幕左下角的操作提示区出现"裁剪"立即菜单，单击立即菜单1可选择裁剪的不同方式，如图4-4所示。

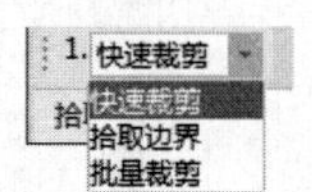

图4-4　"裁剪"立即菜单

4.1.1　快速裁剪

直接点取被裁剪的曲线，系统自动判断边界并做出裁剪响应，系统视裁剪边为与该曲线相交的曲线。快速裁剪一般用于比较简单的边界情况（例如一条线段只与两条以下的线段相交）。

操作步骤

（1）启动裁剪操作命令，从立即菜单1中选取"快速裁剪"方式。

（2）根据系统提示单击被裁剪线的要裁剪部分即可。

图4-5、图4-6所示为快速裁剪的实例。

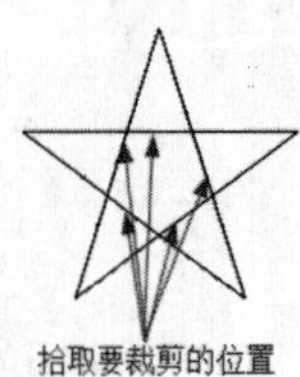

操作前　　操作后

图4-5　快速裁剪实例

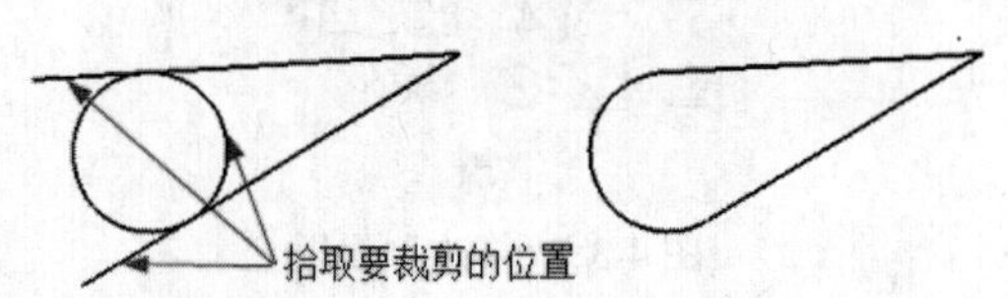

操作前　　操作后

图4-6　快速裁剪实例

对于与其他曲线不相交的一条单独的曲线不能使用裁剪命令，只能用删除命令将其去掉。

4.1.2 通过拾取边界裁剪

CAXA CAD 电子图板允许以一条或多条曲线作为剪刀线，对一系列被裁剪的曲线进行裁剪。

操作步骤

（1）启动裁剪操作命令，从立即菜单 1 中选取“拾取边界”方式。

（2）系统提示拾取剪刀线，依次拾取一条或多条曲线，单击右键确认。

（3）系统提示拾取要裁剪的曲线单击确认。点取的曲线段至边界部分被裁剪，而边界另一侧的部分被保留。

图 4-7、图 4-8 所示为拾取边界裁剪的实例。

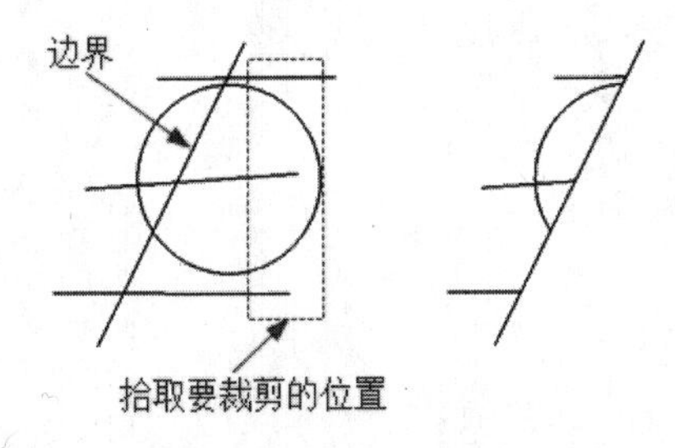

操作前　　操作后

图4-7　拾取边界裁剪实例1

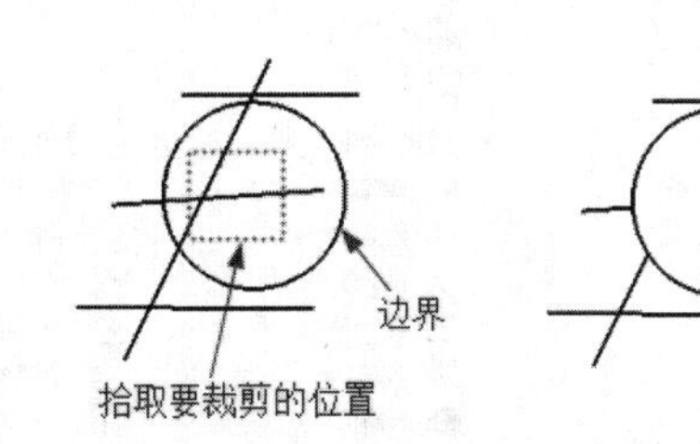

操作前　　操作后

图4-8　拾取边界裁剪实例2

4.1.3 批量裁剪

当曲线较多时，可以对曲线或曲线组用批量裁剪。

操作步骤

（1）启动裁剪操作命令，从立即菜单 1 中选取“批量裁剪”方式。

（2）根据系统提示单击拾取剪刀链，(剪刀链可以是一条曲线，也可以是首尾相连的多条曲线)。

（3）系统提示拾取要裁剪的曲线，单击依次拾取要裁剪的曲线（用窗口方式拾取也可)，单击右键确认。选择要裁减的方向，裁剪完成。

4.2 过渡

过渡功能包含了一般 CAD 软件的圆角、尖角、倒角等功能。

执行方式

命令行：corner

菜单：“修改”→“过渡”，如图 4-9 左图所示。

工具栏：“过渡”工具栏→

选项卡：单击“常用”选项卡“修改”面板中的“过渡”按钮

过渡工具栏如图 4-9 右图所示。

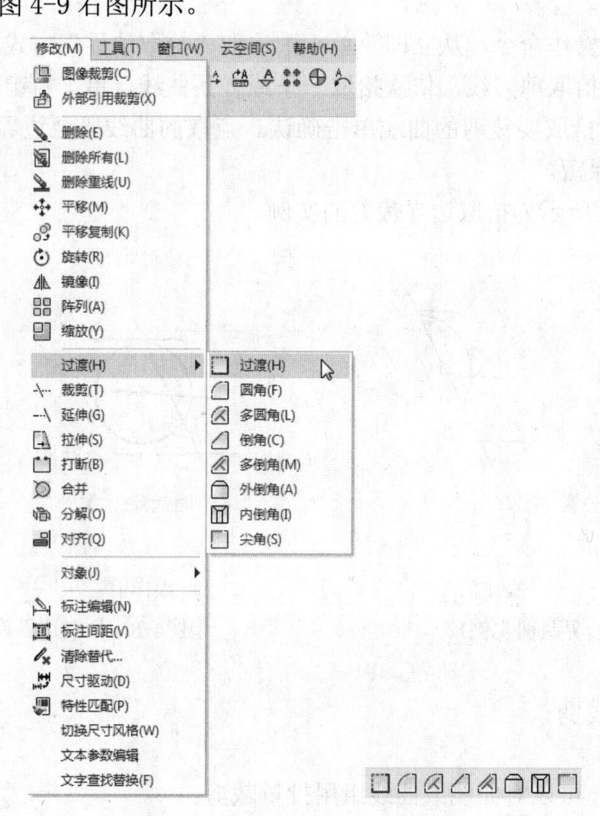

图4-9　过渡下拉菜单和过渡工具栏

4.2.1　圆角过渡

圆角过渡用于对两曲线（直线、圆弧、圆）进行圆弧光滑过渡。曲线可以被裁剪或往角的方向延伸。

执行方式

命令行：fillet

菜单："修改"→"过渡"→"圆角"

工具栏："过渡"工具栏→

选项卡：单击"常用"选项卡"修改"面板中的"圆角"按钮

选项说明

进入圆角操作命令后，在屏幕左下角的操作提示区出现"圆角过渡"立即菜单，如图4-10所示。

1.裁剪 2.半径 10

图4-10 "圆角过渡"立即菜单

操作步骤

（1）启动圆角操作命令，菜单1中可以选择裁剪、裁剪始边、不裁剪3种方式，2中可以输入过渡圆角的半径值。

（2）根据系统提示依次拾取要进行圆角过渡的两条曲线即可。图4-11所示为圆角过渡的实例。

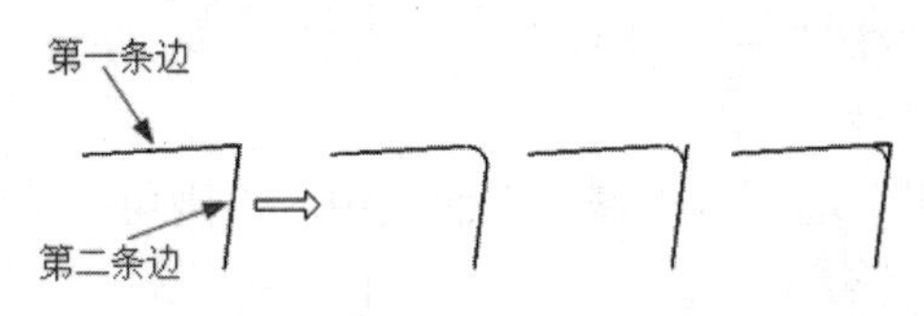

操作前 裁剪 裁剪始边 不裁剪

图4-11 圆角过渡实例

选取的曲线位置不同，会得到不同的结果。

4.2.2 多圆角过渡

多圆角过渡用于对多条首尾相连的直线进行圆弧光滑过渡。

执行方式

命令行：fillets

菜单："修改"→"过渡"→"多圆角"

工具栏："过渡"工具栏→

选项卡：单击"常用"选项卡"修改"面板中的"多圆角"按钮

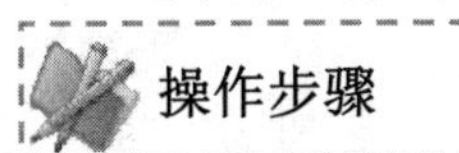

操作步骤

（1）启动多圆角命令，从立即菜单1中可以输入圆角的半径值，如图4-12所示。

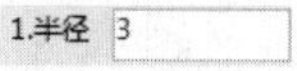

1.半径 3

图4-12　多圆角立即菜单

（2）根据系统提示拾取要进行过渡的首尾相连的直线即可。图 4-13 所示为多圆角过渡的实例。

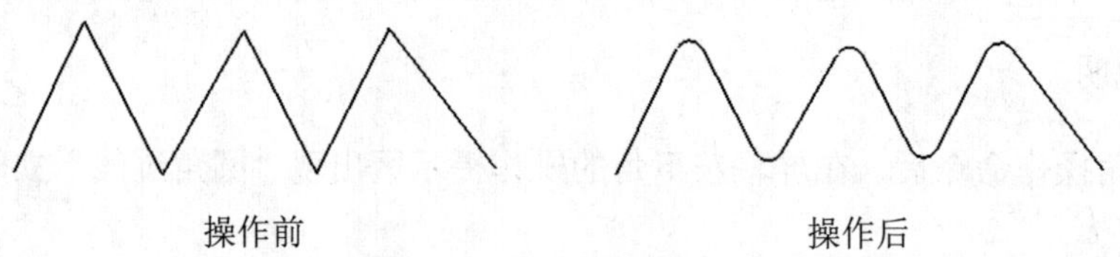

图4-13　多圆角过渡的实例

4.2.3　倒角过渡

倒角过渡用于对两直线之间进行直线倒角过渡。直线可以被裁剪或往角的方向延伸。

执行方式

命令行：chamfer

菜单：“修改”→“过渡”→“倒角”

工具栏：“过渡”工具栏→

选项卡：单击“常用”选项卡“修改”面板中的“倒角”按钮

操作步骤

（1）启动倒角命令，从立即菜单 1 中可以选择“倒角”；2 中选择“长度和角度方式”；3 中可以选择裁剪、裁剪始边、不裁剪；4 中输入倒角的长度值；5 中输入倒角的角度或宽度值，如图 4-14 所示。

图4-14　“倒角”立即菜单

（2）根据系统提示拾取要进行倒角过渡的两条直线即可。图 4-15 所示为倒角的实例。

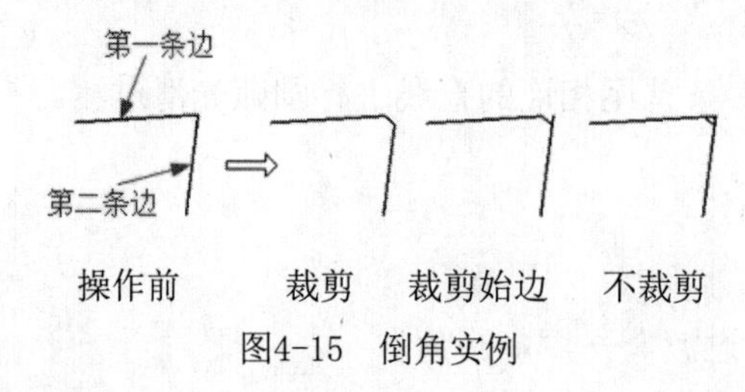

图4-15　倒角实例

4.2.4　外倒角过渡

外倒角用于对轴端等有 3 条两两垂直的直线进行倒角过渡。

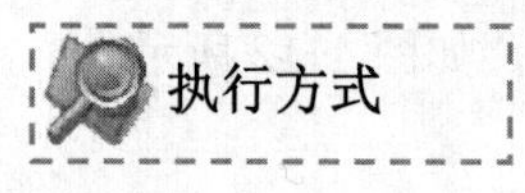

执行方式

命令行：chamferaxle

菜单：“修改”→“过渡”→“外倒角”

工具栏：“过渡”工具栏→

选项卡：单击“常用”选项卡“修改”面板中的“外倒角”按钮

（1）启动外倒角命令，从立即菜单 2 中选择长度和角度方式或长度和宽度方式，3 中可以输入倒角的长度值，4 中输入倒角的角度或宽度值，如图 4-16 所示。

（2）根据系统提示拾取要生成外倒角的 3 条两两垂直的直线即可。

图 4-17 所示为外倒角过渡的实例。

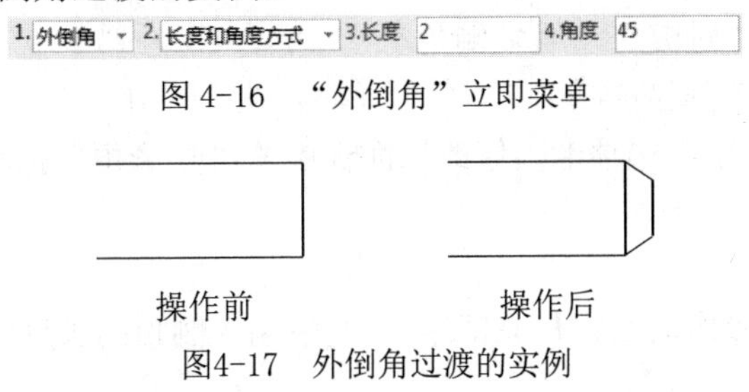

图 4-16 “外倒角”立即菜单

图4-17 外倒角过渡的实例

4.2.5 内倒角过渡

内倒角过渡用于对孔端等有 3 条两两垂直的直线进行倒角过渡。

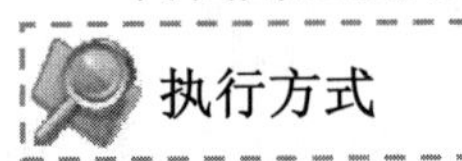

命令行：chamferhole

菜单：“修改”→“过渡”→“内倒角”

工具栏：“过渡”工具栏→

选项卡：单击“常用”选项卡“修改”面板中的“内倒角”按钮

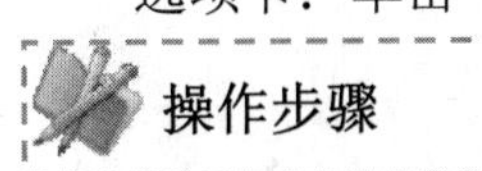

（1）启动内倒角命令，从立即菜单 2 中选择长度和角度方式或长度和宽度方式，3 中可以输入倒角的长度值，4 中输入倒角的角度或宽度值，如图 4-18 所示。

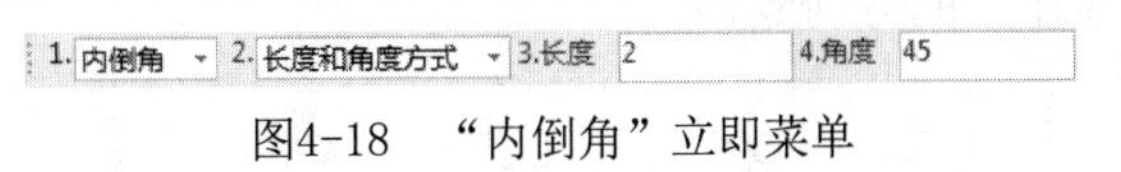

图4-18 “内倒角”立即菜单

（2）根据系统提示拾取要生成内倒角的 3 条两两垂直的直线即可。

图 4-19 所示为内倒角过渡的实例。

4.2.6 多倒角过渡

多倒角过渡用于对多条首尾相连的直线进行倒角过渡。

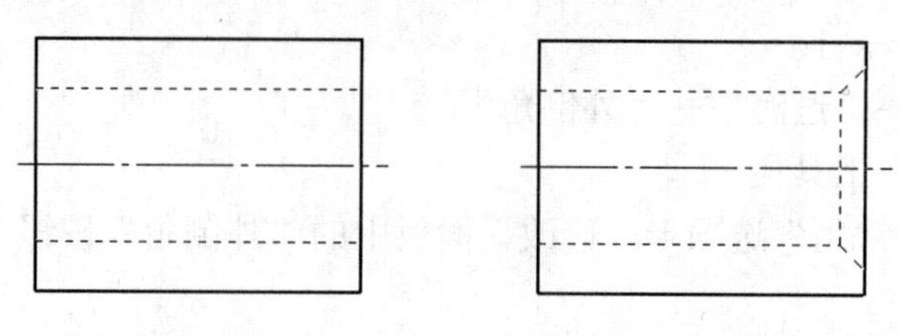

图4-19 内倒角过渡的实例

执行方式

命令行：chamfers

菜单："修改"→"过渡"→"多倒角"

工具栏："过渡"工具栏→

选项卡：单击"常用"选项卡"修改"面板中的"多倒角"按钮

操作步骤

（1）启动多倒角操作命令，从立即菜单 2 中输入倒角的长度值，3 中输入倒角的角度，如图 4-20 所示。

（2）根据系统提示拾取要进行过渡的首尾相连的直线即可。

图 4-21 所示为多倒角过渡实例。

1.多倒角 2.长度 2 3.倒角 45

图4-20 "多倒角"立即菜单

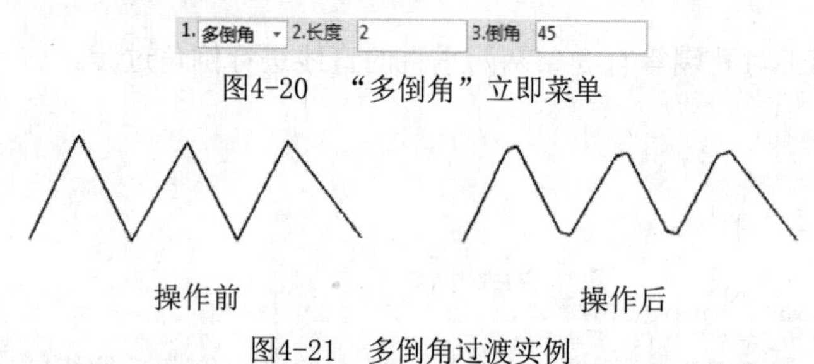

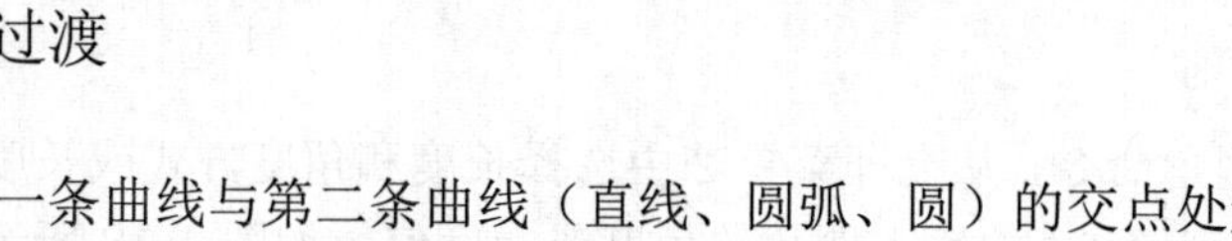

图4-21 多倒角过渡实例

4.2.7 尖角过渡

尖角过渡在第一条曲线与第二条曲线（直线、圆弧、圆）的交点处形成尖角过渡。曲线在尖角处可被裁剪或往角的方向延伸。

执行方式

命令行：sharp

菜单："修改"→"过渡"→"尖角"

工具栏："过渡"工具栏→

选项卡：单击"常用"选项卡"修改"面板中的"尖角"按钮

操作步骤

启动尖角操作命令，根据系统提示依次拾取两条曲线即可。

图 4-22、图 4-23 所示为尖角过渡的实例。

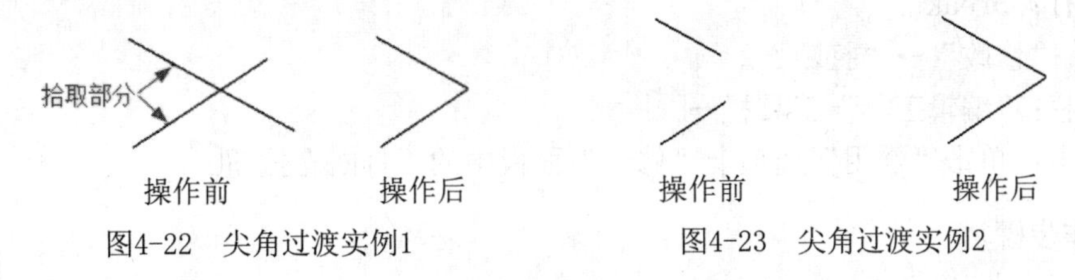

图4-22 尖角过渡实例1　　图4-23 尖角过渡实例2

4.3 延伸

延伸功能是以一条曲线为边界对一系列曲线进行裁剪或延伸。

执行方式

命令行：edge

菜单：“修改”→“延伸”

工具栏：“编辑工具”工具栏→

选项卡：单击“常用”选项卡“修改”面板中的“延伸”按钮

操作步骤

（1）进入延伸操作命令后，根据屏幕提示选取一条曲线作为边界。

（2）然后选取一系列曲线进行编辑修改。图 4-24 为延伸的实例。

注意

如果选取的曲线与边界曲线有交点，则系统按"裁剪"命令进行操作，即系统将裁剪所拾取的曲线至边界位置。如果被裁剪的曲线与边界曲线没有交点，那么，系统将把曲线延伸至边界（圆或圆弧可能会有例外，因为它们无法向无穷远处延伸，它们的延伸范围是有限的）。

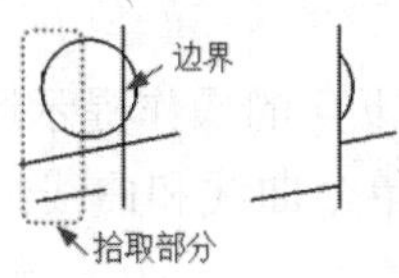

操作前　　操作后

图4-24 延伸的实例

4.4 打断

打断功能是将一条曲线在指定点处打断成两条曲线，以便于分别操作。

命令行：break
菜单："修改"→"打断"
工具栏："编辑工具"工具栏→
选项卡：单击"常用"选项卡"修改"面板中的"打断"按钮

（1）进入打断操作命令后，根据屏幕提示选取一条待打断的曲线。
（2）选取曲线的打断点即可。

打断点最好选在需打断的曲线上，为作图准确，可充分利用智能点、导航点、栅格点和工具点菜单。为了更灵活使用此功能，电子图板也允许把点设在曲线外，使用规则如下：若打断的为直线，则系统从选定点向直线作垂线，设定垂足点为打断点；若打断线为圆弧或圆，则从圆心向选定点作直线，该直线与圆弧的交点被设定为打断点。另外，打断后的的曲线与打断前并没有什么两样，但实际上，原来的曲线已经变成了两条互不相干的曲线，各自成了一个独立的实体。

4.5 拉伸

拉伸功能是对曲线或曲线组进行拉伸或缩短操作。

命令行：stretch
菜单："修改"→"拉伸"
工具栏："编辑工具"工具栏→
选项卡：单击"常用"选项卡"修改"面板中的"拉伸"按钮

选项说明

进入拉伸操作命令后，在屏幕左下角的操作提示区出现拉伸立即菜单，单击立即菜单1可选择不同的拉伸方式（系统提供单个曲线和曲线组的两种拉伸功能）。

4.5.1 单条曲线拉伸

单条曲线拉伸是用单个拾取鼠标拾取直线、圆、圆弧或样条进行拉伸。

例 4-1：对图 4-25 中的直线进行拉伸。

绘制步骤：

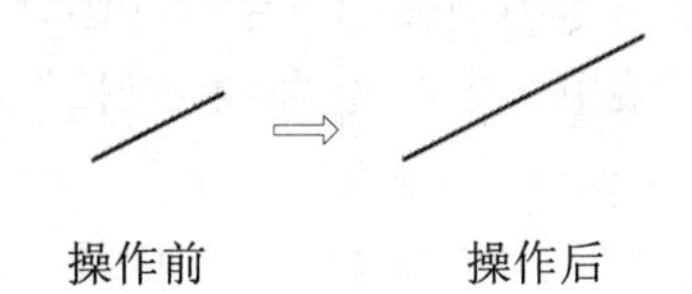

图4-25　拉伸直线

（1）打开电子资料中的“初始文件”→“4”　→“例 4-1”文件。启动拉伸命令后，在立即菜单 1 中选择“单个拾取”方式，如图 4-26 所示。

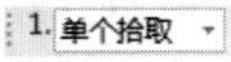

1. 单个拾取

图4-26　“拉伸操作”立即菜单

（2）系统提示拾取曲线，单击图中直线的右上部（因为本例是向右上部拉伸），立即菜单变为如图 4-27 所示，在立即菜单 2 中选择“轴向拉伸”选项，3 中选择“点方式”选项。

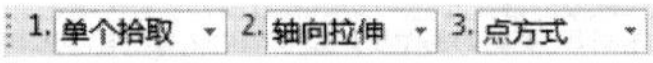

1. 单个拾取　2. 轴向拉伸　3. 点方式

图4-27　“直线拉伸”立即菜单

（3）拉动直线到所需位置单击即可。

当拾取了直线时，有两种拉伸方式，轴向拉伸和任意拉伸，单击图 4-27 的立即菜单 2 可以切换。

轴向拉伸即保持直线的方向不变，改变靠近拾取点的直线端点的位置。轴向拉伸又分点方式和长度方式，由图 4-27 的立即菜单 3 中的选项决定。点方式时拉伸后的端点位置是鼠标位置在直线方向上的垂足；长度方式时需要输入拉伸长度值，直线将延伸指定的长度，如果输入的是负值，直线将反向延伸。

任意拉伸时靠近拾取点的直线端点位置完全由鼠标位置决定。

例 4-2：对图 4-28 中的圆弧进行拉伸。

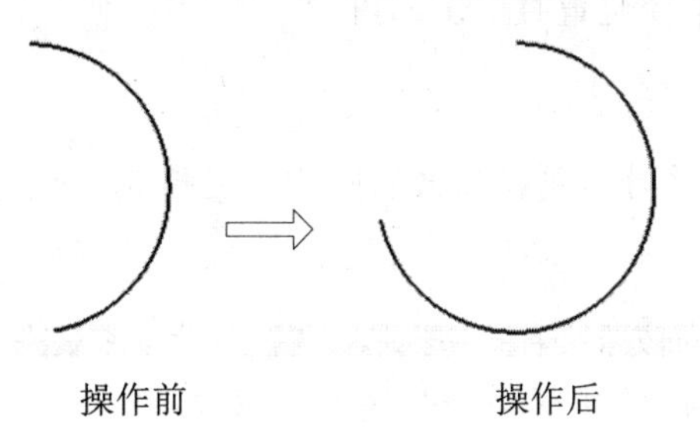

操作前　　　操作后

图4-28　拉伸圆弧的实例

绘制步骤：

（1）打开电子资料中的“初始文件”→“4”→“例 4-2”文件。启动拉伸命令后，在立即菜单 1 中选择“单个拾取”方式；

（2）系统提示拾取曲线，单击图中圆弧的下半部（因为本例是在下半部拉伸），立即菜单变为如图 4-29 所示，在立即菜单 2 中选择“拉伸弧长”选项，3 中选择“绝对”选项。

1. 单个拾取 2. 弧长拉伸 3. 绝对

图4-29 “圆弧拉伸”立即菜单

（3）拉动圆弧端点到所需位置单击即可。

注意

当拾取了圆弧时，可以用在图 4-29 圆弧拉伸的立即菜单 2 中选择拉伸弧长或拉伸半径。

例 4-3：对图 4-30 中的圆进行拉伸。

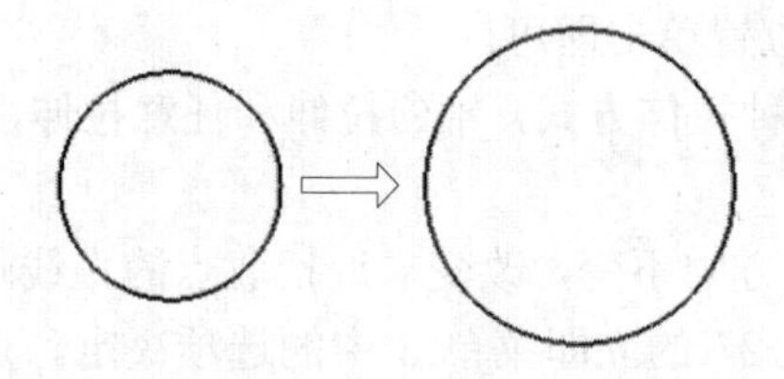

操作前 操作后

图4-30 拉伸圆的实例

绘制步骤：

（1）打开电子资料中的“初始文件”→“4”→“例 4-3”文件。启动拉伸命令后，在立即菜单 1 中选择“单个拾取”方式。

（2）系统提示拾取曲线，单击图中圆。

（3）拉动圆到所需半径位置时单击即可。

对圆实行拉伸操作时，是在保持圆心不变的情况下改变了圆的半径。

例 4-4：对图 4-31 中的样条曲线进行拉伸。

绘制步骤：

（1）打开电子资料中的“初始文件”→“4”→“例 4-4”文件。启动拉伸命令后，在立即菜单 1 中选择“单个拾取”方式。

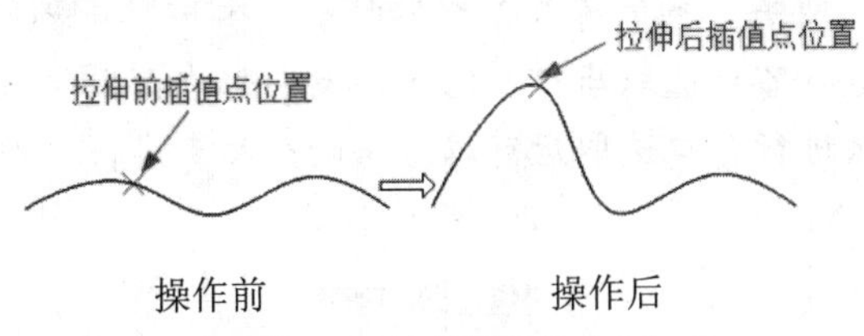

图4-31　拉伸样条的实例

（2）系统提示拾取曲线，单击图中样条曲线。

（3）系统提示“拾取插值点”，此时样条上的所有插值点显示为绿色，单击图 4-31 左图中插值点，拉动此插值点到图 4-31 右图中位置时单击即可。

4.5.2　曲线组拉伸

曲线组拉伸是指移动窗口内图形的指定部分，即将窗口内的图形一起拉伸。

例 4-5：对图 4-32 中图形以窗口方式拉伸。

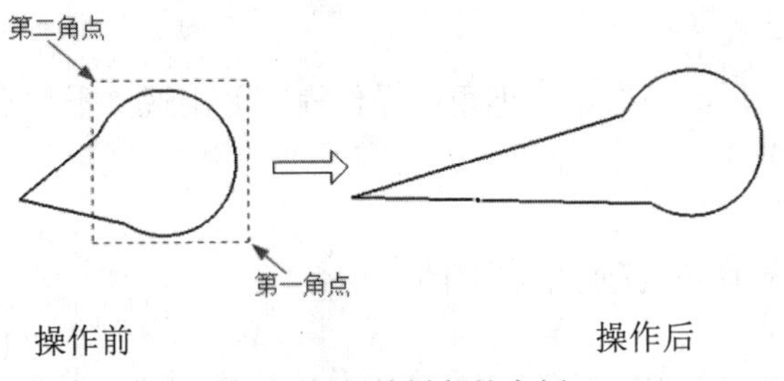

图4-32　拉伸样条的实例

绘制步骤：

（1）打开电子资料中的“初始文件”→“4”→“例 4-5”文件。启动拉伸命令后，在立即菜单 1 中选择“窗口拾取”方式，在图 4-33 的立即菜单 2 中选择“给定偏移”。

（2）根据系统提示依次拾取窗口的第一角点和第二角点，如图 4-32 所示。

注意

这里窗口的拾取必须从右向左拾取，即第二角点的位置必须在第一角点的左侧，否则操作无效。

（3）然后单击右键，系统提示输入“X 或 Y 方向偏移量或位置点”，拖动图形到合适位置时单击即可。

注意

在图 4-33 的立即菜单 2 中可以选择“给定偏移”或“给定两点”，如果选择“给定偏移”，那么进行窗口选取后可以给出移动图形在X和Y方向上的偏移量；如果选择“给定两点”，那么进行窗口选取后可以给出两个参考点，系统根据这两个点的位置关系自动计算图形的偏移。

1. 窗口拾取 2. 给定偏移

图4-33 “窗口拉伸”立即菜单

4.6 平移图形

平移图形是指对拾取到的实体进行平移或复制操作。

执行方式

命令行：move

菜单：“修改”→“平移”

工具栏：“编辑工具”工具栏→

选项卡：单击“常用”选项卡“修改”面板中的“平移”按钮

选项说明

进入平移操作命令后，在屏幕左下角的操作提示区出现“平移”立即菜单，单击立即菜单 1 可选择不同的平移方式。

4.6.1 以给定偏移的方式平移图形

CAXA CAD 电子图板可以用给定偏移量的方式进行复制或平移实体。

操作步骤

（1）启动平移命令后，在立即菜单 1 中选择“给定偏移”方式；2 中选择“保持原态”或“平移为块”选项，3 中设置“旋转角度”(−360～360)，4 中设置“比例”0.001～1000，如图 4-34 所示。

1. 给定偏移 2. 平移为块 3.旋转角 0 4.比例: 1

图4-34 以“给定偏移”方式平移立即菜单

（2）根据系统提示依次拾取要拾取的元素（或用窗口拾取），单击右键确认。

（3）根据系统提示在操作提示区输入 X 和 Y 方向的偏移量后按 Enter 键或直接在选

择的位置点单击即可。

4.6.2 以给定两点的方式平移图形

CAXA CAD 电子图板可以给定两点方式进行复制或平移实体。用指定两点作为复制或平移的位置依据。可以在任意位置输入两点，系统将两点间距离作为偏移量，然后，再进行复制或平移操作。

操作步骤

（1）启动平移命令后，在立即菜单 1 中选择“给定两点”方式；其他选项与“给定平移”方式相同，如图 4-35 所示。

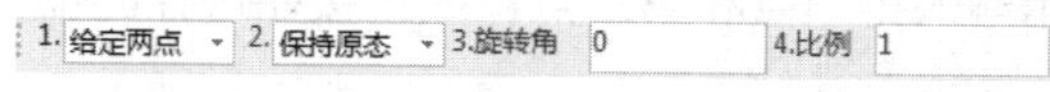

图4-35　以“给定两点”方式平移立即菜单

（2）根据系统提示依次拾取要拾取的元素（或用窗口拾取），单击右键确认。

（3）根据系统提示在操作提示区输入第一点和第二点的坐标后按 Enter 键或直接在绘图区选定两点即可。图 4-36 所示为图形平移的实例。

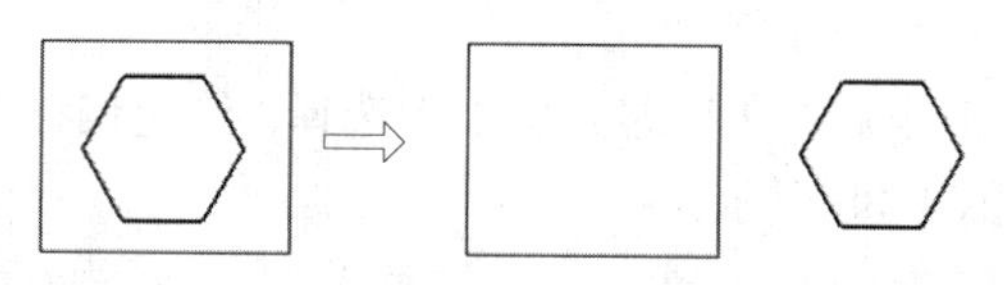

图4-36　平移六边形

4.7 平移复制

平移复制是指对拾取到的实体进行复制粘贴。

执行方式

命令行：copy

菜单：“修改”→“平移复制”

工具栏：“编辑工具”工具栏→

选项卡：单击“常用”选项卡“修改”面板中的“平移复制”按钮

选项说明

进入平移复制操作命令后，在屏幕左下角的操作提示区出现平移复制立即菜单，单击立即菜单 1 可选择不同的复制方式。

4.7.1 给定两点复制图形

CAXA CAD 电子图板可以通过两点的定位方式完成图形元素复制粘贴。

操作步骤

（1）启动平移复制命令后，在立即菜单 1 中选择“给定两点”方式；2 中选择“保持原态”或“粘贴为块”选项，3 中输入旋转角度值，4 中输入比例值，5 中输入份数，如图 4-37 所示。

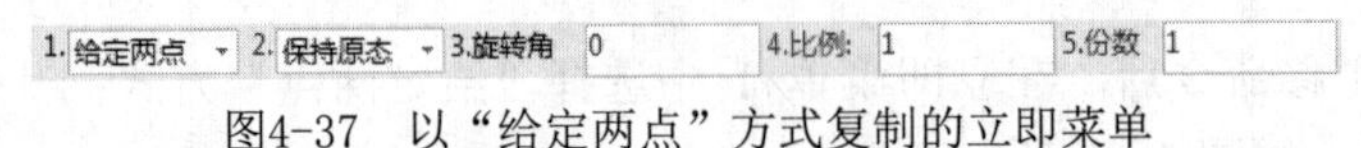

图4-37　以“给定两点”方式复制的立即菜单

（2）根据系统提示依次拾取要拾取的元素（或用窗口拾取），单击右键确认。

（3）根据系统提示输入第一点和第二点，或直接在选择的位置点单击即可。

4.7.2 给定偏移复制图形

CAXA CAD 电子图板可以通过给定偏移的定位方式完成图形元素复制粘贴。

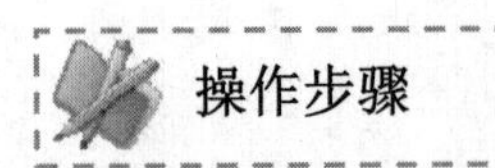

操作步骤

（1）启动平移复制命令后，在立即菜单 1 中选择“给定偏移”方式；其他选项与“给定两点”方式相同，如图 4-38 所示。

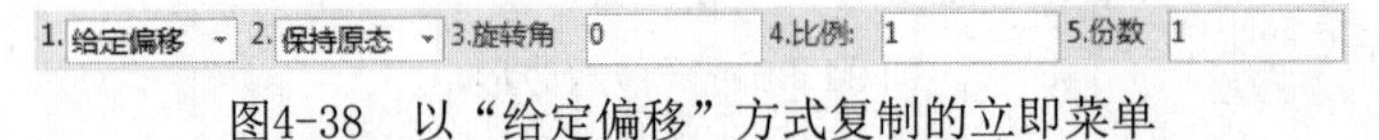

图4-38　以“给定偏移”方式复制的立即菜单

（2）根据系统提示依次拾取要拾取的元素（或用窗口拾取），单击右键确认。

（3）根据系统提示输入 X 或 Y 方向的偏移量，或直接在选择的位置点单击即可。

4.8 旋转图形

旋转图形是指对拾取到的实体进行旋转或复制操作。

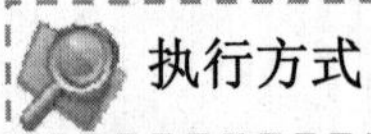

执行方式

命令行：rotate

菜单：“修改”→“旋转”

工具栏：“编辑工具”工具栏→

选项卡：单击“常用”选项卡“修改”面板中的“旋转”按钮

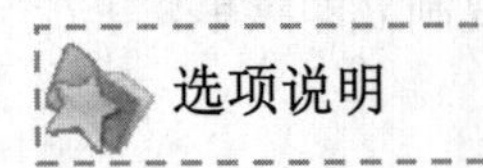

选项说明

进入旋转操作命令后，在屏幕左下角的操作提示区出现旋转立即菜单，单击立即菜单

1 可选择不同的旋转方式。

4.8.1 给定旋转角旋转图形

CAXA CAD 电子图板可以以给定的基准点和角度将图形进行复制或旋转。

（1）启动旋转命令后，在立即菜单 1 中选择“给定角度”方式；2 中选择“旋转”（删除原来图形）或“复制”（保留原来图形）选项；如图 4-39 所示。

1. 给定角度 2. 旋转

图4-39 以给定“旋转角度”方式旋转的立即菜单

（2）根据系统提示依次拾取要拾取的元素（或用窗口拾取），单击右键确认。

（3）根据系统提示输入基准点（旋转的中心）。

（4）系统提示输入旋转角，此时可按提示输入需要的角度，或用光标在屏幕上动态旋转所选取的图素至需要的角度后单击确认。

4.8.2 给定起始点和终止点旋转图形

CAXA CAD 电子图板可以根据给定的两点和基准点之间的角度将图形进行复制或旋转。

操作步骤

（1）启动旋转命令后，在立即菜单 1 中选择“起点终止点”方式；其他选项与给定“旋转角度”方式相同，如图 4-40 所示。

（2）根据系统提示依次指定基点、起始点和终止点，所选实体转过 3 点所决定的夹角。图 4-41、图 4-42 所示为图形旋转的实例。

1. 起始终止点 2. 旋转

图4-40 以给定“起点终止点”方式旋转的立即菜单

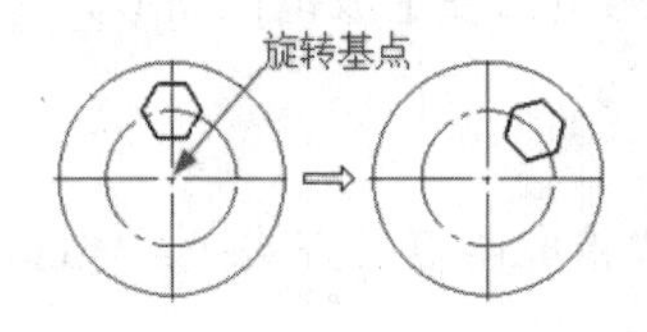

图4-41 以“旋转”方式旋转六边形

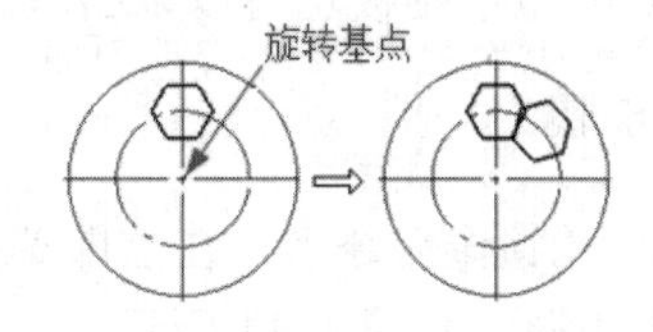

图4-42 以“复制”方式旋转六边形

4.9 镜像图形

镜像图形是对拾取到的图形元素进行镜像复制或镜像位置移动，作镜像的轴可利用图上已有的直线，也可由用户交互给出两点作为镜像用的轴。

执行方式

命令行：mirror

菜单：“修改”→“镜像”

工具栏：“编辑工具”工具栏→

选项卡：单击“常用”选项卡“修改”面板中的“镜像”按钮

选项说明

进入镜像操作命令后，在屏幕左下角的操作提示区出现镜像立即菜单，单击立即菜单1可选择不同的镜像方式。

4.9.1 选择轴线

CAXA CAD电子图板可以以拾取的直线为镜像轴生成镜像图形。

操作步骤

（1）启动镜像命令后，在立即菜单1中选择“选择轴线”方式；2中选择“镜像”（删除原来图形）或“复制”（保留原来图形）选项，如图4-43所示。

1. 选择轴线 2. 拷贝

图4-43 以“选择轴线”方式镜像的立即菜单

（2）根据系统提示依次拾取要镜像的元素，单击右键确认。

（3）根据系统提示拾取图中已有直线作为镜像的轴线，系统生成以该直线为镜像轴的新图形。

4.9.2 选取两点

CAXA CAD电子图板也可以以拾取的两点的连线为镜像轴生成镜像图形。

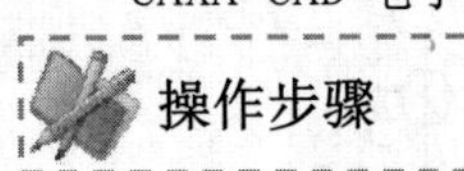

操作步骤

（1）启动镜像命令后，在立即菜单1中选择“拾取两点”方式；其他选项与“选择轴线”方式相同，如图4-44所示。

1. 拾取两点 2. 镜像

图4-44 以“拾取两点”方式镜像的立即菜单

（2）根据系统提示依次拾取要镜像的元素，单击右键确认。

（3）根据系统提示拾取两点，系统生成以两点连线为镜像轴的新图形。图4-45～图4-47所示为图形镜像的实例。

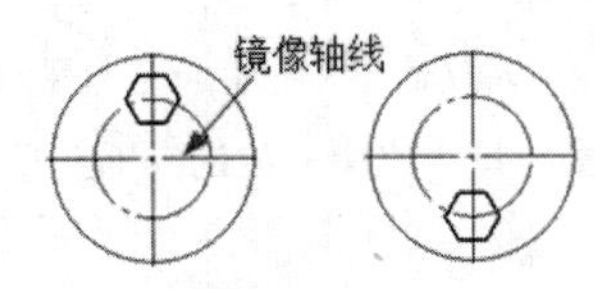

图4-45 以“选择轴线”的“镜像”方式镜像六边形

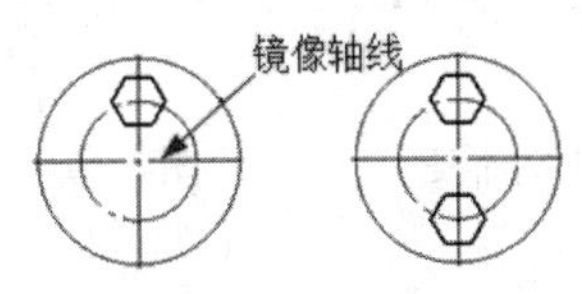

图4-46 以“选择轴线”的“复制”方式镜像六边形

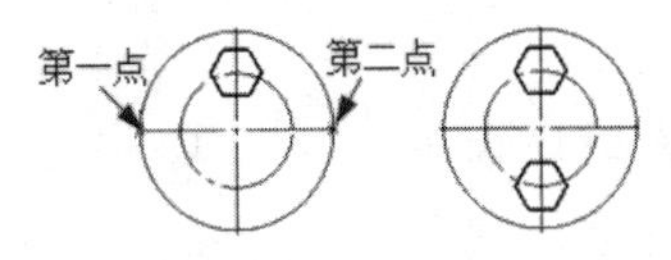

图4-47 以“拾取两点”的“复制”方式镜像六边形

4.10 比例缩放图形

比例缩放图形是指对拾取到的实体按给定比例进行缩小或放大，也可以用光标在屏幕上直接拖动比例缩放，系统会动态显示被缩放的图素，当认为满意时，单击左键确认。

执行方式

命令行：scale

菜单：“修改”→“缩放”

工具栏：“编辑工具”工具栏→

选项卡：单击“常用”选项卡“修改”面板中的“缩放”按钮

操作步骤

（1）启动比例缩放命令，根据系统提示拾取要缩放的元素，单击右键确认。

（2）在立即菜单 1 中选择“平移”（删除原来图形）或“复制”（保留原来图形），2 中选择“参考方式”或“比例因子”选项；3 中选择“尺寸值变化”（尺寸数值按输入的比例系数变化）选项或“尺寸值不变”（尺寸数值不随比例系数的改变而变化）选项；4 中选择“比例变化”（除尺寸数值外的标注参数随输入的比例系数变化）选项或“比例不变”（除尺寸数值外的标注参数不随比例系数的改变而变化）选项，如图 4-48 所示。

（3）根据系统提示选择图形缩放的基准点。

（4）系统提示输入比例系数，这时输入要缩放的比例系数并按 Enter 键或用光标在屏幕上直接拖动比例缩放，大小合适时单击鼠标即可。图 4-49～图 4-52 所示为图形比例缩放的实例。

1. 拷贝 ▾ 2. 参考方式 ▾ 3. 尺寸值变化 ▾ 4. 比例变化 ▾

图4-48 比例缩放的立即菜单

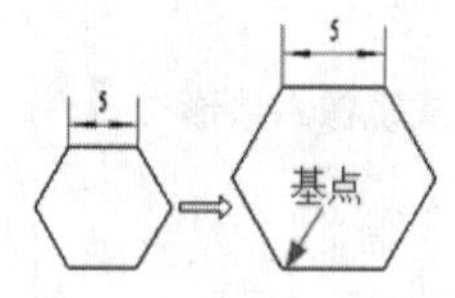

图4-49 移动、尺寸值不变、比例不变

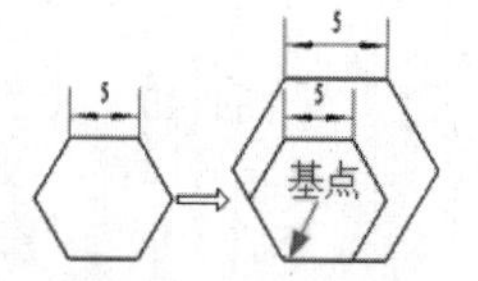

图4-50 复制、尺寸值不变、比例不变

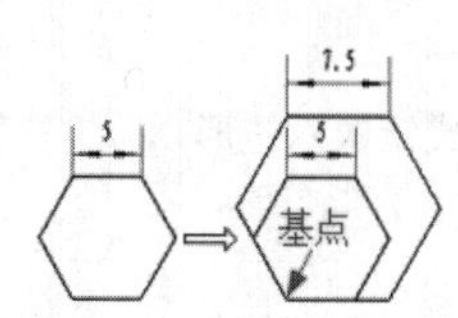

图4-51 复制、尺寸值变化、比例不变

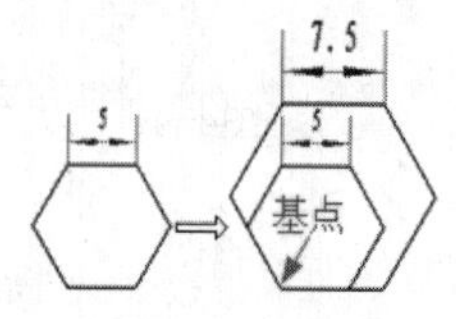

图4-52 复制、尺寸值变化、比例变化

4.11 图形的阵列

阵列的目的是通过一次操作可同时生成若干个相同的图形，以提高作图速度。

执行方式

命令行：array

菜单："修改"→"阵列"

工具栏："编辑工具"工具栏→

选项卡：单击"常用"选项卡"修改"面板中的"阵列"按钮

选项说明

进入阵列操作命令后，在屏幕左下角的操作提示区出现阵列立即菜单，单击立即菜单1可选择"圆形阵列"和"矩形阵列"方式。

4.11.1 圆形阵列

圆形阵列是指以指定点为圆心，以指定点到实体图形的距离为半径，将拾取到的图形在圆周上进行阵列复制。

例 4-6：将图 4-53 中的六边形进行阵列操作。

绘制步骤：

（1）打开电子资料中的“初始文件”→“4”→“例 4-6”文件。启动阵列命令后，在立即菜单 1 中选择“圆形阵列”方式；2 中选择“不旋转”选项，3 中选择“均布”选项，4 中输入份数 6，如图 4-54 所示。

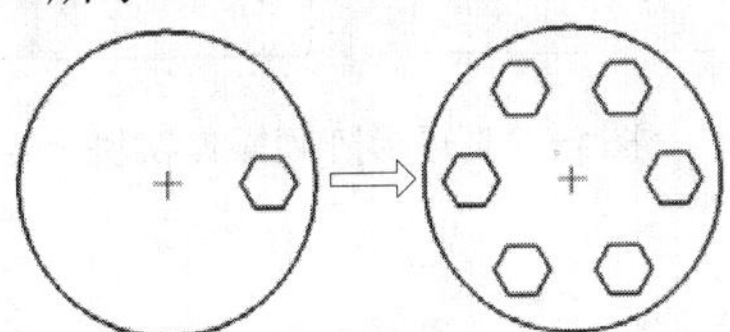

图4-53　圆形阵列操作实例1

1. 圆形阵列　2. 不旋转　3. 均布　4.份数 6

图4-54　“圆形阵列”立即菜单1

（2）根据系统提示依次拾取要阵列的元素（六边形），单击右键确认。

（3）根据系统提示选取图 4-53 中的圆心作为旋转阵列的中心点，阵列完成。

例 4-7：将图 4-55 中的六边形进行阵列操作。

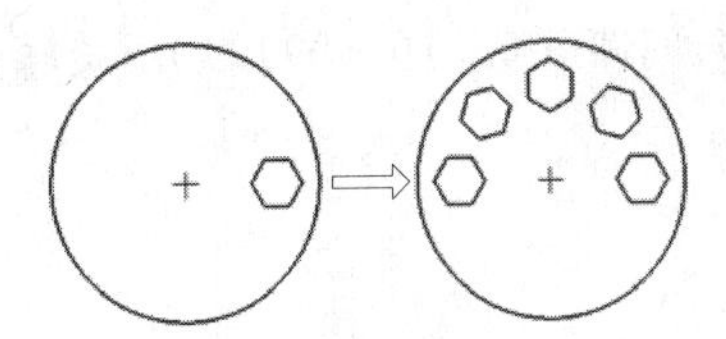

图4-55　圆形阵列操作实例2

绘制步骤：

（1）打开电子资料中的“初始文件”→“4”→“例 4-7”文件。启动阵列命令后，在立即菜单 1 中选择“圆形阵列”方式；2 中选择“旋转”选项，3 中选择“给定夹角”选项，4 中输入相邻夹角 45，5 中输入阵列的总角度 180，如图 4-56 所示。

图4-56　“圆形阵列”立即菜单2

（2）根据系统提示依次拾取要阵列的六边形，单击右键确认。

（3）根据系统提示选取图 4-55 中的圆心作为旋转阵列的中心点，阵列完成。

4.11.2　矩形阵列

矩形阵列是指将拾取到的图形按矩形阵列的方式进行阵列复制。

例 4-8：将图 4-57 中的圆进行矩形阵列操作。

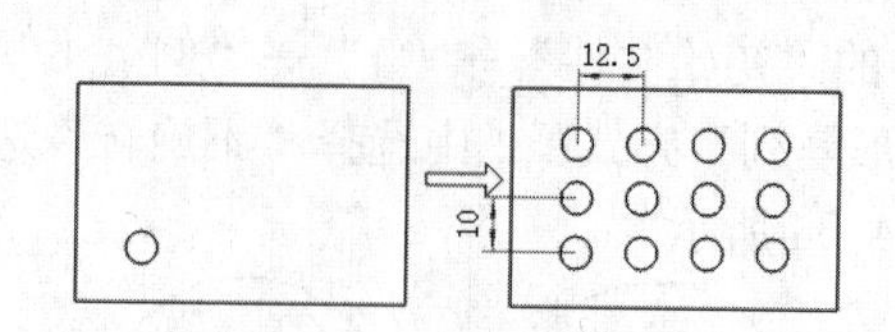

图4-57　矩形阵列操作实例

绘制步骤：

（1）打开电子资料中的“初始文件”→“4”　→“例 4-8”文件。启动阵列命令后，在立即菜单 1 中选择“矩形阵列”方式；2 中行数输入 3，3 中行间距输入 10，4 中列数输入 4，5 中列间距输入 12.5，6 中旋转角输入 0，如图 4-58 所示。

图4-58　“矩形阵列”立即菜单

（2）根据系统提示拾取要阵列的圆，单击右键确认，矩形阵列操作完成。

注意

距形阵列操作中，各参数的范围如下：行数（1 ~ 65532）、行间距（0.010 ~ 99999）、列数（1 ~ 65532）、列间距（0.010 ~ 99999）、旋转角（ - 360°　~ 360°　）。

4.11.3　曲线阵列

在一条或多条首尾相连的曲线上生成均布的图形。

实例讲解

例 4-9：将图 4-59 中的六边形进行阵列操作。

绘制步骤：

（1）打开电子资料中的“初始文件”→“4”　→“例 4-9”文件。启动阵列命令后，在立即菜单 1 中选择“曲线阵列”方式；2 中选择“单个拾取母线”选项；3 中选择“旋转”选项，4 中输入份数 6，如图 4-60 所示。

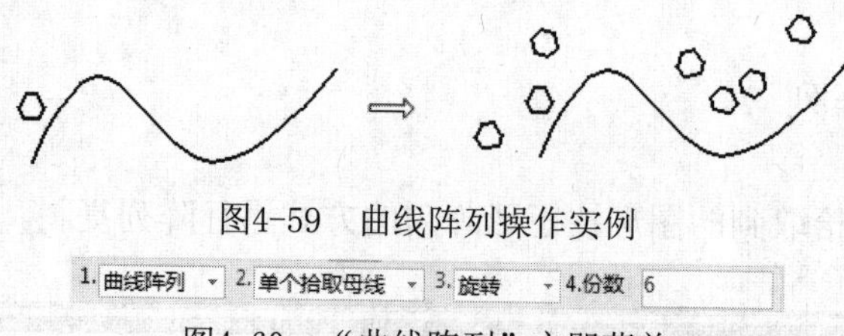

图4-59　曲线阵列操作实例

1. 曲线阵列　2. 单个拾取母线　3. 旋转　4.份数 6

图4-60　“曲线阵列”立即菜单

（2）根据系统提示依次拾取要阵列的六边形，单击右键确认。

（3）根据系统提示依次拾取样条曲线的端点为基点。

（4）根据系统提示依次拾取曲线为母线。

（5）根据系统提示依次拾取阵列方向，阵列完成。

4.12 特性匹配

特性匹配功能使目标对象依照源对象的属性进行变化。通过特性匹配功能，用户可以大批量更改软件中的图形元素属性。

命令行：match

菜单：“修改”→“特性匹配”

工具栏：“编辑工具”工具栏→

选项卡：单击“常用”选项卡“修改”面板中的“阵列”按钮

操作步骤

（1）启动特性匹配命令。

（2）按照系统提示依次拾取源对象、目标对象。则目标对象依照源对象的属性进行变化。图4-61、图4-62所示为格式刷操作的实例。

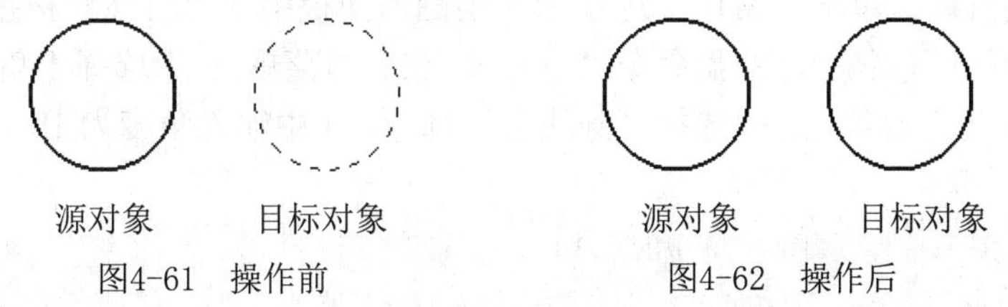

图4-61 操作前　　图4-62 操作后

使用该功能对“图形”“文字”“标注”等对象均可进行修改。

4.13 实例——圆锥滚子轴承

4.13.1 思路分析

本例绘制圆锥滚子轴承。首先绘制两条相互垂直的直线，通过平移/复制命令来绘制圆锥滚字轴承的上半部分轮廓，其次通过裁剪命令修剪多余曲线，然后绘制滚子，填充剖面线，由于圆锥滚子轴承为对称结构，所以最后通过镜像命令完成圆锥滚子的绘制。

本例视频内容电子资料路径：“X：\动画演示\第4章\圆锥滚子轴承.avi”。

4.13.2 绘制步骤

（1）启动电子图板，创建一个新文件。

（2）绘制直线：单击“常用”选项卡“绘图”面板中的“直线”按钮（或者选取“绘图”→“直线”→“直线”菜单），键盘命令“line”，在立即菜单 1 中选择“两点线”选项，2 中选择“单根”选项；绘制如图 4-63 所示的两条相互垂直直线。

（3）偏移处理：单击“常用”选项卡“修改”面板中的“等距线”按钮（或者选取“绘图”→“等距线”菜单），键盘命令“offest”，在立即菜单 1 中选择“单个拾取”选项，2 中选择“指定距离”选项，3 中选择“单向”选项，4 中选择“空心”选项，将水平直线向上偏移 10、14、18、20.65、26。将竖直直线向左偏移 3.3、15、16.3。将最下边的水平直线切换到中心线层，结果如图 4-64 所示。

（4）裁剪处理：单击“常用”选项卡“修改”面板中的“裁剪”按钮（或者选取“修改”→“裁剪”菜单），键盘命令“trim”， 在立即菜单 1 中选择“快速剪裁”选项，裁剪多余的线段，结果如图 4-65 所示。

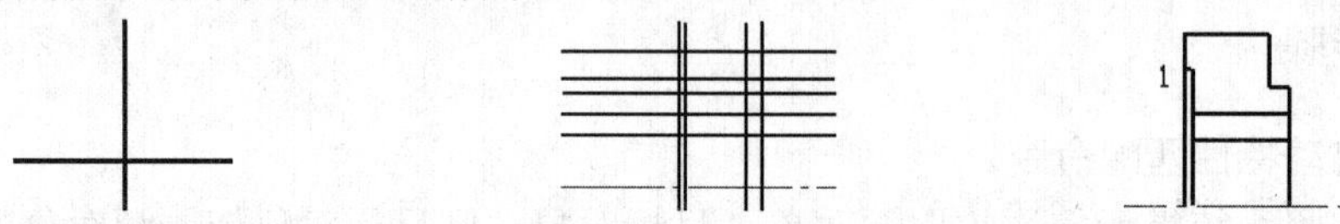

图4-63　绘制直线　　图4-64　偏移/复制处理　　图4-65　裁剪结果

（5）绘制直线：单击“常用”选项卡“绘图”面板中的“直线”按钮（或者选取“绘图”→“直线”菜单），键盘命令“line”，在立即菜单 1 中选择“角度线”选项，2 中选择“X 轴夹角”选项，3 中选择“到线上”选项，4 中输入角度为 15°。

命令行提示：

第一点（切点）：（选择图 4-65 中的点 1）
第二点（切点）或长度：（按直线方向延伸到与右侧直线相交）

结果如图 4-66 所示。

（6）偏移处理：单击“常用”选项卡“修改”面板中的“等距线”按钮（或者选取“绘图”→“等距线”菜单），键盘命令“offest”， 在立即菜单 1 中选择“单个拾取”选项，2 中选择“指定距离”选项，3 中选择“单向”选项，4 中选择“空心”选项，将上步绘制的直线向下偏移 8。单击“常用”选项卡“绘图”面板中的“直线”按钮（或者选取“绘图”→“中心线”菜单），键盘命令“Centerl”，拾取第❺和❻步创建的直线，生成中心线，结果如图 4-67 所示。

（7）绘制垂直直线：单击“常用”选项卡“绘图”面板中的“直线”按钮（或者选取“绘图”→“直线”菜单），键盘命令“line”，在立即菜单 1 中选择“两点线”选项，2 中选择“单根”选项。

命令行提示：

第一点（切点，垂足点）：（选择图 4-67 所示的点 2）
第二点（切点，垂足点）：（选择图 4-67 所示的直线 1）

直线绘制完毕，并将其向下延伸，使其与图 4-67 所示的直线垂直相交。

利用等距线命令将上步绘制的直线向左作等距线，距离为10，结果如图4-68所示。

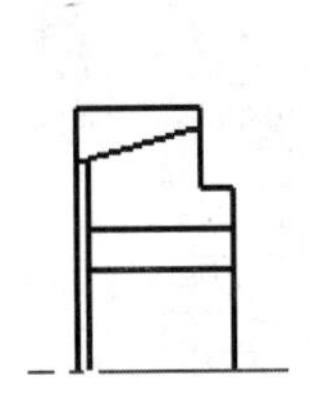

图4-66 绘制直线

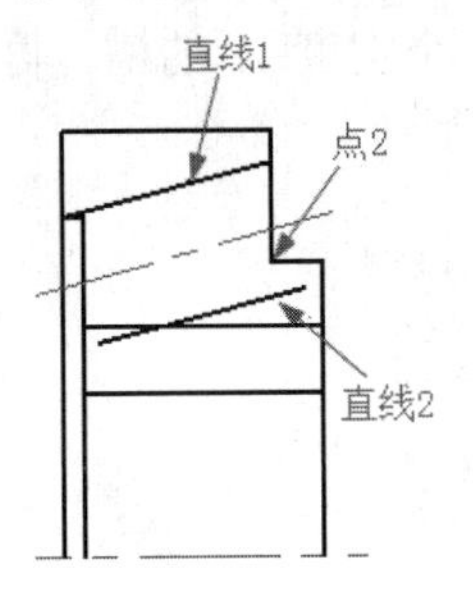

图4-67 偏移

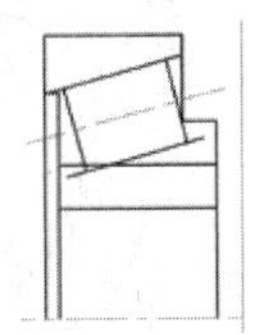

图4-68 绘制垂线

（8）过渡处理：单击“常用”选项卡“修改”面板中的“圆角”按钮（或者选取“修改”→“过渡”→“圆角”菜单），键盘命令“fillet”，在立即菜单1中选择“裁剪”选项，2中输入半径为1.5，选择要进行圆角处理的曲线。

（9）裁剪处理：单击“常用”选项卡“修改”面板中的“裁剪”按钮（或者选取“修改”→“裁剪”菜单），键盘命令“trim”，在立即菜单1中选择“快速剪裁”选项，裁剪多余的线段结果如图4-69所示。

（10）填充剖面线：单击“常用”选项卡“绘图”面板中的“剖面线”按钮（或者选取“绘图”→“剖面线”菜单），键盘命令“Hatch”，在立即菜单1中选择“拾取点”选项，2中选择“不选择剖面图案”选项，4中输入比例为1，5中输入角度为45°，6中输入间距错开为3，拾取填充区域，结果如图4-70所示。

（11）镜像处理：单击“常用”选项卡“修改”面板中的“镜像”按钮（或者选取“修改”→“镜像”菜单），键盘命令“mirror”。在立即菜单1中选择“选择轴线”选项，2中选择“复制”选项，将轴承的上半部分以水平中心线为轴线进行镜像操作，结果如图4-71所示。

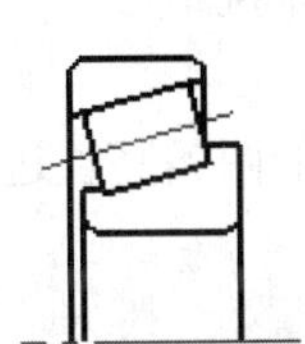

图4-69 过渡处理

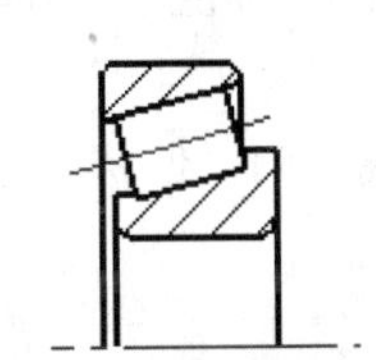

图4-70 填充剖面线

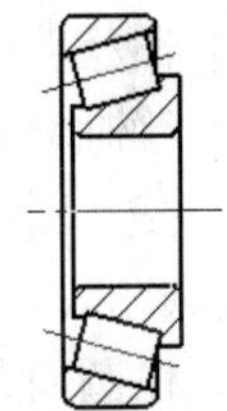

图4-71 镜像结果

4.14 实践与操作

1. 绘制图4-72所示的挡圈图形，不标注尺寸。

操作提示：

（1）在不同的图层中分别绘制相应的同心圆。

（2）在0图层绘制一个ϕ7的孔，然后阵列。

（3）在0图层绘制中间的一个宽度12的槽，再用旋转复制和镜像复制的命令绘制其余两个。

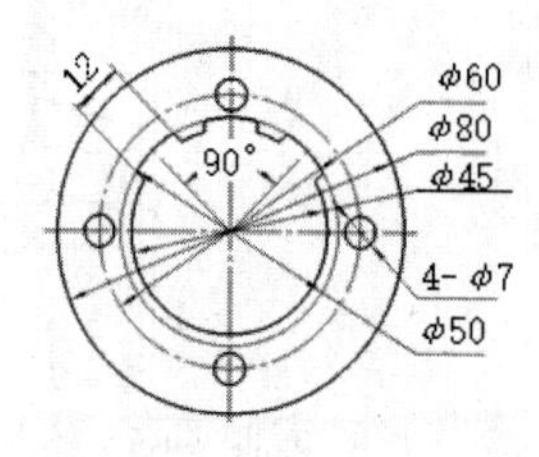

图4-72　挡圈

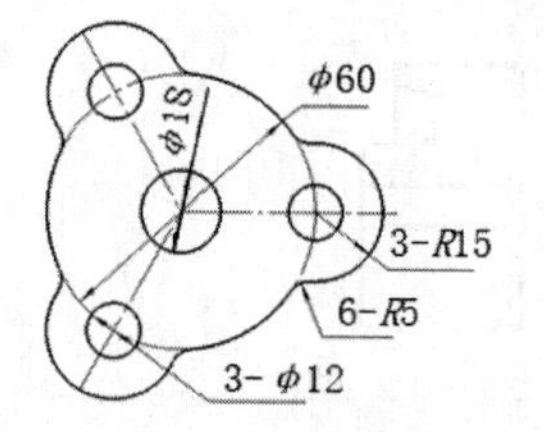

图4-73　缸盖

2．绘制图4-73所示的缸盖图形，不标注尺寸。

操作提示：

（1）在0图层中分别绘制ϕ60和ϕ18的同心圆。

（2）在中心线图层绘制水平的中心线。

（3）在0图层绘制水平方向右侧的ϕ12、R15的两个圆，再绘制过渡圆角。

（4）圆周方向阵列(包括中心线、ϕ12、R15的圆和过渡圆角)为3组。

（5）裁剪、删除多余线段。

3．绘制图4-74所示的手轮图形，不标注尺寸。

操作提示：

（1）在相应图层中分别绘制ϕ100、ϕ80、ϕ64、ϕ30、ϕ26的同心圆。

（2）绘制ϕ100的中心线。

（3）在0图层中利用绘制平行线中的“偏移”方式绘制尺寸16的两条竖直边线，并绘制过渡圆角。

（4）在圆周方向阵列为3组。

（5）裁剪、删除多余线段，修整图形。

4．绘制图4-75所示的转臂图形，不标注尺寸。

操作提示：

（1）在中心线图层绘制3条直线以确定距离为43的两个圆的中心。

（2）在0图层中分别绘制ϕ35、ϕ18、ϕ15的同心圆和正多边形。

（3）绘制ϕ35和ϕ18的切线。

（4）旋转复制。

（5）利用绘制圆弧命令中的“三点”方式绘制3个圆的切圆弧。

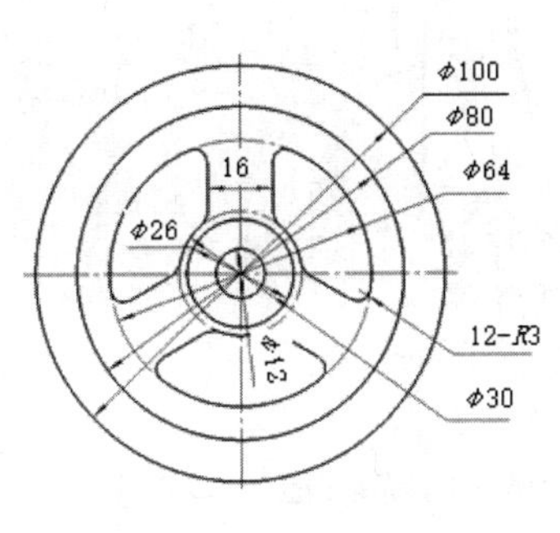

图4-74　手轮

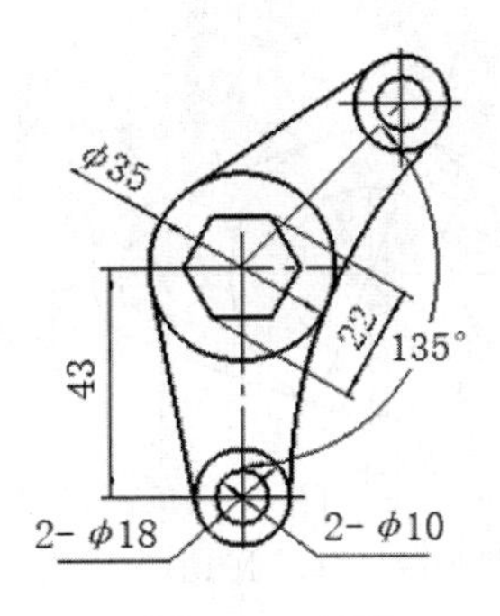

图4-75　转臂

5. 绘制图 4-76 所示的台虎钳底座图形，不标注尺寸。

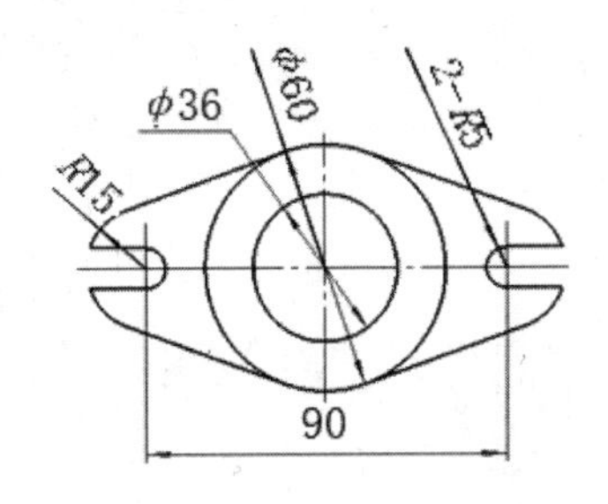

图4-76　台虎钳底座

操作提示：

（1）在中心线图层绘制 3 条直线以确定中间 φ60 圆和左侧 R5 的圆心。

（2）在 0 图层中分别绘制 φ60、 φ36、R15、R5 的圆。

（3）绘制 φ60 和 R15 的公切线。

（4）利用绘制平行线命令绘制与 R5 相切的两条平行线。

（5）裁剪、删除多余线段，修整图形。

（6）镜像复制右侧图形。

4.15 思考与练习

1. 常用的曲线编辑命令有哪些？
2. 对曲线进行修剪的命令有哪些？
3. 图形的变换与复制命令有哪些？
4. 绘制图 4-77 所示的图形，不标注尺寸。
5. 绘制图 4-78 所示的图形，不标注尺寸。
6. 绘制图 4-79 所示的图形，不标注尺寸。
7. 绘制图 4-80 所示的图形，不标注尺寸。

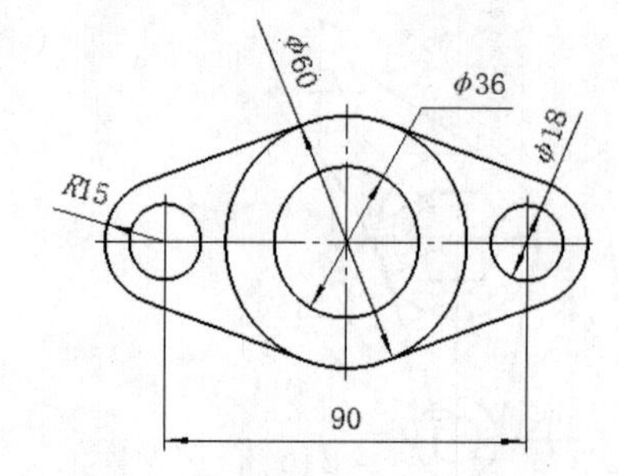

图4-77　练习4图形

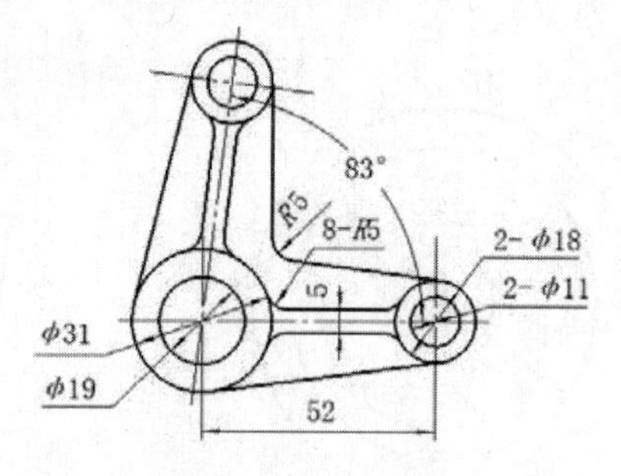

图4-78　练习5图形

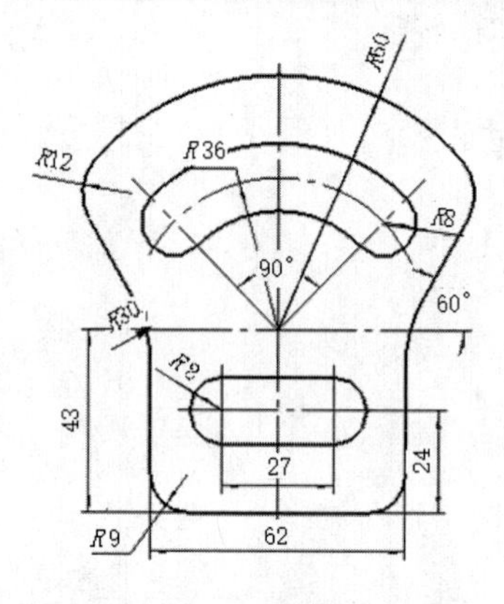

图4-79　练习6图形

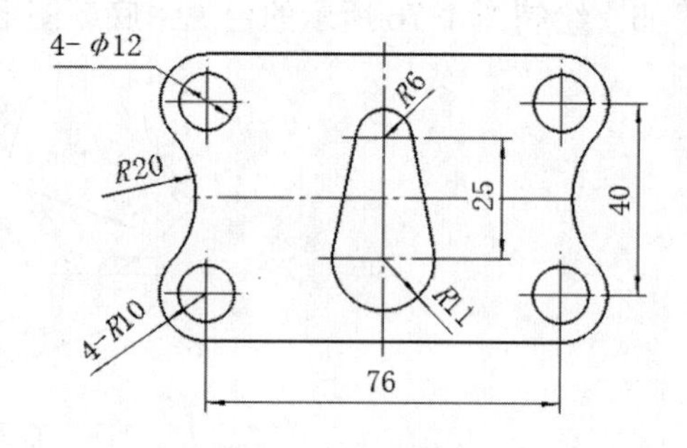

图4-80　练习7图形

第5章

图形编辑

图形编辑内容是曲线编辑命令的继续，它在应用范围上比曲线编辑应用更广。图形编辑命令中除了一般字图处理软件所必有的编辑功能（如：取消操作与重复操作、图形剪切、图形复制、插入对象、删除对象、链接、OLE对象、图形粘贴、选择性粘贴、对象属性、清除和清除所有等）外，还包括改变图形的层、颜色和线型等电子图板特有的编辑功能。

- 一般编辑功能
- 改变图形的层、颜色和线型
- 鼠标右键编辑功能

图形编辑命令的菜单操作主要集中在“编辑”菜单和“修改”菜单中，如图 5-1、图 5-2 所示，其中有些操作（如：拾取删除、重复操作、取消操作等）也以图标形式放置在“标准”工具栏，如图 5-3 所示，这样双重安排的目的是为了便于操作、提高绘图效率，图形编辑命令的选项卡操作主要集中在“菜单”选项卡“编辑”栏中，如图 5-4 所示。

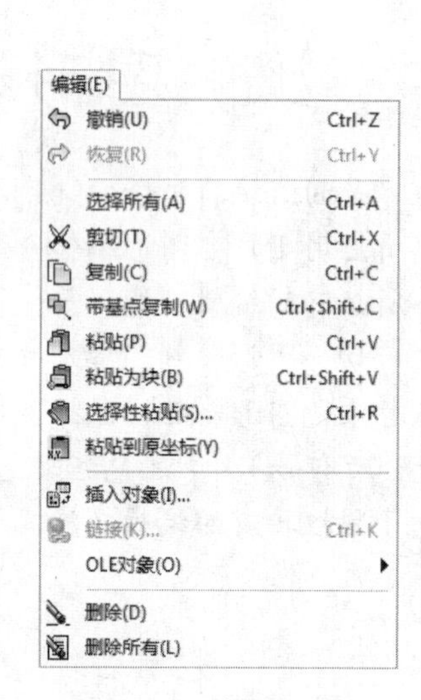

图5-1 “编辑”菜单

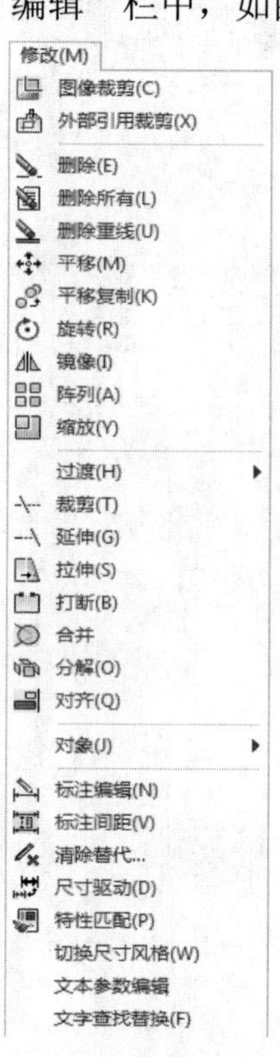

图5-2 “修改”菜单

图5-3 “标准”工具栏

图5-4 “菜单”选项卡

5.1 撤消操作与重复操作

5.1.1 撤消操作

撤消操作命令的功能是取消最后一次发生的编辑操作。

命令行：undo
菜单：“编辑”→“撤消”
工具栏：“标准”工具栏→
选项卡：单击“菜单”选项卡“编辑”栏中的“撤销”按钮
快捷键：Ctrl+Z

5.1.2 重复操作

重复操作是撤消操作的逆过程，用来撤消最近一次的撤消操作。

执行方式

命令行：redo
菜单：“编辑”→“重复”
工具栏：“标准”工具栏→
选项卡：单击“菜单”选项卡“编辑”栏中的“重复”按钮
快捷键：Ctrl+Y

5.2 剪切贴板的应用

5.2.1 图形剪切

图形剪切是将选中的图形或OLE对象送入剪贴板中，以供图形粘贴时使用。

命令行：cut
菜单：“编辑”→“剪切”
工具栏：“标准”工具栏→
选项卡：单击“菜单”选项卡“编辑”栏中的“剪切”按钮

快捷键：Ctrl+X

图形剪切与图形复制不论在功能上还是在使用上都十分相似，只是图形复制不删除用户拾取的图形，而图形剪切是在图形复制的基础上再删除掉用户拾取的图形。

5.2.2 复制

复制是将选中的图形或 OLE 对象送入剪贴板中，以供图形粘贴时使用。

执行方式

命令行：copylip

菜单："编辑"→"复制"

工具栏："标准"工具栏→

选项卡：单击"菜单"选项卡"编辑"栏中的"复制"按钮

快捷键：Ctrl+C

复制区别于曲线编辑中的平移复制，它相当于一个临时存储区，可将选中的图形存储，以供粘贴使用。平移复制只能在同一个电子图板文件内进行复制粘贴，而复制与图形粘贴配合使用，除了可以在不同的电子图板文件中进行复制粘贴外，还可以将所选图形或 OLE 对象送入 Windows 剪贴板，粘贴到其他支持 OLE 的软件（如 Word）中。

5.2.3 带基点复制

复制是将选中的图形或 OLE 对象送入剪贴板中，以供图形粘贴时使用。

执行方式

命令行：copywb

菜单："编辑"→"带基点复制"

工具栏："标准"工具栏→

选项卡：单击"菜单"选项卡"编辑"栏中的"带基点复制"按钮

快捷键：Ctrl+Shift+C

带基点复制与复制的区别是：带基点复制操作时要指定图形的基点，粘贴时也要指定基点放置对象；而复制命令执行时不需要指定基点，粘贴时默认的基点是拾取对象的左下角点。

5.2.4 粘贴

粘贴是将剪贴板中存储的图形或 OLE 对象粘贴到文档中，如果剪贴板中的内容是由其他支持 OLE 的软件的复制命令送入的，则粘贴到文件中的为对应的 OLE 对象。

执行方式

命令行：paste
菜单：“编辑”→“粘贴”
工具栏：“标准”工具栏→
选项卡：单击“菜单”选项卡“编辑”栏中的“粘贴”按钮
快捷键：Ctrl+V

5.2.5 选择性粘贴

选择性粘贴是将 Windows 剪贴板中的内容按照所需的类型和方式粘贴到文件中。

执行方式

命令行：specialpaste
菜单：“编辑”→“选择性粘贴”
工具栏：“标准”工具栏→
选项卡：单击“菜单”选项卡“编辑”栏中的“选择性粘贴”按钮

操作步骤

（1）在其他支持 OLE 的 Windows 软件中选取一部分内容复制到剪贴板中。启动“选择性粘贴”命令，系统弹出“选择性粘贴”对话框，如图 5-5 所示。

（2）在“选择性粘贴”对话框中，可以进行相关的操作。

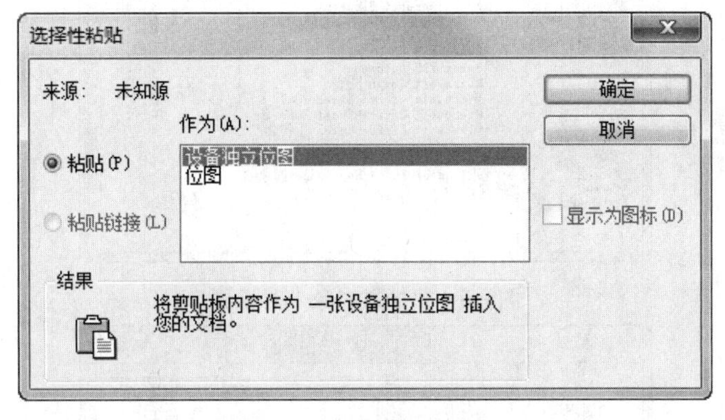

图5-5 “选择性粘贴”对话框

（3）在对话框中列出了复制内容所在的源，即来自哪一个文件。

如果用户选择“粘贴”方式，则所选内容将作为嵌入对象插入到文件中，在列表框中用户可以选择以什么类型插入到文件中。以对话框中列出的类型为例，如果选择了 Word 文档，则选中的文本作为一个对象被粘贴到文件中。如果选择了纯文本，则选中的文字将以电子图板自身的矢量字体方式粘贴到文件中。如果选择了图片，则选中的文字将转化为与设备无关的图片插入到文件中。

（4）如果选择“粘贴链接”方式，则选中的文本将作为链接对象插入到文件中。

5.3 插入对象

CAXA CAD 电子图板允许在文件中插入一个 OLE 对象。可以新创建对象，也可以从现有文件创建；新创建的对象可以是嵌入的对象，也可以是链接的对象。

执行方式

命令行：insertobject

菜单："编辑"→"插入对象"

工具栏："对象"工具栏→

选项卡：单击"菜单"选项卡"编辑"栏中的"插入对象"按钮

操作步骤

（1）启动"插入对象"命令，系统弹出"插入对象"对话框，如图 5-6 所示。

（2）在"插入对象"对话框中，可以进行相关的操作。

（3）在对话框中列出了插入对象的类型，包括.dwg 图形、文档、图表以及图片等。选择所需的对象后，单击"确定"按钮，将弹出相应的对象编辑窗口对插入对象进行编辑。

（4）如果选择"由文件创建"方式，对话框如图 5-7 所示。单击"浏览"按钮，打开"浏览"对话框，选取所需的文件，则选中的文件将作为对象的方式插入到文件中。

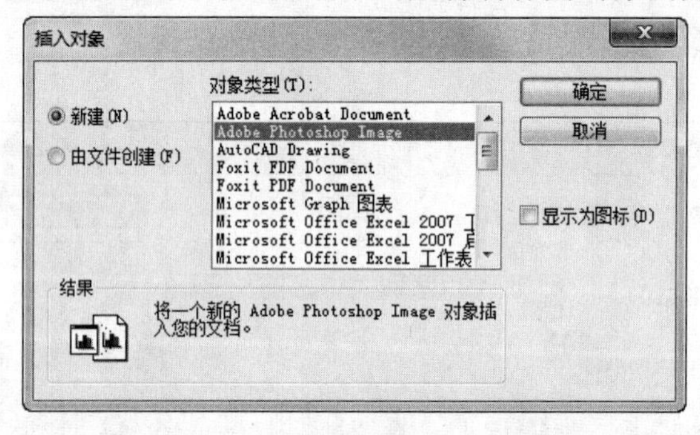

图5-6 "插入对象"对话框

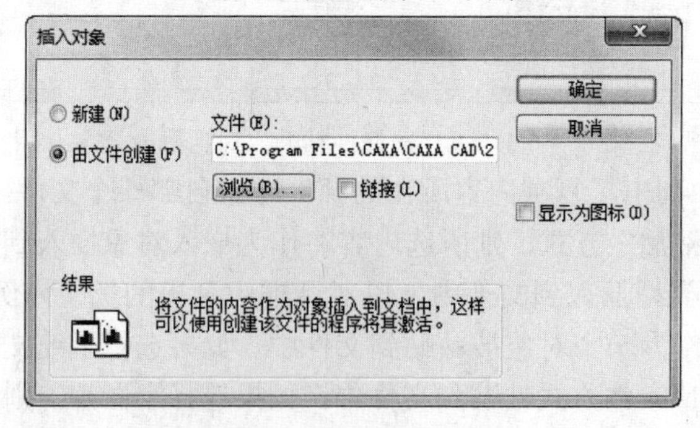

图5-7 "由文件创建"选项

以上介绍的两种方法均是将对象嵌入到文件中，嵌入的对象已成为电子图板文件的一部分。除了嵌入方式以外，还可以用链接的方式插入对象。链接与嵌入的本质区别在于，链接的对象并不真正是电子图板文件的一部分，该对象存于一个外部文件中，在电子图板文件中只保留一个链接信息，当外部文件被修改时，电子图板文件中的对象也自动被更新。实现对象链接的方法很简单，只需在图5-7所示的对话框中选中文件后，勾选“链接”选项，单击“确定”按钮后对象就会以链接方式插入到文件中

5.4 链接对象

实现以链接方式插入到文件中的对象的有关链接的操作，这些操作包括：立即更新（更新文档）、打开源（编辑链接对象）、更改源（更换链接对象）和断开链接等操作。

执行方式

菜单：“编辑”→“链接”
工具栏：“对象”工具栏→
选项卡：单击“菜单”选项卡“编辑”栏中的“链接”按钮
快捷键：Ctrl+K

5.5 OLE对象

在“编辑”菜单中，该项的内容随选中对象的不同而不同，比如选中的对象是一个链接的Word文档，则菜单项显示为“已链接的文档对象”。不论该菜单项如何显示，但点取该项菜单后，都将弹出下一级子菜单，子菜单中包括：编辑、打开和转换选项；如果对象是midi对象或.avi对象，则还有一个“播放”选项。通过这些选项，可以对选中的对象进行测试、编辑和转换类型等操作。

执行方式

菜单：“编辑”→“OLE对象”
工具栏：“对象”工具栏→
选项卡：单击“菜单”选项卡“编辑”栏中的“OLE对象”命令

5.6 删除和删除所有

5.6.1 删除

利用删除功能可以删除拾取到的实体。

执行方式

命令行：del/delete/e

菜单："编辑"→"删除"或"修改"→"删除"

工具栏："编辑工具"工具栏→

选项卡：单击"常用"选项卡"修改"面板中的"删除"按钮，或单击"菜单"选项卡"编辑"栏中的"删除"按钮

5.6.2 删除所有

利用删除所有功能可以删除所有的系统拾取设置所选中的实体。

执行方式

命令行：delall

菜单："编辑"→"删除所有"或"修改"→"删除所有"

工具栏："编辑工具"工具栏→

选项卡：单击"常用"选项卡"修改"面板中的"删除所有"按钮，或单击"菜单"选项卡"编辑"栏中的"删除所有"按钮

选项说明

命令执行后，系统弹出一个如图 5-8 所示的对话框。

系统以对话框的形式对用户的"删除所有"操作提出警告，若认为所有打开图层的实体均已无用，则可单击"确定"按钮，对话框消失，所有实体被删除。若认为某些实体不应删除或本操作有误，则单击"取消"按钮，对话框消失后屏幕上图形保持原样不变。

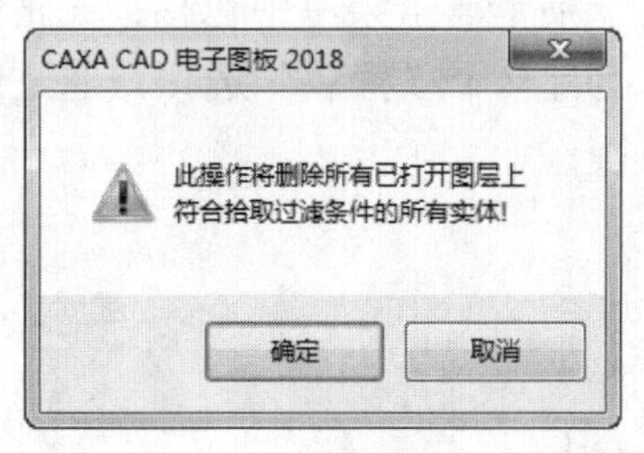

图5-8 "删除所有"对话框

5.7 图片

在绘制图形时，许多情况下需要插入一些图片与绘制的图形对象结合起来。例如，作为底图、实物参考或者用于 Logo 设计。电子图板可以将图片添加到基于矢量的图形中作为参照，并且可以查看、编辑和打印。

5.7.1 插入图片

选择图片并插入到当前图形中作为参照。

执行方式

菜单：“绘图”→“图片”→“插入图片”

工具栏：“对象”工具栏→

选项卡：单击“常用”选项卡“插入”面板中的“插入图片”按钮

操作步骤

（1）命令执行后，系统弹出“打开”对话框。选择要插入的图片。

（2）单击“打开”按钮，弹出如图 5-9 所示“图像”对话框，设置参数。

（3）单击“确定”按钮，将图片放置到视图区中适当位置。

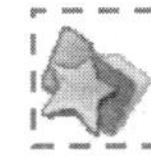

选项说明

（1）名称：显示所选图片文件名称，可以单击“浏览”按钮重新选择图片文件。

（2）位置：显示所选图片的路径。

（3）保存路径：显示图片文件插入到当前图形时指定路径。图片的路径类型除了绝对路径外，还可以设置使用相对路径或者嵌入到当前文件中，如果使用相对路径当前的电子图板文件必须先存盘。

（4）插入点：指定选定图像的插入点。勾选“在屏幕上指定”复选框，在视图区中指定插入点，否则在对话框中输入 X，Y 的坐标值。

（5）比例：指定选定图像的比例因子。

（6）旋转：指定选定图像的旋转角度。勾选“在屏幕上指定”复选框，在视图区中用鼠标拖动对象旋转或在命令提示中输入旋转角度；否则在对话框中输入旋转角度，默认旋转角度为 0。

图5-9 “图像”对话框

5.7.2 图片管理

通过统一的图片管理器设置图片文件的保存路径等参数。

执行方式

菜单：“绘图”→“图片”→“图片管理器”

工具栏：“对象”工具栏→

选项卡：单击“常用”选项卡“插入”面板中的“图片管理器”按钮

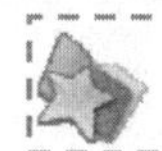
选项说明

命令执行后，系统弹出如图 5-10 所示的“图片管理器”对话框。单击对话框中“相对路径”和“嵌入”下的复选框即可进行修改，要使用相对路径链接必须先将当前电子图板文件存盘。

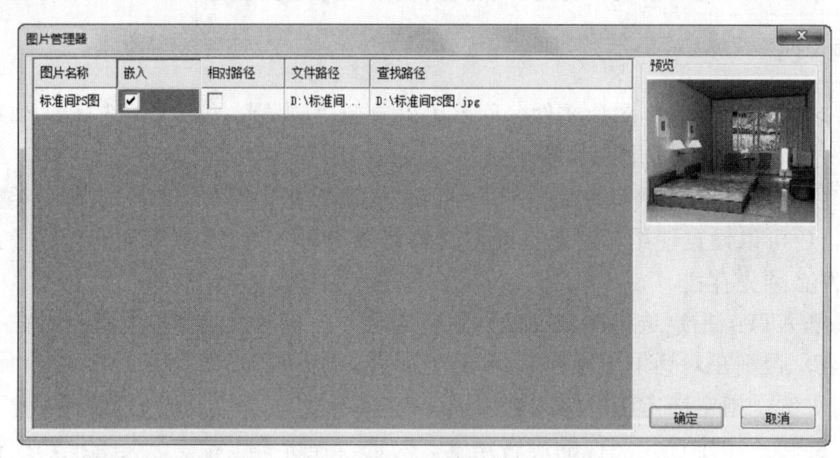

图5-10 “图片管理器”对话框

5.7.3 图像调整

对插入图像的亮度和对比度进行调整。

执行方式

菜单：“绘图”→“图片”→“图像调整”

工具栏：“对象”工具栏→

选项卡：单击“常用”选项卡“插入”面板中的“图像调整”按钮

选项说明

命令执行后，在绘图区选择要调整的图片，系统弹出如图 5-11 所示的“图像调整”对话框。在对话框中拖动滑块和在文本框中输入参数来调整图片的亮度或对比度。单击“重置”按钮，可以将亮度和对比度恢复到默认状态。

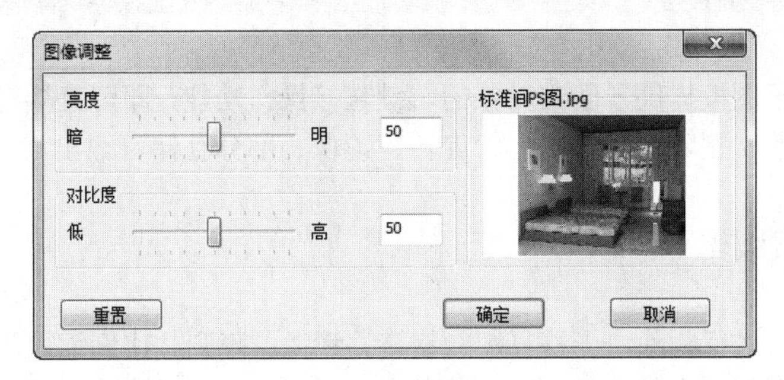

图5-11 “图像调整”对话框

5.7.4 图像裁剪

在后台保存图片数据不变的情况下控制图片仅显示一部分内容或显示全部内容。

执行方式

命令行：mageclip

菜单：“绘图”→“图片”→“图像裁剪”

工具栏：“对象”工具栏→

选项卡：单击“常用”选项卡“插入”面板中的“图像裁剪”按钮

选项说明

命令执行后，在绘图区选择要裁剪的图片，弹出如图5-12所示的图像裁剪立即菜单。

图5-12 “图像裁剪”立即菜单

◆新建边界：选择此选项，在绘图区拾取两对角点，新建一个图像的剪裁边界。如果拾取范围超过图像范围，则从图像上距离拾取点的最近的点作为角点。拾取第二点结束后，选定图片直接被裁剪。如果对已经被裁剪过或保留有裁剪边界的图像进行本操作，则原来的裁剪边界会被删除。

◆删除边界：在绘图区单击或按Enter确认，则当前被裁剪的图像会还原为原始状体，未被裁剪图像不会有变化。

◆开：在绘图区单击或按Enter确认，则当前保留裁剪边界信息但未开启裁剪的图像会重新开启裁剪效果。

◆关：在绘图区单击或按Enter确认，则当前已被裁剪图像的裁剪效果会被关闭。

5.8 鼠标右键操作中的图形编辑功能

CAXA CAD 电子图板提供了面向对象的右键直接操作功能，即可直接对图形元素进行属性查询、属性修改、删除、平移复制、旋转、镜像、部分存储、输出 DXF 等。

5.8.1 曲线编辑

对拾取的曲线进行删除、平移复制、旋转、镜像、阵列、比例缩放等操作。拾取绘图区的一个或多个图形元素，被拾取的元素呈高亮显示，随后单击右键，弹出如图 5-13 所示的右键快捷菜单，在工具栏中单击相应按钮，操作方法与第 4 章相同。

5.8.2 属性操作

拾取绘图区的一个或多个图形元素，被拾取的元素呈高亮显示，随后单击右键，在弹出右键快捷菜单中，系统提供了属性查询和属性修改的功能。

在右键快捷菜单中单击“特性”选项，系统弹出“特性”对话框，如图 5-14 所示，在该对话框中单击相应的按钮可对元素的层、线型、颜色进行修改。

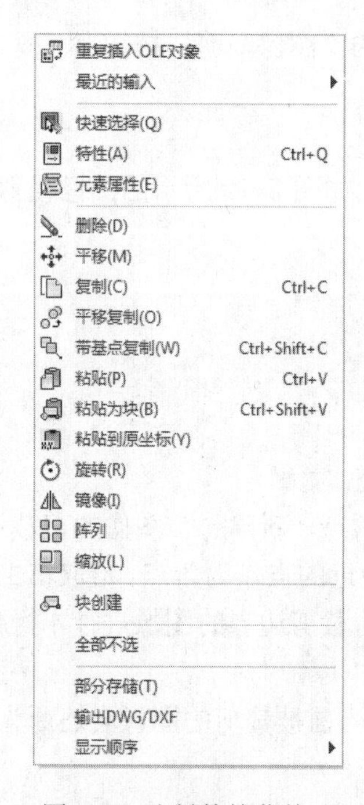

图5-13 右键快捷菜单

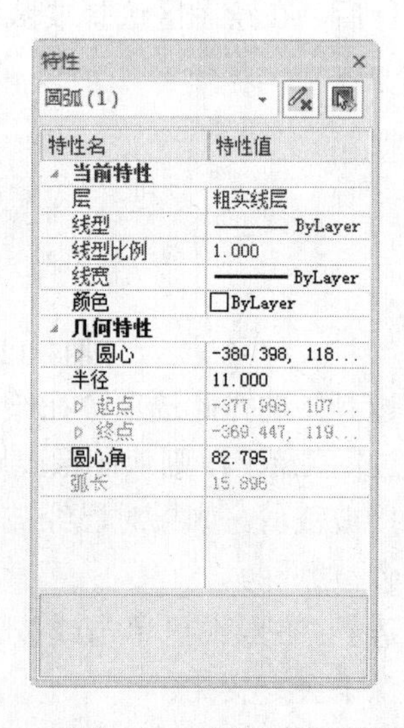

图5-14 “特性”对话框

5.9 实践与操作

1．绘制图 5-15 所示的图形，并对各图形元素的属性进行修改。

操作提示：

（1）绘制图形。

（2）选中图中组成矩形的粗实线，单击右键，系统弹出“特性”对话框，在该对话框中改变图形的层、线型和颜色。

（3）依（2）中的方法依次对中心线和剖面线进行属性修改，观察图形的变化情况。

（4）在操作过程中重复执行“取消操作”与“重复操作”命令，观察图形的变化情况。

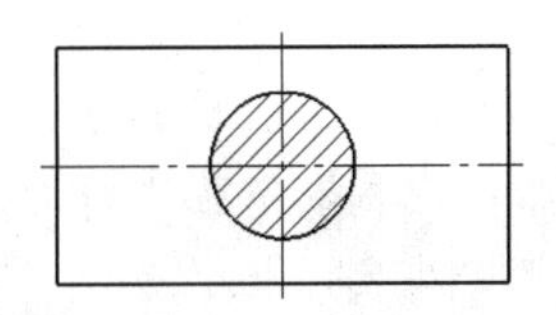

图5-15　示例图形

5.10 思考与练习

1．图形编辑的命令有哪些？

2．绘制如图 5-16 所示的图形（不标注尺寸），注意练习“取消操作”与“重复操作”命令的使用。绘制完成后，练习图形的剪切、复制与粘贴功能。

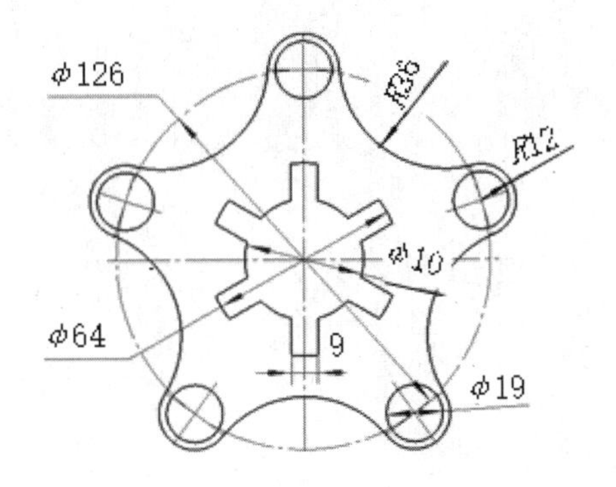

图5-16　练习2图形

3．将图 5-16 的图形中所有粗实线的层、线型、颜色分别改为“虚线层”“黄色”“虚线”。

第6章

视图控制

为了便于绘图操作，CAXA CAD 电子图板提供了一些控制图形显示的命令，一般这些命令只能改变图形在屏幕上的显示方式，可以按操作者所期望的位置、比例和范围进行显示，以便于观察，但不能使图形产生实质性的改变，既不改图形的实际尺寸，也不影响实体间的相对关系，换句话说，其作用只是改变了主观的视觉效果，而不会引起图形产生的客观实际变化。尽管如此，这些显示控制命令对绘图操作仍具有重要的作用，在绘图作业中要经常使用它们。

- 图形的重画与重新生成
- 图形的缩放与平移
- 图形的动态平移与缩放

显示控制命令的菜单操作主要集中在“视图”菜单，如图 6-1 所示，工具栏操作主要集中在“常用工具”工具栏，如图 6-2 所示；选项卡操作主要集中在“视图”选项卡的“显示”面板中，如图 6-3 所示。

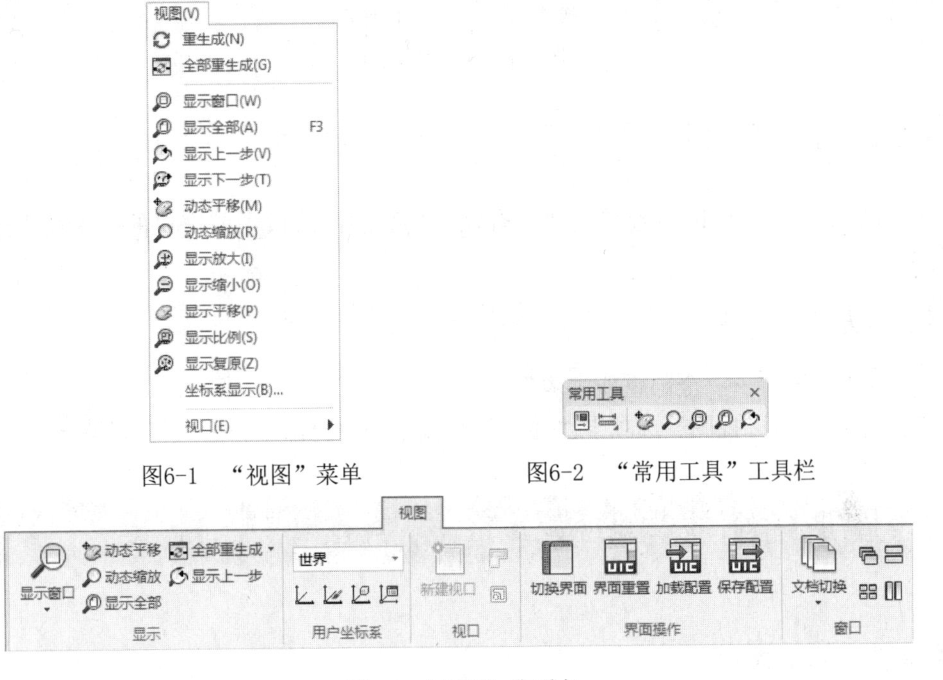

图6-1 “视图”菜单　　图6-2 “常用工具”工具栏

图 6-3 “视图”选项卡

6.1 重画与重生成

6.1.1 重生成

重生成功能可以将拾取到的显示失真图形按当前窗口的显示状态进行重新生成。

执行方式

命令行：refresh

菜单：“视图”→“重生成”

选项卡：单击“视图”选项卡“显示”面板中的“重生成”按钮

操作步骤

进入重生成命令后，按系统提示拾取要重新生成的实体，单击右键确认即可。图 6-4 所示为重新生成的一个例子。

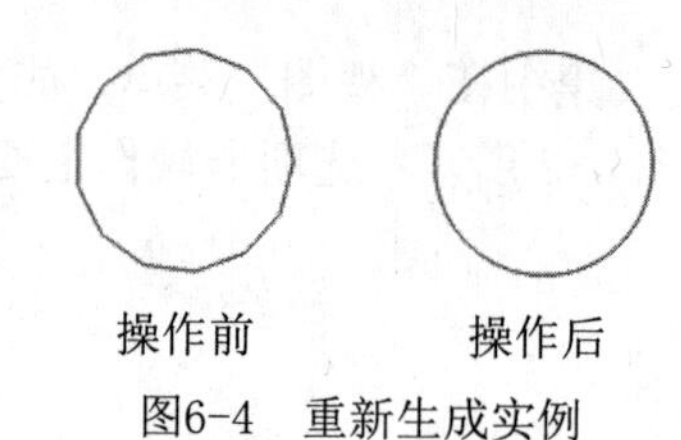

图6-4 重新生成实例

6.1.2 全部重生成

全部重生成功能可以将绘图区中所有显示失真的图形按当前窗口的显示状态进行重新生成。

菜单："视图"→"全部重新生成"

选项卡：单击"视图"选项卡"显示"面板中的"全部重新生成"按钮

6.2 图形的缩放与平移

6.2.1 显示窗口

显示窗口功能提示用户输入一个窗口的上角点和下角点，系统将两角点所包含的图形充满屏幕绘图区加以显示。

命令行：zoom

菜单："视图"→"显示窗口"

工具栏："常用工具"工具栏→

选项卡：单击"视图"选项卡"显示"面板中的"显示窗口"按钮

操作步骤

进入显示窗口命令后，按系统提示显示窗口的第一角点和第二角点，界面显示变为拾取窗口内的图形。图 6-5 所示为窗口显示的实例。

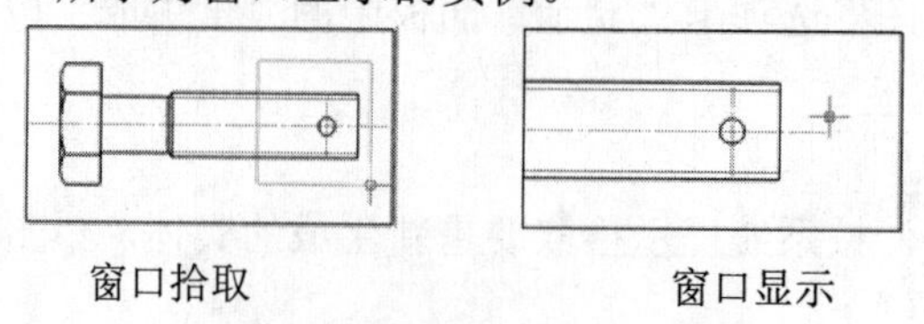

图6-5 窗口显示的实例

6.2.2 显示平移

显示平移功能提示用户输入一个新的显示中心点，系统将以该点为屏幕显示的中心，平移待显示的图形。

执行方式

命令行：pan
菜单：“视图” → “显示平移”
选项卡：单击“视图”选项卡“显示”面板“显示窗口”下拉菜单中的“显示平移”按钮

操作步骤

进入显示平移命令后，根据系统提示拾取屏幕的中心点，拾取点变为屏幕显示的中心。图 6-6 所示为窗口平移的实例。

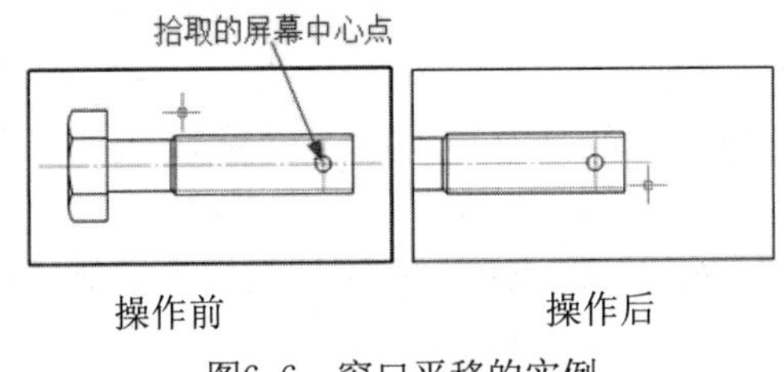

图6-6 窗口平移的实例

6.2.3 显示全部

显示全部功能将当前所绘制的图形全部显示在屏幕绘图区内。

执行方式

命令行：zoomall
菜单：“视图” → “显示全部”
工具栏：“常用工具”工具栏→
选项卡：单击“视图”选项卡“显示”面板中的“显示全部”按钮

操作步骤

进入显示全部命令后，系统将当前所绘制的图形全部显示在屏幕绘图区内。图 6-7 所示为显示全部的实例。

6.2.4 显示复原

显示复原功能恢复初始显示状态，即当前图纸大小的显示状态。

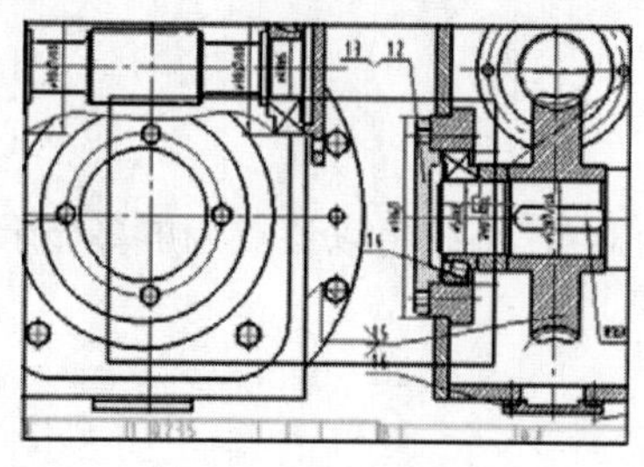

操作前

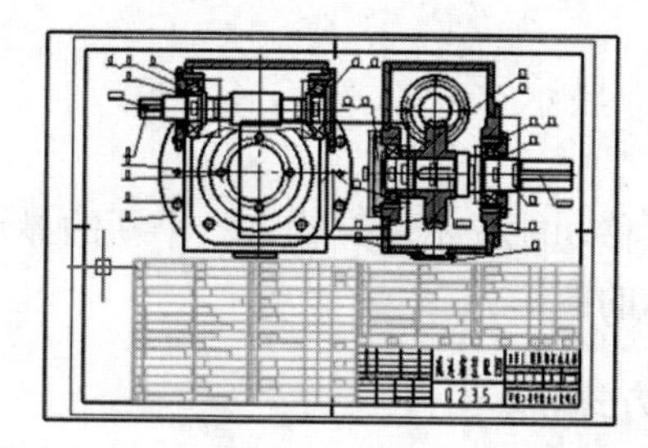

操作后

图6-7　显示全部的实例

执行方式

命令行：home

菜单："视图"→"显示复原"

选项卡：单击"视图"选项卡"显示"面板"显示窗口"下拉菜单中的"显示复原"按钮

快捷键：home

6.2.5　显示比例

显示比例功能按用户输入的比例系数，将图形缩放后重新显示。

执行方式

命令行：vscale

菜单："视图"→"显示比例"

选项卡：单击"视图"选项卡"显示"面板"显示窗口"下拉菜单中的"显示比例"按钮

操作步骤

进入显示比例命令后系统提示输入比例系数，如图6-8所示，输入后按Enter键即可。

比例系数:2

图6-8　输入比例系数对话框

6.2.6　显示上一步

显示上一步功能取消当前显示，返回到上一次显示变换前的状态。

执行方式

命令行：prev

菜单："视图"→"显示上一步"

工具栏：“常用工具”工具栏→

选项卡：单击“视图”选项卡“显示”面板中的“显示上一步”按钮

6.2.7 显示下一步

显示下一步功能返回到下一次显示变换后的状态，同上一步配套使用。

执行方式

命令行：next

菜单：“视图”→“显示下一步”

选项卡：单击“视图”选项卡“显示”面板“显示窗口”下拉菜单中的“显示下一步”按钮

6.2.8 显示放大

进入“显示放大”命令以后，光标会变成一个放大镜，每单击一次，就可以按固定比例（1.25 倍）放大显示当前图形，单击右键可以结束放大操作。

执行方式

命令行：zoomin

菜单：“视图”→“显示放大”

选项卡：单击“视图”选项卡“显示”面板“显示窗口”下拉菜单中的“显示放大”按钮

快捷键：pageup

6.2.9 显示缩小

进入“显示缩小”命令以后，光标会变成一个缩小镜，每单击一次，就可以按固定比例（0.8 倍）缩小显示当前图形，单击右键可以结束缩小操作。

执行方式

命令行：zoomout

菜单：“视图”→“显示缩小”

选项卡：单击“视图”选项卡“显示”面板“显示窗口”下拉菜单中的“显示缩小”按钮

快捷键：pagedown

6.3 图形的动态平移与缩放

6.3.1 动态平移

进入“动态平移”命令后，按住左键拖动可使整个图形跟随鼠标动态平移，单击鼠标可以结束动态平移操作。

执行方式

命令行：dyntrans
菜单：“视图”→“动态平移”
工具栏：“常用工具”工具栏→
选项卡：单击“视图”选项卡“显示”面板中的“动态平移”按钮
快捷键：Shift+鼠标左键

另外，按住 Shift 键的同时按住左键拖动也可以实现动态平移，而且这种方法更加快捷、方便。

6.3.2 动态缩放

进入“动态缩放”命令后，按住左键拖动可使整个图形跟随鼠标动态缩放，鼠标向上移动为放大，向下移动为缩小，单击右键可以结束动态平移操作。

执行方式

命令行：dynscale
菜单：“视图”→“动态缩放”
工具栏：“常用工具”工具栏→
选项卡：单击“视图”选项卡“显示”面板中的“动态缩放”按钮
快捷键：Shift+鼠标右键

另外，按住 Shift 键的同时按住鼠标右键拖动鼠标也可以实现动态缩放，而且这种方法更加快捷、方便。

6.4 实践与操作

打开一个前面绘制的图形，练习显示控制命令的使用。

操作提示：

（1）打开一个原来绘制的图形。

（2）依次执行下列命令：显示窗口、显示平移、显示全部、显示复原、显示比例、显示上一步、显示下一步、显示放大、显示缩小、动态平移、 动态缩放、全屏显示。

（3）注意观察图形的显示变化。

6.5 思考与练习

1. 常用的显示控制命令有哪些？
2. 重画与重新生成的命令有何区别？
3. 图形显示控制的命令会改变图形的实际尺寸吗？

第 7 章

图纸幅面

国家标准中对机械制图的图纸的大小作了统一规定，图纸尺寸大小共分为A0、A1、A2、A3、A4等5个规格表示，CAXA CAD电子图板按照国家标准的规定，在系统内部设置了上述5种标准图幅以及相应的图框、标题栏和明细表。系统还允许用户自定义图幅和图框，并将自定义的图幅、图框制成模板文件，以备其他文件调用。

- 图幅设置
- 图框和标题栏设置
- 零件序号及明细表操作

图纸幅面相关命令的菜单操作主要集中在“幅面”菜单，如图 7-1 所示；工具栏操作主要集中在“图幅”工具栏，如图 7-2 所示；“明细表”工具栏，如图 7-3 所示；零件“序号”工具栏，如图 7-4 所示；“图框”工具栏、“标题栏”工具栏等，“图幅”选项卡，如图 7-5 所示。

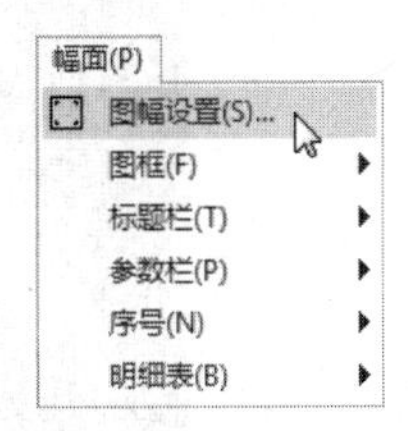

图7-1 “幅面”菜单

图7-2 “图幅”工具栏

图7-3 “明细表”工具栏

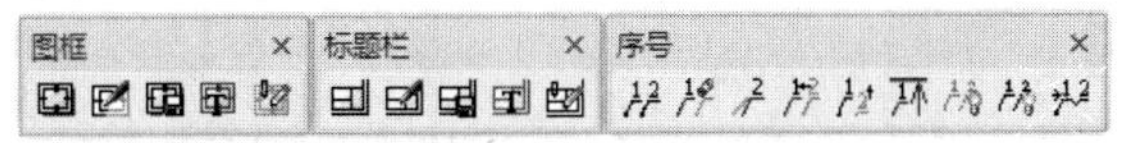

图7-4 零件“序号”工具栏

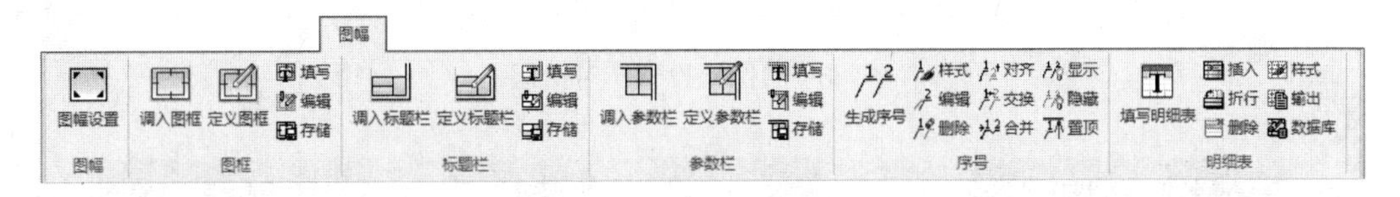

图7-5 “图幅”选项卡

7.1 图幅设置

在图样幅面规格中，CAXA CAD 电子图板设置了从 A0～A4 共 5 种标准图纸幅面供调用，并可设置图样方向及图样比例。

执行方式

命令行：setup

菜单：“幅面”→“图幅设置”

工具栏：“图幅”工具栏→

选项卡：单击“图幅”选项卡“图幅”面板中的“图幅设置”按钮

操作步骤

（1）执行“图幅设置”命令，系统弹出“图幅设置”对话框，如图 7-6 所示。

（2）在该对话框内，可以对图纸的幅面，图样比例、方向进行相应的设置。

（3）单击“调入图框”或“调入标题栏”的下拉按钮，在列表中选择需要的图框和标题栏，系统会在右侧的预览框中显示相应的图框和标题栏；单击“确定”按钮即可。

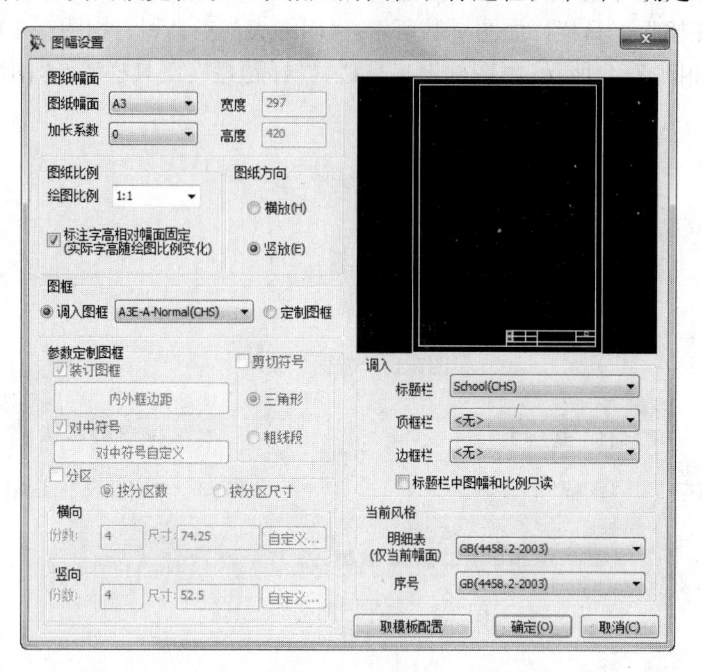

图7-6 “图幅设置”对话框

7.2 图框设置

7.2.1 调入图框

调入图框命令是用来调入与当前绘图幅面一致的标准图框。

执行方式

命令行：frmload

菜单：“幅面”→“图框”→“调入”

工具栏：“图幅”工具栏→ 或“图框”工具栏→

操作步骤

（1）启动调入图框命令后，系统弹出“读入图框文件”对话框，如图 7-7 所示。

（2）在此对话框中的图框列表中列出与当前幅面一致的图框名称，选取所需图框，单击“确定”按钮，即可将该图框插入到当前图样中。

如果图样中已经有图框，新图框将替代旧图框。

图7-7 “读入图框文件”对话框

7.2.2 定义图框

定义图框命令是用来将绘制的图形定义成图框。

命令行：frmdef

菜单：“幅面”→“图框”→“定义”

工具栏：“图框”工具栏→

选项卡：单击“图幅”选项卡“图框”面板中的“定义图框”按钮

操作步骤

（1）启动定义图框命令，根据系统提示选取要作为图框的表格后，单击右键确认。

（2）按系统提示选取定位基准点。

（3）系统弹出如图7-8所示的“另存为”对话框，输入自定义图框的名称，单击“保存”按钮保存图框。

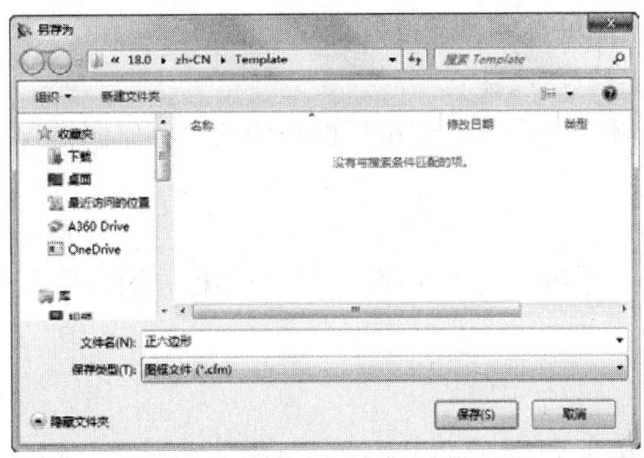

图7-8 “另存为”对话框

（4）启动调入图框命令后，系统弹出的“读入图框文件”对话框中已经包含了刚才自定义的图框，如图 7-9 所示。

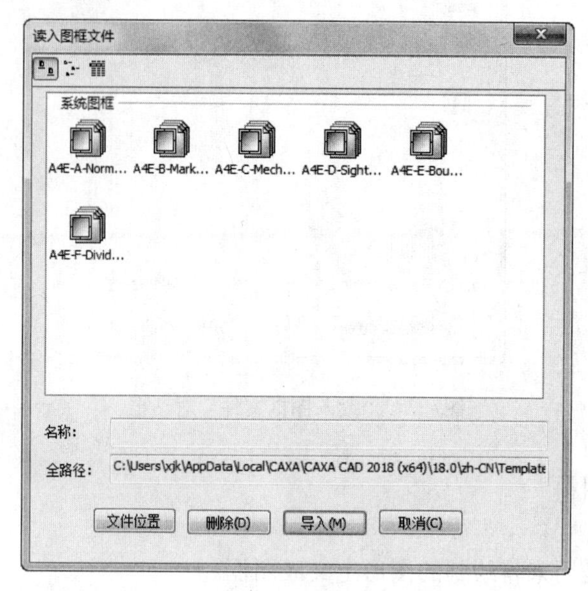

图7-9　“读入图框文件”对话框

注意

图框的定位点用于在插入标题栏和明细表时定位，所以一般图框的定位点选取为右下角点。

7.2.3　存储图框

存储图框命令是用来将当前界面中的图框存储到文件中以供以后使用。

执行方式

命令行：frmsave

菜单：“幅面”→“图框”→“存储”

工具栏：“图框”工具栏→

选项卡：单击“图幅”选项卡“图框”面板中的“存储图框”按钮

操作步骤

启动存储图框命令，系统弹出“保存图框”对话框，输入保存图框的名称，单击“确定”按钮即可。

若图中没有定义的图框则不弹出对话框。另外，图框文件将自动加上扩展名

“.frm”，最好不要输入路径名。

7.3 标题栏设置

CAXA 电子图板为用户设计了多种标题栏供用户调用，使用这些标准的标题栏会大大提高绘图的效率，同时 CAXA 电子图板也允许用户自定义标题栏，并将自定义的标题栏以文件的形式保存起来，以备后用。

7.3.1 调入标题栏

调入标题栏命令是用来选取所需标题栏插入到当前图样中。

命令行：headload

菜单：“幅面”→“标题栏”→“调入”

工具栏：“图幅”工具栏→或“标题栏”工具栏→

选项卡：单击“图幅”选项卡“标题栏”面板中的“调入标题栏”按钮

启动调入标题栏命令，系统弹出“读入标题栏文件”对话框，如图 7-10 所示，在此对话框中的标题栏列表中列出标题栏名称，选取所需标题栏，单击“确定”按钮即可。

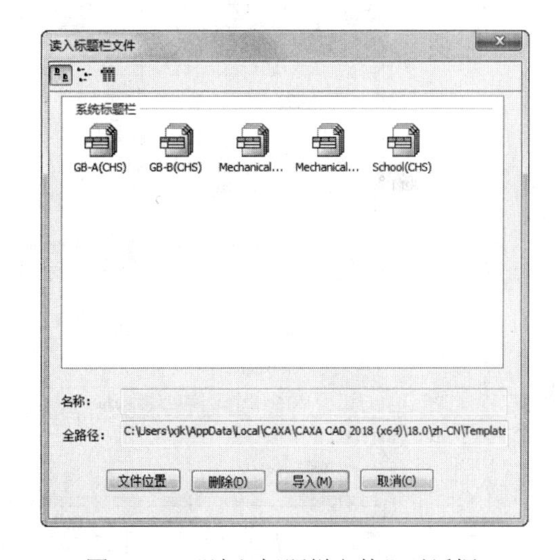

图7-10 “读入标题栏文件”对话框

如果图样中已经有标题栏，新图框将替代旧标题栏。

7.3.2 定义标题栏

定义标题栏命令是用来将绘制的图形定义成标题栏。

命令行：headdef

菜单：“幅面”→“标题栏”→“定义”

工具栏："标题栏"工具栏→

选项卡：单击"图幅"选项卡"标题栏"面板中的"定义标题栏"按钮

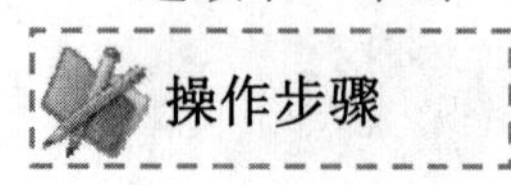

操作步骤

（1）启动定义标题栏命令，根据系统提示选取作为标题栏的表格，单击右键确认。

（2）系统提示拾取标题栏表格的基点。

（3）系统弹出"另存为"对话框，在此对话框中输入自定义标题栏的名称，如图7-11所示，单击"保存"按钮保存标题栏。

（4）启动调入标题栏命令，系统弹出"读入标题栏文件"对话框，如图7-12所示，可以看出，自定义的标题栏已出现在标题栏的列表中。

图7-11 "另存为"对话框

图7-12 "读入标题栏文件"对话框

7.3.3 存储标题栏

存储标题栏命令是用来将当前定义的标题栏存储到文件中以供以后使用。

执行方式

命令行：headsave

菜单：“幅面”→“标题栏”→“存储”

工具栏：“标题栏操作”工具栏→

选项卡：单击“图幅”选项卡“标题栏”面板中的“存储标题栏”按钮

操作步骤

启动存储标题栏命令，弹出“另存为”对话框，如图7-13所示，在对话框中输入文件名后单击“保存”按钮即可。

图7-13 “另存为”对话框

若图中没有定义的标题栏则不弹出“存储标题栏”对话框。另外标题栏文件将自动加上扩展名.hdr，最好不要输入路径名。

7.3.4 填写标题栏

填写标题栏命令是用来填写系统提供的标题栏。

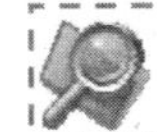

执行方式

命令行：headerfill

菜单：“幅面”→“标题栏”→“填写”

工具栏：“标题栏操作”工具栏→

选项卡：单击“图幅”选项卡“标题栏”面板中的“填写标题栏”按钮

操作步骤

启动填写标题栏命令，弹出“填写标题栏”对话框，如图7-14所示，在对话框中填入相关内容后单击“确定”按钮即可。

图7-14 “填写标题栏”对话框

如果此时的标题栏不是系统所提供的，或者没有标题栏，则无法用此命令是用来。

7.4 零件序号

零件序号和明细表是绘制装配图不可缺少的内容，CAXA CAD 电子图板设置了序号生成和插入命令是用来，并且与明细表联动，在生成和插入零件序号的同时，允许用户填写或不填写明细表中的各表项，而且对从图库中提取的标准件或含属性的块，在零件序号生成时，能自动将其属性填入明细表中。

7.4.1 生成序号

生成序号命令是用来生成或插入零件的序号。

执行方式

命令行：ptno

菜单：“幅面”→“序号”→“生成”

工具栏：“序号”工具栏→

选项卡：单击“图幅”选项卡“序号”面板中的“生成序号”按钮

操作步骤

（1）启动生成序号命令，弹出“零件序号”立即菜单，如图 7-15 所示。

图7-15 “零件序号”立即菜单

（2）填写或选择立即菜单的各项内容。

（3）根据系统提示依次选取序号引线的引出点和转折点即可。

选项说明

（1）序号：零件的序号值，可以输入数值，也可以输入前缀加数值，但是前缀和数值均最多只能 3 位，否则系统提示输入的数值错误，当前缀的第一位字符是@的时候，做出的序号是加圈的形式，如图 7-16 所示。

当一个零件的序号被确定下来后，系统根据当前的序号自动生成下次标注时的新序号。如果当前序号为纯数值，则系统自动将序号栏中的数值加 1，如果为纯前缀，则系统为当前标注的序号后加数值 1，并为下次标注的序号后加数值 2；如果为前缀加数值，则前缀不变，数值为当前数值加 1。

当输入的一个零件序号小于当前相同前缀的序号的最小值或大于最大值加 1 时，系统也会提示输入的数值不合法。但如果输入的序号与当前已存在的序号相同时，则弹出图 7-17 所示的对话框询问是插入还是取重号。当选择“插入”时，原有的序号从当前序号开始一直到与当前前缀相同数值最大的序号统一向后顺延；如果选择“取重号”，则系统生成与现有序号重复的序号。如果选择“自动调整”，则当前输入的序号变为当前前缀相同数值最大的序号加 1。如果选择“取消”，则输入的序号无效。

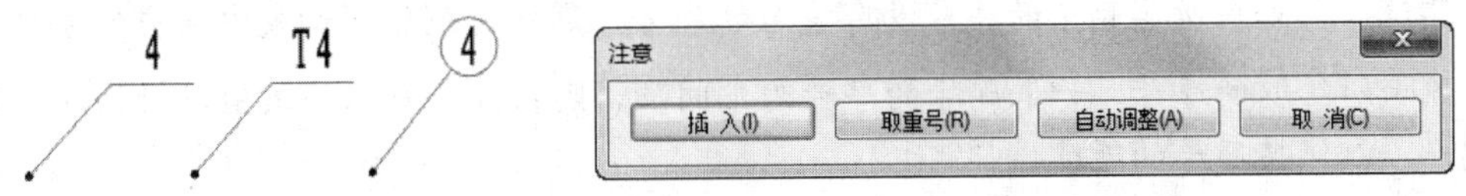

图7-16 零件序号的输入值　　图7-17 “序号冲突时弹出”对话框

（2）数量：表示本次序号标注的零件个数，若数值大于 1，则采用公共引线的标注形式，如图 7-18 所示。

（3）水平/垂直：表示指定采用公共引线进行序号标注时的排列方式。如图 7-19 所示。

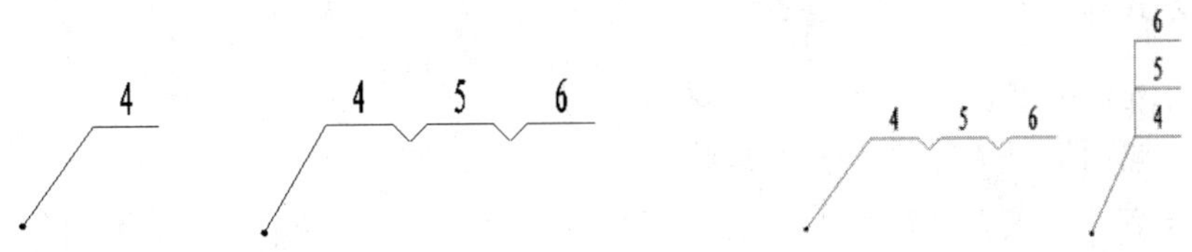

图7-18 “数量”一栏的输入值　　图7-19 序号的排列方式

（4）由内向外/由外向内：表示当采用公共引线标注时，序号的排列顺序。如图 7-20 所示。

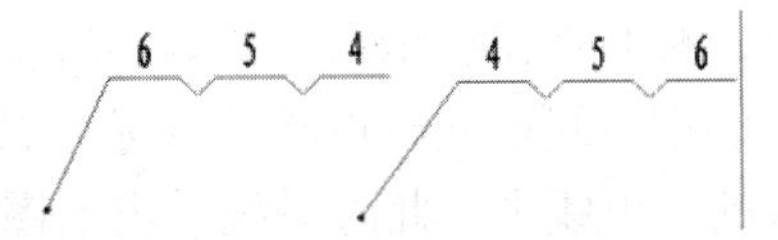

图7-20 序号的排列顺序分别为“由内向外”“由外向内”

（5）生成明细表/不生成明细表：指定在标注序号时是否生成该序号的明细表。

（6）填写/不填写：指定是否在生成序号后填写该零件的明细表。如果选择为“填写”，则在序号生成之后会弹出一个“填写明细表”对话框，具体方法见下一节。如果选择为“不填写”，以后再填写可用其他的填写明细表。

7.4.2 删除序号

删除序号命令是用来删除不需要的零件序号。

执行方式

命令行：ptnodel

菜单：“幅面”→“序号”→“删除”

工具栏：“序号”工具栏→

选项卡：单击“图幅”选项卡“序号”面板中的“删除序号”按钮

操作步骤

启动删除序号命令，按照系统提示依次拾取要删除的零件序号即可。

如果所要删除的序号没有重名的序号，则同时删除明细表中相应的表项，否则只删除所拾取的序号。如果删除的序号为中间项，则系统会自动将该项以后的序号值顺序减一，以保持序号的连续性。

7.4.3 编辑序号

编辑序号命令是用来编辑零件序号的位置和排列方式。

执行方式

命令行：ptnoedit

菜单：“幅面”→“序号”→“编辑”

工具栏：“序号”工具栏→

选项卡：单击“图幅”选项卡“序号”面板中的“编辑序号”按钮

操作步骤

（1）启动编辑序号命令，按照系统提示依次拾取要编辑的零件序号。

（2）如果拾取的是序号的指引线，此时可移动鼠标编辑引出点的位置。

（3）如果拾取的是序号的引出线中，此时系统弹出如图 7-21 所示的立即菜单，系统提示输入转折点，此时移动鼠标可以编辑序号的排列方式和序号的位置。

1. 水平 2. 由内向外

图7-21 “编辑序号”立即菜单

7.4.4 交换序号

交换序号命令是用来交换序号的位置，并根据需要交换明细表内容。

执行方式

命令行：ptnoswap

菜单：“幅面”→“序号”→“交换”

工具栏：“序号”工具栏→

选项卡：单击“图幅”选项卡“序号”面板中的“交换”按钮

操作步骤

（1）启动交换序号命令，此时系统弹出图7-22所示的立即菜单；

（2）选择要交换的序号后，两个序号马上交换位置。

1. 仅交换选中序号 2. 交换明细表内容

图7-22 “交换序号”立即菜单

7.5 明细表

CAXA CAD电子图板的明细表与零件序号是联动的，可以随零件序号的插入和删除产生相应的变化。除此之外，明细表本身还有定制明细表、删除表项、表格折行、填写明细表、插入空行、输出明细表和数据库操作等。对明细表操作的命令主要集中在“幅面”→“明细表”的下拉菜单，如图7-23所示以及图7-3所示的“明细表”工具栏中。

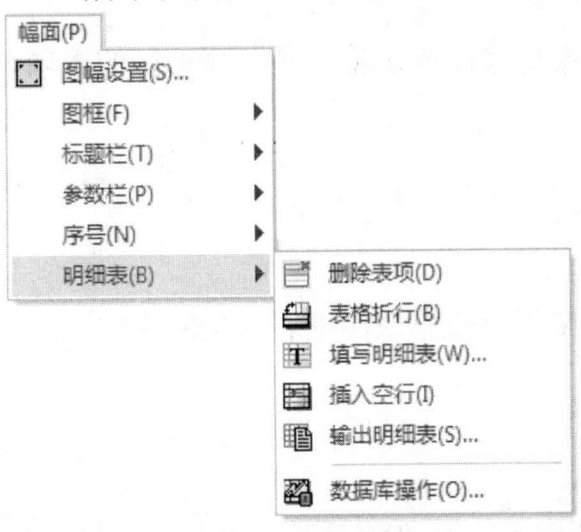

图7-23 “图幅”→“明细表”的下拉菜单

7.5.1 删除表项

删除表项命令是用来删除明细表的表项及序号。

 执行方式

命令行：tbldel

菜单：“幅面”→“明细表”→“删除表项”

工具栏：“明细表操作”工具栏→

选项卡：单击“图幅”选项卡“明细表”面板中的“删除表项”按钮

 操作步骤

启动删除表项命令，根据系统提示用鼠标拾取所要删除的明细表表项，如果拾取无误则删除该表项及所对应的所有序号，同时该序号以后的序号将自动重新排列。当需要删除所有明细表表项时，可以直接拾取明细表表头，此时弹出对话框以得到用户的最终确认后，删除所有的明细表表项及序号。

7.5.2 表格折行

表格折行命令是使明细表从某一行处进行左折或右折。

 执行方式

命令行：tblbrk

菜单：“幅面”→“明细表”→“表格折行”

工具栏：“明细表操作”工具栏→

选项卡：单击“图幅”选项卡“明细表”面板中的“表格折行”按钮

 操作步骤

启动表格折行命令，根据系统提示拾取某一待折行的表项，系统将按照立即菜单中的选项进行左折或右折。

7.5.3 填写明细表

填写明细表命令是用来填写或修改明细表各项的内容。

 执行方式

命令行：tbledit

菜单：“幅面”→“明细表”→“填写”

工具栏：“明细表”工具栏→

选项卡：单击“图幅”选项卡“明细表”面板中的“填写明细表”按钮

操作步骤

启动填写明细表命令，根据系统提示拾取需要填写或修改的明细表表项后，单击右键，弹出如图 7-24 所示“填写明细表”对话框，即可进行填写或修改，然后单击“确定”按钮，所填项目将自动添加到明细表当中。

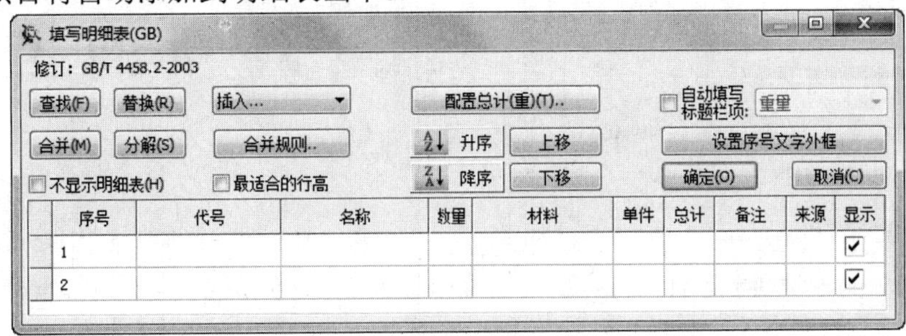

图7-24 “填写明细表”对话框

7.5.4 插入空行

插入空行命令是用来插入空行明细表。

执行方式

命令行：tblnew

菜单：“幅面”→“明细表”→“插入空行”

工具栏：“明细表”工具栏→

选项卡：单击“图幅”选项卡“明细表”面板中的“插入空行”按钮

操作步骤

启动插入空行命令，系统将把一空白行插入到明细表中去。

7.5.5 输出明细表

输出明细表命令是用来将当前图样中的明细表单独在一张图样中输出。

执行方式

菜单：“幅面”→“明细表”→“输出”

工具栏：“明细表”工具栏→

选项卡：单击“图幅”选项卡“明细表”面板中的“输出明细表”按钮

操作步骤

（1）启动输出明细表命令，系统弹出“输出明细表设置”对话框，如图 7-25 所示。

（2）在对话框中选择相应的选项，单击“输出”按钮。

（3）系统弹出“读入图框文件”对话框，从中选取合适的图框形式，单击“导入”按钮，如图 7-26 所示。

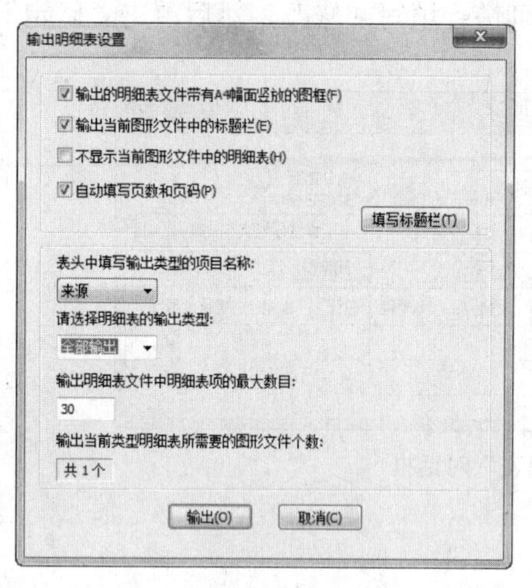

图7-25　“输出明细表设置”对话框

图7-26　“读入图框文件”对话框

（4）系统弹出“浏览文件夹”对话框，选择输出文件的位置并输入文件的名称，单击“确定”按钮，如图 7-27 所示（若一张图样容纳不下所有的明细表，系统还会弹出此对话框，用户可输入第二个明细表的文件名称）。

（5）打开刚才保存的明细表文件，如图 7-28 所示。

注意

若系统当前没有明细表，则不能执行输出明细表的操作，系统弹出图 7-29 所示的警告对话框。

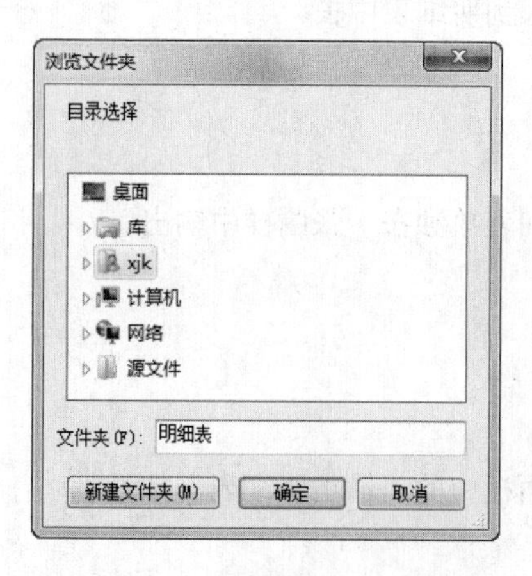

图7-27　“浏览文件夹”对话框

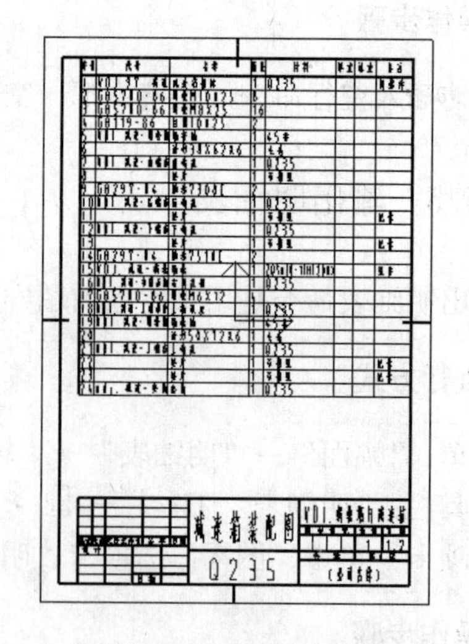

图7-28　单独输出的明细表

图7-29　警告对话框

7.5.6　数据库操作

数据库操作命令是用来对当前明细表的关联数据库进行设置，也可将内容单独保存在数据库文件中。

执行方式

菜单："幅面"→"明细表"→"数据库操作"

工具栏："明细表"工具栏→

选项卡：单击"图幅"选项卡"明细表"面板中的"数据库操作"按钮

操作步骤

（1）启动数据库操作命令，系统弹出"数据库操作"对话框，如图7-30所示，在该对话框中选择操作命令是用来，包括自动更新设置、输出数据和读入数据。

（2）单击按钮，选择数据库路径，可以在"数据库表名"一栏中直接输入文件名称建立新的数据库，单击"确定"按钮。

（3）在"数据库操作"对话框进行设置操作后单击"确定"按钮。

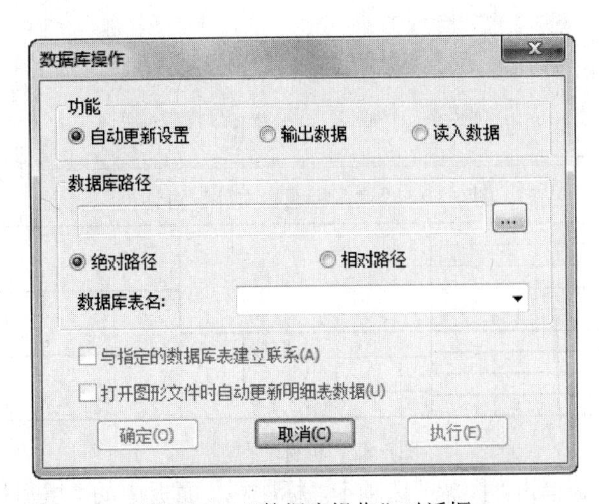

图7-30　"数据库操作"对话框

7.6 实例 1——标题栏

7.6.1 思路分析

本例绘制标题栏。CAXA CAD 电子图版为用户设置了多种标准的标题栏，另外也允许用户根据需要自定义标题栏。

本例视频内容电子资料路径：“X：\动画演示\第 7 章\标题栏. avi”。

7.6.2 绘制步骤

（1）调入标题栏。单击“图幅”选项卡“标题栏”面板中的“调入标题栏”按钮（或者选取“幅面”→“标题栏”→“调入”），输入命令“headload”，弹出如图 7-31 所示的“读入标题栏文件”对话框。选取其中的“Mechanical-A”，单击“导入”按钮，结果如图 7-32 所示。

图7-31 “读入标题栏文件”对话框

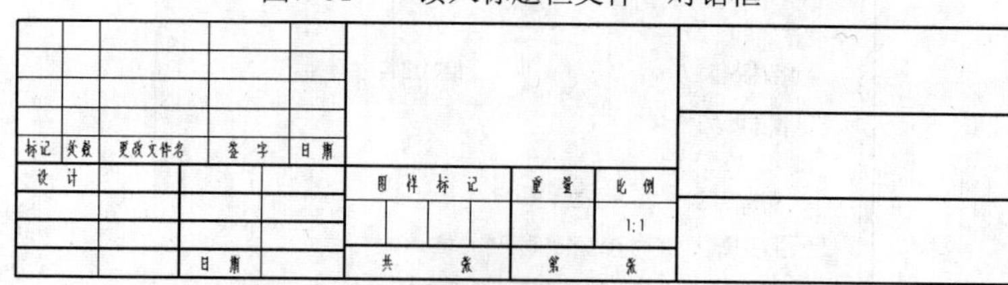

图7-32 机标A标题栏

（2）填写标题栏。单击“图幅”选项卡“标题栏”面板中的“填写标题栏”按钮（或者选取“幅面”→“标题栏”→“填写”），输入命令“headfill”，弹出如图 7-33 所示的

"填写标题栏"对话框。

图7-33 "填写标题栏"对话框

在此对话框中的"单位名称"文本框中输入"三维书屋工作室","图纸名称"文本框中输入"圆柱齿轮","材料名称"文本框中输入"45 钢",单击"确定"按钮,完成标题栏的填写,结果如图 7-34 所示。

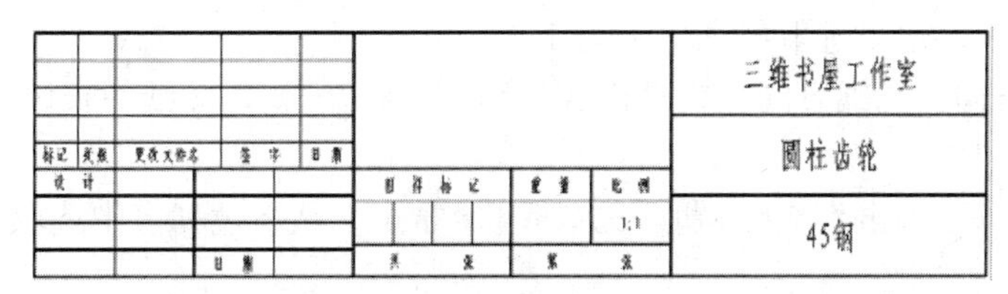

图7-34 标题栏

7.7 实例 2——图幅图框设置

7.7.1 思路分析

本例生成图幅图框,首先定义图纸幅面,然后定义图纸方向,最后定义图框。

本例视频内容电子资料路径:"X:\动画演示\第 7 章\图幅图框设置.avi"。

7.7.2 绘制步骤

(1)打开文件。启动 CAXA CAD 电子图板,新建一个 CAXA CAD 电子图板文件。

(2)图纸幅面的设置。单击"图幅"选项卡"图幅"面板中的"图幅设置"按钮 (或者选取"幅面"→"图幅设置"),弹出如图 7-35 所示的"图幅设置"对话框。

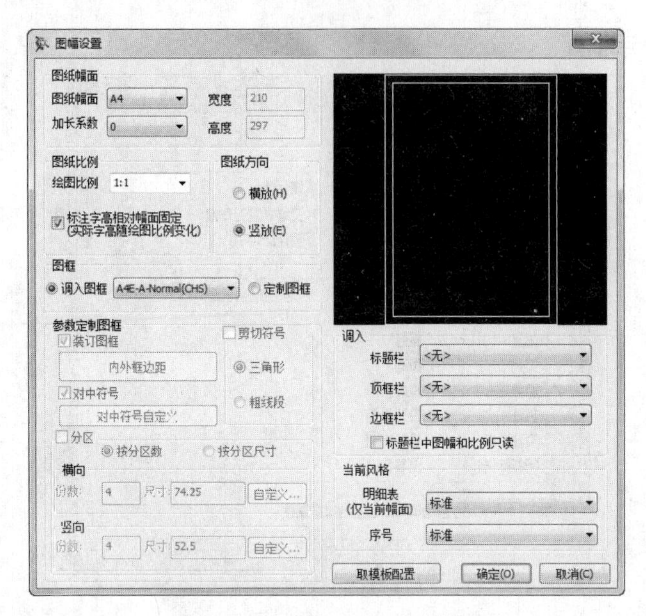

图7-35 “图幅设置”对话框

（3）单击“图纸幅面”的下拉列表，如图 7-36 所示。包括 A0、A1、A2、A3、A4 五种标准的图纸幅面和用户自定义命令是用来。这里选取 A3 幅面。

（4）绘图比例设置。此列表框表示在绘制图形时，常用的比例。如图 7-37 所示为“绘图比例”下拉列表，这里选取绘图比例为 1:1。

（5）图纸方向。图纸方向分为“横放”和“竖放”。就是图纸的长边是水平的还是竖直的。这里选取“横放”。

（6）调入图框。单击“调入图框”文本框的按钮，从下拉列表中选取“A3A-A-Normal (CHS)”。

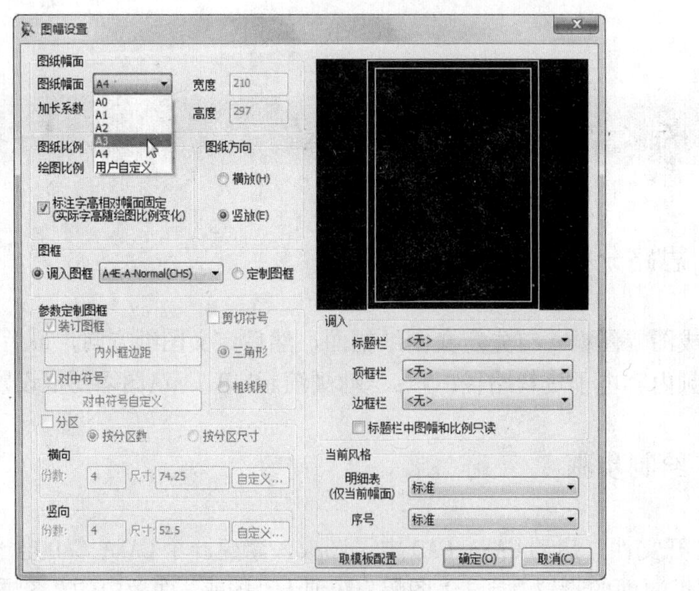

图7-36 “图纸幅面”下拉列表

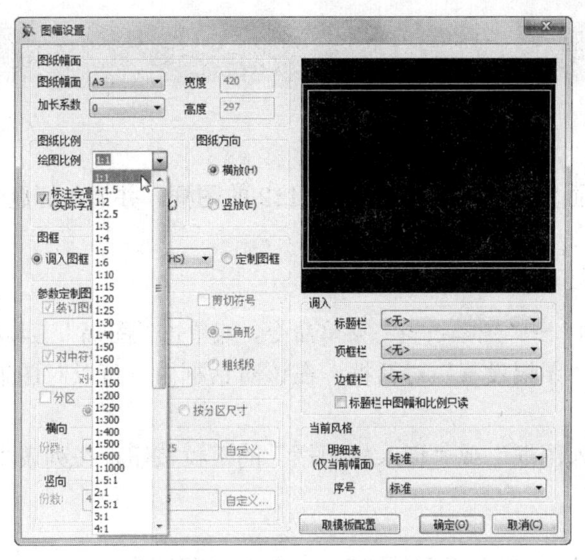

图7-37 “绘图比例”下拉列表

（7）调入标题栏。单击“调入标题栏”文本框的▾按钮，从下拉列表中选取“GB-A”。如图 7-38 所示。

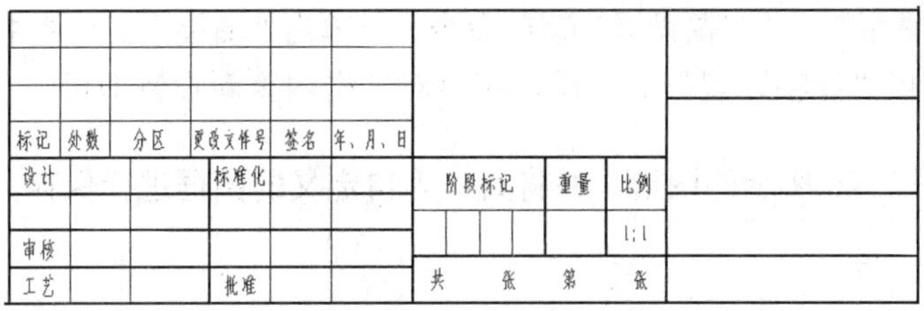

标记	处数	分区	更改文件号	签名	年、月、日			
设计			标准化			阶段标记	重量	比例
								1:1
审核								
工艺			批准			共 张	第 张	

图7-38 调入的标题栏

（8）单击“确定”按钮，结果图幅和图框如图 7-39 所示。

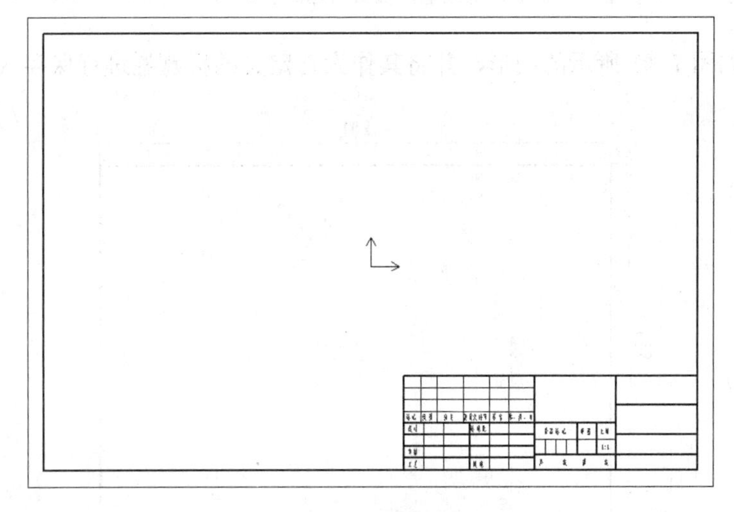

图7-39 图幅图框

7.8 实践与操作

1. 调入一个幅面为横 A2，绘图比例为 1:2 的图框，并调入标题栏。

操作提示：

（1）选择“幅面”→“图幅设置”菜单命令，或单击“图幅”工具栏中的图标按钮。

（2）系统弹出“图幅设置”对话框，在该对话框内，可以对图纸的幅面、比例、方向进行相应的设置。

（3）单击“调入图框”或“调入标题栏”的下拉按钮，在列表中选择需要的图框和标题栏即可。

2. 将上题中调入的图纸幅面改为竖放，其他设置不变。

操作提示：

（1）选择“幅面”→“图幅设置”菜单命令，或单击“图幅”工具栏中的图标按钮。

（2）系统弹出“图幅设置”对话框，在该对话框内重新设置即可。

3. 绘制如图 7-40 所示的图形，并将其作为自定义的图框进行保存。

操作提示：

（1）在 0 图层中绘制图中的矩形；矩形的中心一定要放置在坐标系的原点；

（2）启动“定义图框”命令，按照系统提示操作即可。

4. 绘制如图 7-41 所示的图形，并将其作为自定义的标题栏进行保存。

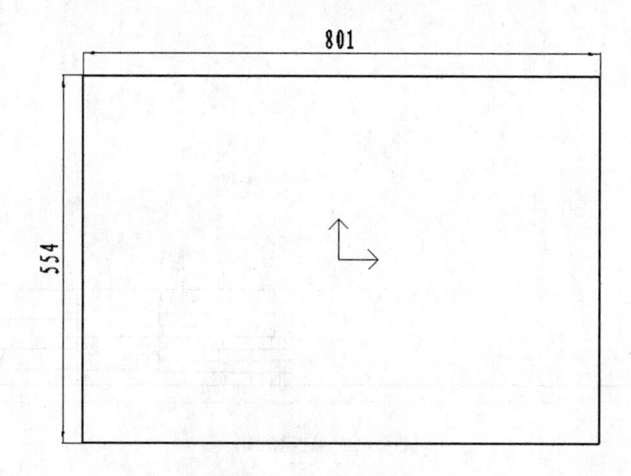

图7-40 自定义图框

	签名	日期
设计者		
审核		
单位		

图7-41　自定义标题栏

操作提示：

（1）在0图层中绘制图中的表格。

（2）启动“定义标题栏”命令，按照系统提示操作即可。

7.9 思考与练习

1. 图纸幅面在绘图过程中有什么作用？
2. 绘制一幅装配图，标注各零件的序号，并填写标题栏和明细表。
3. 在第2题绘制结束后，重新设置图纸幅面和比例，观察图形的变化。

第 8 章

文件操作

CAXA CAD 电子图板为用户提供了功能齐全的文件管理系统，包括文件的建立、打开、存储、并入、检索、绘图输出等，另外还提供了DWG/DXF文件批转换器、实体设计数据接口，为与其他软件的数据接口提供了极大的便利。

- 文件管理
- DWG/DXF 批转换器

文件操作相关命令的菜单操作主要集中在“文件”菜单，如图 8-1 所示，工具栏操作主要集中在“标准”工具栏，如图 8-2 所示。

图8-1 “文件”菜单

图8-2 “标准”工具栏

8.1 文件管理

8.1.1 新建文件

新建命令是用来创建新的空文件。

执行方式

命令行：new

菜单：“文件”→“新建”

快速访问工具栏：“快速访问工具栏”→

工具栏：“标准”工具栏→

选项卡：单击“菜单”选项卡“文件”面板中的“新建”选项

快捷键：Ctrl+N

操作步骤

（1）启动新建文件命令，弹出“新建”对话框，如图 8-3 所示，对话框中列出了若干个模板文件。

（2）在对话框中选择“BLANK”或其他标准模板，单击“确定”按钮即可。

图8-3 “新建”对话框

用户在绘图之前，也可以不执行“新建文件”操作，而采用调用图幅、图框、标题栏的方法。建立新文件后，用户就可以应用前面介绍的图形绘制、编辑等命令是用来进行绘图操作了。

8.1.2 打开文件

打开命令是用来打开一个 CAXA CAD 电子图板的图形文件。

执行方式

命令行：open
菜单：“文件”→“打开”
快速访问工具栏：“快速访问工具栏”→
工具栏：“标准”工具栏→
选项卡：选择“菜单”选项卡“文件”面板中的“打开”选项
快捷键：Ctrl+O

操作步骤

（1）启动打开命令，弹出“打开”对话框，如图 8-4 所示，对话框中列出了所选文件夹中的所有文件。

（2）在对话框中选择一个 CAXA CAD 电子图板文件，单击“确定”按钮即可。

如果希望打开其他格式的数据文件，可以通过文件类型选择所需文件格式，CAXA CAD

电子图板支持的文件格式有：DWG/DXF 文件、HPGL 文件、IGES 文件、DAT 文件、WMF 文件等，现分别介绍如下：

（1）DWG/DXF 文件读入：CAXA CAD 电子图板提供了 DWG/DXF 的文件读入命令是用来，可以将绘制 AutoCAD 以及其他 CAD 软件所能识别的 DWG 或 DXF 格式读入到 CAXA CAD 电子图板中进行编辑。电子图板可以读入以下几种格式的 DWG/DXF 文件：AutoCAD 2004dwg、AutoCAD 2000dwg、AutoCAD R14 dwg、AutoCAD R14 dxf、AutoCAD R13 dxf、AutoCAD R12 dxf。

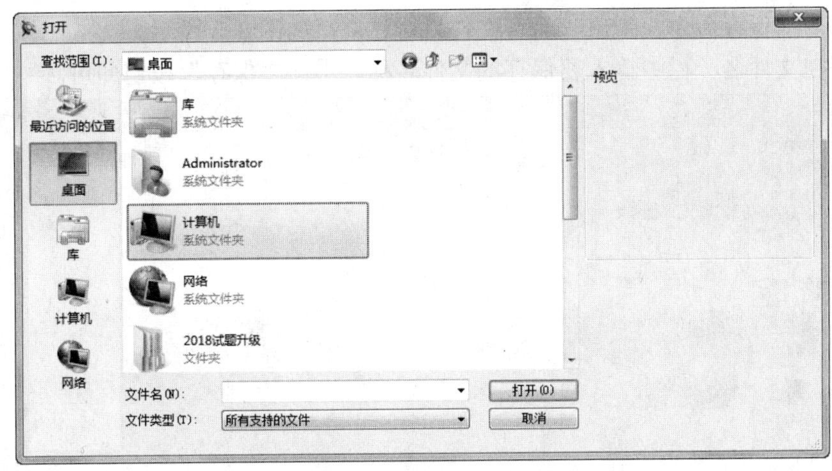

图8-4 “打开”对话框

（2）HPGL 文件读入：如果用户选择 HPGL 语言将绘图输出到指定的文件中（文件名后缀一般为“.plt”），则可用此命令是用来再将文件读入到 CAXA CAD 电子图板中。

（3）IGES 文件读入：此命令是用来用于读入其他 CAD 软件输出的文本形式的 IGES 文件。IGES 文件描述的是三维模型的信息。由于 CAXA CAD 电子图板是二维软件，本质上是三维的实体如曲面等在转化时只能舍弃；其余实体如曲线等如果是空间曲线或虽然是平面曲线但其所在的平面不与 X-Y 平面平行，则转化后由于 Z 坐标不起作用，实体将产生变形。因此要达到理想的转化效果，用户应在输出 IGES 文件的 CAD 系统中将三维模型投影到各个坐标平面，产生二维视图，并将各二维视图变换到 X-Y 平面，再输出为 IGES 文件。

目前许多国外的 CAD 软件的 IGES 接口不支持中文，这些软件的图形文件如果包含中文，用它们的 IGES 输出命令是用来输出的 IGES 文件里，中文基本上都变成了问号。CAXA CAD 电子图板读入这样的 IGES 文件后，中文自然还是问号，这不是 CAXA CAD 电子图板的问题，即使用这些软件本身读这种文件，也必然出现同样的问题。

8.1.3 保存文件

保存命令是用来将当前绘制的图形以文件形式保存到磁盘上。

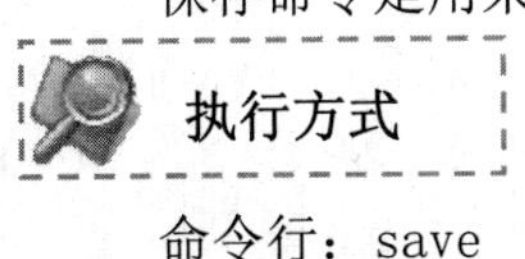

命令行：save

菜单：“文件”→“保存”
快速访问工具栏：“快速访问工具栏”→
工具栏：“标准”工具栏→
选项卡：选择“菜单”选项卡“文件”面板中的“保存”选项
快捷键：Ctrl+S

操作步骤

（1）启动保存命令，弹出“另存文件”对话框，如图 8-5 所示。
（2）在文件名一栏中输入要保存的文件名称，单击“保存”按钮即可。

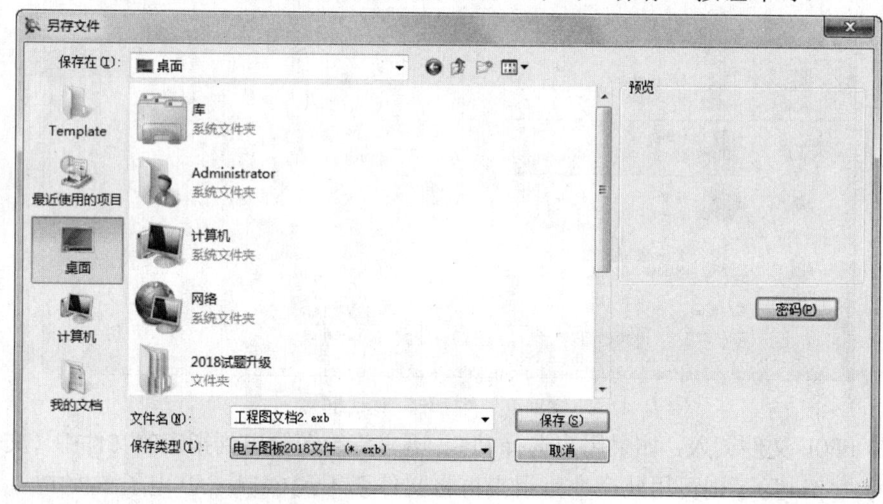

图8-5 “另存文件”对话框

将当前绘制的图形以文件形式存储到磁盘上时，可以将文件存储成为 CAXA CAD 电子图板 97/V2/XP 版本文件，或者存储为其他格式的文件。方便 CAXA CAD 电子图板与其他软件间的数据转换。

8.1.4 另存文件

另存为命令是用来将当前绘制的图形另取一个文件名存储到磁盘上。

执行方式

命令行：saveas
菜单：“文件”→“另存为”
快速访问工具栏：“快速访问工具栏”→
工具栏：“标准”工具栏→
选项卡：选择“菜单”选项卡“文件”面板中的“另存为”选项

操作步骤

与上一节中“保存”完全相同。

8.1.5　并入文件

并入命令是用来将其他的CAXA CAD电子图板文件并入到当前绘制的文件中。

执行方式

命令行：merge

菜单：“文件”→“并入”

选项卡：选择“菜单”选项卡“文件”面板中的“并入”选项

操作步骤

（1）启动并入命令，弹出“并入文件”对话框，如图8-6所示。

图8-6　“并入文件”对话框

（2）选择要并入的CAXA CAD电子图板文件，单击“打开”按钮；弹出“并入文件”对话框，如图8-7所示。

（3）选择“并入到当前图纸”或“作为新图纸并入”。选择“并入到当前图纸”时，图纸选择只能选择一张。选择“作为新图纸并入”时，可以选择一个或多个图纸。如果并入的图纸名称和当前文件中的图纸相同时，将会提示修改图纸名称。单击“确定”按钮。

（4）屏幕左下角出现并入文件立即菜单，如图8-8所示，在立即菜单1中选择“定点”或“定区域”选项，2中选择“保持原态”或“粘贴为块”选项，3中输入并入文件的比例系数，再根据系统提示，输入图形的定位点即可。

注意

如果一张图纸要由多个设计人员完成，可以让每一位设计人员使用相同的模板进行设计，最后将每位设计人员设计的图纸并入到一张图纸上，要特别注意的是，在开始设计之前，定义好一个模板，模板中定好这张图纸的参数设置，系统配制以及图层、线型、颜色的定义和设置，以保证最后并入时，每张图纸的参数设置及图层、线型、颜色的定义都是一致的。

图8-7 “并入文件”对话框

图8-8 “并入文件” 立即菜单

8.1.6 部分存储

部分存储命令是用来将当前绘制的图形中的一部分图形以文件的形式存储到磁盘上。

执行方式

命令行：partsave

菜单：“文件”→“部分存储”

选项卡：选择“菜单”选项卡“文件”面板中的“部分存储”选项

操作步骤

（1）启动部分存储命令，根据系统提示拾取要存储的图形，单击右键确认。

（2）系统弹出“部分存储文件”对话框，如图8-9所示，输入文件的名称并单击“保存”按钮即可。

注意

部分存储只存储了图形的实体数据而没有存储图形的属性数据(系统设置，系统配置及图层、线型、颜色的定义和设置)，而存储文件菜单则将图形的实体数据和属性数据都存储到文件中。

图8-9 “部分存储文件”对话框

8.1.7 文件检索

文件检索命令主要是用来从本地计算机或网络计算机上查找符合条件的文件。

执行方式

菜单：“文件”→“文件检索”

选项卡：选择“菜单”选项卡“文件”面板中的“文件检索”选项

操作步骤

（1）启动文件检索命令，系统弹出“文件检索”对话框，如图8-10所示。

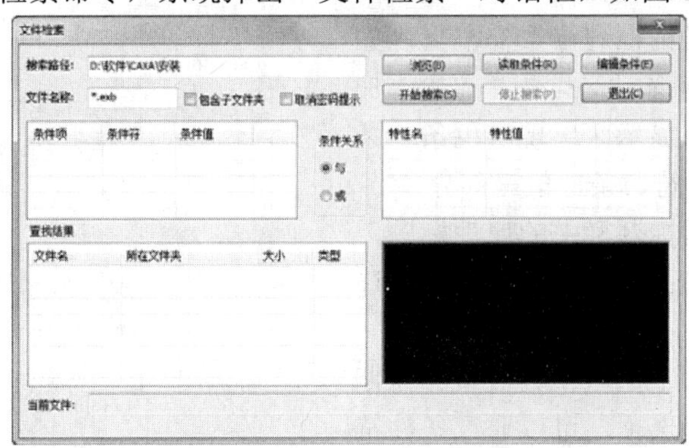

图8-10 “文件检索”对话框

（2）在“文件检索”对话框中设定检索条件，单击“开始搜索”按钮。

（3）搜索的结果如图 8-11 所示。

第（2）步中设定检索条件时，可以指定路径、文件名、CAXA CAD 电子图板文件标题栏中属性的条件。

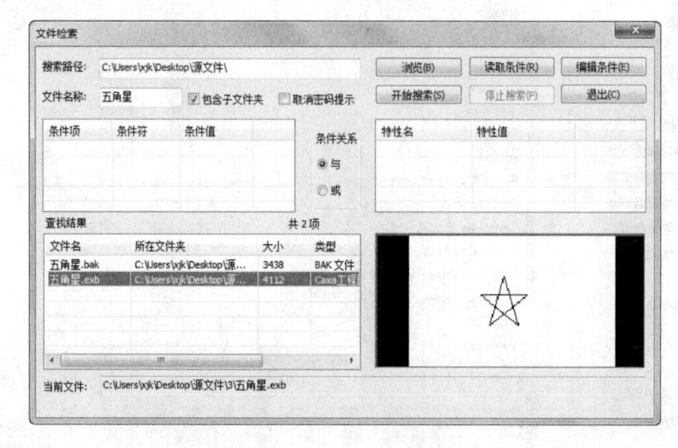

图8-11　文件检索结果

对“文件检索”对话框中各项解释如下：

◆搜索路径：指定查找的范围，可以通过手工填写，也可以通过单击“浏览”按钮用路径浏览对话框选择，通过“包含子目录”选项可以决定只在当前目录下查找还是包括子目录。

◆文件名称：指定查找文件的名称和扩展名条件，支持统配符“*”。

◆条件关系：显示标题栏中信息条件，指定条件之间的逻辑关系（“与”或“或”）。标题栏信息条件可以通过“编辑条件”打开“编辑条件”对话框对条件进行编辑。

◆查找结果：实时显示查找到的文件的信息和文件总数。选择一个结果可以在右面的属性区查看标题栏内容和预显图形，通过双击可以用 EB 电子图板打开该文件。

◆当前文件：在查找过程中显示正在分析的文件，查找完毕后显示的是选择的当前文件。

◆编辑条件：单击“编辑条件”按钮，弹出“编辑条件”对话框进行条件编辑，如图 8-12 所示。要添加条件必须先单击“添加条件”按钮，使条件显示区出现灰色条。条件分为条件项、条件符、条件值三部分。

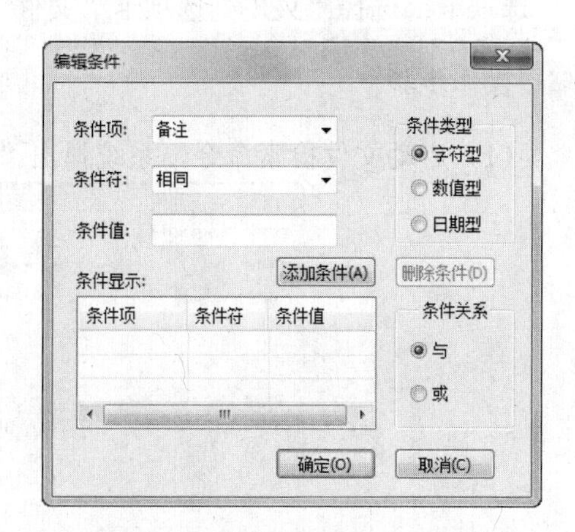

图8-12　“编辑条件”对话框

◆条件项：是指标题栏中的属性标题，如设计时间、名称等；下拉条中提供了可选的属性。

◆条件符：分为字符型、数值型、日期型三类。每类有几个选项，可以通过条件符的下拉框选择。

◆条件值：相应的逻辑符分为字符型、数值型、日期型。可以通过条件值后面的编辑框输入值，如果条件类型是日期型，编辑框会显示当前日期，通过单击右面的箭头可以激活日期选取对话框进行日期选取。

8.1.8　打印

打印命令是用来打印当前绘图区的图形。

执行方式

命令行：plot

菜单：“文件”→“打印”

快速访问工具栏：“快速访问工具栏”→

工具栏：“标准”工具栏→

选项卡：选择“菜单”选项卡“文件”面板中的“打印”选项

快捷键：Ctrl+P

操作步骤

（1）启动打印命令，系统弹出“打印”对话框，如图 8-13 所示。

（2）设置完成后单击“确定”按钮。

如果希望更改打印线型，请单击“编辑线型”按钮，系统弹出如图 8-14 所示的“线型设置”对话框。如果希望将一张大图用多张较小的图分别输出，在“打印”对话框中单击“拼图”复选框，并在页面范围一栏选取要输出的页码。

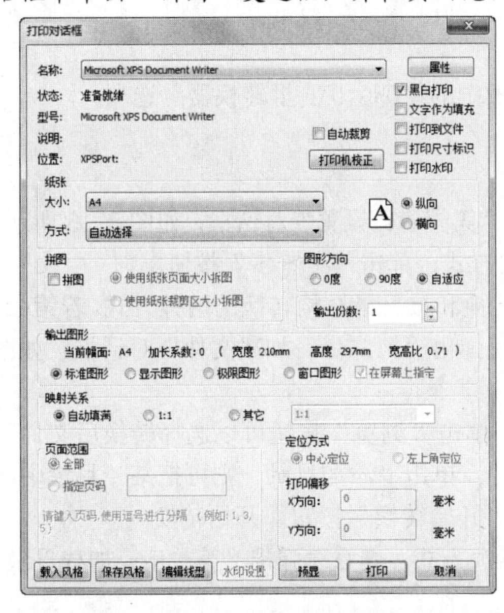

图8-13　“打印”对话框

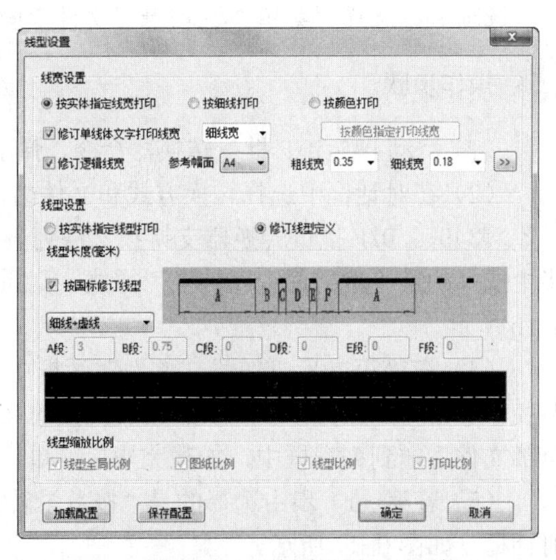

图8-14　“线型设置”对话框

8.1.9 退出

退出命令是用来退出 CAXA CAD 电子图板系统。

执行方式

命令行：quit/exit/end
菜单："文件"→"退出"
选项卡：选择"菜单"选项卡"文件"面板中的"退出"选项
快捷键：Alt+F4

操作步骤

启动退出命令即可。

如果当前文件还未存盘，系统将弹出文件是否存盘的提示。

8.2 DWG/DXF 批转换器

DWG/DXF 批转换器命令是用来实现 DWG/DXF 和 EXB 格式的批量转换。

执行方式

菜单："文件"→"DWG/DXF 批转换器"
工具栏："标准"→
选项卡：选择"菜单"选项卡"文件"面板中的"DWG/DXF 批转换器"选项

操作步骤

（1）启动 DWG/DXF 批量转换器命令，弹出"第一步：设置"对话框，如图 8-15 所示。

（2）在对话框中选择转换方式和文件结构方式，单击"下一步"按钮。

(3)DWG/DXF 批量转换器支持按文件列表转换和按目录结构转换的两种方式。若第(2)步中选择的是"按文件列表转换"方式，则系统弹出"第二步：加载文件"对话框，如图 8-16 所示。

（4）在"第二步：加载文件"对话框中，单击"浏览"按钮可以选择转换后文件的路径；单击"添加文件"可以加载要转换的文件，单击"添加目录"则可把某一目录中的全部文件添加到列表框中，加载完毕后，单击"开始转换"按钮即开始转换。

（5）若第（1）步中选择的是"按目录转换"方式，则系统弹出"第二步：加载目录"对话框，如图 8-17 所示。

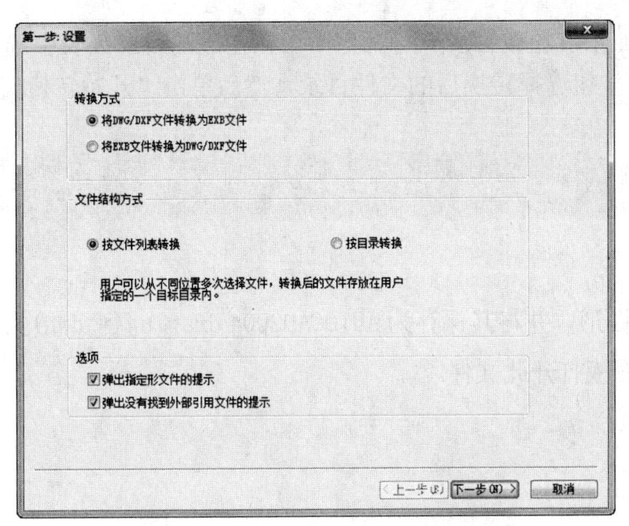

图8-15 “第一步：设置”对话框

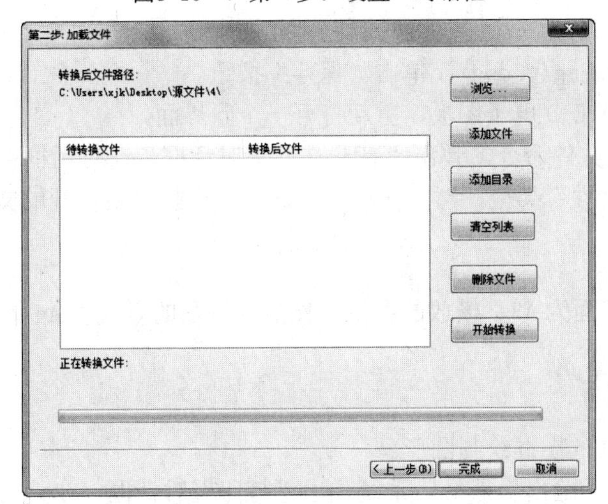

图8-16 “第二步：加载文件”对话框

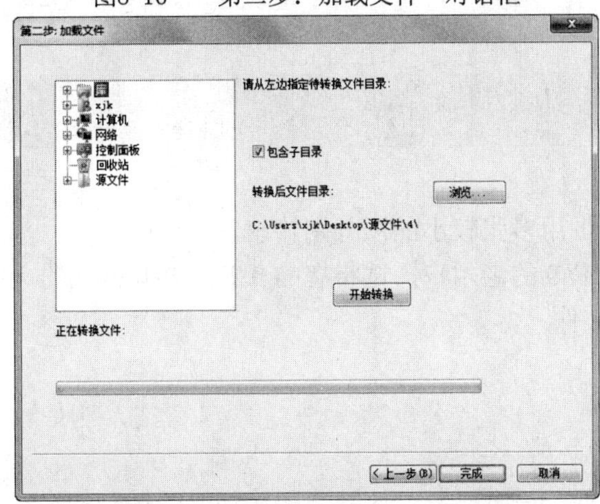

图8-17 “第二步：加载目录”对话框

（6）在“第二步：加载目录”对话框中，在左边的目录列表中选择待转换文件的目录。单击“浏览”按钮选择转换后的文件目录，然后单击“开始转换”按钮即开始转换。

8.3 实践与操作

1. 绘制一幅图形，并将其保存为 AUTOCAD2004 drawing(*.dwg)类型的文件，并再次用 CAXA CAD 电子图板打开此文件。

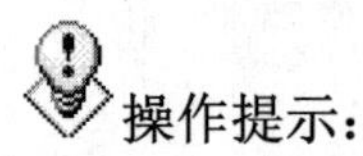

操作提示：

（1）绘制图形。

（2）启动存储文件命令，弹出“另存文件”对话框。

（3）在“文件名”一栏中输入要保存的文件名称，在“保存类型”一栏中选择“AUTOCAD2018 drawing(*.dwg)”单击“保存”按钮。

（4）关闭 CAXA CAD 电子图板，重新打开一个新界面。

（5）启动打开文件命令，弹出“打开文件”对话框，在对话框中“文件类型”一栏中选择“DWG/DXF 文件”类型，然后在相应的文件夹中找到要打开的文件，单击“确定”按钮即可。

2. 绘制一张幅面为 A3、横放的图纸，然后用拼图的方式以 A4 的图纸打印输出。

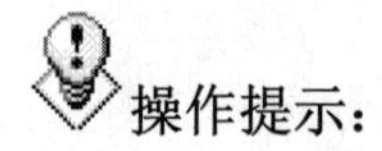

操作提示：

（1）以横放 A3 的图框绘制图形。

（2）启动“绘图输出”命令，系统弹出“打印”对话框，在该对话框中选择图纸大小为“A4”，选中“拼图”对话框，再单击“预显”按钮观察浏览图形。

8.4 思考与练习

1. 如何将一张大图用多张较小的图分别输出。

2. 如果您是 AutoCAD 的老用户，试将您的 DXF 或 DWG 格式的文件转换成 CAXA CAD 电子图板的 Exb 格式的文件。

第 9 章

系统查询

CAXA CAD 电子图板为用户提供了系统查询的功能，可以查询点的坐标、两点间距离、角度、元素属性、重心、周长、惯性矩以及系统状态等内容，还可以将查询结果保存成文件。充分利用系统的查询功能，用户可以更加方便地绘制与编辑图形。

- 查询点坐标、两点距离
- 查询角度、元素属性
- 查询周长、面积
- 查询重心、惯性矩
- 查询查询

系统查询命令的菜单操作主要集中在“工具”→“查询”菜单，如图 9-1 所示，工具栏操作主要集中在“查询工具”工具栏，如图 9-2 所示，此工具栏在系统默认的界面中未显示出来)，“工具”选项卡，如图 9-3 所示。

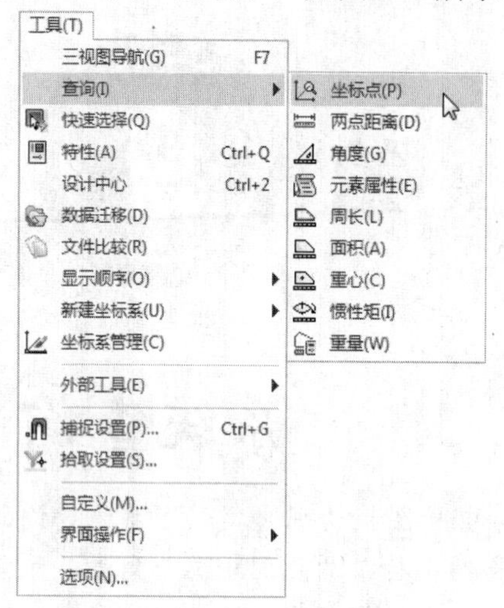

图9-1 “工具”→“查询”菜单

图9-2 “查询工具”工具栏

图 9-3 “工具”选项卡

9.1 坐标点查询

坐标点命令是用来查询点的坐标。

执行方式

命令行：id

菜单：“工具”→“查询”→“坐标点”

工具栏：“查询工具”工具栏→

选项卡：单击“工具”选项卡“查询”面板中的“坐标点”按钮

操作步骤

（1）启动查询命令后，状态栏出现“拾取要查询的点”。

（2）在绘图区拾取所要查询的点，可以同时拾取多个要查询的点，如果拾取成功则屏幕上出现用拾取颜色显示的点标识。

（3）单击右键结束拾取状态，屏幕上立刻弹出“查询结果”对话框将查询到的点坐标信息显示出来，如图 9-4 所示。

（4）当关闭查询结果对话框后，被拾取到的点标识也随即消失（也可单击查询结果对话框中的“存盘”按钮，将查询结果保存为文本文件）。

注意

一般查询点坐标是查询各种工具点方式下一些特征点的坐标，所以这时可以按空格键弹出工具点菜单选取需要的点方式（如果对工具点菜单的热键比较熟悉则不必按空格键而直接按所需要的点方式热键即可），随后就可以移动鼠标在屏幕上绘图区内单击，进行拾取，另外，查询到的点坐标是相对于当前用户坐标系的。还可以在系统配置里设置要查询的小数位数。

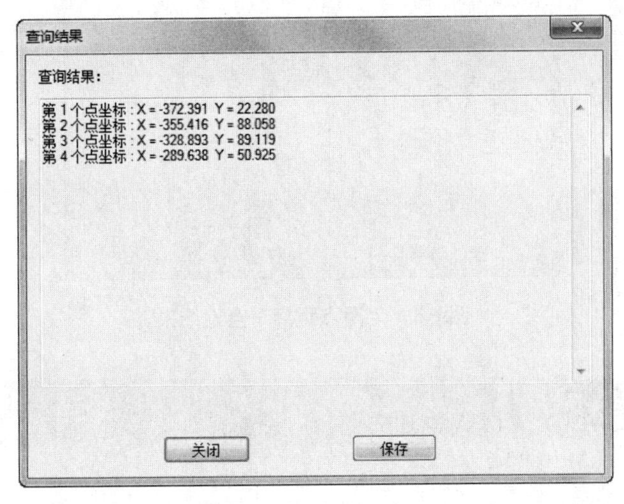

图9-4 “查询结果”对话框

9.2 两点距离查询

两点距离命令是用来查询两点之间的距离（包括两点的坐标、两点间的 X 方向和 Y 方向的坐标差和两点间的直线距离）。

执行方式

命令行：dist

菜单：“工具”→“查询”→“两点距离”

工具栏：“查询工具”工具栏→

选项卡：单击“工具”选项卡“查询”面板中的“两点距离”按钮

操作步骤

（1）启动两点距离命令后，根据系统提示拾取第一点和第二点。

（2）当拾取完第二点后屏幕上立刻弹出查询结果对话框，如图 9-5 所示将查询到的两点距离显示出来。

（3）当关闭查询结果对话框后，被拾取到的点标识也随即消失（用户也可单击查询结果对话框中的“存盘”按钮，将查询结果保存为文本文件）。

对于两点的拾取一般采用工具点菜单来拾取。

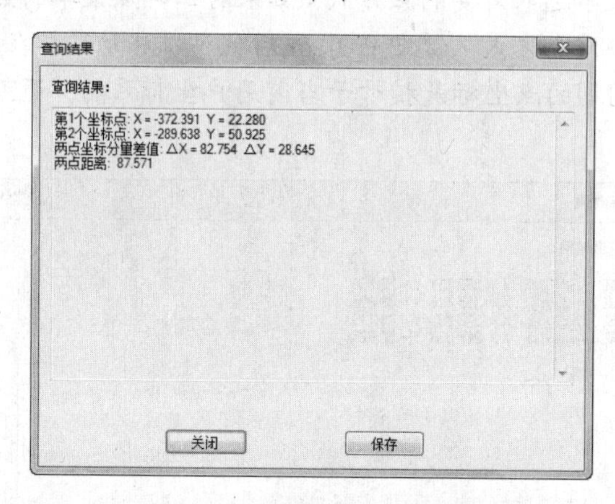

图9-5 “两点距离”查询结果

9.3 角度查询

角度命令是用来查询圆弧的圆心角、两直线夹角和三点夹角。

执行方式

命令行：angle

菜单：“工具”→“查询”→“角度”

工具栏：“查询工具”工具栏→

选项卡：单击“工具”选项卡“查询”面板中的“角度”按钮

选项说明

启动角度命令后，系统弹出立即菜单如图 9-6 所示，单击立即菜单 1 可以选取不同的查询方式。

9.3.1 圆心角查询

圆心角命令是用来查询圆弧的圆心角。

操作步骤

（1）启动角度命令后，在立即菜单 1 中选择“圆心角”选项。

（2）根据系统提示拾取圆弧，被拾取到的圆弧用拾取颜色显示。

（3）拾取圆弧后屏幕上立刻弹出“查询结果”对话框，如图 9-7 所示将查询到的圆弧角度显示出来。

（4）单击“关闭”按钮关闭查询结果对话框后，被拾取到的圆弧恢复正常颜色显示（用户也可单击查询结果对话框中的“保存”按钮，将查询结果保存为文本文件）。

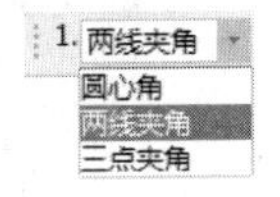

图9-6　“查询角度”立即菜单

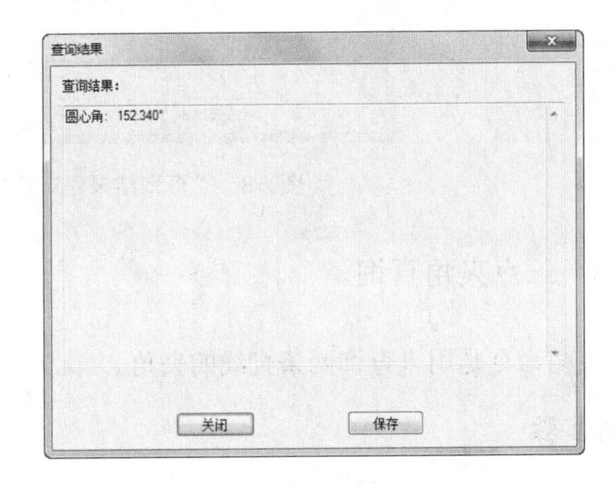

图9-7　“查询结果”对话框

还可以在系统配置里设置要查询的小数位数。

9.3.2　两直线夹角查询

两直线夹角命令是用来查询两条直线的夹角。

操作步骤

（1）启动查询角度距离命令后，在立即菜单 1 中选择“两线夹角”选项。

（2）根据系统提示依次拾取第一条和第二条直线，被拾取到的直线用拾取颜色显示。

（3）拾取第二条直线后屏幕上立刻弹出“查询结果”对话框，如图 9-8 所示，将查询到的两直线夹角显示出来。

（4）单击“关闭”按钮关闭查询结果对话框后，被拾取到的直线恢复正常颜色显示。（用户也可单击查询结果对话框中的“存盘”按钮，将查询结果保存为文本文件）。

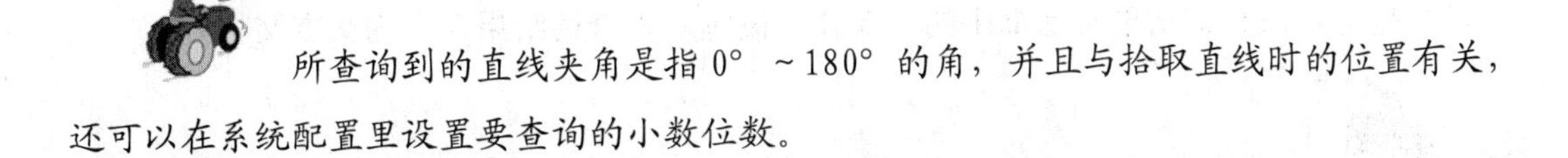

所查询到的直线夹角是指 0° ~180° 的角，并且与拾取直线时的位置有关，还可以在系统配置里设置要查询的小数位数。

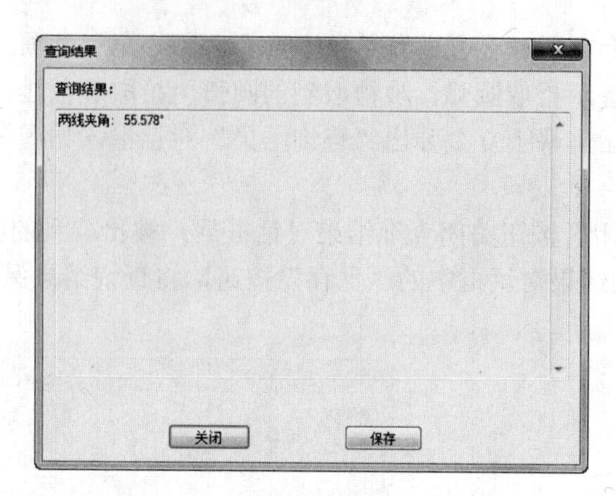

图9-8 “查询结果”对话框

9.3.3 三点夹角查询

三点夹角命令是用来查询两条直线的夹角。

（1）启动角度命令后，在立即菜单 1 中选择“三点夹角”选项。

（2）根据系统提示依次拾取顶点、起始点、终止点，拾取成功则屏幕上出现用拾取颜色显示的点标识。

（3）拾取第终止点后屏幕上立刻弹出“查询结果”对话框，如图 9-9 所示将查询到的三点夹角显示出来。

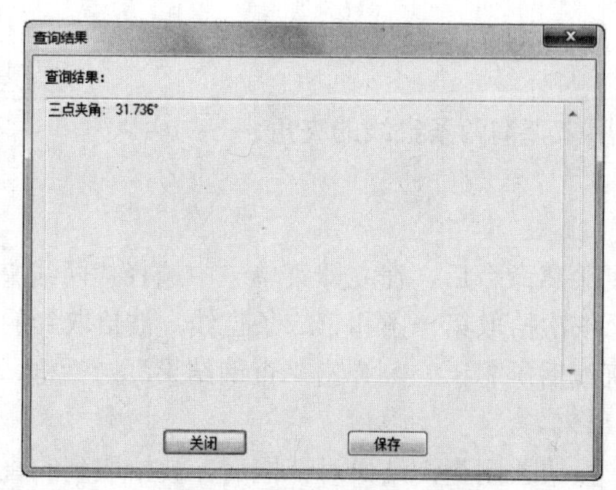

图9-9 “查询结果”对话框

（4）单击“关闭”按钮关闭“查询结果”对话框后，被拾取到的点标识也随即消失（用户也可单击查询结果对话框中的“保存”按钮，将查询结果保存为文本文件）。

一般是按空格键弹出工具点菜单，选取需要的特征点，所查询到的三点夹角

是指从夹角的起始点按逆时针方向旋转到夹角的终止点时的角度；还可以在系统配置里设置要查询的小数位数。

9.4 元素属性查询

元素属性命令是用来查询图形元素的属性。

执行方式

命令行：list

菜单：“工具”→“查询”→“元素属性”

工具栏：“查询工具”工具栏→

选项卡：单击“工具”选项卡“查询”面板中的“元素属性”按钮

操作步骤

（1）启动元素属性命令后，根据系统提示依次拾取要查询属性的图形元素，被拾取到的图形元素用拾取颜色显示，拾取完毕后单击右键确认。

（2）系统弹出“查询结果”对话框，如图9-10所示，将查询到的各个元素属性显示出来。

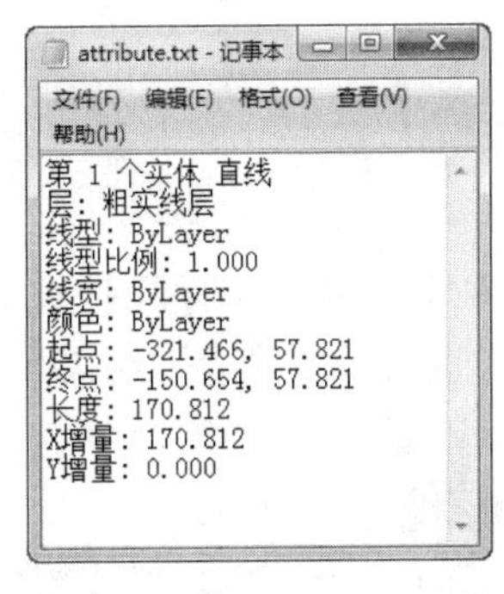

图9-10 “元素属性”查询结果

（3）单击“关闭”按钮关闭查询结果对话框后，被拾取到的图形元素恢复正常颜色显示。

查询图形元素的属性，这些图形元素包括点、直线、圆、圆弧、尺寸、文字、多义线、块、剖面线、零件序号、图框、标题栏、明细表、填充等。可以在系统配置里设置要查询的小数位数。

9.5 周长查询

周长命令是用来查询一条曲线的长度。

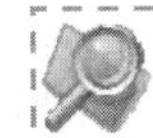

执行方式

命令行：circum

菜单：“工具”→“查询”→“周长”

工具栏：“查询工具”工具栏→

选项卡：单击“工具”选项卡“查询”面板中的“周长”按钮

操作步骤

（1）启动周长命令后，根据系统提示拾取要查询周长的曲线，被拾取到的曲线用拾取颜色显示，拾取完毕后系统弹出“查询结果”对话框，如图 9-11 所示，将查询到的曲线长度显示出来。

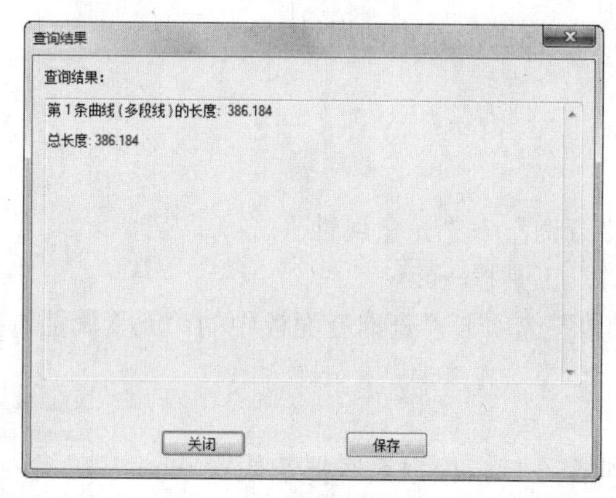

图9-11 “查询结果”对话框

（2）单击“关闭”按钮关闭“查询结果”对话框后，被拾取到的曲线恢复正常颜色显示（也可单击“查询结果”对话框中的“保存”按钮，将查询结果保存为文本文件）。

注意

查询一条曲线的长度，这条曲线可以由多段基本曲线或高级曲线连接而成，但必须保证曲线是连续的，中间没有间断的地方。当你点取“周长”菜单后，状态栏出现“拾取要查询的曲线”。可以在系统配置里设置要查询的小数位数。

9.6 面积查询

面积命令是用来查询一个或多个封闭区域的面积，封闭区域可以是由基本曲线，也可以是由高级曲线，或者基本曲线与高级曲线组合所形成的。

执行方式

命令行：area

菜单：“工具”→“查询”→“面积”

工具栏：“查询工具”工具栏→

选项卡：单击“工具”选项卡“查询”面板中的“面积”按钮

选项说明

启动面积命令后，系统弹出立即菜单如图 9-12 所示，单击立即菜单 1 可以实现以增加面积方式或减少面积方式查询面积。

1. 增加面积

图9-12 “面积查询”立即菜单

（1）增加面积：当查询面积开始时，初始面积为 0，以后每拾取一个封闭区域，均在已有面积上累加新的封闭区域的面积，直至单击右键结束拾取，随后绘图区内的十字光标变成沙漏形状，表明系统正在进行面积计算，当计算结束时沙漏光标消失，屏幕上立刻弹出“查询结果”对话框，将查询到的面积显示出来。当关闭“查询结果”对话框后，被拾取到的封闭区域边界恢复正常颜色显示。

（2）减少面积：当查询面积开始时，初始面积为 0，以后每拾取一个封闭区域，均在已有面积上累减新的封闭区域的面积，直至单击右键结束拾取。

例 9-1 查询图 9-13 中阴影部分的面积。

绘制步骤：

（1）打开电子资料中的“初始文件”→“9” →“例 9-1”文件。启动面积查询命令，在立即菜单 1 中选取“增加面积”选项。

（2）系统提示拾取环内点，单击图中阴影部分任一点。

（3）将立即菜单 1 改为“减少面积”，单击图中小圆内部的任一点。

（4）单击右键确认，系统弹出面积“查询结果”对话框，如图 9-14 所示。

可以在系统配置里设置要查询的小数位数。

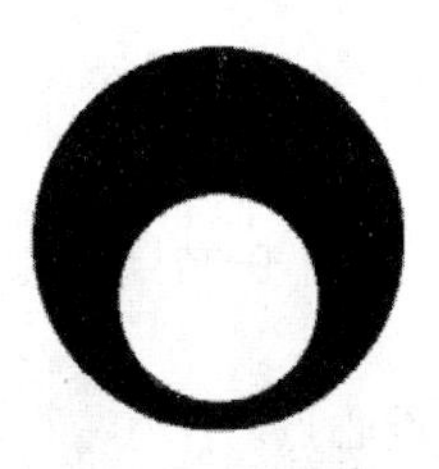

图9-13 查询面积实例

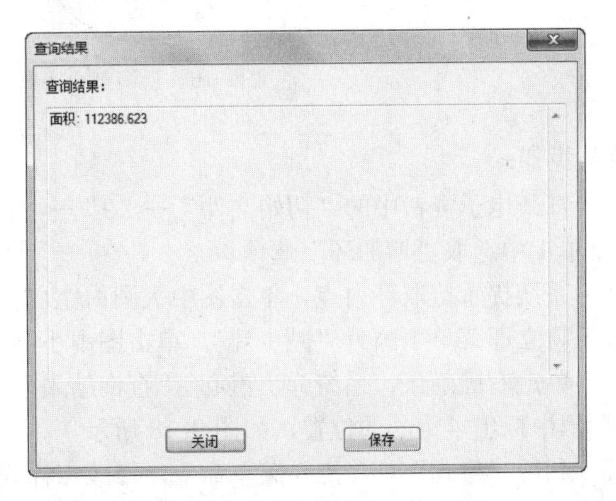

图9-14 “查询结果”对话框

9.7 重心查询

重心命令是用来查询一个或多个封闭区域的重心，封闭区域可以是由基本曲线，也可以是由高级曲线，或者基本曲线与高级曲线组合所形成的。

执行方式

命令行：barcen

菜单：“工具”→“查询”→“重心”

工具栏：“查询工具”工具栏→

选项卡：单击“工具”选项卡“查询”面板中的“重心”按钮

选项说明

启动重心命令后，系统弹出立即菜单如图 9-15 所示，单击立即菜单 1 可以实现以增加环方式或减少环方式查询重心。

1. 增加环

图9-15 “重心查询”立即菜单

例 9-2 查询图 9-16 中大圆内空白部分的重心位置。

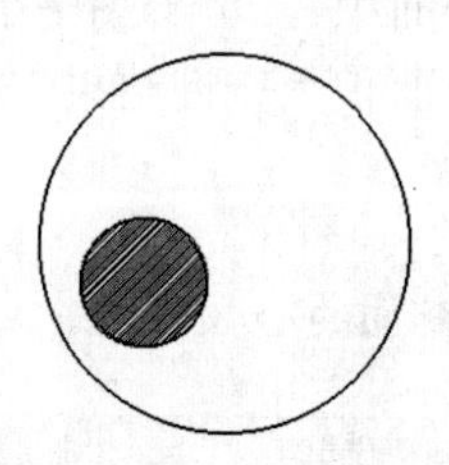

图9-16 查询重心实例

绘制步骤：

（1）打开电子资料中的“初始文件”→“9”→“例 9-2”文件。启动重心查询命令，在立即菜单 1 中选取“增加环”选项。

（2）系统提示拾取环内点，单击图中大圆内空白区域中的任一点。

（3）将立即菜单 1 改为“减少环”，单击图中小圆内部的任一点。

（4）单击右键确认，系统弹出重心 “查询结果”对话框，如图 9-17 所示。查询后系统在图形中标出了重心的位置，如图 9-18 所示。

（5）利用“格式”→“点”菜单命令，修改点样式，显示重心点。

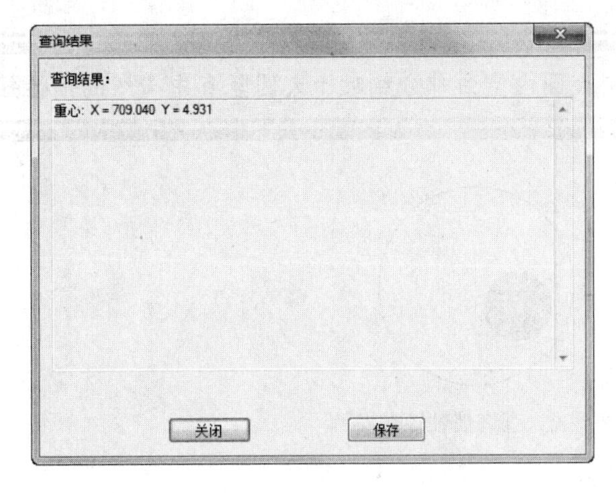

图9-17 “查询结果”对话框

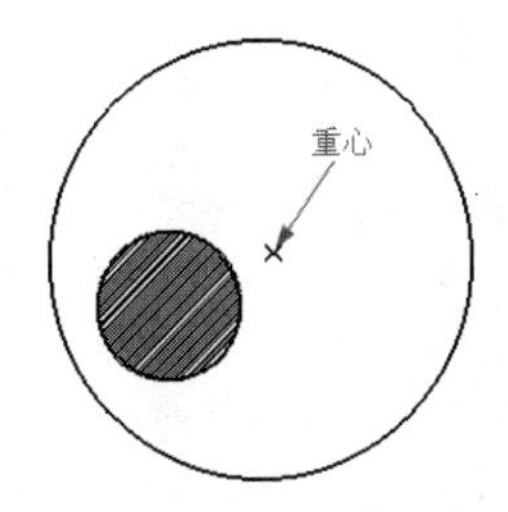

图9-18 重心位置

9.8 惯性矩查询

惯性矩命令是用来查询一个或多个封闭区域相对于任意回转轴、回转点的惯性矩，封闭区域可以是由基本曲线，也可以是由高级曲线，或者基本曲线与高级曲线组合所形成的。

命令行：iner

菜单：“工具”→“查询”→“惯性矩”

工具栏：“查询工具”工具栏→

选项卡：单击“工具”选项卡“查询”面板中的“惯性矩”按钮

选项说明

启动惯性矩命令后，系统弹出立即菜单如图9-19所示，单击立即菜单1可以实现以增加环方式或减少环方式查询惯性矩，单击立即菜单2则可选择回转轴、回转点、X坐标轴、Y坐标轴、坐标原点5种方式。其中，X坐标轴、Y坐标轴、坐标原点是指所选择区域相对于当前坐标系的惯性矩，还可以通过回转轴、回转点两种方式，由用户自定义回转轴和回转点，然后系统根椐用户的设定来计算惯性矩。

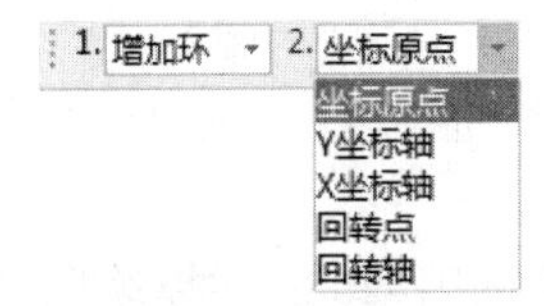

图9-19 “惯性矩查询”立即菜单

例 9-3 查询图 9-20 中大圆内空白部分相对于大圆竖直中心线的惯性矩。

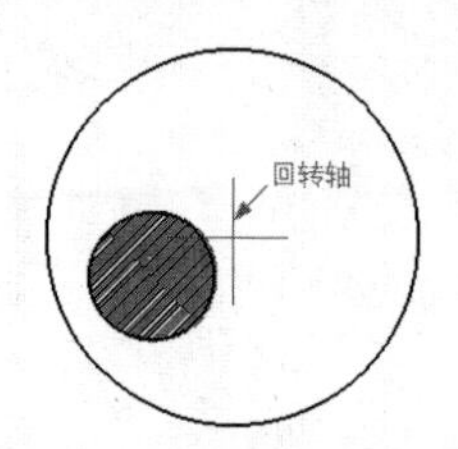

图9-20 查询惯性矩的实例

绘制步骤：

（1）打开电子资料中的“初始文件”→“9” →“例 9-3”文件。启动惯性矩查询命令，在立即菜单 1 中选取“增加环”选项,2 中选择“回转轴”选项。

（2）系统提示拾取环内点，单击图中大圆内空白区域中的任一点。

（3）将立即菜单 1 改为“减少环”，单击图中小圆内部的任一点。

（4）单击右键确认，系统提示拾取回转轴线，选取大圆的竖直中心线，系统弹出“查询结果”对话框，如图 9-21 所示。

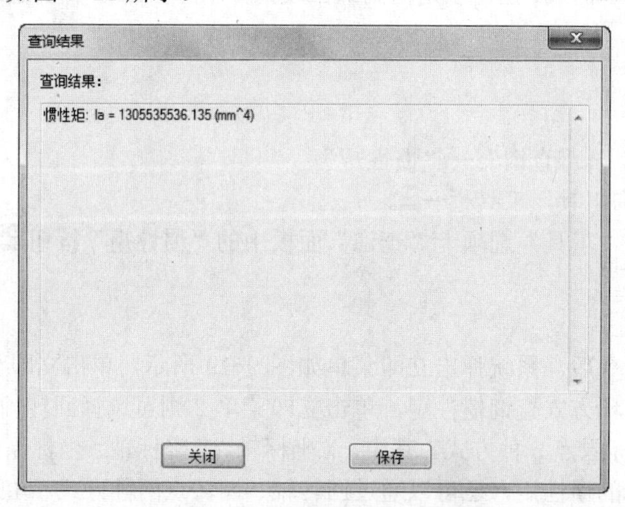

图9-21 “查询结果”对话框

9.9 重量查询

重量命令是用来通过拾取绘图区中的面、拾取绘图区中的直接距离及手工输入等方法得到简单几何实体的各种尺寸参数，结合密度数据自动计算出设计的体的重量。

执行方式

命令行：weightcalculator

菜单：“工具”→“查询”→“重量”

工具栏：“查询工具”工具栏→

选项卡：单击“工具”选项卡“查询”面板中的“重量”按钮

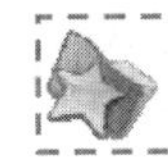

选项说明

启动重量命令后，系统弹出如图 9-22 所示的“重量计算器”对话框。在此对话框中的多个模块可以相互配合计算出零件的重量。对话框中各选项含义如下：

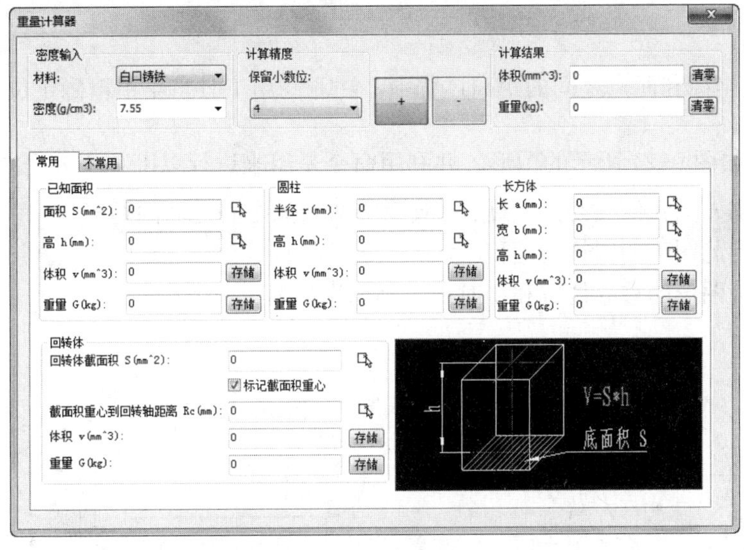

图9-22 “重量计算器”对话框

（1）密度输入：输入密度模块用于设置当前参与计算的实体的密度。在“材料”下拉菜单中提供常用材料的密度数据供计算时调用，在选择材料后，此材料的密度会被直接填入密度项目中。也可以直接在“密度”文本框中输入材料密度。

（2）计算精度：用于设置重量计算的计算精度。即计算机结果保留到小数点后几位。

（3）计算体积：可以选择多种基本实体的计算公式，通过拾取或手工输入获取参数，算出零件体积。在“常用”和“不常用”选项卡中包含多种实体体积的计算工具。可以直接输入或单击“拾取”按钮在绘图取拾取，单击“存储”按钮，可以将当前的计算结果按照相关设定累加。

注意

在查询重量命令是用来中，全部输入长度的单位为 mm，全部输入面积的单位为 mm^2，而输出重量的单位为 kg。

9.10 实践与操作

1．绘制如图9-23所示的图形，并利用命令是用来进行以下几个方面的查询操作。

（1）查询外轮廓线的周长。

（2）查询Φ20圆的周长，并与实际计算值进行比较。

（3）查询图中A、B两点的坐标和两点之间的距离，并与实际计算值进行比较。

（4）查询图形对X、Y轴的惯性矩。

（5）查询图形的重心位置，看是不是在坐标原点。

操作提示：

在查询点坐标和两点之间的距离过程中，注意利用工具点菜单精确定位。

2．绘制如图9-24所示的图形，并利用命令是用来进行以下几个方面的查询操作。

（1）查询A圆弧的圆心点坐标、A圆弧与B圆弧中心之间的距离。

（2）查询此图形的周长和面积。

（3）查询图形的重心位置和相对于X轴的惯性矩。

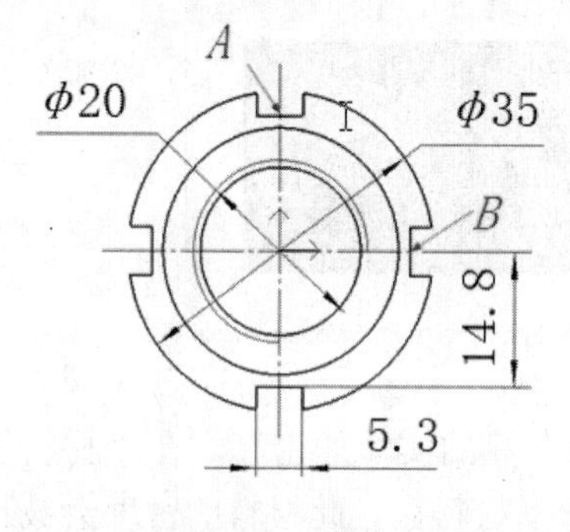

图9-23　查询示例图形

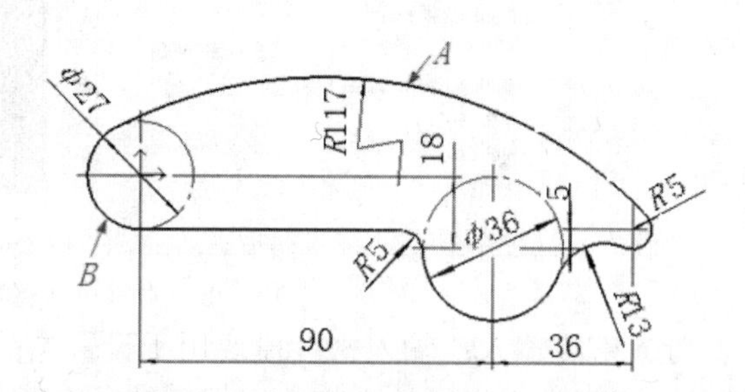

图9-24　练习2图形

9.11 思考与练习

1．常用的系统查询命令有哪些？

2．系统命令是用来在绘图过程中有什么作用？

第 10 章

工程标注与标注编辑

电子图板依据机械制图国家标准提供了对工程图进行尺寸标注、文字标注和工程符号标注的一整套方法，它是绘制工程图十分重要的手段和组成部分。本章主要介绍CAXA CAD 电子图板工程标注的方法和标注编辑的手段。

- 尺寸标注、坐标标注、倒角标注
- 引出说明、形位公差与表面粗糙度的标注
- 基准代号、焊接符号、剖切符号标注
- 标注修改与尺寸驱动

工程标注命令的操作主要集中在“标注”菜单和“标注”工具栏，如图 10-1 所示；标注编辑命令的操作主要集中在“修改”菜单和“编辑工具”工具栏，如图 10-2 所示，“标注”选项卡，如图 10-3 所示。

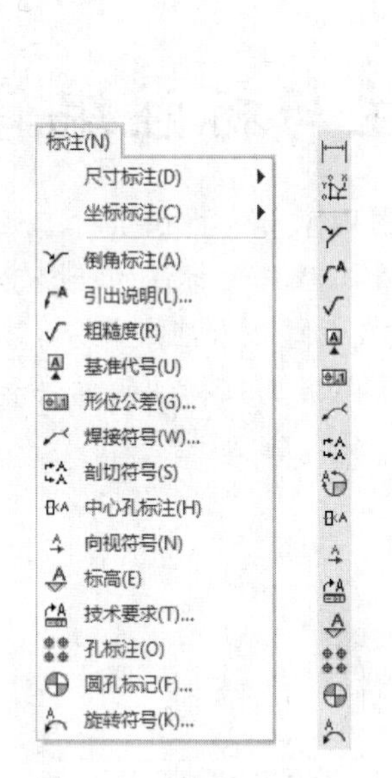

图10-1 “标注”菜单和“标注”工具栏

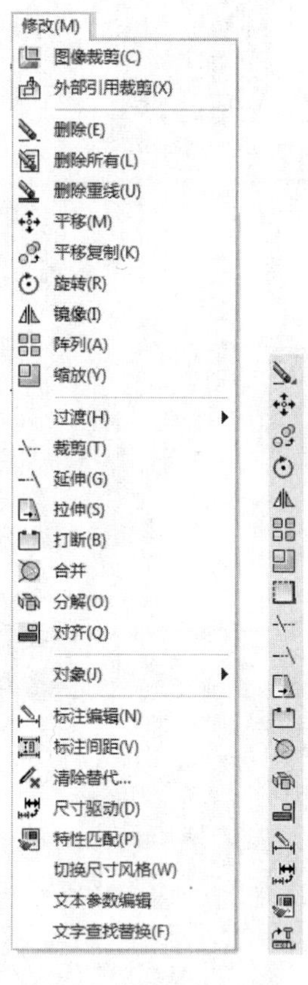

图10-2 “修改”菜单和“编辑工具”工具栏

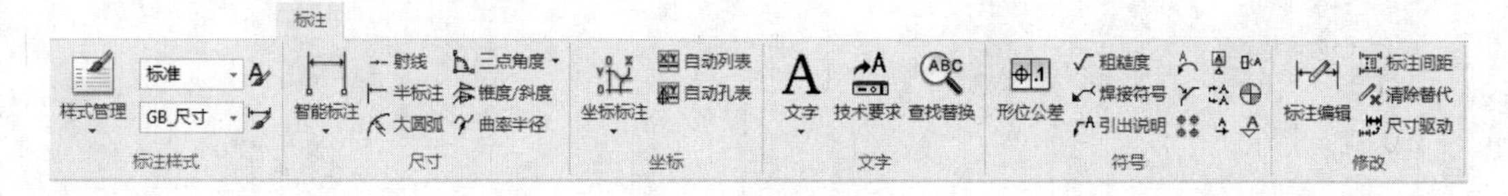

图10-3 “标注”选项卡

10.1 尺寸标注

“尺寸标注”是进行尺寸标注的主体命令，尺寸类型与形式很多，本系统在命令执行过程中提供了智能判别，命令是用来如下：

（1）根据拾取的元素不同，自动标注相应的线性尺寸、直径尺寸、半径尺寸或角度尺寸。

（2）根据立即菜单的条件，选择基本尺寸、基准尺寸、连续尺寸、尺寸线方向。

（3）尺寸文字可以采用拖动定位。

（4）尺寸数值可采用测量值，也可以直接输入。

执行方式

命令行：dim

菜单："标注"→"尺寸标注"

工具栏："标注"工具栏→⊢⊣

选项卡：单击"常用"选项卡"标注"面板中的"尺寸"按钮⊢⊣

选项说明

进入尺寸标注的命令后，在屏幕左下角出现"尺寸标注"立即菜单，如图 10-4 所示，单击立即菜单 1 可以选择不同的尺寸标注方式。

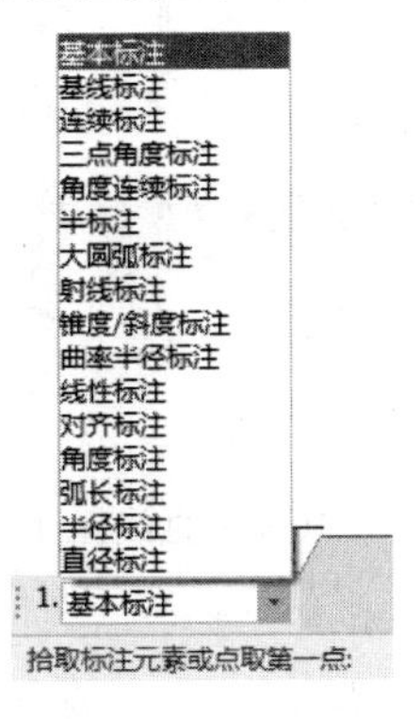

图10-4 "尺寸标注"立即菜单

10.1.1 基本标注

基本标注是对尺寸进行标注的基本方法。CAXA CAD 电子图板具有智能尺寸标注命令是用来，系统能够根据拾取选择来智能地判断出所需要的尺寸标注类型，然后实时地在屏幕上显示出来，此时可以根据需要来确定最后的标注形式与定位点。系统根据鼠标拾取的对象来进行不同的尺寸标注。

1. 单个元素的标注

◆直线尺寸的标注。

操作步骤

（1）进入尺寸标注的命令后，在立即菜单 1 中选择"基本标注"方式。

（2）根据系统提示拾取要标注的直线，系统弹出直线标注立即菜单。

（3）通过选择不同的立即菜单选项，可标注直线的长度、直径和与坐标轴的夹角。

（4）当立即菜单 3 中选择"标注长度"选项，4 中选择"长度"选项，5 中选择"平行"选项时(如图 10-5 所示，立即菜单 5 中的"平行"指的是标注直线的长度)，标注结果如图 10-8a 所示。

图10-5 “直线长度标注”立即菜单

（5）当立即菜单 3 中选择“标注长度”选项，4 中选择“长度”选项，5 中选择“正交”选项时，标注结果如图 10-8b 所示（此时立即菜单 5 中的“正交”指的是只能标注直线的水平长度或竖直长度）。

（6）当立即菜单 3 中选择“标注长度”选项，4 中选择“直径”选项，5 中选择“平行”选项时(如图 10-6 所示，立即菜单 4 中选择“直径”时，系统自动在长度值前加前缀“*Φ*”)，标注结果如图 10-8c 所示。

图10-6 “直线直径标注”立即菜单

（7）当立即菜单 3 中选择“标注角度”选项，4 中选择“X 轴夹角”选项时，如图 10-7 所示，标注结果如图 10-8d 所示。

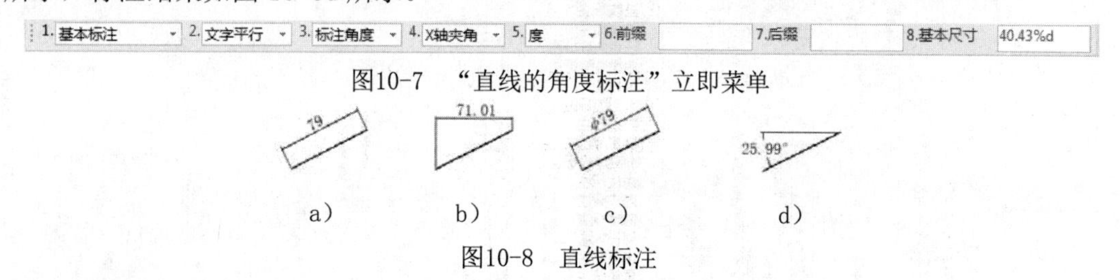

图10-7 “直线的角度标注”立即菜单

图10-8 直线标注

◆圆的尺寸标注。

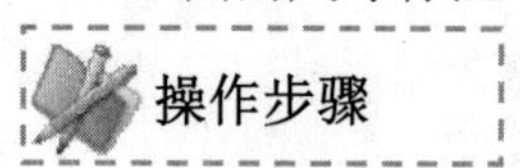

操作步骤

（1）进入尺寸标注的命令后，在立即菜单 1 中选择“基本标注”方式。

（2）根据系统提示拾取要标注的圆，系统弹出圆标注立即菜单。

（3）通过对立即菜单 3 的选择，可标注圆的直径、半径及圆周直径，如图 10-9 所示。图 10-10 所示为圆的标注实例。

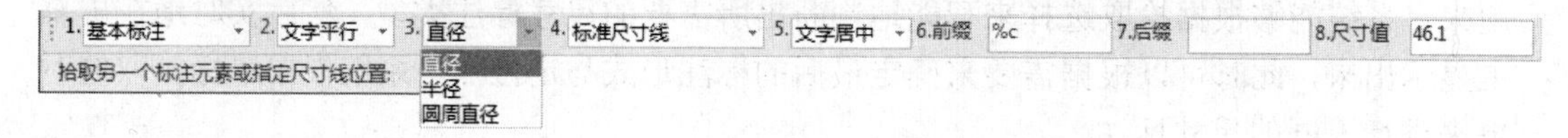

图10-9 “圆标注”立即菜单

注意

在标注“直径”或“圆周直径”时，尺寸数值前自动带前缀“*Φ*”，在标注“半径”时，尺寸数值前自动带前缀“*R*”。

◆圆弧尺寸的标注。

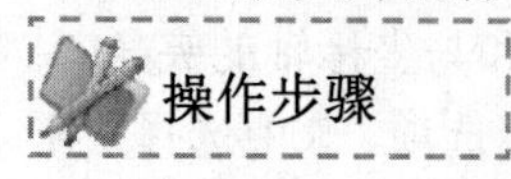

操作步骤

（1）进入尺寸标注的命令后，在立即菜单 1 中选择“基本标注”方式。

（2）根据系统提示拾取要标注的圆弧，系统弹出圆弧标注立即菜单。

（3）通过对立即菜单 2 的选择，可标注圆弧的半径、直径、圆心角及弦长、弧长，如图 10-11 所示。图 10-12 所示为圆弧的标注实例。

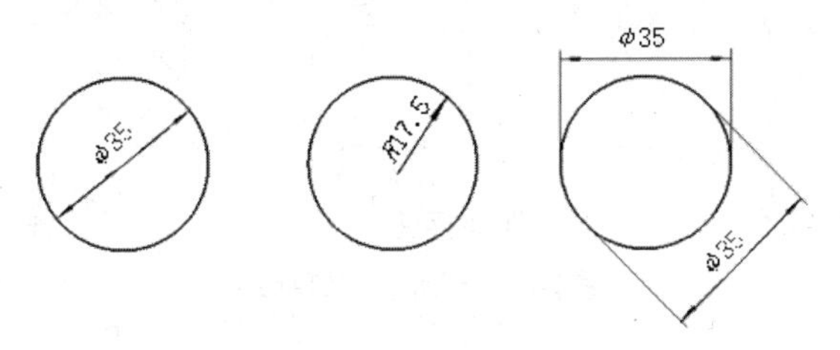

直径标注　　半径标注　　圆周直径标注

图10-10　圆的标注

图10-11　“圆弧标注”立即菜单

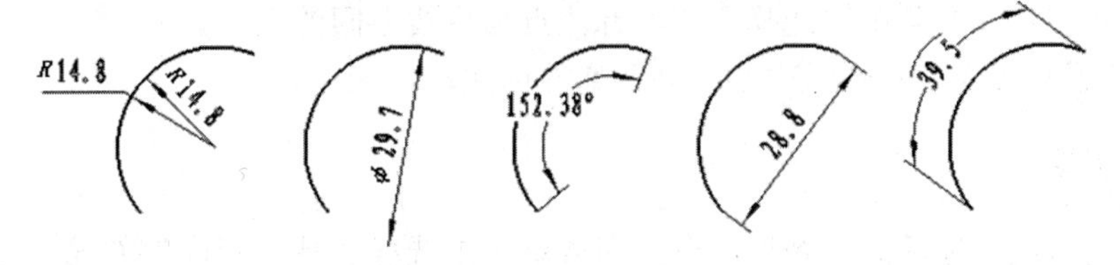

半径标注　直径标注　圆心角标注　弦长标注　弧长标注

图10-12　圆弧标注

注意

在标注圆弧“直径”时，尺寸数值前自动带前缀“Φ”，在标注圆弧“半径”时，尺寸数值前自动带前缀“R”。

2．两个元素的标注

◆两点之间距离的标注。

操作步骤

（1）进入尺寸标注的命令后，在立即菜单 1 中选择“基本标注”方式。

（2）根据系统提示分别拾取第一点和第二点（屏幕点、孤立点或各种控制点如端点、中点等）；系统弹出“两点标注”立即菜单，如图 10-13 所示。

图10-13　“两点标注”立即菜单

（3）通过对立即菜单 4 中“正交”与“平行”的转换，可标注两点之间的水平距离、竖直距离和两点间的直线距离。图 10-14 所示为两点距离标注的实例。

◆点和直线间距离的标注。

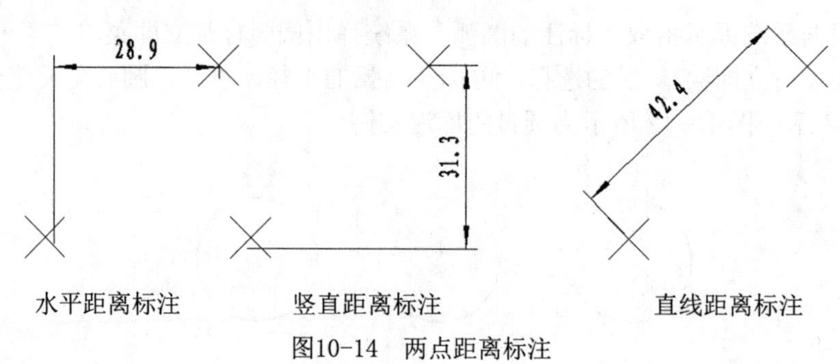

图10-14 两点距离标注

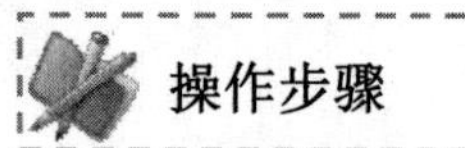

操作步骤

（1）进入尺寸标注的命令后，在立即菜单 1 中选择“基本标注”方式。

（2）根据系统提示分别拾取拾取点和直线（直线和点的拾取无先后顺序），系统弹出“点和直线标注”立即菜单，如图 10-15 所示。

图10-15 “点和直线标注”立即菜单

（3）通过对立即菜单的选择，即可标注点与直线之间的距离。

◆点和圆心（或点和圆弧中心）间距离的标注。

操作步骤

（1）进入尺寸标注的命令后，在立即菜单 1 中选择“基本标注”方式。

（2）根据系统提示分别拾取点和圆（或圆弧），标注点到圆心的距离，系统弹出立即菜单(如图 10-16 所示)。

图10-16 “点和圆心标注”立即菜单

（3）通过对立即菜单的选择，即可标注点与圆心（或圆弧中心）之间的距离。图 10-17 所示为点与圆心（或点和圆弧中心）之间距离的标注实例。

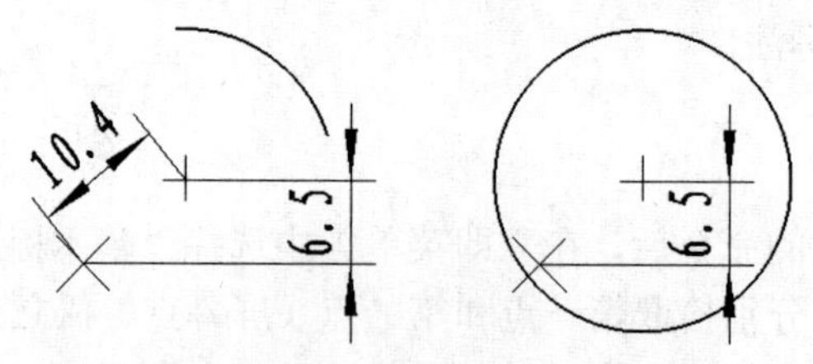

图10-17 点与圆心（圆弧中心）的距离标注

注意

如果先拾取点，则点可以是任意点（屏幕点、孤立点或各种控制点如端点、中点等）；如果先拾取圆（或圆弧），则点不能是屏幕点。

◆圆和圆（或圆和圆弧、圆弧和圆弧）距离的标注。

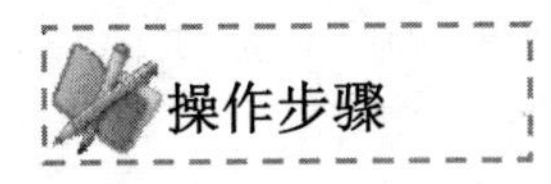

操作步骤

（1）进入尺寸标注的命令后，在立即菜单1中选择“基本标注”方式。

（2）根据系统提示分别拾取圆（或圆弧）和圆（或圆弧），系统弹出立即菜单，如图10-18所示，。

（3）若立即菜单 4 中选择“圆心”则标注的是二圆（圆弧）中心的距离，若立即菜单3中选择“切点”则标注的是二圆（圆弧）切点之间的距离。图10-19所示为圆心与圆弧距离的标注实例。

1.基本标注 2.文字平行 3.文字居中 4.圆心 5.正交 6.前缀 7.后缀 8.尺寸值 23.5

图10-18 “二圆（或圆弧）距离标注”立即菜单

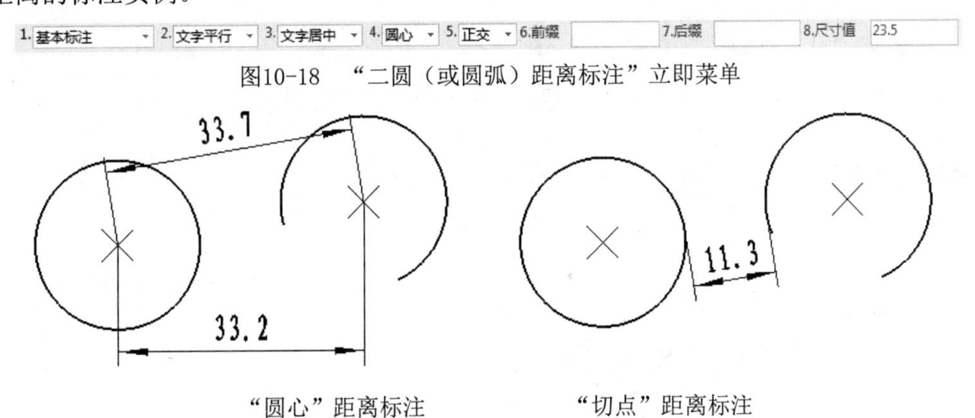

“圆心”距离标注 “切点”距离标注

图10-19 圆心与圆弧距离的标注

◆直线和圆（或圆弧）的标注。

操作步骤

（1）进入尺寸标注的命令后，在立即菜单1中选择“基本标注”方式。

（2）根据系统提示分别拾取直线和圆（或圆弧），系统弹出立即菜单，如图10-20所示，。

（3）若立即菜单 3 中选择“圆心”则标注的是直线与圆（圆弧）中心的距离，若立即菜单3中选择“切点”则标注的是直线与圆（圆弧）切点之间的距离。图10-21所示为直线与圆（圆弧）距离的标注实例。

图10-20 “直线与圆（圆弧）距离标注”立即菜单

◆直线和直线的标注。

操作步骤

（1）进入尺寸标注的命令后，在立即菜单1中选择“基本标注”方式。

（2）根据系统提示分别拾取两条直线。

（3）若拾取的二直线平行，则系统弹出立即菜单，如图 10-22 所示，标注二直线的距离。

（4）若拾取的二直线不平行，则系统弹出立即菜单，如图 10-23 所示，标注二直线的夹角。图10-24所示为直线和直线的标注实例。

30.9
17.4

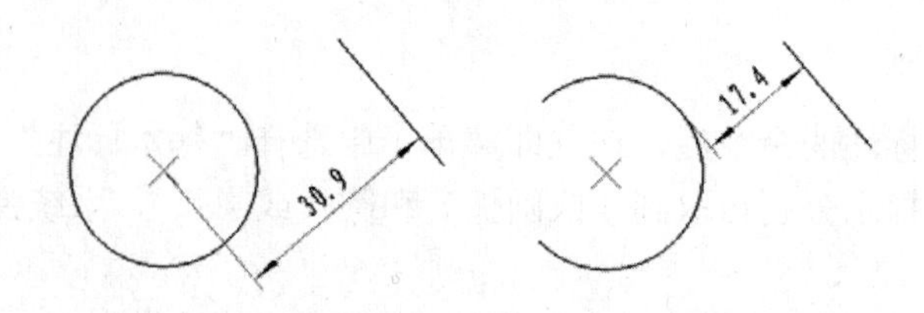

“圆心”距离标注　　　　“切点”距离标注

图10-21　直线与圆（圆弧）距离的标注

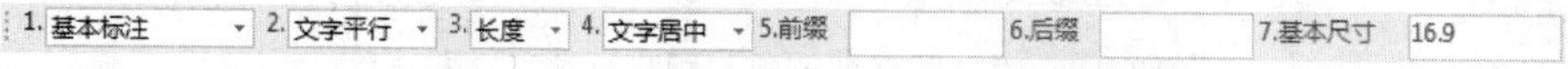

1. 基本标注
2. 文字平行
3. 长度
4. 文字居中
5.前缀
6.后缀
7.基本尺寸
16.9

图10-22　“两平行直线标注”立即菜单

1. 基本标注
2. 默认位置
3. 文字水平
4. 度
5. 文字居中
6.前缀
7.后缀
8.基本尺寸
21.38%d

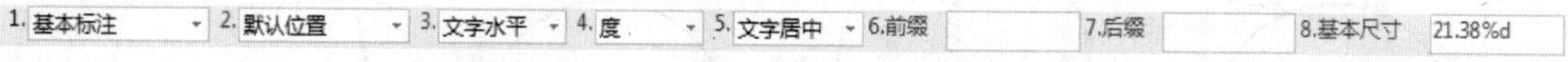

图10-23　“不平行直线标注”立即菜单

16.9
Φ16.9
22.43°

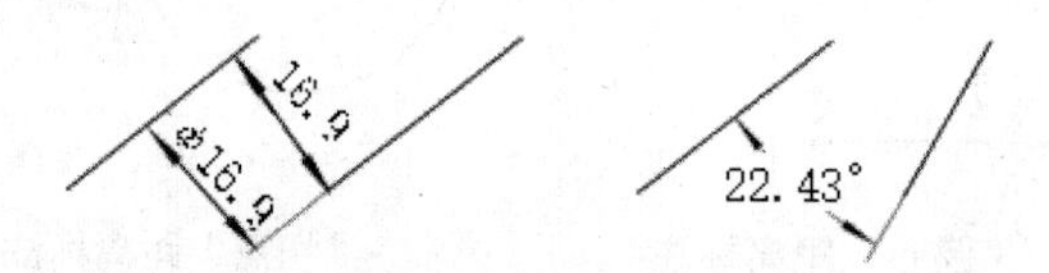

平行直线的标注　　　不平行直线的标注

图10-24　直线和直线的标注

3. 尺寸公差标注

（1）右键弹出菜单法。拾取所要标注的图素（线、圆等）后，单击右键即弹出如图 10-25 所示的“尺寸标注属性设置”对话框。在此对话框内，可以任意改变它们的值，并根据需要填写公差代号和尺寸前后缀。还能改变公差的输入输出形式（代号、数值）以满足不同的标注需求。

“尺寸标注属性设置”对话框各项含义如下：

◆基本信息：默认为实际测量值，可以输入数值。

◆前缀、后缀：输入尺寸值前后的符号，如“2-Φ10”等。

◆附注：方便填写“沉孔”“配作”等信息。

◆使用风格：有系统自带的标准标注风格。也可以通过右边的“标注风格”按钮，在弹出的“标注风格”对话框中新建、编辑标注风格。

◆箭头反向：选中此复选框可以设置箭头反向。

◆文字边框：选中此复选框可以设置文字带边框。

◆输入形式：有 4 种，代号、偏差、配合和对称。当输入形式为代号时，系统自动根据公差代号文本框中的公差代号，计算出上、下偏差并显示在上、下偏差的显示框中。

◆上偏差、下偏差：当输入形式为代号时，可以在此两个文本框中显示系统自动根据公差代号查询出的上、下偏差值。当输入形式为偏差时，可以由用户在上、下偏差的文本框中输入上、下偏差的值。

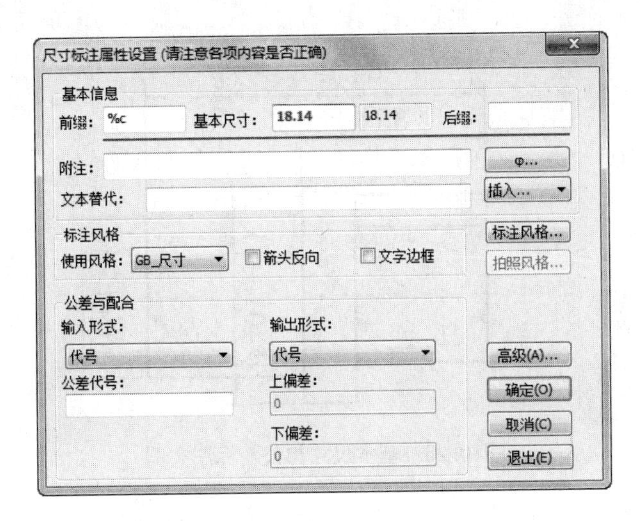

图10-25 “尺寸标注属性设置”对话框

◆公差代号：当输入形式为代号时，可以在此文本框中输入公差代号如 k7、H8 等，系统自动根据公差代号计算出上、下偏差并显示在上、下偏差的显示框中。当输入形式为偏差时，可以由用户在上、下偏差的文本框中输入上、下偏差的值。当输入形式为配合时，在公差代号的文本框中可以输入配合的符号，如“H7/k6”等。

◆输出形式：有 5 种，代号、偏差、(偏差)、代号（偏差）和极限尺寸。当输出形式为代号时，标注公差代号如 k7、H8 等。当输出形式为偏差时，标注上、下偏差的值。当输入形式为（偏差）时，标注带括号的上、下偏差值。当输入形式为代号（偏差）时，同时标注代号和上、下偏差的值。

（2）立即菜单法。也可以在立即菜单中用输入特殊符号的方式标注公差。如：

◆直径符号：用符号%c 表示。例如：输入“%c40”，则标注为“ Φ40”。

◆角度符号：用符号%d 表示。例如：输入“40%d”，则标注为“40° ”。

◆公差符号：用符号%p 表示。例如：输入“40%p0.5”，则标注为“40±0.5”。

上、下偏差值格式为%加上偏差值加%再加下偏差值加%b。偏差值必须带符号，偏差为零时省略，系统自动把偏差值的字高选为比尺寸值字高小一号，并且自动判别上、下偏差，自动判别其书写位置，使标注格式符号国家标准的规定，例如：输入“100%+0.02%-0.01%b”，则标注为“$100^{+0.02}_{-0.01}$”；上、下偏差值后的后缀为%b，系统自动把后续的字符高度恢复为尺寸值的字高来标注。

例 10-1：标注图 10-26 所示的各项尺寸及尺寸公差。

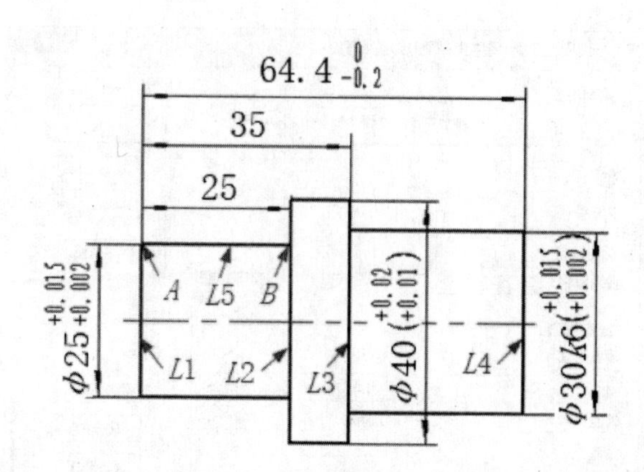

图10-26　基本尺寸与公差标注实例

绘制步骤：

（1）打开电子资料中的“初始文件”→“10”→“例 10-1”文件。进入尺寸标注的命令后，在立即菜单 1 中选择“基本标注”方式。

（2）标注长度尺寸 25：根据系统提示拾取 L5 直线，系统弹出立即菜单，按照图 10-27 所示选择各项，根据系统提示，在绘图区移动光标拉动尺寸线到合适的标注位置单击即可。

图10-27　“长度尺寸标注”立即菜单

注意

标注长度尺寸 25 时，既可以拾取直线 L1 和 L2，也可以拾取点 A 和点 B，还可以拾取直线 L5，也就是说，尺寸 25 可以看作是直线 L1 和 L2 的距离，或者点 A 和点 B 的距离，还可以看作直线 L5 的长度等。

（3）标注长度尺寸 35：与标注 25 尺寸方法相同。

（4）标注长度尺寸 $64.4^{0}_{-0.2}$：根据系统提示分别拾取 L1 和 L4 两条直线，系统弹出立即菜单，按照图 10-28 所示选择各项，系统提示选择尺寸线位置，单击右键，弹出“尺寸标注属性设置”对话框，在对话框中，输入形式和输出形式均选择“偏差”方式，在上偏差、下偏差一栏中分别输入 0、-0.2，如图 10-29 所示，单击“确定”按钮；在绘图区移动光标拉动尺寸线到合适的标注位置单击完成。

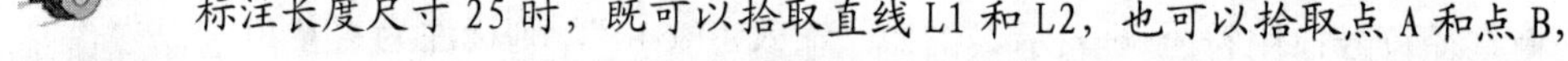

1. 基本标注 2. 文字平行 3. 长度 4. 平行 5. 文字居中 6.前缀 7.后缀 8.基本尺寸 64.4

图10-28　“长度尺寸标注”立即菜单

（5）标注直径尺寸 $\phi25^{+0.015}_{+0.002}$：根据系统提示拾取直线 L1，系统弹出立即菜单，按照图 10-30 所示选择各项，系统提示选择尺寸线位置，单击右键，弹出“尺寸标注属性设置”对话框，在对话框中，输入形式选择“代号”，输出形式选择“偏差”方式，在公差代号一栏中输入 k6,，如图 10-31 所示，单击“确定”按钮；在绘图区移动光标拉动尺寸线到合适的标注位置单击完成。

尺寸标注属性设置 (请注意各项内容是否正确)
基本信息
前缀:
基本尺寸: 64.4
64.4
后缀:
附注:
φ...
文本替代:
插入...
标注风格
使用风格: 标准
箭头反向
文字边框
标注风格...
拍照风格...
公差与配合
输入形式:
偏差
输出形式:
偏差
公差代号:
上偏差:
0
下偏差:
-0.2
高级(A)...
确定(O)
取消(C)
退出(E)

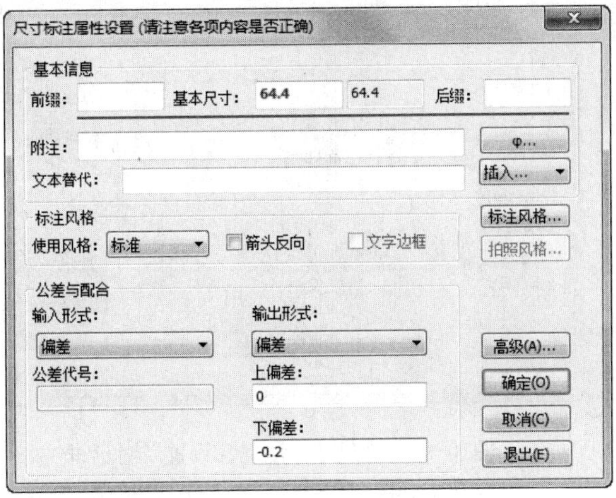

图 10-29 “尺寸标注属性设置”对话框

1. 基本标注
2. 文字平行
3. 直径
4. 平行
5. 文字居中
6.前缀 %c
7.后缀
8.基本尺寸 25

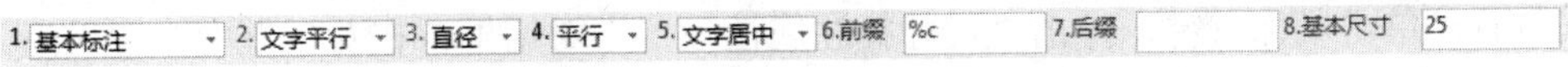

图10-30 “直径尺寸标注”立即菜单

尺寸标注属性设置 (请注意各项内容是否正确)
基本信息
前缀: %c
基本尺寸: 25
25
后缀:
附注:
φ...
文本替代:
插入...
标注风格
使用风格: 标准
箭头反向
文字边框
标注风格...
拍照风格...
公差与配合
输入形式:
代号
输出形式:
偏差
公差代号:
k6
上偏差:
0.015
下偏差:
0.002
高级(A)...
确定(O)
取消(C)
退出(E)

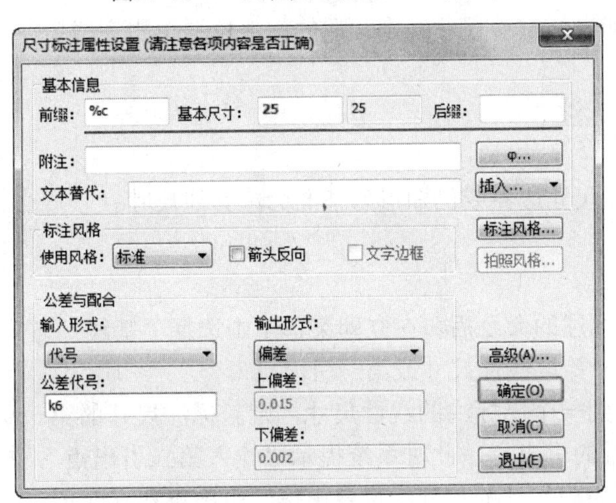

图10-31 “尺寸标注属性设置”对话框

（6）标注直径尺寸“$\phi40^{+0.02}_{+0.01}$”：根据系统提示拾取直线 L2（或 L3），系统弹出立即菜单，按照图 10-32 所示选择各项，系统提示选择尺寸线位置，单击右键，弹出“尺寸标注属性设置”对话框，在对话框中，输入形式选择“偏差”，输出形式选择“偏差”方式，在上偏差、下偏差栏中分别输入上、下偏差“+0.02”“+0.01”，如图 10-33 所示，单击“确定”按钮；在绘图区移动光标拉动尺寸线到合适的标注位置单击完成。

1. 基本标注
2. 文字平行
3. 直径
4. 正交
5. 文字居中
6.前缀 %c
7.后缀
8.基本尺寸 40

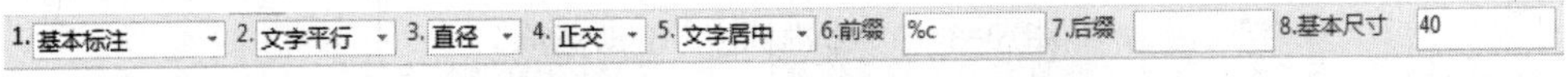

图10-32 “直径尺寸标注”立即菜单

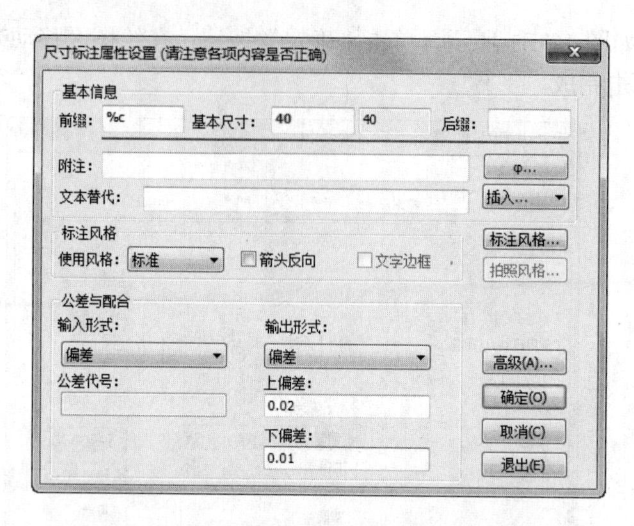

图10-33 “尺寸标注属性设置”对话框

（7）标注直径尺寸 $\phi30k6(^{+0.015}_{+0.002})$： 根据系统提示拾取直线 L4，当系统提示选择尺寸线位置，单击鼠标右键，弹出“尺寸标注属性设置”对话框，在对话框中，输入形式选择“代号”，输出形式选择“代号（偏差）”方式，在公差代号一栏中输入 k6，单击“确定”按钮；在绘图区移动光标拉动尺寸线到合适的标注位置单击完成。

10.1.2 基准标注

基准标注以已知尺寸边界或已知点为基准标注其他尺寸。

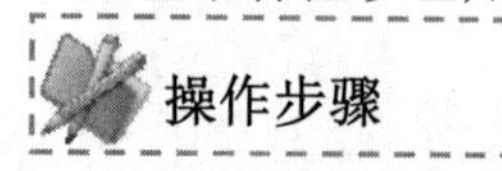

（1）进入尺寸标注的命令后，在立即菜单 1 中选择“基线”方式。

（2）系统提示“拾取线性尺寸或第一引出点”。

（3）如果拾取到一个已标注的线性尺寸，则新标注尺寸的第一引出点为所拾取线性尺寸距离拾取点最近的引出点，此时系统提示“输入第二引出点”，拖动光标可动态地显示所生成的尺寸。新生成尺寸的尺寸线位置由第二引出点和立即菜单 3 中的“尺寸线偏移”控制。尺寸线偏移的方向是根据第二引出点与被拾取尺寸的尺寸线位置决定：即新尺寸的第二引出点与尺寸线定位点分别位于被拾取尺寸线的两侧，如图 10-34 所示。

（4）输入完第二引出点后，系统接着提示“第二引出点”。新生成的尺寸将作为下一个尺寸的基准尺寸。如此循环，直到按 Esc 键结束。

尺寸值默认为计算值，用户也可在立即菜单 6 中输入所需要的尺寸值。

图10-34 “基准标注”立即菜单

拾取的第一点将作为基准尺寸的第一引出点，然后输入第二引出点和尺寸线定位点，所生成的尺寸将作为下一个尺寸的基准尺寸。系统接着提示“第二引出点”。后面的操作步骤与拾取一个线性尺寸情况相同。图10-35所示为基准标注的实例。

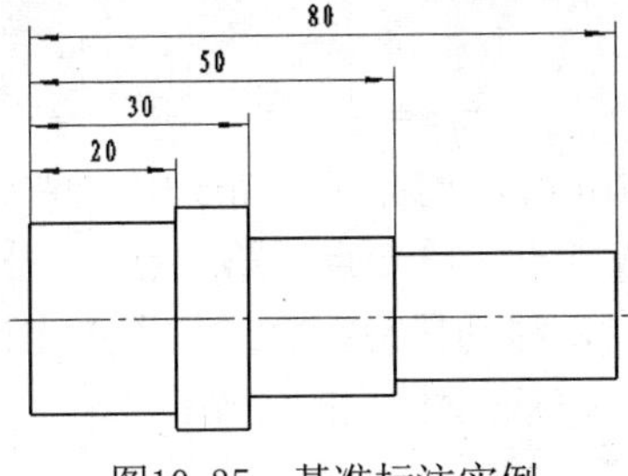

图10-35　基准标注实例

10.1.3　连续标注

连续标注将前一个生成的尺寸作为下一个尺寸的基准。

（1）进入尺寸标注的命令后，在立即菜单1中选择“连续标注”方式。

（2）系统提示“拾取线性尺寸或第一引出点”。

（3）如果拾取到一个已标注的线性尺寸，则新标注尺寸的第一引出点为所拾取线性尺寸距离拾取点最近的引出点，此时系统提示“输入第二引出点”，拖动光标可动态地显示所生成的尺寸。新生成尺寸的尺寸线与被拾取尺寸尺寸线在一条直线上。

（4）输入完第二引出点后，系统接着提示“第二引出点”。新生成的尺寸将作为下一个尺寸的基准尺寸。如此循环，直到按Esc键结束。

尺寸值默认为计算值，也可在立即菜单4中输入所需要的尺寸值。

拾取的第一点将作为基准尺寸的第一引出点，然后输入第二引出点和尺寸线定位点，所生成的尺寸将作为下一个尺寸的基准尺寸。系统接着提示“第二引出点”。以下的操作步骤与拾取一个线性尺寸情况相同。图10-36所示为连续标注的实例。

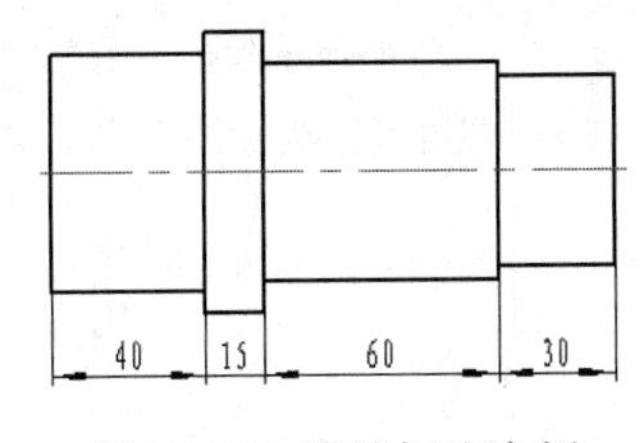

图10-36　连续标注实例

10.1.4　三点角度标注

三点角度标注命令是用来标注三点形成的角度。

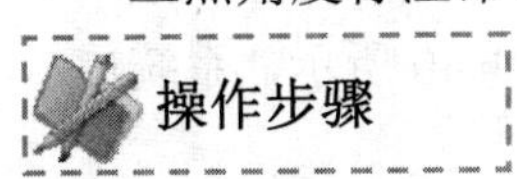

（1）进入尺寸标注的命令后，在立即菜单 1 中选择“三点角度标注”方式，3 中可以选择标注的单位，如图 10-37 所示。

1. 三点角度标注 2. 文字平行 3. 度 4. 文字居中 5.前缀 6.后缀 7.基本尺寸

图10-37 “标注三点角度”立即菜单

（2）按系统提示依次输入顶点、第一点、第二点。

（3）系统提示输入位置点，移动鼠标到合适位置单击或直接输入位置点坐标即可生成三点角度尺寸。图 10-38 所示为角度标注的实例。

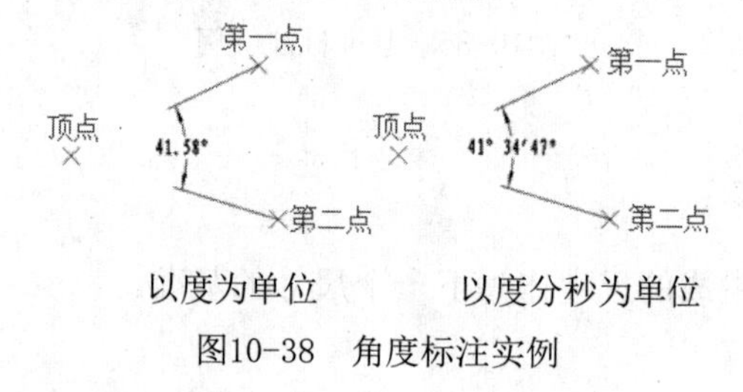

图10-38 角度标注实例

10.1.5 角度连续标注

角度连续标注命令是用来角度的标注。

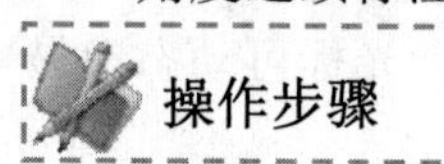
操作步骤

（1）进入尺寸标注的命令后，在立即菜单 1 中选择“角度连续标注”方式，如图 10-39 所示，系统提示“拾取第一个标注元素或角度尺寸”。

（2）拾取直线或第一点。如果拾取到一条直线，系统提示：“拾取另一条直线”，如果拾取到一个点，系统提示：“终止点”。

（3）确定尺寸线位置。用光标动态拖动尺寸线。在适当位置确定尺寸线位置后，即完成标注。

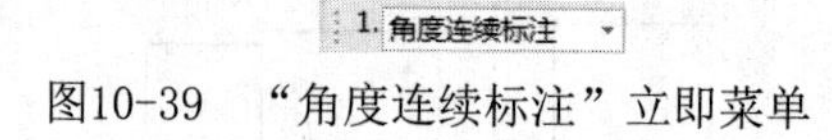

图10-39 “角度连续标注”立即菜单

10.1.6 半标注

半标注命令是用来一般尺寸线的标注。通常包括半剖视图尺寸标注等国家标准规定的尺寸标注。

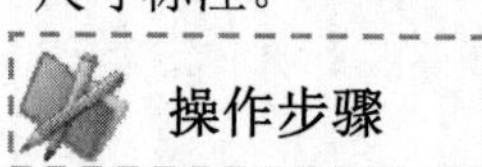
操作步骤

（1）进入尺寸标注的命令后，在立即菜单 1 中选择“半标注”方式，在立即菜单中可以选择直径标注、长度标注并可以给出尺寸线的延伸长度，如图 10-40 所示，系统提示“拾取直线或第一点”。

图10-40 “半标注”立即菜单

（2）拾取直线或第一点。如果拾取到一条直线，系统提示：“拾取与第一条直线平行的直线或第二点”，如果拾取到一个点，系统提示：“拾取直线或第二点”。

（3）拾取第二点或直线。如果两次拾取的都是点，第一点到第二点距离的 2 倍为尺寸值；如果拾取的为点和直线，点到被拾取直线的垂直距离的 2 倍为尺寸值；如果拾取的是两条平行的直线，两直线之间距离的 2 倍为尺寸值。尺寸值的测量值在立即菜单中显示，也可以输入数值。输入第二个元素后，系统提示：“尺寸线位置”。

（4）确定尺寸线位置。用光标动态拖动尺寸线。在适当位置确定尺寸线位置后，即完成标注。图 10-41 所示为半标注的实例。

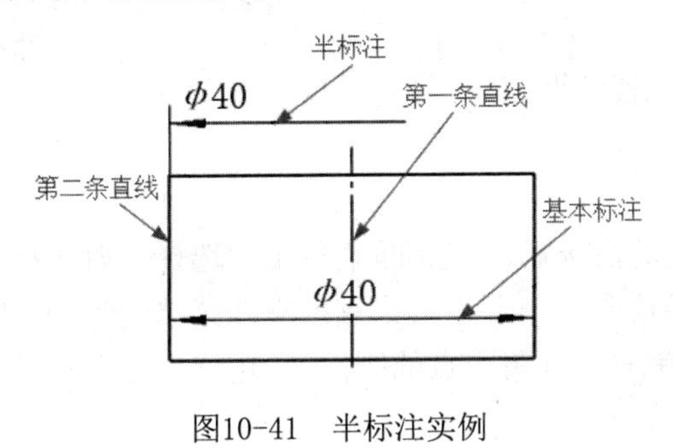

图10-41 半标注实例

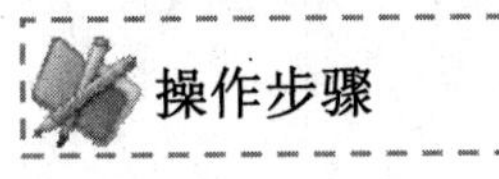

半标注的尺寸界线引出点总是从第二次拾取元素上引出。尺寸线箭头指向尺寸界线。

10.1.7 大圆弧标注

大圆弧标注命令是用来标注大圆弧。这也是一种比较特殊的尺寸标注，在国家标准中对其尺寸标注也作出了规定。CAXA CAD 电子图板就是按照国家标准的规定进行标注的。

操作步骤

（1）进入尺寸标注的命令后，在立即菜单 1 中选择“大圆弧标注”方式。

（2）根据系统提示拾取圆弧；立即菜单变为图 10-42 所示，在立即菜单中显示尺寸的测量值，也可以在第 4 项中输入尺寸值。

图10-42 “大圆弧标注”立即菜单

（3）系统依次提示“第一引出点”“第二引出点”“定位点”，用户按顺序依次输入相应内容即可完成大圆弧标注。图 10-43 所示为大圆弧标注的实例。

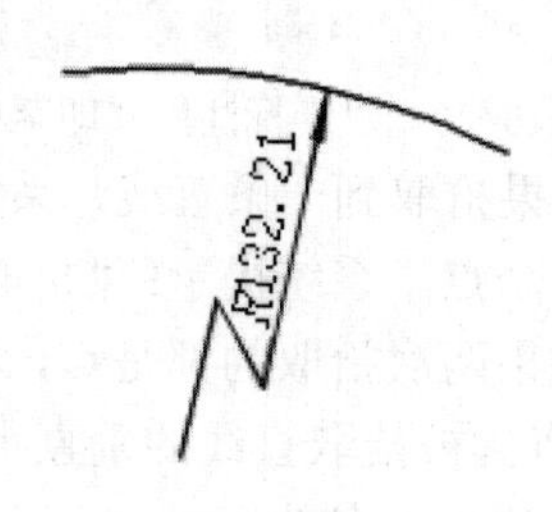

图10-43　大圆弧标注实例

10.1.8　射线标注

射线标注以射线形式标注两点距离。

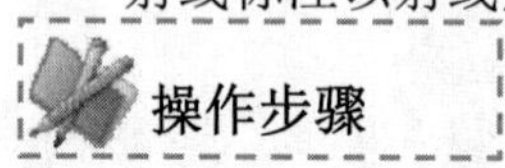

（1）进入尺寸标注的命令后，在立即菜单 1 中选择“射线标注”方式。

（2）根据系统提示拾取第一点和第二点；立即菜单变为图 10-44 所示，在立即菜单中显示尺寸的测量值（第一点到第二点的距离），用户也可以在第 5 项中输入尺寸值。

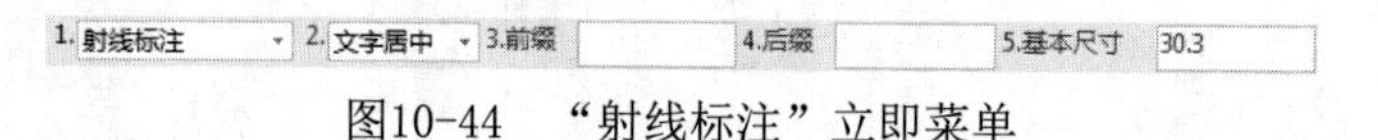

图10-44　“射线标注”立即菜单

（3）系统依次提示“定位点”，移动光标到合适位置单击即可完成射线标注。图 10-45 所示为射线标注的实例。

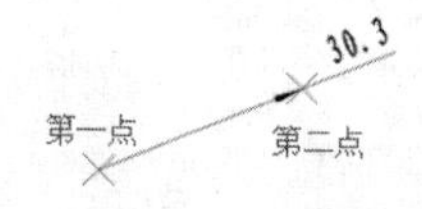

图10-45　射线标注实例

10.1.9　锥度标注

CAXA CAD 电子图板的锥度标注功能与其他 CAD 软件比较大大简化了标注过程。

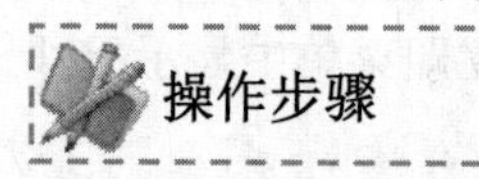

（1）进入尺寸标注的命令后，在立即菜单 1 中选择“锥度/斜度标注”方式，出现“锥度标注”立即菜单如图 10-46 所示，在立即菜单 2 中可以选择锥度标注、斜度标注，3 中可以选择符合的正向、反向，4 中可以选择标注箭头的正向、反向，5 中可以选择加或不加引线标注，6 中可以选择文字加或不加边框，7 中可以选择是否绘制箭头，8 中可以选择是否标注角度，9 中可以选择角度含符号和角度无符号，10 和 11 中输入前缀和后缀，在立即菜单中显示尺寸的测量值，也可以在第 12 项中输入尺寸值。

图10-46 “锥度标注”立即菜单

（2）根据系统提示拾取轴线和直线。

（3）系统依次提示“定位点”，移动光标到合适位置单击即可完成锥度标注。图 10-47 所示为锥度标注的实例。

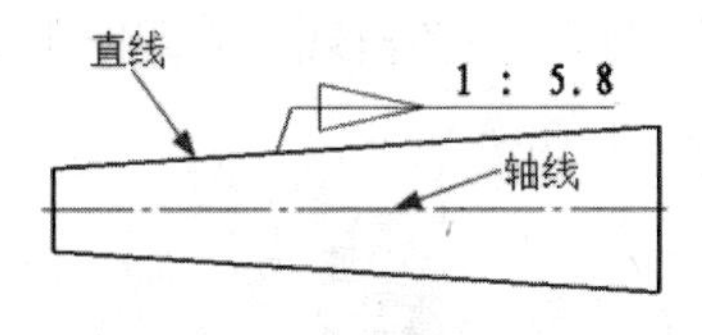

图10-47 锥度标注实例

10.1.10 曲率半径标注

曲率半径标注命令是用来标注样条的曲率半径。

操作步骤

（1）进入尺寸标注的命令后，在立即菜单 1 中选择“曲率半径标注”方式，出现曲率半径标注的立即菜单如图 10-48 所示，在立即菜单 2 中可以选择文字平行、文字水平，3 中可以选择文字居中、文字拖动。

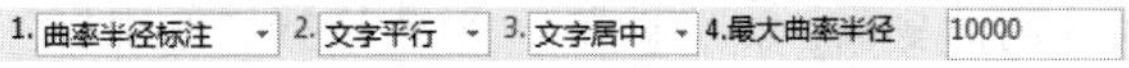

1. 曲率半径标注　2. 文字平行　3. 文字居中　4.最大曲率半径　10000

图10-48 “曲率半径标注”立即菜单

（2）根据系统提示拾取样条曲线。

（3）系统提示“输入尺寸线位置”，移动光标到合适位置单击即可完成样条曲率半径的标注。图 10-49 所示为样条曲率半径标注的实例。

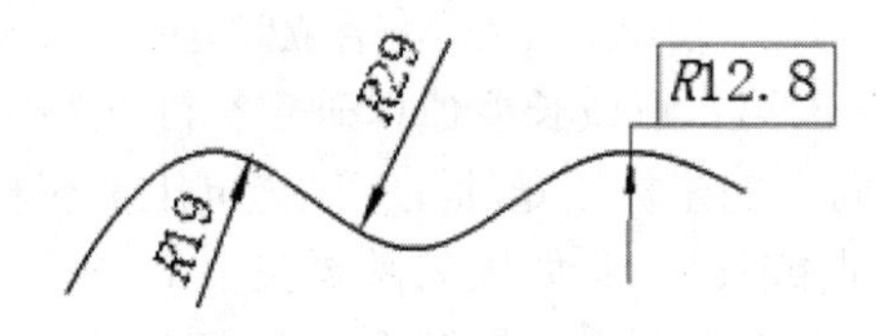

图10-49 样条曲率半径的标注实例

10.2 坐标标注

坐标标注命令是用来标注原点、选定点或圆心（孔位）坐标值的尺寸。

执行方式

命令行：dimco

菜单：“标注”→“坐标标注”

工具栏：“标注”工具栏→

选项卡：单击“常用”选项卡“标注”面板中的“坐标标注”按钮

选项说明

进入坐标标注的命令后，在屏幕左下角出现的立即菜单 1 中可以选择不同的标注方式，如图 10-50 所示，下面分别予以介绍。

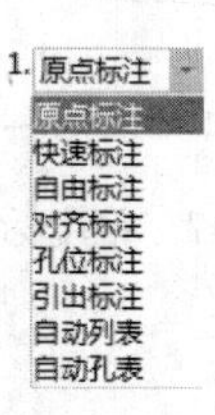

图10-50　坐标原点标注

10.2.1　原点标注

原点标注命令是用来标注当前工作坐标系原点的 X 坐标值和 Y 坐标值。

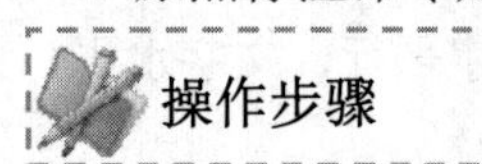

操作步骤

（1）进入坐标标注的命令后，在立即菜单 1 中选择“原点标注”方式，出现“原点标注”立即菜单如图 10-51 所示。

（2）在立即菜单 2 中可以选择选择尺寸线双向还是单向，在立即菜单 3 中可以选择文字双向还是单向，立即菜单 4 和 5 中分别输入 X 轴偏移值、Y 轴偏移值。

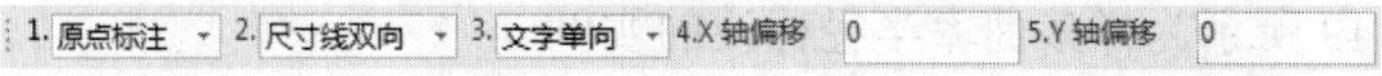

1. 原点标注　2. 尺寸线双向　3. 文字单向　4.X 轴偏移　0　5.Y 轴偏移　0

图10-51　原点标注立即菜单

（3）根据系统提示输入第二点或长度值以确定标注文字的位置。系统根据光标的位置确定是首先标注 X 轴方向上的坐标还是标注 Y 轴方向上的坐标。输入第二点或长度值后，系统接着提示“输入第二点或长度”。如果只需要在一个坐标轴方向上标注，单击右键或按 Enter 键结束，如果还需要在另一个坐标轴方向上标注，接着输入第二点或长度值即可。

原点标注的格式用立即菜单中的选项来确定，立即菜单各选项的含义如下：

◆尺寸线双向/尺寸线单向：尺寸线双向指尺寸线从原点出发，分别向坐标轴的两端延伸，尺寸线单向指尺寸线从原点出发，向坐标轴靠近拖动点一端延伸。

◆文字双向/文字单向：当尺寸线双向时，文字双向指在尺寸线两端均标注尺寸值，文字单向指只在靠近拖动点一端标注尺寸值。

◆X 轴偏移：原点的 X 坐标值。

◆Y 轴偏移：原点的 Y 坐标值。

图 10-52 所示为原点标注的实例。

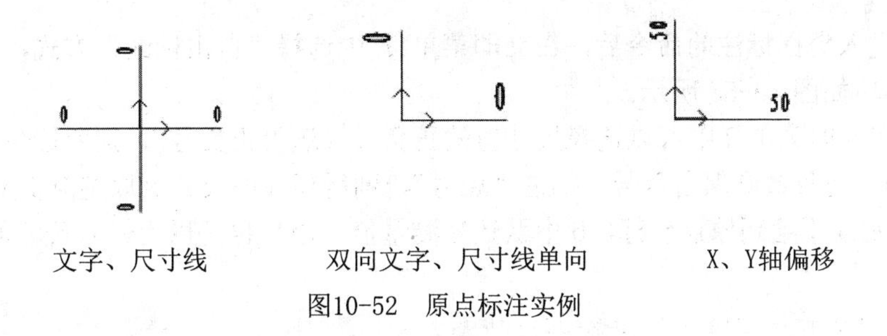

文字、尺寸线　　双向文字、尺寸线单向　　X、Y轴偏移

图10-52　原点标注实例

10.2.2　快速标注

快速标注命令是用来标注当前坐标系下任一“标注点”的 X 和 Y 方向的坐标值，标注格式由立即菜单确定。

（1）进入坐标标注的命令后，在立即菜单 1 中选择“快速标注”方式，出现“快速标注”立即菜单如图 10-53 所示。

（2）在立即菜单 2 中可以选择尺寸值的正负号（选“正负号”，则所标注的尺寸值取实际值，如果是负数则保留负号，如选“正号”，则所标注的尺寸值取绝对值），在 3 中可以选择绘制或不绘制原点坐标，在 4 中可以选择标注 X 坐标还是 Y 坐标。

图10-53　快速标注立即菜单

（3）根据系统提示输入标注点即可。图 10-54 所示为快速标注的实例。

注意

在图 10-51 中，如果用户在立即菜单 8 中输入尺寸值时，2 中的正负号控制不起作用。

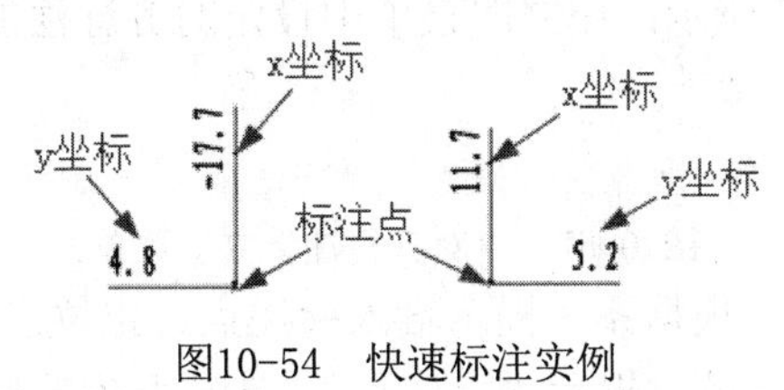

图10-54　快速标注实例

10.2.3　自由标注

自由标注命令是用来标注当前坐标系下任一“标注点”的 X 和 Y 方向的坐标值，标注格式由用户给定。

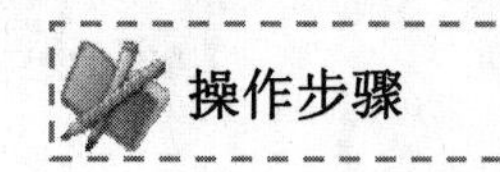

操作步骤

（1）进入坐标标注的命令后，在立即菜单 1 中选择“自由标注”方式，出现自由标注的立即菜单如图 10-55 所示。

（2）在立即菜单 2 中可以选择尺寸值的正负号（选“正负号”，则所标注的尺寸值取实际值，如果是负数则保留负号，如选“正号”，则所标注的尺寸值取绝对值），立即菜单 3 中选择绘制或不绘制原点坐标，6 中默认为测量值，用户也可以用输入尺寸值。

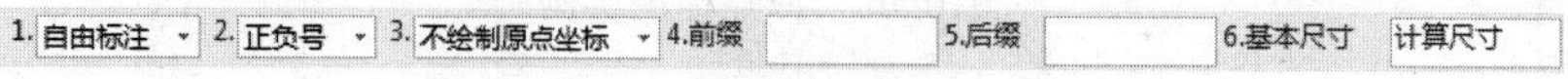

1. 自由标注
2. 正负号
3. 不绘制原点坐标
4.前缀
5.后缀
6.基本尺寸
计算尺寸

图10-55 “自由标注”立即菜单

（3）根据系统提示输入标注点即可。图 10-56 所示为自由标注的实例。

定位点
32.3
y坐标
标注点
x坐标
55.2
定位点

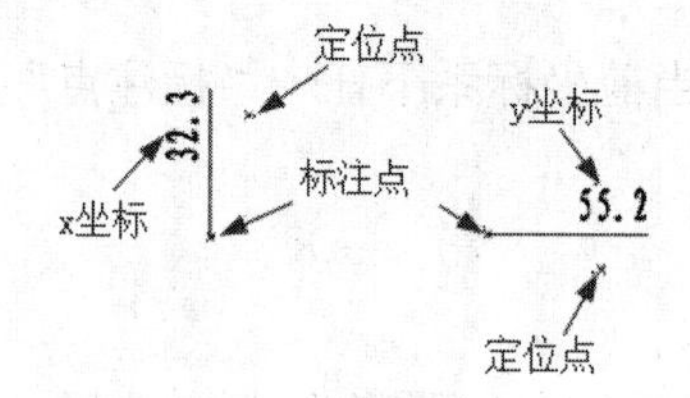

图10-56 自由标注实例

注意

在图 10-55 中，如果在立即菜单 6 中输入尺寸值时，2 中的正负号控制不起作用。另外，标注 X 坐标还是 Y 坐标以及尺寸线的尺寸由定位点控制。

10.2.4 对齐标注

对齐标注为一组以第一个坐标标注为基准，尺寸线平行，尺寸文字对齐的标注。

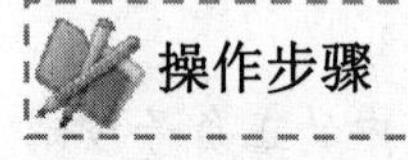

操作步骤

（1）进入坐标标注的命令后，在立即菜单 1 中选择“对齐标注”方式，出现“对齐标注”立即菜单如图 10-57 所示；在立即菜单中设定对齐标注的格式。

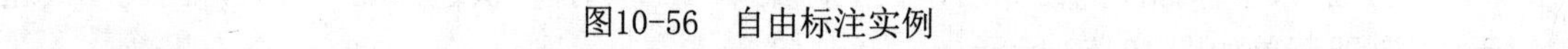

1. 对齐标注
2. 正负号
3. 绘制引出点箭头
4. 尺寸线关闭
5. 不绘制原点坐标
6.对齐点延伸
0
7.前缀
8.后缀
9.基本尺寸
计算尺寸

图10-57 “对齐标注”立即菜单

（2）标注第一个尺寸：根据系统提示输入标注点、定位点即可。

（3）标注后续尺寸：系统只提示“标注点”，选定系列的标注点，即可完成一组尺寸文字对齐的坐标标注。

通过立即菜单，可选择不同的对齐标注格式：在立即菜单 2 中可以选择尺寸值的正负号（选“正负号”，则所标注的尺寸值取实际值，如果是负数则保留负号，如选“正号”，则所标注的尺寸值取绝对值）；立即菜单 3 中“不绘制或绘制引出点箭头”控制是否绘制引线箭头；立即菜单 4 中的“尺寸线关闭或打开”控制对齐标注下是否要画出尺寸线；立即菜单5中的“不绘制或绘制原点坐标”控制是否绘制坐标原点。立即菜单9中默认为测量值，用户也可以用输入尺寸值，此时正负号控制不起作用。图10-58所示为对齐标注实例。

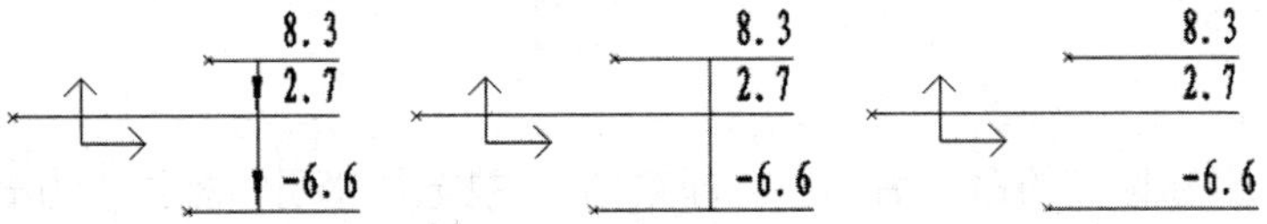

8.3 2.7 -6.6　　8.3 2.7 -6.6　　8.3 2.7 -6.6

尺寸线打开、箭头打开　尺寸线打开、箭头关闭　尺寸线关闭

图10-58　对齐标注实例

10.2.5　孔位标注

孔位标注命令是用来标注圆心或一个点的X、Y坐标值。

操作步骤

（1）进入坐标标注的命令后，在立即菜单1中选择“孔位标注”方式，出现“孔位标注”立即菜单如图10-59所示；在立即菜单中设定孔位标注的格式。

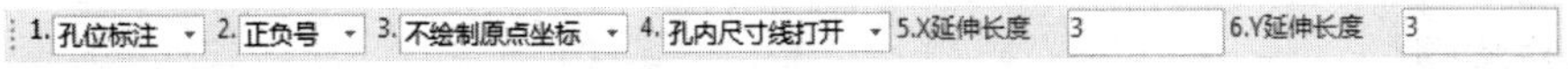

1. 孔位标注　2. 正负号　3. 不绘制原点坐标　4. 孔内尺寸线打开　5.X延伸长度 3　6.Y延伸长度 3

图10-59　“孔位标注”立即菜单

（2）根据系统提示拾取圆或点即可。

通过立即菜单，可选择不同的孔位标注格式：在立即菜单2中可以选择尺寸值的正负号（选“正负号”，则所标注的尺寸值取实际值，如果是负数则保留负号，如选“正号”，则所标注的尺寸值取绝对值），立即菜单4中的“孔内尺寸线关闭或打开”控制标注圆心坐标时，位于圆内的尺寸界线是否要画出；立即菜单5、6中的“X延伸长度”“ X延伸长度”分别控制X、Y轴坐标轴方向，尺寸界线延伸出圆外的长度或尺寸界线自标注点延伸的长度，默认值为3mm，可以修改。图10-60所示为孔位标注的实例。

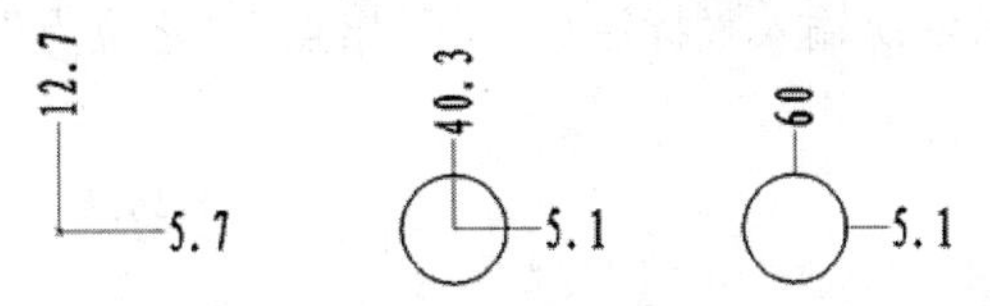

点标注　孔内尺寸线打开　孔内尺寸线关闭

图10-60　孔位标注实例

10.2.6　引出标注

引出标注用于坐标标注中尺寸线或文字过于密集时，将数值标注引出来的标注。

立即菜单说明：进入坐标标注的命令后，在立即菜单 1 中选择“引出标注”方式，出现引出标注的立即菜单如图 10-61 所示。单击立即菜单 4 可以转换“引出标注”的标注方式，自动打折和手工打折。

1．自动打折方式引出标注

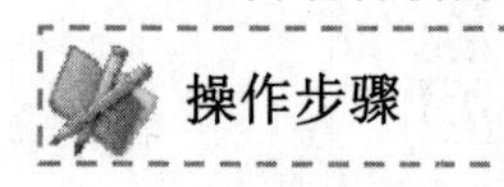
操作步骤

（1）进入坐标标注的命令后，在立即菜单 1 中选择“引出标注”方式，出现“引出标注”立即菜单，在立即菜单 4 中选择“自动打折”方式。

（2）在立即菜单中设定引出标注的格式，如图 10-61 所示。

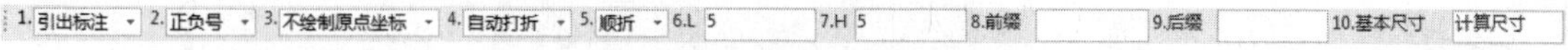

1. 引出标注 2. 正负号 3. 不绘制原点坐标 4. 自动打折 5. 顺折 6.L 5 7.H 5 8.前缀 9.后缀 10.基本尺寸 计算尺寸

图10-61　“引出标注”立即菜单

（3）根据系统提示依次输入标注点和定位点即可。

通过立即菜单，用户可选择不同的引出标注格式：在立即菜单 2 中可以选择尺寸值的正负号（选“正负号”，则所标注的尺寸值取实际值，如果是负数则保留负号，如选“正号”，则所标注的尺寸值取绝对值）；立即菜单 5 中的“顺折或逆折”控制转折线的方向；立即菜单 6、7 分别控制第一条和第二条转折线的长度；立即菜单 10 中默认为测量值，用户也可以用输入尺寸值，此时正负号控制不起作用。

2．手工打折方式引出标注

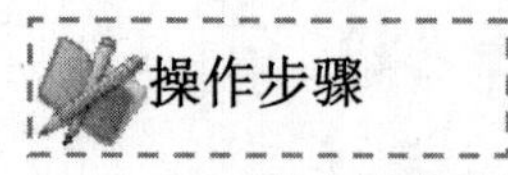
操作步骤

（1）进入坐标标注的命令后，在立即菜单 1 中选择“引出标注”方式，出现“引出标注”立即菜单，在立即菜单 4 中选择“手工打折”方式。

（2）在立即菜单中设定引出标注的格式，如图 10-62 所示；立即菜单各项的作用同自动打折方式。

图10-62　“手工打折引出标注”立即菜单

（3）根据系统提示依次输入“标注点”“引出点”“定位点”即完成标注。图 10-63 所示为引出标注的实例。

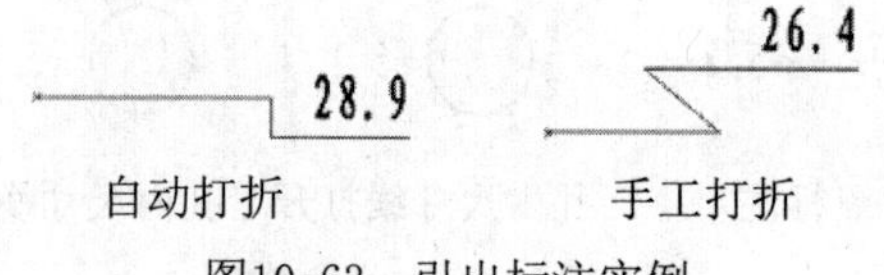

图10-63　引出标注实例

10.2.7　自动列表标注

自动列表标注命令以表格方式列出标注点、圆心或样条插值点的坐标值。

操作步骤

（1）进入坐标标注的命令后，在立即菜单 1 中选择“自动列表”方式，出现“自动列表标注”立即菜单如图 10-64 所示；系统提示“输入标注点或拾取圆（弧）或样条”。

1. 自动列表 2. 正负号 3. 加引线 4. 不标识原点

图10-64 “自动列表标注”立即菜单

（2）如果输入第一个标注点时，拾取到样条，根据系统提示输入序号插入点，立即菜单变为图 10-65 所示，在此立即菜单中可以控制表格的尺寸。

注意

图 10-64 中，立即菜单 2 中可以选择尺寸值的正负号（选“正负号”，则所标注的尺寸值取实际值，如果是负数则保留负号，如选“正号”，则所标注的尺寸值取绝对值），立即菜单 3 中的“加引线/不加引线”：控制尺寸引线是否要画出；立即菜单 4 可以输入样条插入点的标注符号。

1. 自动列表 2.序号域长度 10 3.坐标域长度 25 4.表格高度 5

图10-65 “样条的自动列表标注”立即菜单

（3）系统提示“定位点”，输入定位点后即完成标注。

（4）若第 2 步中拾取到的是点或圆、圆弧后，则系统提示输入序号的插入点，按照系统提示输入插入点后，系统重复提示输入标注点或拾取圆（弧）。输入一系列的标注点后，单击右键或按 Enter 键确认，立即菜单也变为图 10-64 所示，以下操作与拾取样条相同，只是在输出表格时，如果有圆（弧），表格中增加一列直径 Φ。图 10-66 所示为自动列表坐标标注的实例。

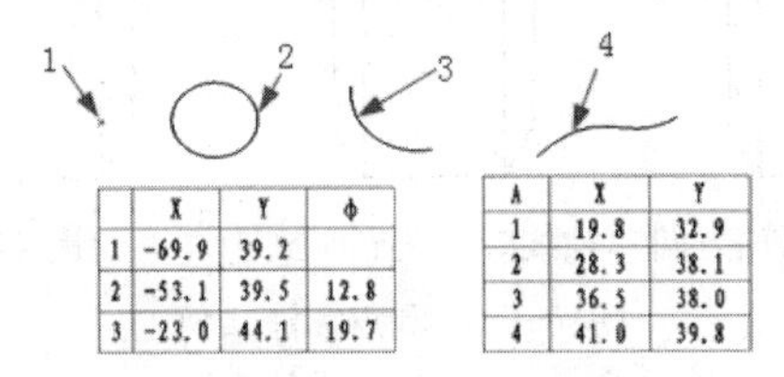

	X	Y	Φ
1	-69.9	39.2	
2	-53.1	39.5	12.8
3	-23.0	44.1	19.7

A	X	Y
1	19.8	32.9
2	28.3	38.1
3	36.5	38.0
4	41.0	39.8

点或圆（弧）的标注　样条的标注

图10-66 自动列表坐标标注实例

10.3 倒角标注

倒角标注命令是用来标注图样中的倒角尺寸。

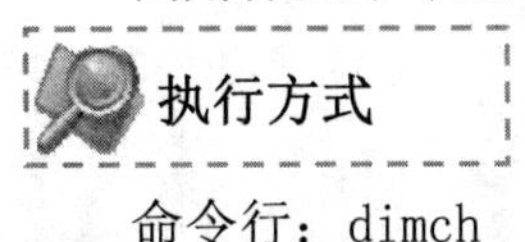

执行方式

命令行：dimch

菜单：“标注”→“倒角标注”

工具栏：“标注”工具栏→

选项卡：单击“常用”选项卡“标注”面板中“符号”下拉按钮，选择“倒角标注”按钮或单击“标注”选项卡“符号”面板中的“倒角标注”按钮

选项说明

进入倒角标注的命令后，在屏幕左下角出现“倒角标注”立即菜单，如图10-67所示，单击立即菜单1可以选择不同的倒角标注方式。

图10-67 “倒角标注”立即菜单

操作步骤

（1）进入倒角标注的命令后，在立即菜单2中选择倒角线的轴线方式，3中选择标注方式。

（2）根据系统提示直接拾取要标注倒角部位直线（注意：如果在第1步中选择了“拾取轴线”方式，则根据系统提示首先拾取轴线，再拾取标注直线）。图10-68所示为倒角标注的实例。

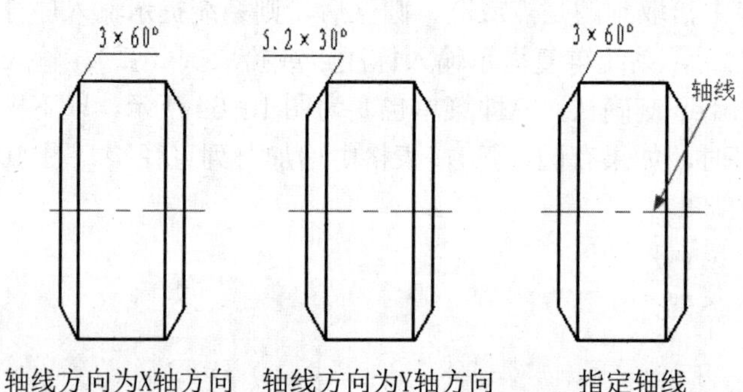

图10-68 倒角标注实例

10.4 引出说明

引出说明命令用来标注引出注释，由文字和引线两部分组成，文字可以输入西文或输入汉字。文字的各项参数由文字参数决定。

执行方式

命令行：ldtext

菜单：“标注”→“引出说明”

工具栏：“标注”工具栏→

选项卡：单击“常用”选项卡“标注”面板中“符号”下拉按钮，选择“引出说明”按钮或单击“标注”选项卡“符号”面板中的“引出说明”按钮

操作步骤

（1）进入引出说明命令后，系统弹出“引出说明”对话框，如图 10-69 所示。在对话框中输入说明性文字后单击“确定”按钮。

（2）系统弹出图 10-70 所示的立即菜单（在此立即菜单中可以选择文字方向和引出线的长度），然后根据系统提示输入第一点（也就是引出点）和第二点（也就是定位点）即可。图 10-71 所示为引出说明的标注实例。

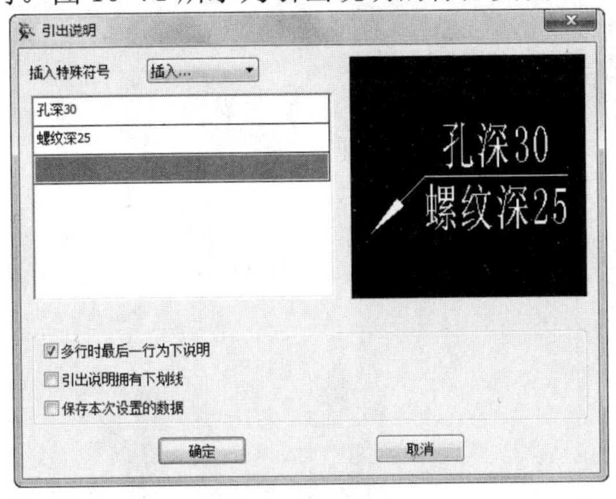

图10-69 “引出说明”对话框

图10-70 “引出标注”立即菜单

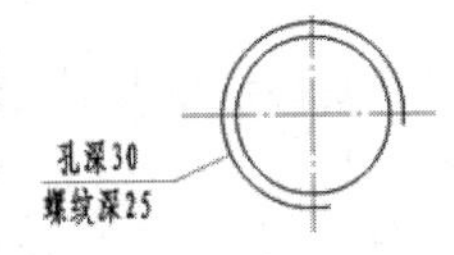

图10-71 引出说明的标注实例

10.5 形位公差标注

形位公差标注命令是用来标注形状和位置公差。可以拾取一个点、直线、圆或圆弧进行形位公差标注，要拾取的直线、圆或圆弧可以是尺寸或块里的组成元素。

执行方式

命令行：fcs

菜单：“标注”→“形位公差”

工具栏：“标注”工具栏→

选项卡：单击“常用”选项卡“标注”面板中“符号”下拉按钮，选择“形位公差”按钮或单击“标注”选项卡“符号”面板中的“形位公差”按钮

（1）进入标注形位公差的命令后，系统弹出如图 10-72 所示的“形位公差”对话框，在对话框中输入应标注的形位公差后，单击“确定”按钮。

（2）系统弹出如图 10-73 所示的立即菜单，单击立即菜单 1 可以选择“水平标注”或“铅垂标注”，然后根据系统提示依次输入引出线的转折点和定位点即可。图 10-74 为形位公差的标注实例。

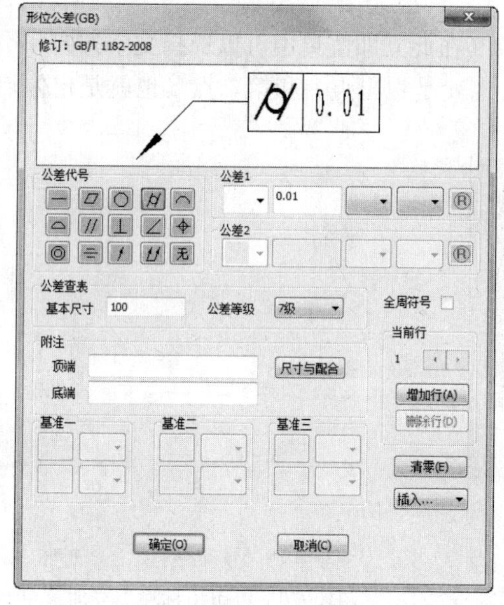

图10-72 “形位公差”对话框

1. 铅垂标注 2. 智能结束 3. 有基线

图10-73 “形位公差标注”立即菜单

可以在“形位公差”对话框里对需要标注的形位公差的各种选项进行详细的设置。形位公差对话框各项说明如下：

◆预显区：在对话框的最上方，用于显示填写与布置结果。

◆公差数值：其中的两个复选框分别用来输入前缀 S 和 Φ，其后的文本框用来输入形位公差的数值。

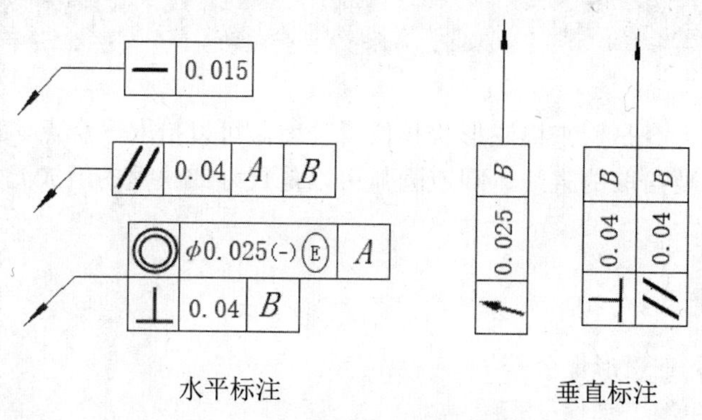

图10-74 形位公差标注实例

◆相关原则：选择性公差后缀，共有 6 个选项，分别为“ ”（空）、“(P)”（延伸公差带）、“(M)”（最大实体要求）、“(E)”（包容要求）、“(L)”（最小实体要求）、“(F)”

（非刚性零件的自由状态条件）。

◆形状限定：选择性公差后缀，共有 5 个选项，分别为“ ”（空）、“(-) ”（只允许中间材料向内凹下）、“(+) ”（只允许中间材料向上凸起）、“(<) ”（只允许从左至右减小）、“(>) ”（只允许从左至右增加）。

◆公差查表：在此选择公差等级、输入基本尺寸后，系统自动给出形位公差的数值。

◆附注：此编辑框输入的内容将出现在形位公差框格的上方，其内容可以是尺寸或文字说明，也可以通过“尺寸与配合”按钮来输入具体的尺寸和公差配合。

◆增加行：在已标注的一行形位公差的基础上，用“增加行”来标注新行。新行的标注与第一行相同。

◆删除行：如按此按钮，则删除当前行，系统自动调整整个形位公差的标注。

◆清零：对当前行进行清除操作。

◆当前行：指示当前行的行号。

10.6 表面粗糙度标注

表面粗糙度标注命令是用来标注表面粗糙度代号。

执行方式

命令行：rough

菜单：“标注”→“粗糙度”

工具栏：“标注”工具栏→√

选项卡：单击“常用”选项卡“标注”面板中“符号”下拉按钮，选择“粗糙度”按钮√或单击“标注”选项卡“符号”面板中的“粗糙度”按钮√

操作步骤

（1）进入标注表面粗糙度的命令后，系统弹出如图 10-75 所示的立即菜单，在立即菜单 1 可以选择“简单标注”或“标准标注”。

（2）若采用“简单标注”方式，立即菜单 2 中可以选择“默认方式”或“引出方式”，3 中可以选择材料的符号类型，“去除材料”、“不去除材料”或“基本符号”，4 中用来输入表面粗糙度值。根据系统提示拾取定位点或直线或圆弧，如采用默认方式，还要根据系统提示输入标注符号的旋转角，如采用引出方式在输入标注的位置点。

（3）若采用“标准标注”方式，则单击立即菜单 1，立即菜单如图 10-76 所示，在立即菜单 2 中也可以选择“默认方式”或“引出方式”。系统弹出如图 10-77 所示的“表面粗糙度”对话框，在对话框中输入应标注的表面粗糙度后，单击“确定”按钮，后面的步骤与简单标注方式相同。图 10-78 所示为表面粗糙度标注的实例。

1. 简单标注 2. 默认方式 3. 去除材料 4.数值 1.6 5.

图10-75 “简单标注表面粗糙度”立即菜单

1. 标准标注 2. 默认方式

图10-76 “标准标注表面粗糙度”立即菜单

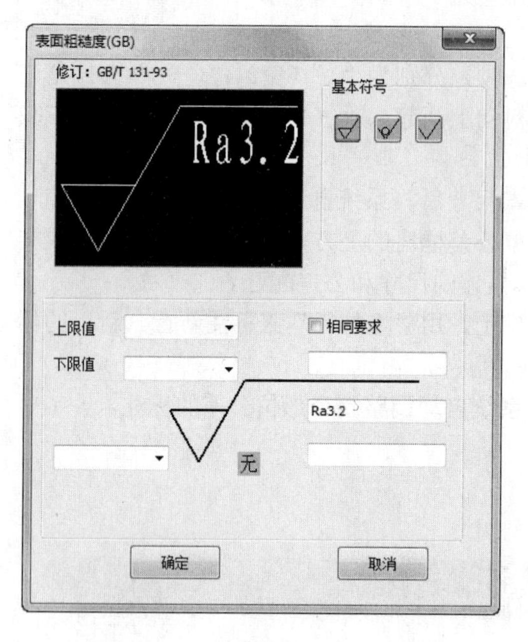

图10-77 “表面粗糙度”对话框

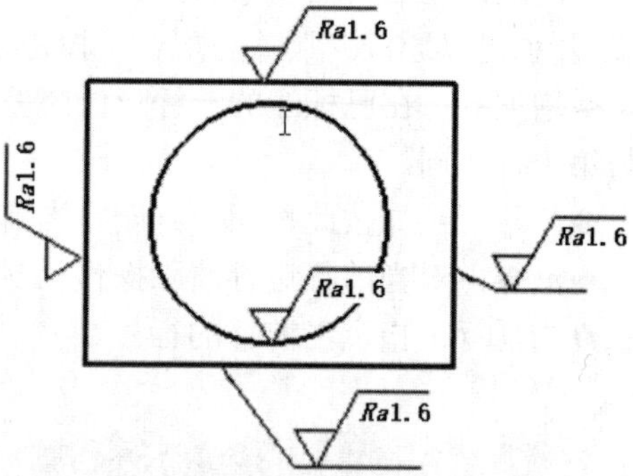

图10-78 表面粗糙度标注实例

简单标注只能选择表面粗糙度的符号类型和改变表面粗糙度的值。可以通过图标按钮选择不同的符号类型和纹理方向符号，通过输入框输入上、下限值以及上、下说明。

10.7 基准代号标注

基准代号标注命令是用来标注基准代号或基准目标。

1. 基准代号标注

基准代号标注命令是用来标注形位公差中的基准部位的代号。

执行方式

命令行：datum

菜单：“标注”→“基准代号”

工具栏：“标注”工具栏→

选项卡：单击“常用”选项卡“标注”面板中“符号”下拉按钮，选择“基准代号”按钮或单击“标注”选项卡“符号”面板中的“基准代号”按钮

选项说明

进入标注基准代号的命令后，系统弹出“基准代号标注”立即菜单，在立即菜单中 1

可以选择“基准标注”或“基准目标标注”。

（1）进入标注基准代号的命令后，在立即菜单 1 中选择“基准标注”，出现基准标注立即菜单如图 10-79 所示。

（2）在立即菜单 2 中可以切换“给定基准”，如图 10-79 所示或“任选基准”，如图 10-80 所示。

1. 基准标注 2. 给定基准 3. 默认方式 4.基准名称 A

图10-79 以“给定基准”标注基准代号立即菜单

1. 基准标注 2. 任选基准 3.基准名称 A

图10-80 以“任选基准”标注基准代号立即菜单

注意

图 10-79 所示的“给定基准”标注基准代号立即菜单中，在立即菜单 3 中可以切换“默认方式”（无引出线）或“引出方式”（图 10-80 所示的“任选基准”方式中没有此项），立即菜单 4 可以改变基准代号名称，基准代号名称可以由两个字符或一个汉字组成。

（3）根据系统提示拾取点或直线、圆弧和圆来确定基准代号的位置即可。如拾取的是定位点，则系统提示“输入角度或由屏幕确定”，用拖动方式或输入旋转角度值后，即可完成标注。如拾取的是直线或圆（弧），系统提示“拖动确定标注位置”，移动光标到合适位置后单击即标注出与直线或圆弧相垂直的基准代号。图 10-81 所示为基准代号标注的实例。

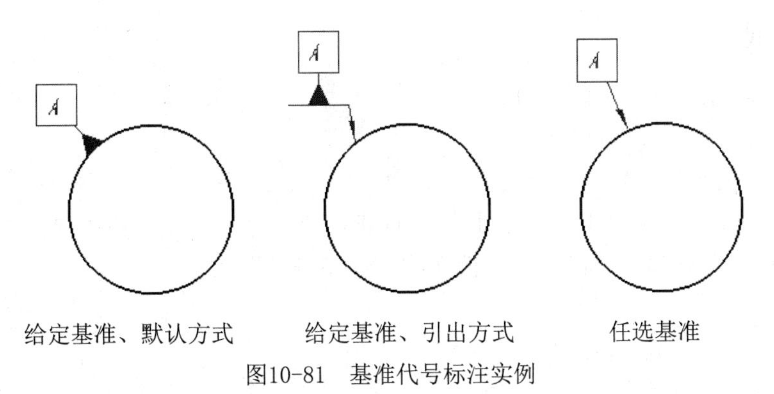

图10-81 基准代号标注实例

2. 基准目标标注

基准目标标注命令是用来在基准要素上指定某些点、线或局部表面来体现各基准平面。

操作步骤

（1）进入标注基准代号的命令后，在立即菜单 1 中选择“基准目标”，出现基准目标标注立即菜单，如图 10-82 所示。

（2）在立即菜单 2 中可以切换“代号标注”，如图 10-82 所示或“目标标注”，如图 10-83 所示。

1. 基准目标 2. 代号标注 3. 引出线为直线 4. 上说明 5. 下说明 A

图10-82 “标注基准目标代号”立即菜单

1. 基准目标 2. 目标标注

图10-83 “标注基准目标”立即菜单

（3）根据系统提示拾取点或直线、圆弧和圆来确定基准目标的位置即可。图 10-84 所示为基准目标及代号标注的实例。

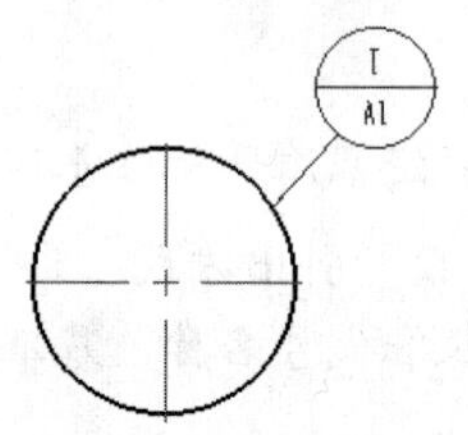

图10-84 基准目标及代号标注实例

10.8 焊接符号标注

焊接符号标注命令是用来标注焊接符号。

执行方式

命令行：weld

菜单：“标注”→“焊接符号”

工具栏：“标注”工具栏→

选项卡：单击“常用”选项卡“标注”面板中“符号”下拉按钮，选择“焊接符号”或单击“标注”选项卡“符号”面板中的“焊接符号”

操作步骤

（1）进入标注焊接符号的命令后，系统弹出“焊接符号”对话框，如图 10-85 所示。

（2）在对话框里对需要标注的焊接符号的各种选项进行设置后，单击“确定”按钮确认。

（3）根据系统提示依次拾取标注元素、输入引线转折点和定位点即可。

“焊接符号”对话框左上部是预显框，右上部是单行参数示意图，第二行是一系列符号选择按钮和“符号位置”选择，“符号位置”是用来控制当前单行参数是对应基准线以上的部分还是以下部分，系统通过这种手段来控制单行参数。各个位置的尺寸值和焊接说明位于第三行。对话框的底部用来选择虚线位置和输入交错焊缝的间距，其中虚线位置是用来表示基准虚线与实线的相对位置。清除行操作是将当前行的单行参数清零。

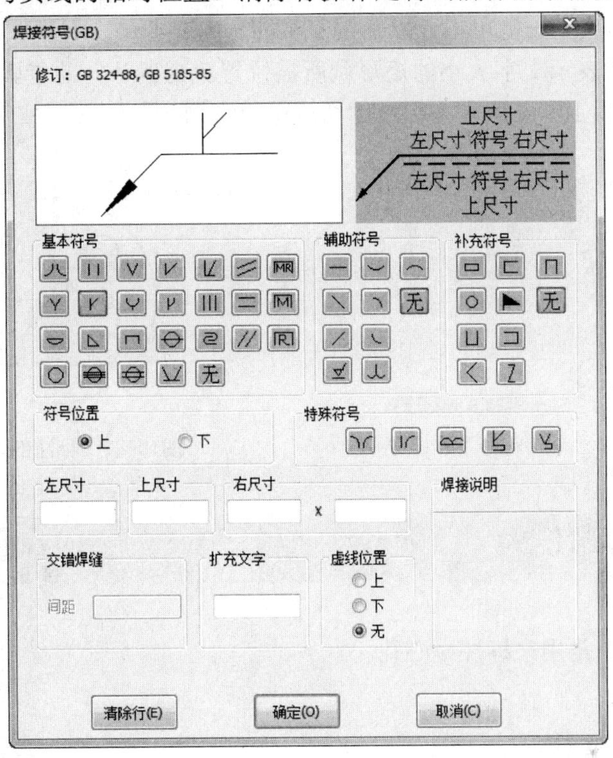

图10-85 “焊接符号”对话框

10.9 剖切符号标注

剖切符号标注命令是用来标出剖面的剖切位置。

执行方式

命令行：hatchpos

菜单：“标注”→“剖切符号”

工具栏：“标注”工具栏→

选项卡：单击“常用”选项卡“标注”面板中“符号”下拉按钮，选择“剖切符号”按钮或单击“标注”选项卡“符号”面板中的“剖切符号”按钮

操作步骤

（1）进入标注剖切符号的命令后，系统弹出“剖切符号”立即菜单，如图 10-86 所

示。

（2）在立即菜单 1 中输入剖面的名称，剖面名称可以由两个字符或一个汉字组成。

（3）以两点线的方式画出剖切轨迹线，当绘制完成后，单击右键结束画线状态，此时在剖切轨迹线的终止点显示出沿最后一段剖切轨迹线法线方向的两个箭头标识。

（4）在两个箭头的一侧单击，以确定箭头的方向或者单击右键取消箭头。

（5）拖动一个表示文字大小的矩形到所需位置单击确认，此步骤可以重复操作，直至单击右键结束。图 10-87 所示为标注剖切符号的实例。

1. 垂直导航 2. 自动放置剖切符号名

图10-86 “剖切符号”立即菜单

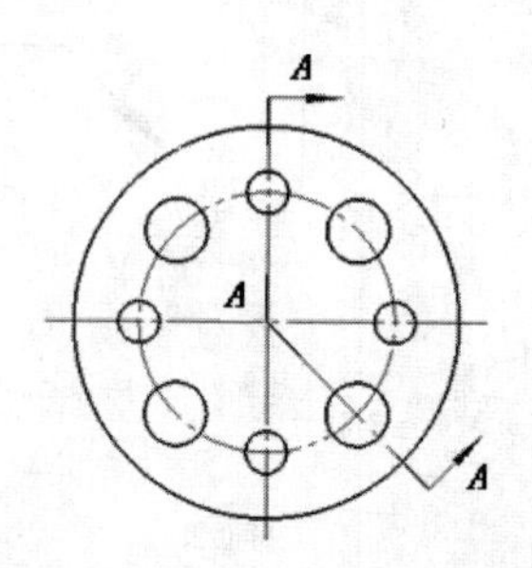

图10-87 标注剖切符号实例

10.10 中心孔标注

中心孔标注命令是用来标注中心孔。

执行方式

命令行：dimhole

菜单：“标注”→“中心孔”

工具栏：“标注”工具栏→

选项卡：单击“常用”选项卡“标注”面板中“符号”下拉按钮，选择“中心孔标注”按钮或单击“标注”选项卡“符号”面板中的“中心孔标注”按钮

选项说明

执行标注中心孔命令后，系统弹出“中心孔标注”立即菜单，在立即菜单 1 可以选择“简单标注”或“标准标注”。

1. 简单标注

操作步骤

（1）进入标注中心孔的命令后，系统弹出“中心孔标注”立即菜单，在立即菜单 1 中选择“简单标注”，立即菜单如 10-88 图所示。

1. 简单标注 2.字高 3.5 3.标注文本

图10-88 “中心孔标注”立即菜单

（2）绘图区中拾取定位点或轴端直线。

（3）确定定位点后，输入角度值或拖动光标确定中心孔的角度。

（4）在立即菜单 2 中输入字的高度，3 中输入标注文本。

2．标准标注

操作步骤

（1）进入标注中心孔的命令后，系统弹出标注中心孔立即菜单，在 1 中选择“标准标注”，弹出如图 10-89 所示的“中心孔标注形式”对话框。

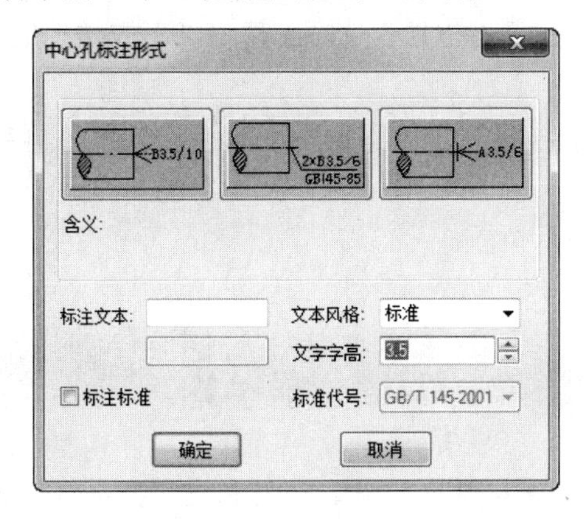

图10-89　“中心孔标注形式”对话框

（2）在对话框中可以选择三种标注形式以及标注内容，文字风格和文字高度，设置完毕后单击“确定”按钮。

（3）在绘图区选择定位点和角度。图 10-90 所示为标注中心孔的实例。

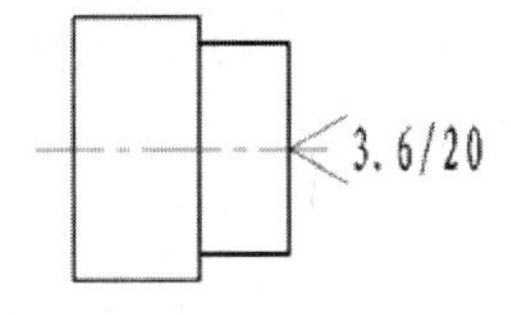

图10-90　标注中心孔实例

10.11　向图符号标注

向图符号标注命令是用来标出视图方向。

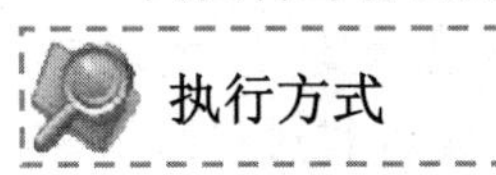

执行方式

命令行：drectionsym

菜单：“标注”→“ 向图符号”

工具栏：“标注”工具栏→A

选项卡：单击“常用”选项卡“标注”面板中“符号”下拉按钮，选择“向图符号”

按钮或单击“标注”选项卡“符号”面板中的“向图符号”按钮

操作步骤

（1）进入标注剖切符号的命令后，系统弹出“向图符号”立即菜单，如图 10-91 所示。

1.标注文本 A 2.字高 3.5 3.箭头大小 4 4.不旋转

图10-91 “向图符号”立即菜单

（2）在立即菜单 1 中输入视图的字母编号，2 中输入向图符号的字高，3 中输入箭头的大小，4 中选择“旋转”或“不旋转”选项。选择“不旋转”生成正式向视图，选择“旋转”生成旋转向视图。

（3）在绘图区中确定方向符号的固定长度的终点位置，再决定定向视图符号字母编号的插入位置。

（4）确定定向视图标示位置。

10.12 标注修改

标注修改也就是对工程图标注（尺寸、符号和文字）进行编辑，对这些标注的编辑仅通过一个菜单命令，系统将自动识别标注实体的类型而作相应的编辑操作。所有的编辑实际都是对已作的标注作相应的位置编辑和内容编辑，这二者是通过立即菜单来切换的。位置编辑是指对尺寸或工程符号等位置的移动或角度的变换；而内容编辑则是指对尺寸值、文字内容或符号内容的修改。

执行方式

命令行：dimedit

菜单：“修改”→“标注编辑”

工具栏：“编辑”工具栏→

选项卡：单击“标注”选项卡“修改”面板中的“标注编辑”按钮

根据工程图标注分类，可将标注编辑分为相应的 3 类：尺寸编辑、文字编辑、工程符号编辑。

10.12.1 尺寸编辑

尺寸编辑命令是用来对已标注尺寸的尺寸线位置、文字位置或文字内容进行编辑修改。当标注编辑时所拾取到的为尺寸，则根据尺寸类型的不同可进行不同的操作。

1. 对线性尺寸进行编辑修改

操作步骤

（1）进入标注修改命令后，系统提示拾取要编辑的尺寸、文字或工程符号标注。

（2）在绘图区拾取要编辑的线性尺寸。系统弹出“线性尺寸”编辑立即菜单，在立即菜单1中可以选择对标注的“尺寸线位置”“文字位置”“箭头形状”进行编辑修改，如图10-92所示。

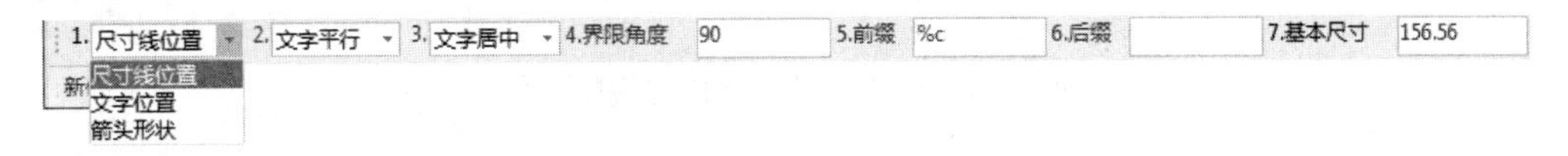

图10-92 “线性尺寸”编辑立即菜单

（3）尺寸线位置编辑：在立即菜单1中选择“尺寸线位置”，“尺寸线位置” 编辑立即菜单如图10-91所示。修改立即菜单其他选项内容后，根据系统提示输入尺寸线的新位置即可完成编辑操作（在“尺寸线位置”编辑立即菜单中可以修改文字的方向、文字位置、尺寸界线的倾斜角度和尺寸值的大小等）。

（4）文字位置的编辑：在立即菜单1中选择“文字位置”，“文字位置”编辑立即菜单如图10-93所示。修改菜单其他选项内容后根据系统提示输入文字的新位置即可完成编辑操作（文字位置的编辑只修改文字尺寸值大小和是否加引线）。

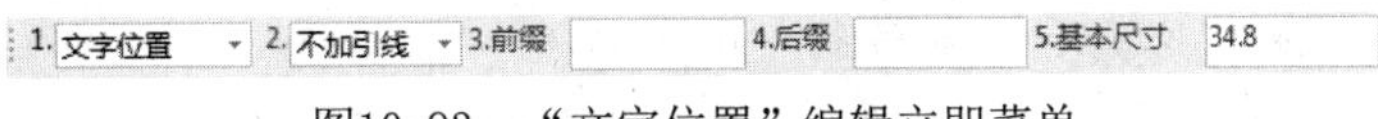

图10-93 “文字位置”编辑立即菜单

（5）箭头形状的编辑：在立即菜单1中选择“箭头形状”，系统弹出“箭头形状编辑”对话框，如图10-94所示。修改对话框中的内容后，单击“确定”按钮，完成箭头形状的编辑。图10-95～图10-97所示为线性尺寸编辑的实例。

2．对直径和半径尺寸进行编辑修改

图10-94 “箭头形状编辑”对话框

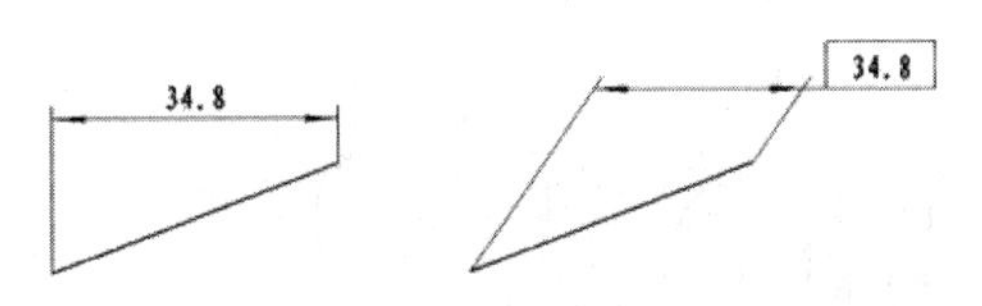

原尺寸　文字拖动、有边框、界线角度60°

图10-95 线性尺寸尺寸线位置编辑实例

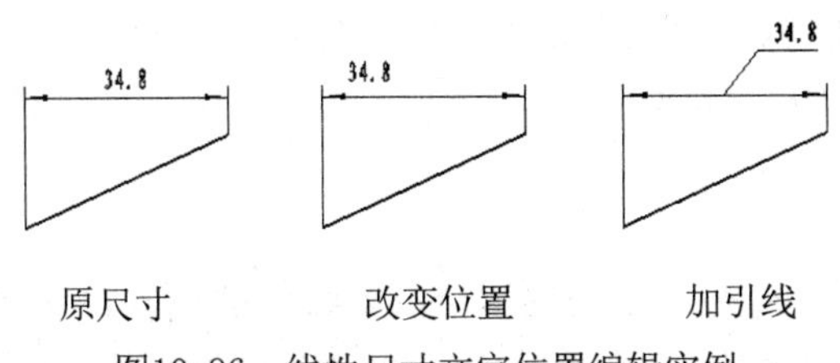

原尺寸　改变位置　加引线

图10-96 线性尺寸文字位置编辑实例

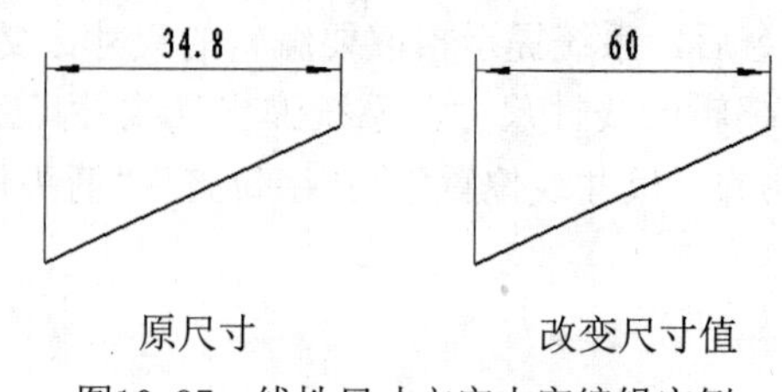

图10-97　线性尺寸文字内容编辑实例

（1）进入标注修改命令后，系统提示拾取要编辑的尺寸、文字或工程符号标注。

（2）在绘图区拾取要编辑的直径或半径尺寸。系统弹出“直径和半径尺寸编辑”立即菜单，在立即菜单1中可以选择对标注的“尺寸线位置”“文字位置”进行编辑修改。

（3）尺寸线位置编辑：在立即菜单1中选择“尺寸线位置”，“尺寸线位置”编辑立即菜单如图10-98所示。修改立即菜单其他选项内容后，根据系统提示输入尺寸线的新位置即可完成编辑操作（在“尺寸线位置”编辑立即菜单中可以修改文字的方向、文字位置以及尺寸值的大小等）。

图10-98　“尺寸线位置”编辑立即菜单

（4）文字位置的编辑：在立即菜单1中选择“文字位置”，“文字位置”编辑立即菜单如图10-99所示。修改菜单其他选项内容后根据系统提示输入文字的新位置即可完成编辑操作（文字位置的编辑可修改尺寸值大小）。图10-100、图10-101所示为直径半径尺寸编辑的实例。

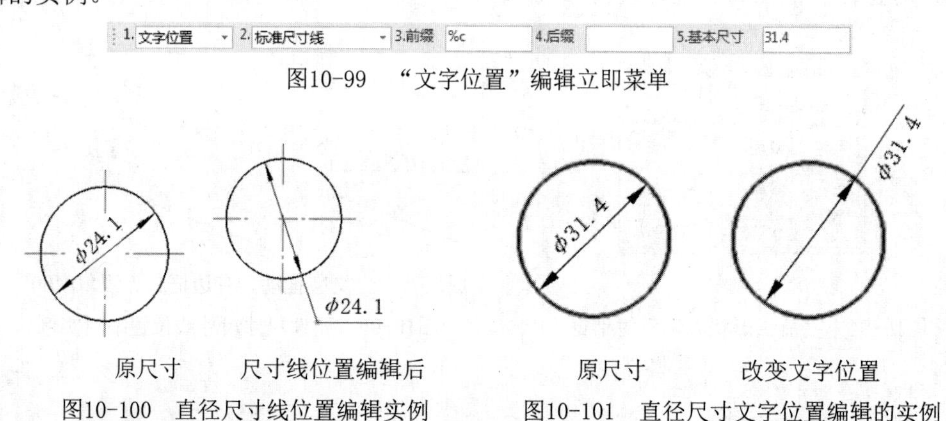

图10-99　“文字位置”编辑立即菜单

图10-100　直径尺寸线位置编辑实例

图10-101　直径尺寸文字位置编辑的实例

3. 对角度尺寸进行编辑修改

操作步骤

（1）进入标注编辑命令后，系统提示拾取要编辑的尺寸、文字或工程符号标注。

（2）在绘图区拾取要编辑的角度尺寸。系统弹出“角度尺寸”编辑立即菜单，在立即菜单1中可以选择对标注的“尺寸线位置”“文字位置”进行编辑修改。

（3）尺寸线位置编辑：在立即菜单 1 中选择“尺寸线位置”，“尺寸线位置”编辑立即菜单如图 10-102 所示。修改立即菜单其他选项内容后，根据系统提示输入尺寸线的新位置即可完成编辑操作（在“尺寸线位置”编辑立即菜单中可以修改文字方向和尺寸值的大小）。

图10-102 “尺寸线位置”编辑立即菜单

（4）文字位置的编辑：在立即菜单 1 中选择“文字位置”，“文字位置”编辑立即菜单如图 10-103 所示。修改菜单其他选项内容后根据系统提示输入文字的新位置即可完成编辑操作（文字位置的编辑可修改文字方向以及是否加引线和尺寸值大小）。图 10-104、图 10-105 所示为角度尺寸编辑的实例。

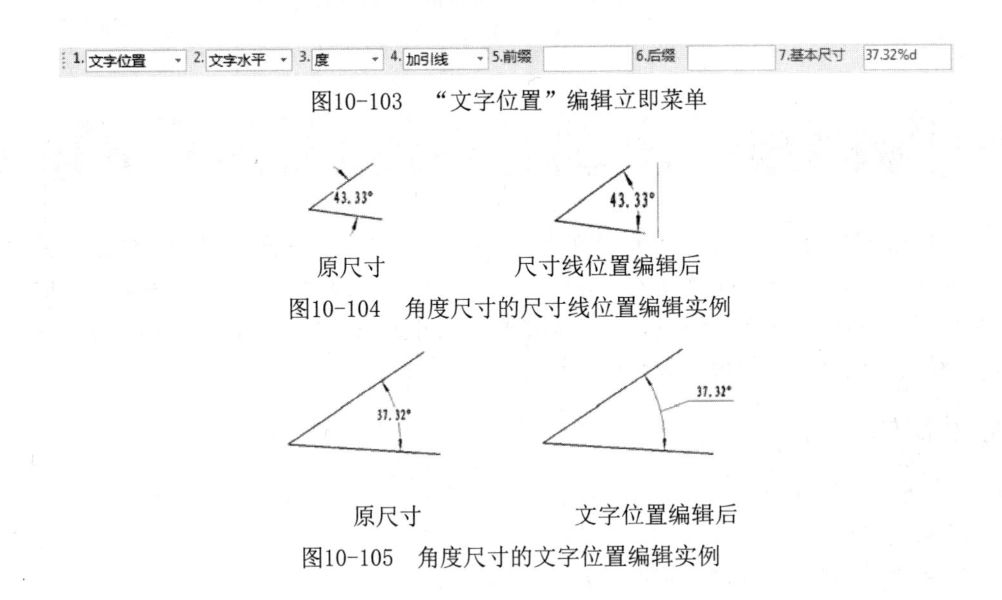

图10-103 “文字位置”编辑立即菜单

原尺寸　　尺寸线位置编辑后

图10-104 角度尺寸的尺寸线位置编辑实例

原尺寸　　文字位置编辑后

图10-105 角度尺寸的文字位置编辑实例

10.12.2 文字编辑

文字编辑命令是用来对已标注的文字内容和风格进行编辑修改。

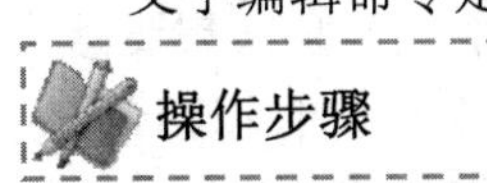

操作步骤

（1）进入标注修改命令后，系统提示拾取要编辑的尺寸、文字或工程符号标注。

（2）在绘图区拾取要编辑的文字。系统弹出“文本编辑器”对话框，在此对话框中可以对文字的内容和风格进行编辑修改。具体方法见第 2 章 2.4“文本风格”一节。

10.12.3 工程符号编辑

工程符号编辑命令是用来用于对已标注的工程符号的内容和风格进行编辑修改。

操作步骤

（1）进入标注修改命令后，系统提示拾取要编辑的尺寸、文字或工程符号标注。

（2）在绘图区拾取要编辑的工程符号。系统弹出相应的立即菜单，通过对立即菜单的切换可以对标注对象的位置和内容进行编辑修改。图 10-106 所示是对表面粗糙度进行编辑的实例。

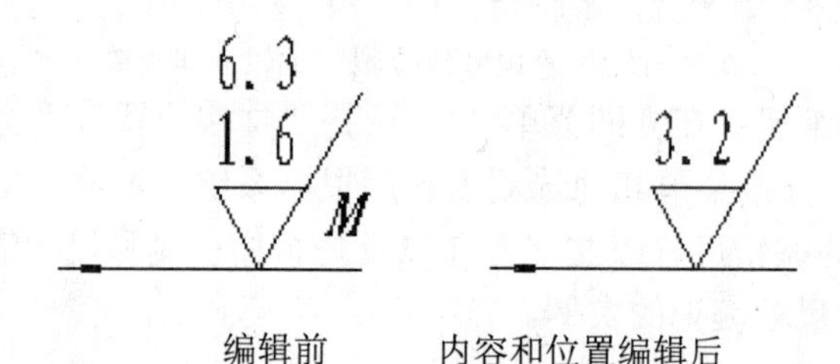

编辑前　　　内容和位置编辑后

图10-106　表面粗糙度符号编辑实例

10.13　尺寸驱动

尺寸驱动是系统提供的一套局部参数化命令是用来。在选择一部分实体及相关尺寸后，系统将根据尺寸建立实体间的拓扑关系，当选择想要改动的尺寸并改变其数值时，相关实体及尺寸将受到影响发生变化，但元素间的拓扑关系保持不变，如相切、相连等。另外，系统可自动处理过约束及欠约束的图形。

执行方式

命令行：driver

菜单：“修改”→“尺寸驱动”

工具栏：“编辑”工具栏→

选项卡：单击“标注”选项卡“修改”面板中的“尺寸驱动”按钮

操作步骤

（1）选择驱动对象（实体和尺寸）。局部参数化的第一步是选择驱动对象（想要修改的部分），系统将只分析选中部分的实体及尺寸；在这里，除选择图形实体外，选择尺寸是必要的，因为工程图是依靠尺寸标注来避免二义性的，系统正是依靠尺寸来分析元素间的关系的。

例如，存在一条斜线，标注了水平尺寸，则当其他尺寸被驱动时，该直线的斜率及垂直距离可能会发生相关的改变，但是，该直线的水平距离将保持为标注值。同样的道理，如果驱动该水平尺寸，则该直线的水平长度将发生改变，改变为与驱动后的尺寸值一致。因而，对于局部参数化命令是用来，选择参数化对象是至关重要的，为了使驱动的目的与自己的设想一致，有必要在选择驱动对象之前作必要的尺寸标注，对该动的和不该动的关系作个必要的定义。

一般说来，某实体如果没有必要的尺寸标注，系统将会根据“连接”“角度”“正交”“相切”等一般的默认准则判断实体之间的约束关系。

（2）选择驱动图形的基准点。如同旋转和拉伸需要基准点一样，驱动图形也需要基准点，这是由于任一尺寸表示的均是两个（或两个以上）对象的相关约束关系，如果驱动该尺寸，必然存在着一端固定，驱动另一端的问题，系统将根据被驱动尺寸与基准点的位置关系来判断哪一端该固定，从而驱动另一端。

（3）选择被驱动尺寸，输入新值。在前两步的基础上，最后驱动某一尺寸。选择被驱动的尺寸，而后输入新的尺寸值，则被选中的实体部分将被驱动，在不退出该状态（该部分驱动对象）的情况下，可以连续驱动其他的尺寸。

例 10-2：分别驱动图 10-107a 中的两个尺寸。

绘制步骤：

（1）打开电子资料中的“初始文件”→“10” →“例 10-2”文件。进入尺寸驱动命令。

（2）根据系统提示拾取添加对象，拾取图 10-107a 中的所有元素，单击右键确认。

（3）根据系统提示给出图中的参考点，如图 10-107a 所示。

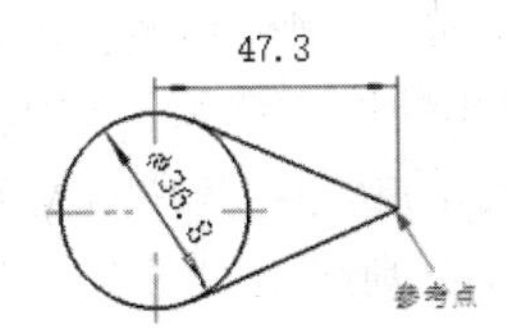

a）驱动前

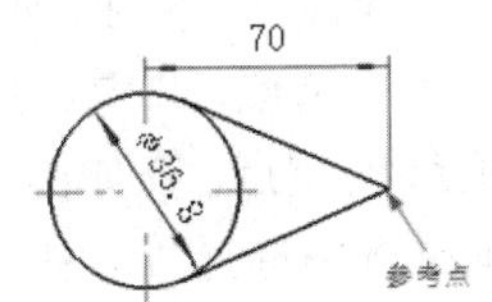

b）驱动尺寸47.3成70后

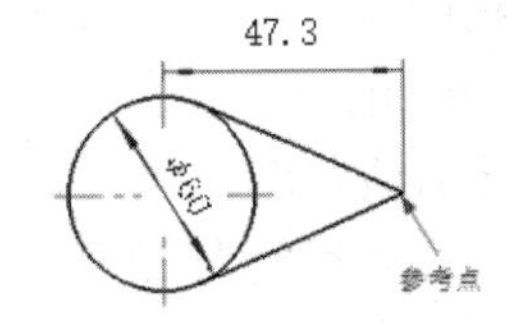

c）驱动尺寸Φ36.8为Φ60后

图10-107 表面粗糙度符号编辑实例

（4）根据系统提示拾取要驱动的尺寸，若选则尺寸 47.3，并在弹出的对话框中输入 70 并单击“确定”按钮，驱动结果如图 10-107b 所示。若选则尺寸“ *Φ*36.8”并在弹出的对话框中输入 60 后单击“确定”按钮，驱动结果如图 10-107c 所示。

10.14 实例——齿轮泵基体

10.14.1 思路分析

本例绘制齿轮泵基体。首先利用孔/轴命令和圆命令绘制基体主视图的外轮廓，其次绘制基体的局部剖视图，再次绘制基体的左视图，最后进行尺寸标注和生成图符完成基体的绘制。

本例视频内容电子资料路径：“X：\动画演示\第 10 章\齿轮泵基体.avi”。

10.14.2　操作步骤

（1）启动 CAXA CAD 电子图板，创建一个新文件。

（2）修改图层：单击“常用”选项卡“特性”面板中的“图层”按钮（或者选取“格式”→“图层”菜单），弹出“层设置”对话框，将“中心线图层”设为当前图层。

（3）绘制中心线：单击“常用”选项卡“绘图”面板中的“直线”按钮（或者选取“绘图”→“直线”→“直线”菜单），或者直接输入命令：line↙，在立即菜单 1 中选择“两点线”选项，2 中选择“单根”选项，绘制如图 10-108 所示三条中心线。

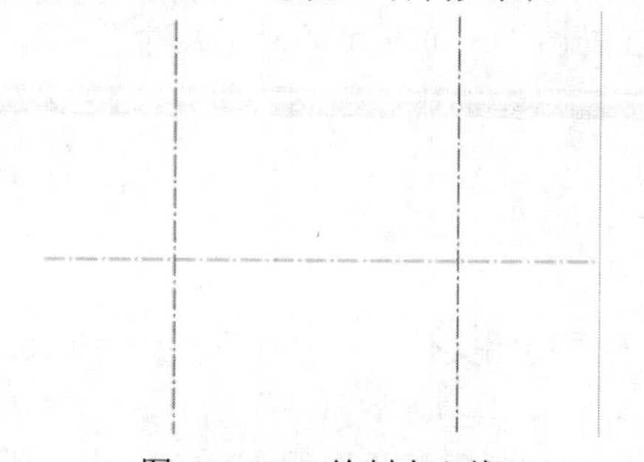

图 10-108　绘制中心线

（4）绘制轴：将“粗实线图层”设为设置当前图层，单击“常用”选项卡“绘图”面板中的“孔/轴”按钮（或者选取“绘图”→“孔/轴”菜单），输入命令 hole，在如图 10-109 所示的立即菜单 1 中选择“轴”选项，2 中选择“直接给出角度”选项，3 中输入中心线角度为 0。插入点拾取为中心线的交点，在如图 10-110 所示的立即菜单中设置轴的直径和长度为 23.52、35，在立即菜单 4 中选择“无中心线”选项。绘制结果如图 10-111 所示。

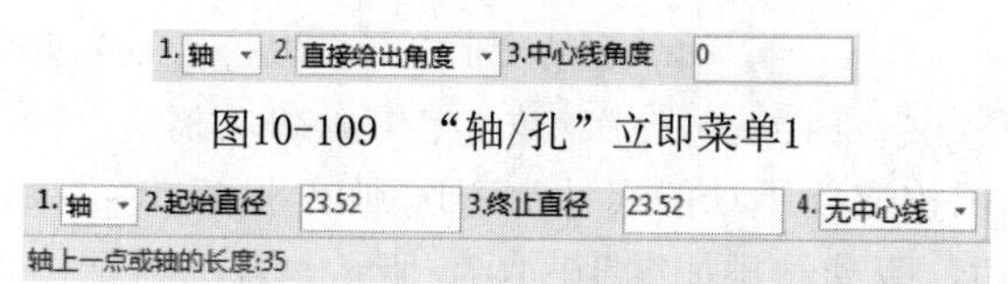

图10-109　“轴/孔”立即菜单1

图10-110　“轴/孔”立即菜单2

（5）绘制孔：单击“常用”选项卡“绘图”面板中的“孔/轴”按钮（或者选取“绘图”→“孔/轴”菜单），输入命令“hole”，在立即菜单 1 中选择“孔”选项，2 中选择“直接给出角度”选项，3 中输入中心线角度为 0。插入点拾取为中心线的交点，孔的直径和长度设置为 9.52、35，在立即菜单 4 中选择“无中心线”选项。绘制结果如图 10-112 所示。

（6）绘制竖直轴：单击“常用”选项卡“绘图”面板中的“孔/轴”按钮（或者选取“绘图”→“孔/轴”菜单），立即菜单选择为“轴”“90°”“无中心线”。插入点拾取如图 10-112 所示的点“A”，轴的直径和长度设置为 32.5、28.76。绘制结果如图 10-113

所示。

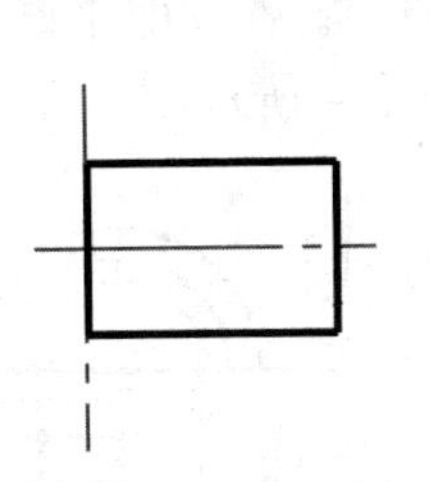

图10-111 绘制轴

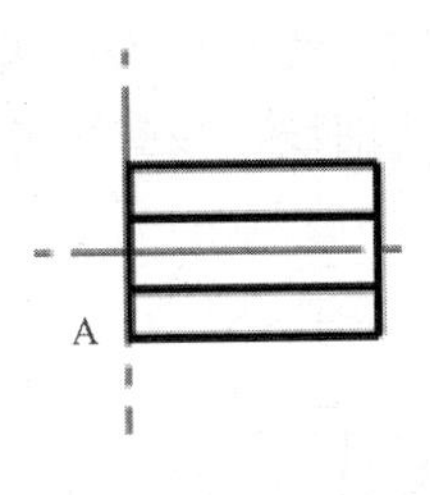

图10-112 绘制孔

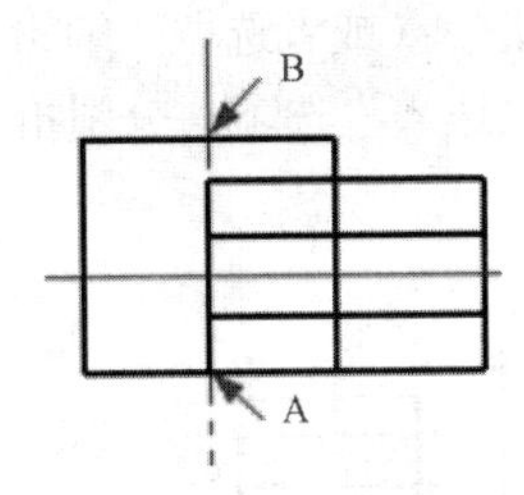

图10-113 绘制竖直轴

（7）绘制圆：单击“常用”选项卡“绘图”面板中的“圆”按钮（或者选取“绘图”→“圆”→“圆”菜单），或者直接输入命令：circle↙。弹出如图10-114所示的圆立即菜单，在立即菜单1中选择“圆心_半径”选项，2中选择“直径”选项，3中选择“无中心线”选项。命令行提示：

圆心点：（拾取如图10-115所示的点A为圆心点）
输入直径或圆上一点：35↙
圆心点：（拾取如图10-115所示的点A为圆心点）
输入直径或圆上一点：44↙
圆心点：（拾取如图10-115所示的点A为圆心点）
输入直径或圆上一点：56↙

结果如图10-115所示。

图10-114 “圆”立即菜单

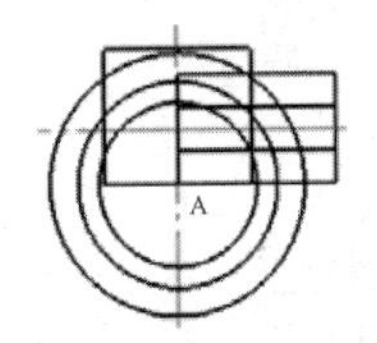

图10-115 绘制圆

（8）裁剪处理：将轴下边线拉长，单击“常用”选项卡“修改”面板中的“裁剪”按钮（或者选取“编辑”→“裁剪”菜单），输入命令“trim”。在立即菜单1中选择“拾取边界”选项，分别拾取要裁剪的曲线，裁剪结果如图10-116所示。

（9）绘制圆：单击“常用”选项卡“绘图”面板中的“圆”按钮（或者选取“绘图”→“圆”→“圆”菜单），或者直接输入命令：circle↙。弹出“圆”立即菜单，在立即菜单1中选择“圆心_半径”选项，2中选择“直径”选项，3中选择“无中心线”选项。命令行提示：

圆心点：（拾取如图10-117所示的点B为圆心点）
输入直径或圆上一点：35↙
圆心点：（拾取如图10-117所示的点B为圆心点）
输入直径或圆上一点：44↙
圆心点：（拾取如图10-117所示的点B为圆心点）
输入直径或圆上一点：56↙

结果如图10-117所示。

（10）裁剪处理：将 B 点所在的直线拉长，单击“常用”选项卡“修改”面板中的“裁剪”按钮（或者选取“编辑”→“裁剪”菜单），输入命令“trim”。在立即菜单 1 中选择“拾取边界”选项，分别拾取要裁剪的曲线，裁剪结果如图 10-118 所示。

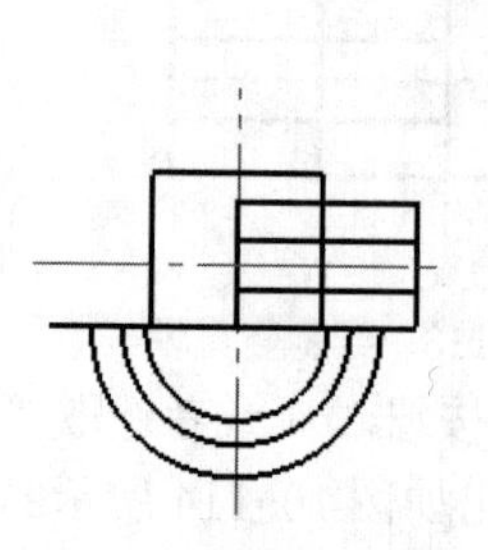
图10-116　裁剪处理

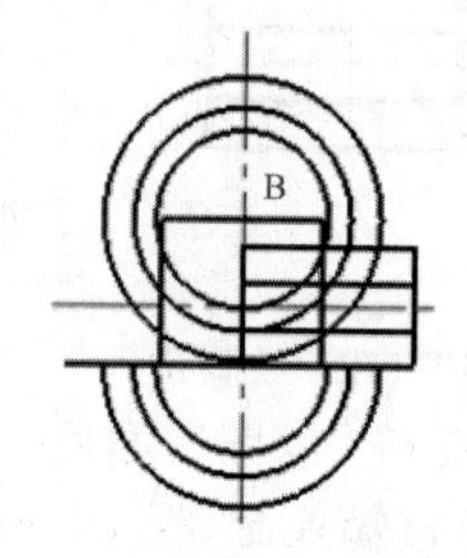

图10-117　绘制圆

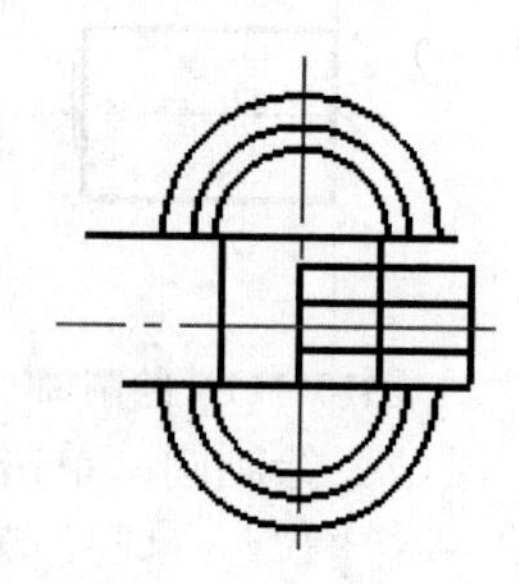
图10-118　裁剪结果

（11）绘制直线：单击“常用”选项卡“绘图”面板中的“直线”按钮（或者选取“绘图”→“直线”→“直线”菜单），输入命令“line”，在立即菜单 1 中选择“两点线”选项，2 中选择“单根”选项，连接中心线右侧的圆弧，结果如图 10-119 所示。

（12）裁剪处理：单击“常用”选项卡“修改”面板中的“裁剪”按钮（或者选取“编辑”→“裁剪”菜单），输入命令“trim”。在立即菜单 1 中选择“快速裁剪”，分别拾取要裁剪的曲线，裁剪结果如图 10-120 所示。

（13）修改线型：拾取孔的线段，单击右键，从弹出的快捷菜单中执行“特性”，将图层修改为“虚线图层”；将中间圆弧和两条水平直线修改为“中心线图层”，结果如图 10-121 所示。

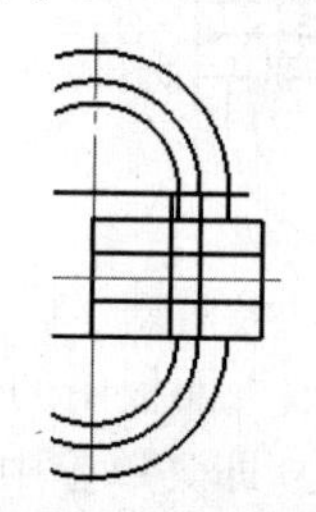
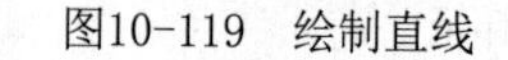
图10-119　绘制直线

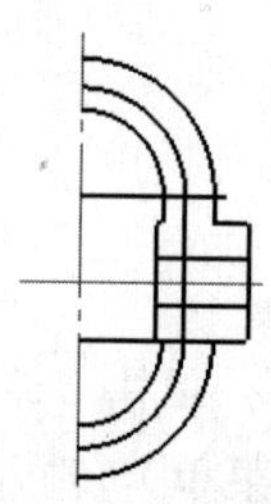
图10-120　裁剪结果

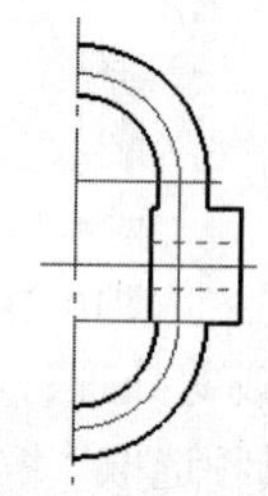
图10-121　修改线型

（14）偏移处理：单击“常用”选项卡“修改”面板中的“等距线”按钮（或者选取“绘图”→“等距线”菜单），输入命令 offest，弹出如图 10-122 所示“等距线”立即菜单，在立即菜单 1 中选择“单个拾取”选项，3 中选择“单向”选项，4 中选择“空心”选项。将水平中心线向下偏移 36、46、50。结果如图 10-123 所示。将竖直中心线向右偏移 20、23、35、40，结果如图 10-124 所示。

1. 单个拾取 ▾ 2. 指定距离 ▾ 3. 单向 ▾ 4. 空心 ▾ 5.距离 36　6.份数 1　7. 保留源对象 ▾ 8. 使用源对象属性 ▾

图10-122　“等距线”立即菜单

（15）裁剪处理：单击“常用”选项卡“修改”面板中的“裁剪”按钮（或者选取“编辑”→“裁剪”菜单），输入命令“trim”。在立即菜单 1 中选择“快速裁剪”选项，分别拾取要裁剪的曲线，裁剪结果如图 10-125 所示。

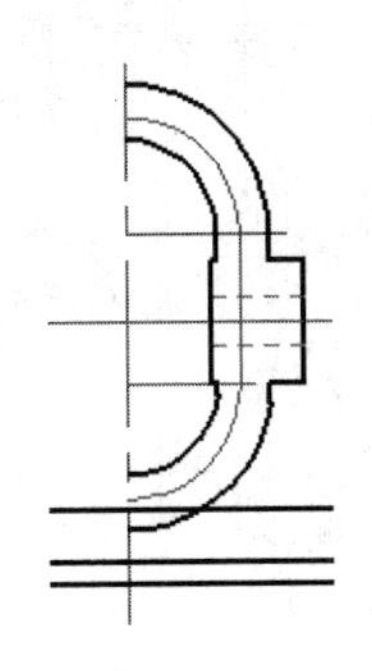

图10-123 偏移处理结果

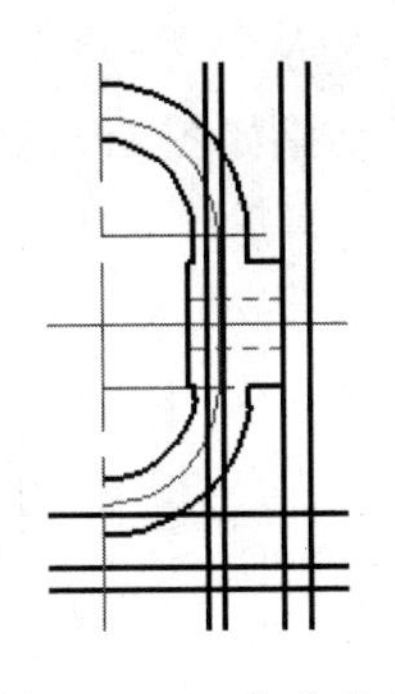

图10-124 偏移处理结果

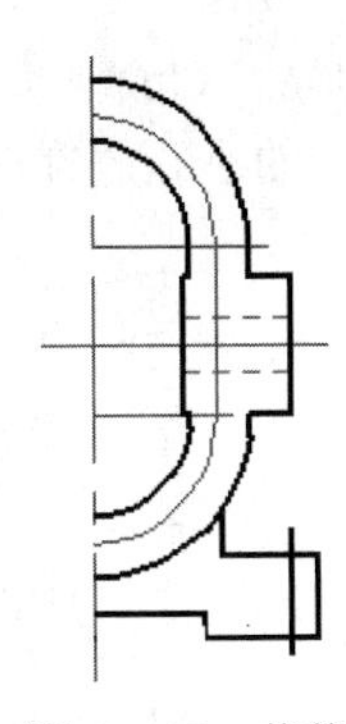

图10-125 裁剪结果

（16）修改线型：拾取步骤 14 生成的右边第二条竖直线段，将其放置在“中心线图层”，结果如图 10-126 所示。

（17）过渡处理：单击“常用”选项卡“修改”面板中的“圆角”按钮（或者选取“修改”→“过渡”→“圆角”菜单），输入命令“fillet”。在立即菜单 1 中选择“裁剪”选项，各个圆角半径设置如图 10-127 所示。

（18）绘制孔：单击“常用”选项卡“绘图”面板中的“孔/轴”按钮（或者选取“绘图”→“孔/轴”菜单），立即菜单选择为“孔”和“无中心线”，输入中心线角度为 90º。插入点拾取为最右端的中心线与轮廓线的交点，孔的直径和长度设置为 6、14。绘制结果如图 10-128 所示。

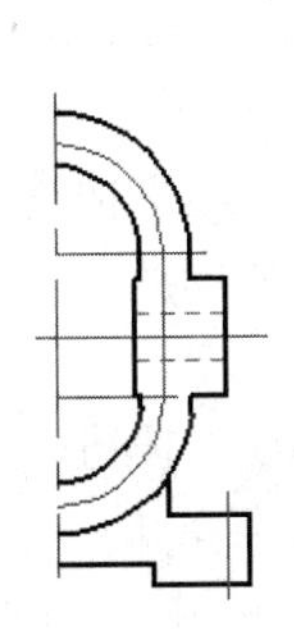

图10-126 修改线型结果

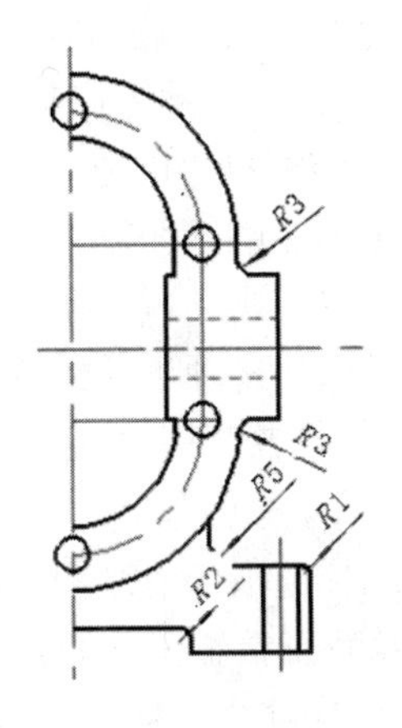

图10-127 圆角修改结果

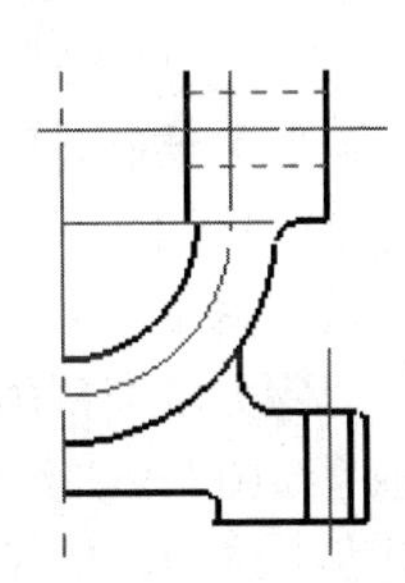

图10-128 绘制孔

（19）绘制圆：单击“常用”选项卡“绘图”面板中的“圆”按钮（或者选取“绘图”→“圆”→“圆”菜单），或者直接输入命令：circle↙。弹出“圆”立即菜单，在立即菜单 1 中选择“圆心_半径”选项，2 中选择“直径”选项，3 中选择“无中心线”选项，绘制直径为 6 的 4 个圆，其位置和最后生成的结果如图 10-129 所示。

（20）镜像处理：单击“常用”选项卡“修改”面板中的“镜像”按钮（或者选取“修改”→“镜像”菜单），输入命令“mirror”，在立即菜单 1 中选择“选择轴线”选项，2 中选择“复制”选项，命令行提示：

```
选择曲线：（拾取图 10-127 中竖直中心线的右端所有图线）
```

拾取轴线：（拾取中间的竖直中心线为轴线）

将左侧的小孔放置在粗实线图层。结果如图10-130所示。

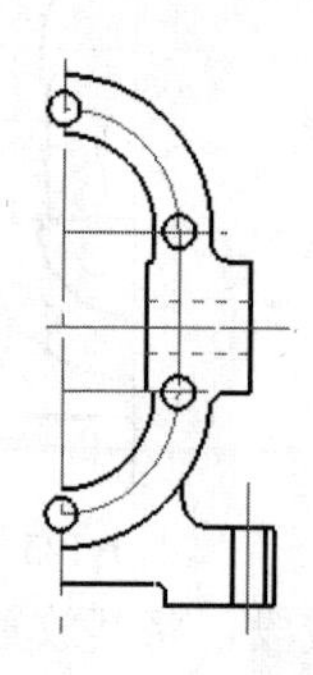

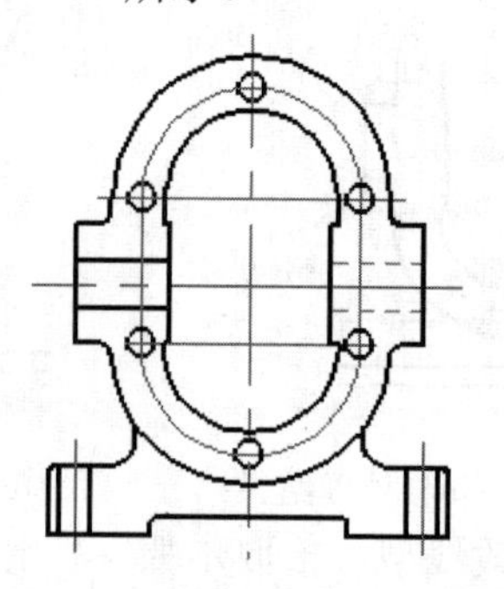

图10-129　绘制圆　　　　图10-130　镜像处理结果

（21）绘制直线：设置“中心线图层”为当前图层。单击“常用”选项卡“绘图”面板中的“直线”按钮（或者选取“绘图”→“直线”→“直线”菜单），输入命令“line”，弹出“直线”立即菜单如图10-131所示。在立即菜单1中选择“角度线”选项，2中选择“Y轴夹角”，4中输入角度为45°。绘制结果如图10-132所示。

1. 角度线　2. Y轴夹角　3. 到点　4.度= 45　5.分= 0　6.秒= 0

图10-131　“直线”立即菜单

（22）绘制圆：设置“粗实线图层”为当前图层。单击“常用”选项卡“绘图”面板中的“圆”按钮（或者选取“绘图”→“圆”→“圆”菜单），或者直接输入命令：circle↙。弹出“圆”立即菜单，在立即菜单1中选择“圆心_半径”选项，2中选择“直径”选项，3中选择“无中心线”选项，绘制直径为5的两个圆，其位置和最后生成的结果如图10-133所示。

（23）绘制轮廓曲线：单击“常用”选项卡“绘图”面板中的“波浪线”按钮（或者选取“绘图”→“波浪线”菜单），或者直接输入命令：wavel↙，在立即菜单1中设置“波峰”为2，绘制如图10-134所示的波浪线。

（24）填充剖面线：单击“常用”选项卡“绘图”面板中的“剖面线”按钮（或者选取“绘图”→“剖面线”菜单），或者直接输入命令：hatch↙。在立即菜单1中选择“拾取边界”选项，2中选择“不选择剖面图案”选项，3中输入比例为3，4中输入角度为45，5中输入间距错开为0，拾取样条曲线包围的部分，填充剖面线结果如图10-135所示。

（25）绘制左视图：单击“常用”选项卡“绘图”面板中的“直线”按钮（或者选取“绘图”→“直线”→“直线”菜单），输入命令“line”，在立即菜单1中选择“两点线”选项，2中选择“单根”选项，在状态栏中选择“正交”。从主视图引出如图10-136所示的直线。

（26）偏移处理：单击“常用”选项卡“修改”面板中的“等距线”按钮（或者选取“绘图”→“等距线”菜单），输入命令offest，在立即菜单1中选择“单个拾取”选项，3中选择“单向”选项，4中选择“空心”选项；将左视图中的竖直中心线向左侧偏移10.4、12。结果如图10-137所示。

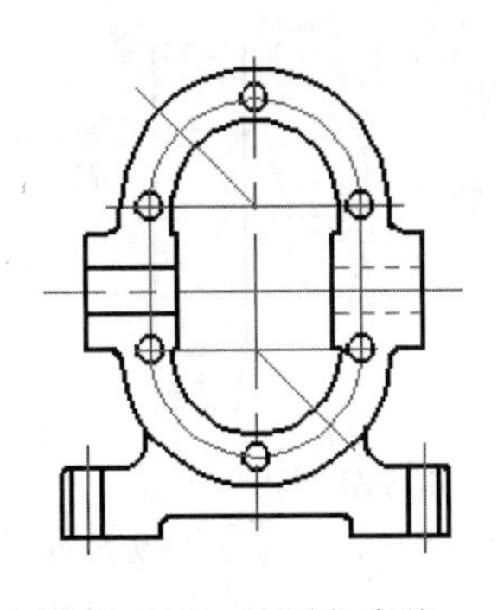
图10-132 绘制角度线

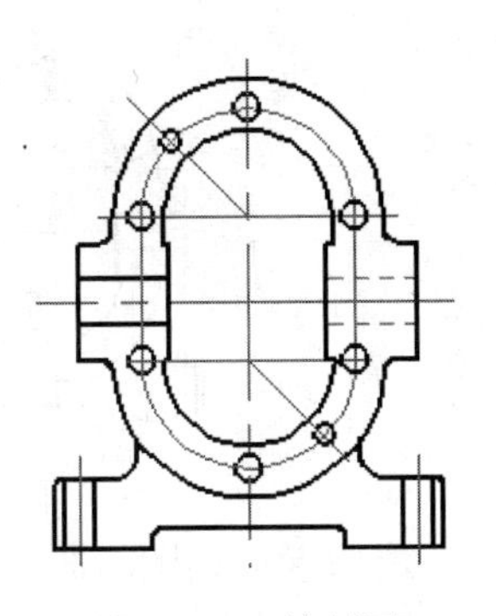
图10-133 绘制圆

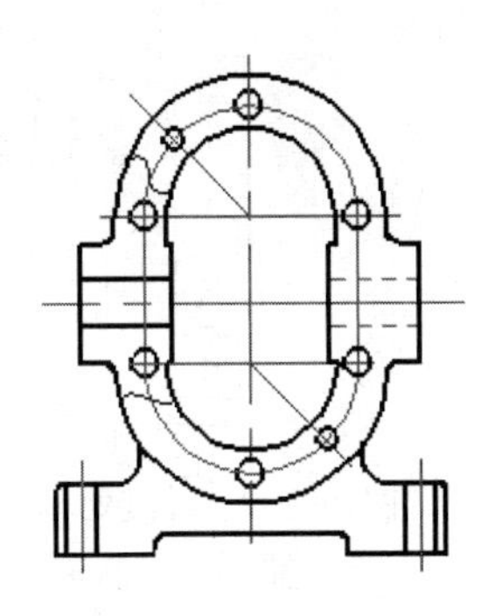
图10-134 绘制波浪线

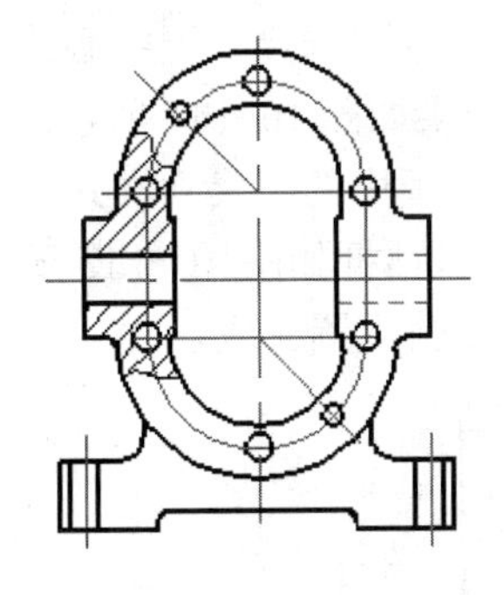
图10-135 填充剖面线结果

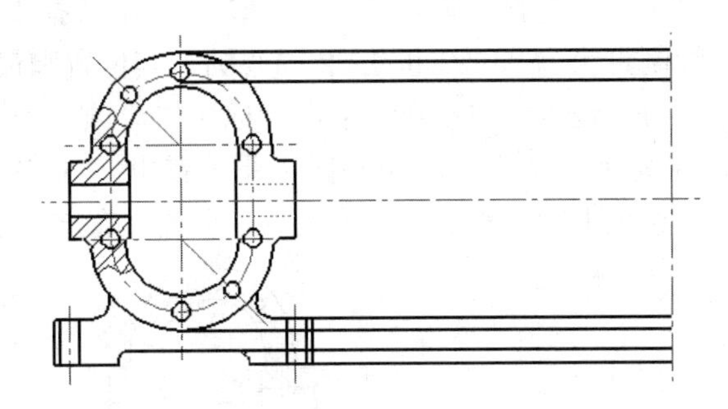
图10-136 绘制直线

（27）裁剪处理：单击“常用”选项卡“修改”面板中的“裁剪”按钮（或者选取“编辑”→“裁剪”菜单），输入命令“trim”。在立即菜单 1 中选择“拾取边界”选项，输入命令“trim”。更改立即菜单 1 为“快速裁剪”选项，分别拾取要裁剪的曲线，裁剪结果如图 10-138 所示。

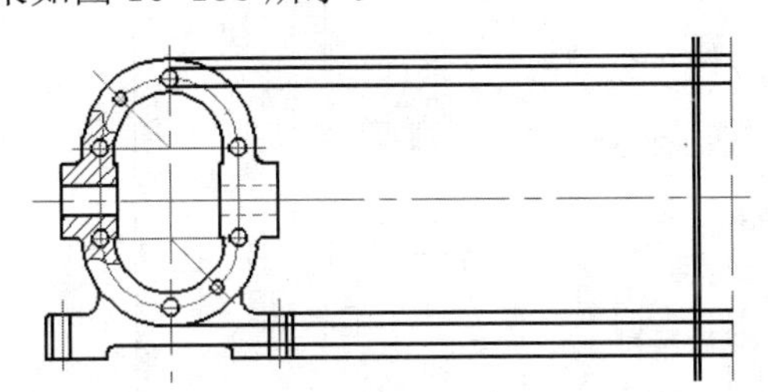
图10-137 偏移结果

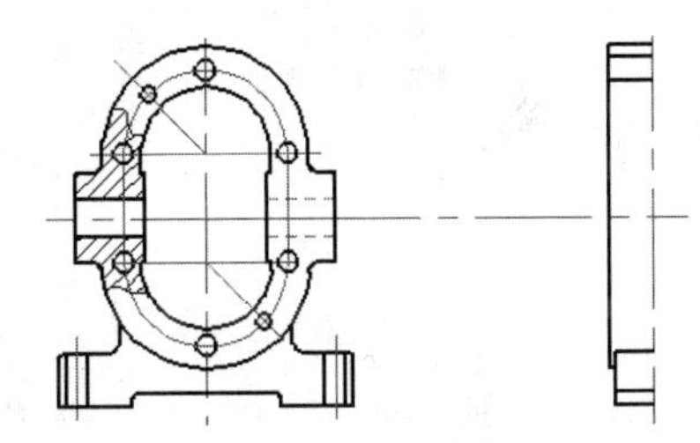
图10-138 裁剪处理

（28）过渡处理：单击“常用”选项卡“修改”面板中的“圆角”按钮（或者选取“修改”→“过渡”→“圆角”菜单），输入命令“fillet”。在立即菜单 1 中选择“裁剪始边”选项，圆角半径设置为 1.6，如图 10-139 所示。

（29）镜像处理：单击“常用”选项卡“修改”面板中的“镜像”按钮（或者选取“修改”→“镜像”菜单），输入命令“mirror”，在立即菜单 1 中选择“选择轴线”选项，2 中选择“放置”选项，命令行提示：

选择曲线：（拾取图 10-139 中竖直中心线的左端所有图线）

拾取轴线：（拾取中间的竖直中心线为轴线）

结果如图 10-140 所示。

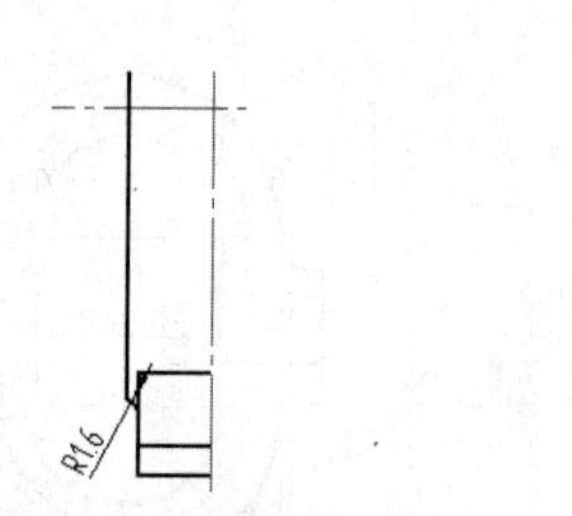

图10-139　过渡处理

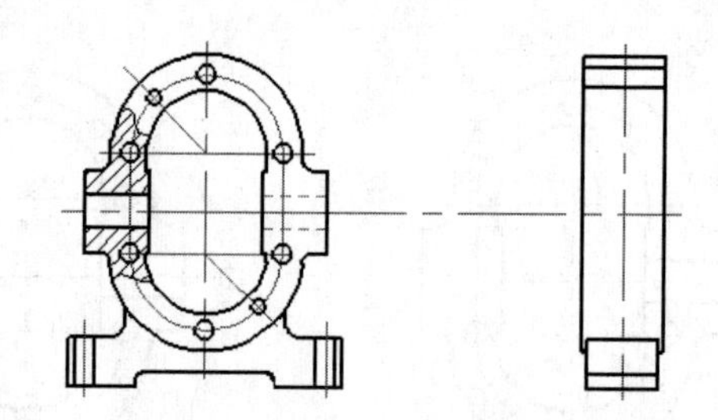

图10-140　镜像处理

（30）绘制圆：单击“常用”选项卡“绘图”面板中的“圆”按钮（或者选取“绘图”→“圆”→“圆”菜单），或者直接输入命令：circle↙。弹出“圆”立即菜单，在立即菜单 1 中选择“圆心_半径”选项，2 中选择“直径”选项，3 中选择“无中心线”选项，绘制直径为 23.52 和 9.52 同心圆，其位置和最后生成的结果如图 10-141 所示。

（31）设置标注参数。单击“标注”选项卡“标注样式”面板中的“尺寸样式”按钮，或执行“格式”→“尺寸”，系统弹出 “标注风格设置”对话框如图 10-142 所示，在文本选项卡中设置文字高度为 5，单击“确定”按钮。标注参数设置完成。

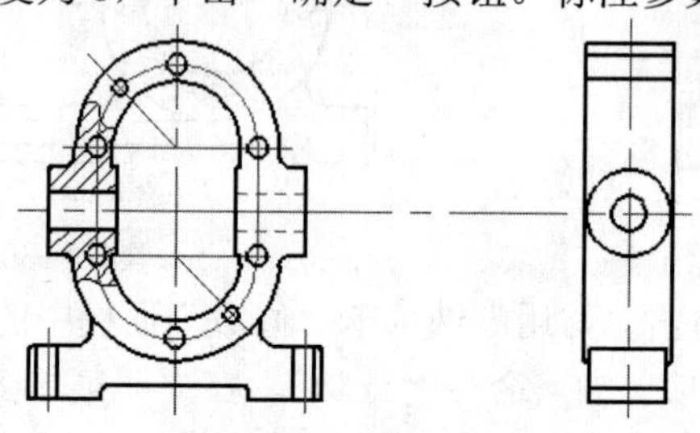

图10-141　绘制圆

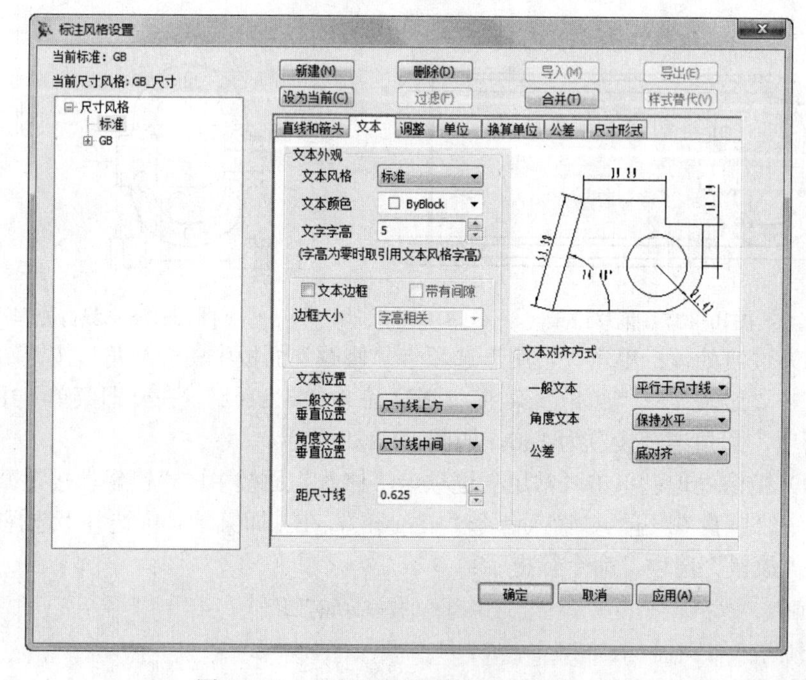

图10-142　“标注风格设置”对话框

（32）标注尺寸：单击“常用”选项卡“标注”面板中的“尺寸标注”按钮（或者选取“标注”→“尺寸标注”→“基本”菜单），输入命令为“dim”。在立即菜单 1 中选择“基本标注”选项，然后按照立即菜单下方的状态栏中的提示选择标注元素，依次选择直线，屏幕左下角出现“尺寸标注”立即菜单，各选项的选择方式如图 1-143 所示（注意：第 3 项选择“长度”，第 6 和 7 项中空白），然后在绘图区移动光标，选择合适的位置单击鼠标，标注长度尺寸结果如图 10-144 所示。

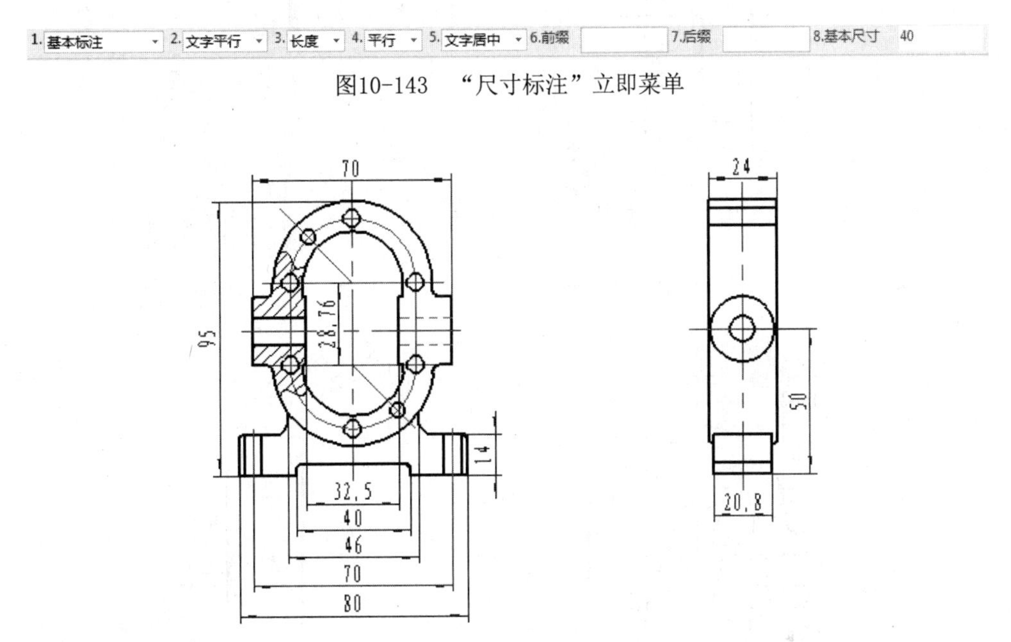

图10-143 “尺寸标注”立即菜单

图10-144 标注长度尺寸

（33）标注直径尺寸：单击“常用”选项卡“标注”面板中的“尺寸标注”按钮（或者选取“标注”→“尺寸标注”→“基本”菜单），输入命令为“dim”。在立即菜单 1 中选择“基本标注”选项，然后按照立即菜单下方的状态栏中的提示选择标注元素，依次选择圆，屏幕左下角出现“尺寸标注”立即菜单，各选项的选择方式如图 10-145 所示（注意：第 3 项选择“直径”， 第 5 项中显示“%c”，此标志代表直径 ϕ），然后在绘图区移动鼠标，选择合适的位置单击鼠标，标注直径尺寸结果如图 10-146 所示。

1. 基本标注　2. 文字平行　3. 直径　4. 平行　5. 文字居中　6.前缀 %c　7.后缀　8.基本尺寸 6

图10-145 “尺寸标注”立即菜单

（34）标注半径尺寸：单击“常用”选项卡“标注”面板中的“尺寸标注”按钮（或者选取“标注”→“尺寸标注”→“基本”菜单），输入命令为“dim”。在立即菜单 1 中选择“基本标注”选项，然后按照立即菜单下方的状态栏中的提示选择标注元素，依次选择圆弧，屏幕左下角出现尺寸标注立即菜单，各选项的选择方式如图 1-147 所示（注意：第 3 项选择“半径”，第 5 项中显示“*R*”），然后在绘图区移动光标，选择合适的位置单击，标注半径尺寸结果如图 10-148 所示。

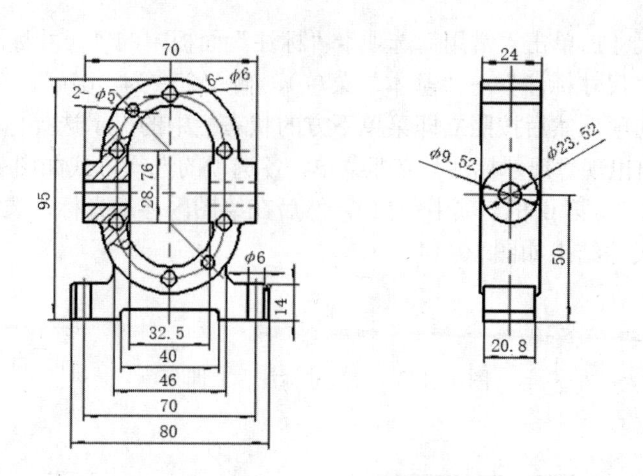

图10-146　标注直径尺寸

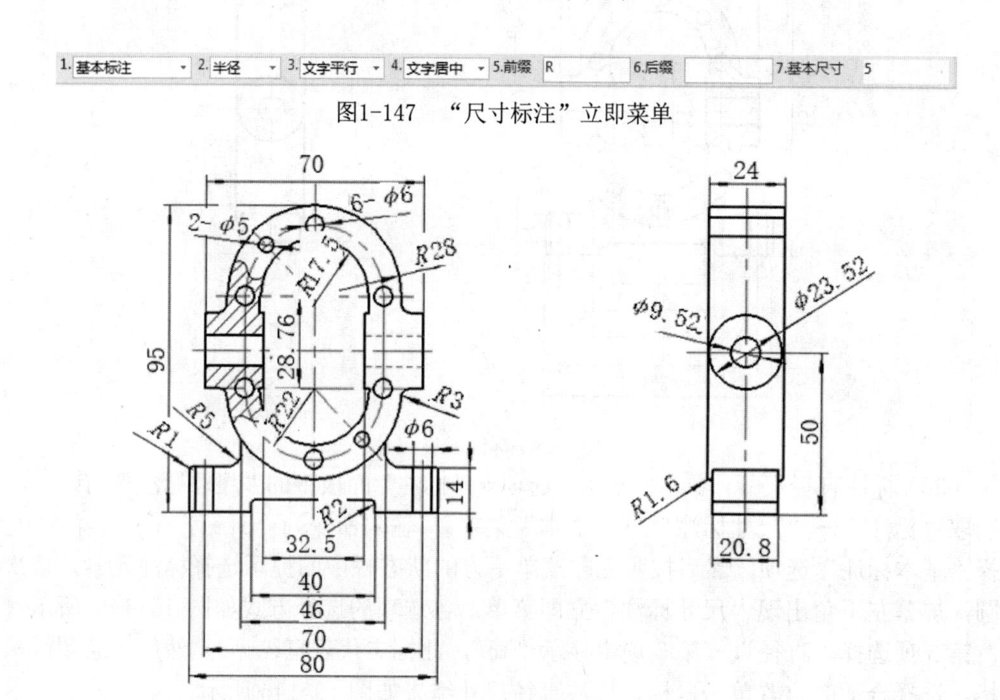

图1-147　“尺寸标注”立即菜单

图10-148　标注半径尺寸

（35）标注角度尺寸：单击“常用”选项卡“标注”面板中的“尺寸标注”按钮（或者选取“标注”→“尺寸标注”→“基本”菜单），输入命令为“dim”，屏幕左下角出现标注立即菜单，如图 10-149 所示。在立即菜单 1 中选择“基本标注”选项，然后按照立即菜单下方的状态栏中的提示选择标注元素，然后在绘图区移动光标，选择合适的位置单击鼠标。

1.基本标注	2.默认位置	3.文字水平	4.度	5.文字居中	6.前缀	7.后缀	8.基本尺寸 45%d

图10-149　“尺寸标注”立即菜单

（36）修改尺寸：单击“标注”选项卡“修改”面板中的“标注编辑”按钮（或者选取“修改”→“标注编辑”），输入命令为“dimedit”，在视图中选择 2× ⌀5 尺寸，弹出标注编辑立即菜单，在立即菜单 1 中选择“尺寸线位置”选项，2 中“文字水平”，然后在绘图区移动鼠标，选择合适的位置单击鼠标。同上修改 6× ⌀6 尺寸为水平位置；结果如图 10-150 所示。

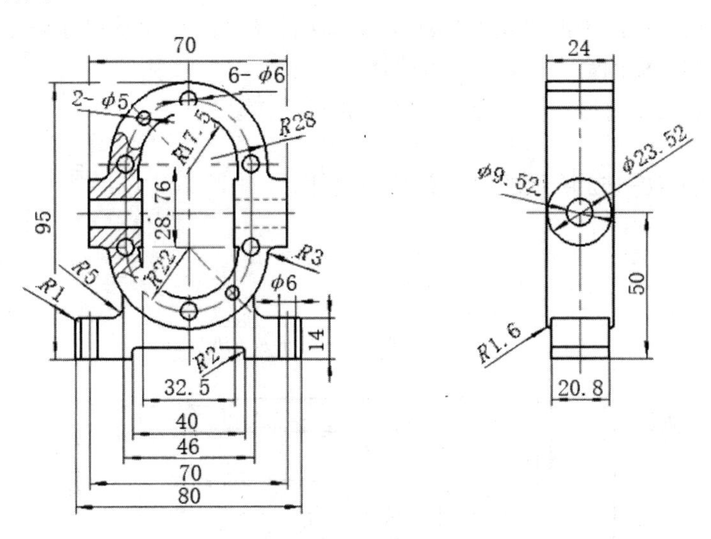

图10-150 齿轮泵基体

10.15 实践与操作

1. 绘制如图 10-151 所示的轴承座并标注尺寸。

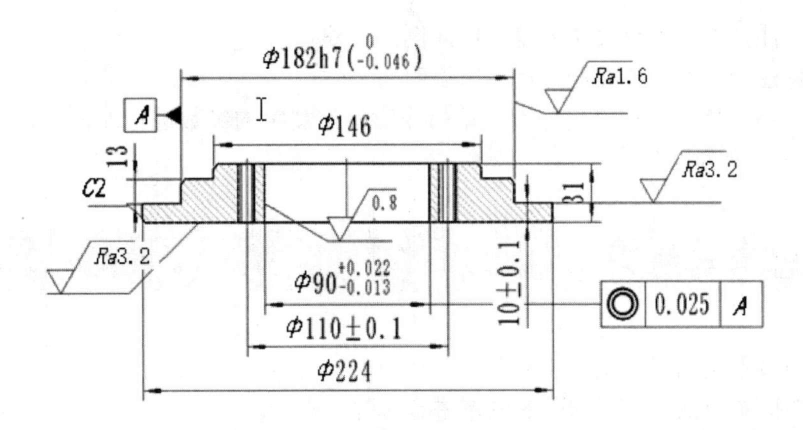

图10-151 轴承座

操作提示：

（1）将当前图层设置为 0 图层，利用孔/轴命令绘制图中的外轮廓及中心孔。

（2）在相应图层绘制两螺纹孔。

（3）裁减、删除多余线段后，绘制剖面线。

（4）利用尺寸标注中的“基本标注”方式标注图中的尺寸及尺寸公差。

（5）利用倒角标注命令标注图中的倒角。

（6）标注表面粗糙度符号、基准符号、形位公差。

2．绘制如图 10-152 所示的柱塞并标注尺寸。

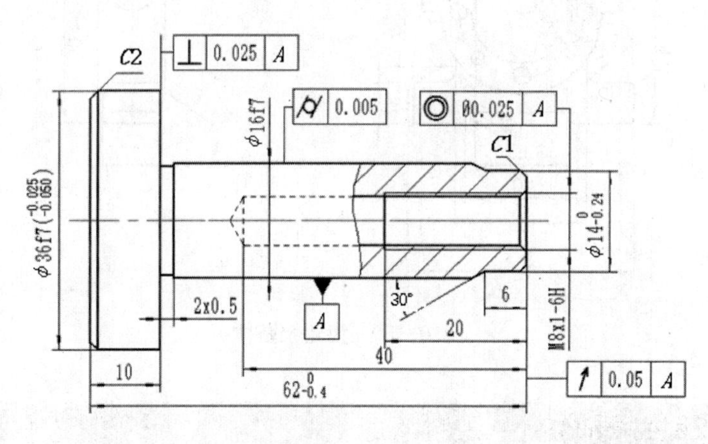

图10-152　柱塞

操作提示：

（1）绘制图形（要用到孔/轴命令、过渡命令中的外倒角方式、直线命令中的角度线方式等）。

（2）标注基本尺寸及尺寸公差、标注倒角尺寸。

（3）标注形位差、基准符号及引出说明。

（4）利用“格式”→“尺寸”菜单命令对标注文字的参数进行编辑，将文字高度变为 6，箭头长度变为以 5。

10.16 思考与练习

1．如何设置绘图区的文字参数和标注参数？

2．对前面章节课后练习题中的图形进行标注。

3．绘制图 10-153 所示的图形并进行相应的标注。

4．绘制图 10-154 所示的图形并进行相应的标注。

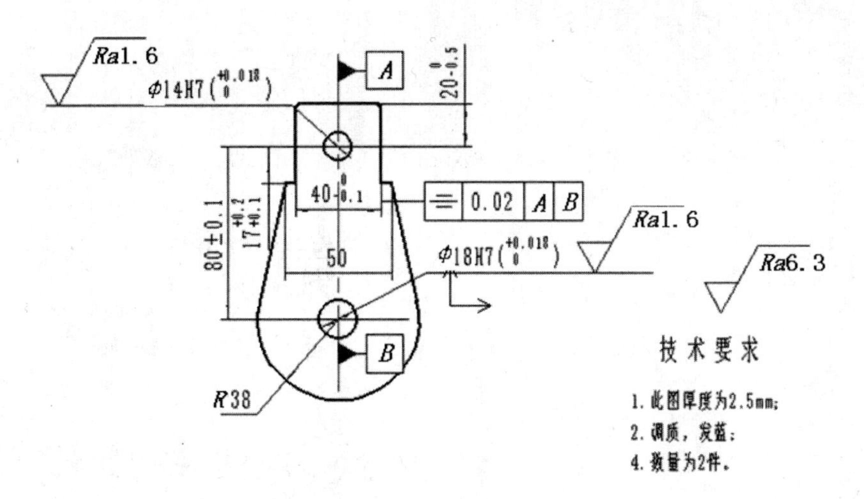

图10-153　练习3图形

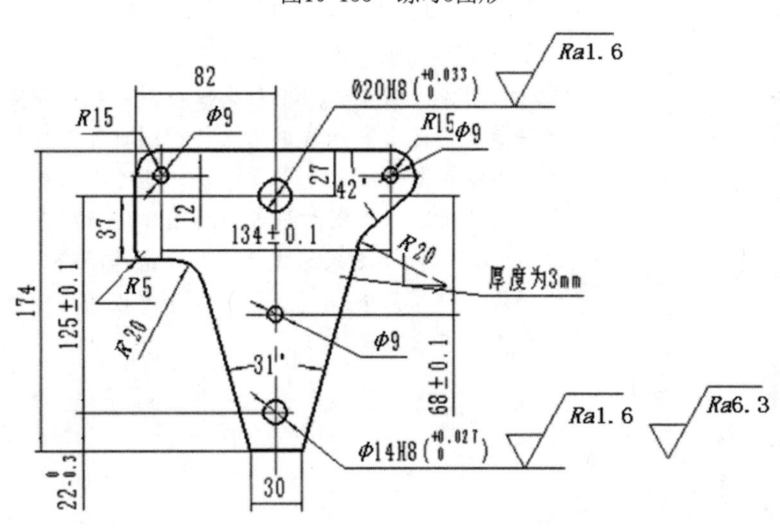

图10-154　练习4图形

第 11 章

块操作与库操作

CAXA CAD 电子图板提供了将不同类型的图形元素组合成块的功能，块是由多种不同类型的图形元素组合而成的整体，组成块的元素属性可以同时被编辑修改；提供强大的标准零件库。在设计绘图时可以直接提取这些图形插入图中，避免重复劳动，还可以自行定义要用到的其他标准件或图形符号，对图库进行扩充。充分利用CAXA CAD 电子图板的块操作和库操作功能，能够提高绘图效率。本章介绍CAXA CAD 电子图板的块操作、库操作和块的在位编辑功能。

- 块操作
- 块的在位编辑
- 库操作

块操作和编辑命令主要集中在“绘图”→“块”菜单、“块操作”和“块在位编辑”工具栏，如图 11-1 所示；库操作命令主要集中在“绘图”→“图库”菜单和“图库”工具栏，如图 11-2 所示；“插入”选项卡，如图 11-3 所示。

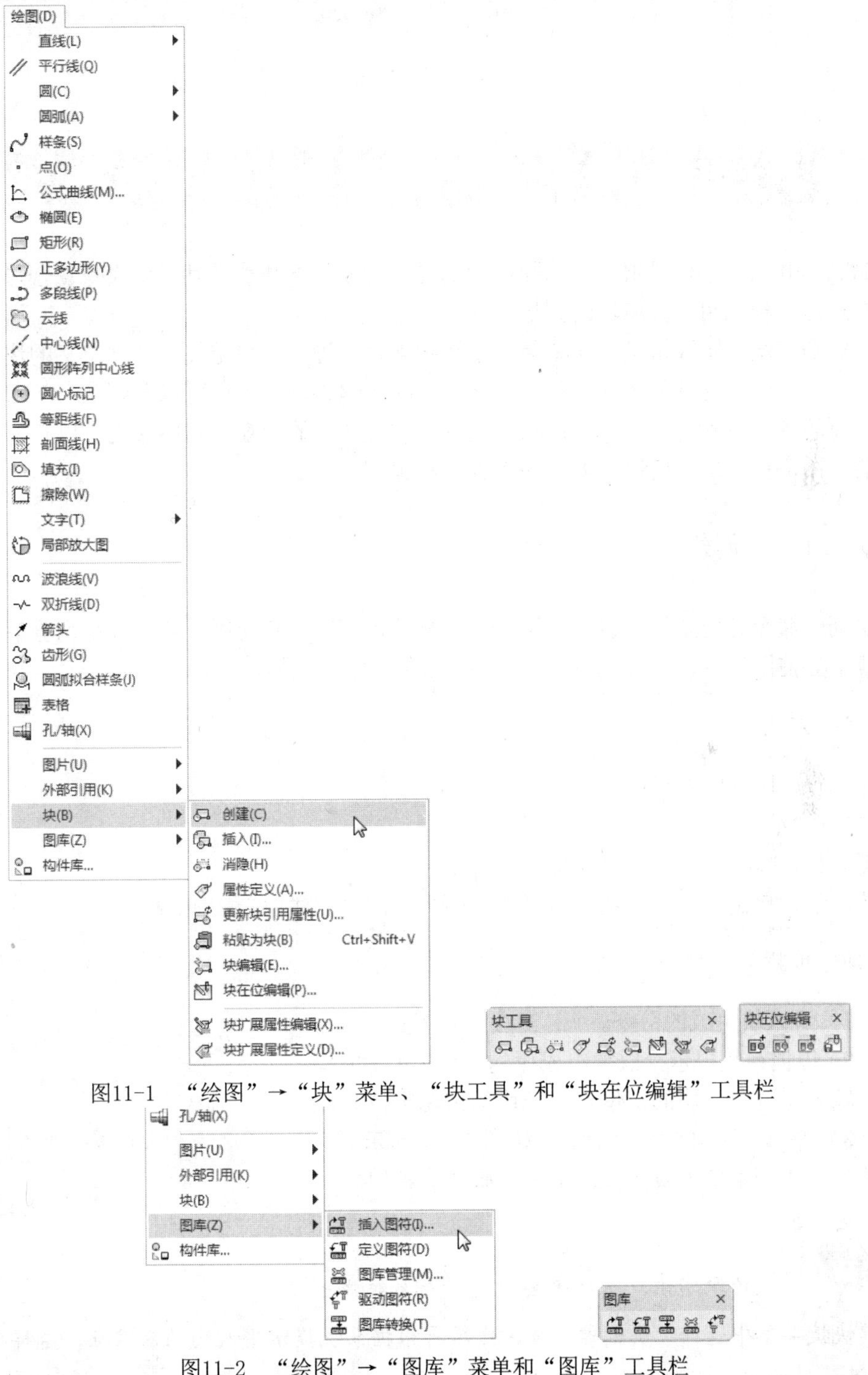

图11-1 “绘图”→“块”菜单、“块工具”和“块在位编辑”工具栏

图11-2 “绘图”→“图库”菜单和“图库”工具栏

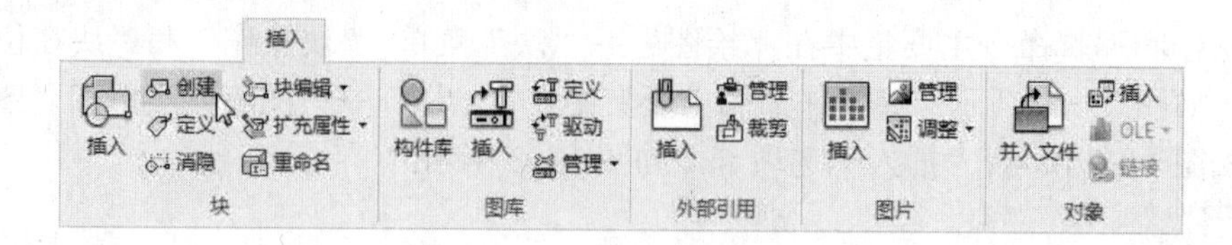

图11-3 “插入”选项卡

11.1 块操作

CAXA CAD 电子图板提供了将不同类型的图形元素组合成块的功能。块是复合形式的图形元素，是一种应用十分广泛的图形元素。

CAXA CAD 电子图板定义的块是复合型图形实体，可由用户定义，经过定义的块可以像其他图形元素一样进行整体的平移、旋转、复制等编辑操作；块可以被打散，即将块分解为结合前的各个单独的图形元素；利用块可以实现图形的消隐；利用块还可以存储与该块相关的非图形信息即块属性，如块的名称、材料等。

11.1.1 块创建

块创建命令是用来将一组实体组成一个整体，可以嵌套使用。其逆过程为分解。生成的块位于当前图层。

执行方式

命令行：block

菜单：“绘图”→“块”→“创建”

工具栏：“块工具”工具栏→

选项卡：单击“插入”选项卡“块”面板中的“创建块”按钮

操作步骤

（1）进入块生成的命令。

（2）根据系统提示拾取欲组成块的实体，单击右键确认后输入定位点（块的定位点用于块的拖动定位）。

（3）弹出“块定义”对话框，如图 11-4 所示。在“名称”文本框中输入块名称，单击“确定”按钮。

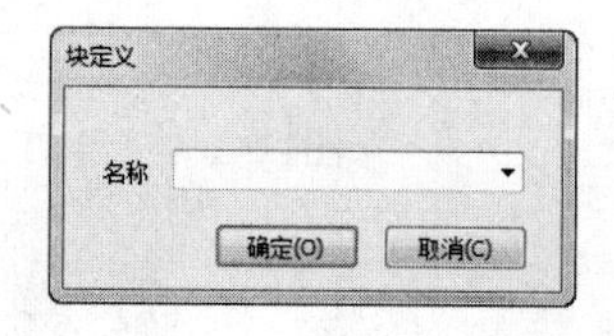

图11-4 “块定义”对话框

先拾取实体，然后单击右键，在系统弹出的右键快捷菜单中选择“块创建”项，然后再根据系统提示输入块的基准点，这样也能生成块。

11.1.2 块插入

块插入命令是用来将一组实体组成一个整体，可以嵌套使用。其逆过程为分解。生成的块位于当前图层。

执行方式

命令行：insertblock

菜单："绘图"→"块"→"插入"

工具栏："块工具"工具栏→

选项卡：单击"插入"选项卡"块"面板中的"插入"按钮

操作步骤

（1）进入块插入的命令；弹出"块插入"对话框，如图 11-5 所示，在对话框中选择要插入的块，并设置插入块的比例和角度，单击"确定"按钮。

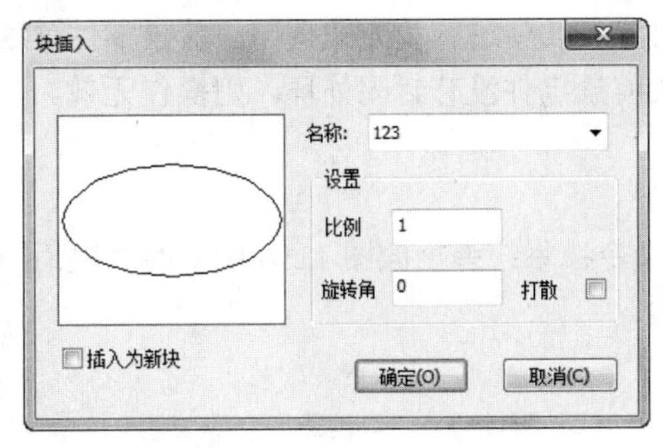

图11-5 "块插入"对话框

（2）根据系统提示输入插入点。

11.1.3 分解

分解命令是用来将块打散成为单个实体，其逆过程为块创建。

执行方式

命令行：explode

菜单："修改"→"分解"

工具栏："编辑工具"工具栏→

选项卡：单击"常用"选项卡"修改"面板中的"分解"按钮

操作步骤

（1）进入分解的命令。

（2）根据系统提示拾取一个或多个欲分解的块，最后单击右键加以确认即可。

注意

对于嵌套多级的块，每次打散一级。非打散的图符、标题栏、图框、明细表、剖面线等其属性都是块。

11.1.4 块消隐

执行方式

命令行：hide

菜单：“绘图”→“块”→“消隐”

工具栏：“块工具”工具栏→

选项卡：单击“插入”选项卡“块”面板中的“消隐”按钮

选项说明

用前景零件的外环对背景实体进行填充式调整。前景零件可以是任何块，包括系统绘制的各种工程图符。如果前景零件没有封闭外环，则操作无效。

操作步骤

（1）进入块消隐的命令；系统弹出如图 11-6 所示的“块消隐”立即菜单，在立即菜单 1 中选择“消隐”选项。

1. 消隐

图11-6 “块消隐”立即菜单

（2）根据系统提示拾取欲消隐的块即可，拾取一个消隐一个，可连续操作。

注意

在块消隐的命令状态下，拾取已经消隐的块即可取消消隐。只是这时要注意在块消隐立即菜单 1 中选择“取消消隐”选项。

11.1.5 块属性

块属性命令是用来赋予、查询或修改块的非图形属性。如：材料、密度、质量、强度、刚度等非图形属性。其属性可以在标注零件序号时，自动映射到明细表中。

执行方式

命令行：attrib

菜单：“绘图”→“块”→“属性定义”

工具栏：“块工具”工具栏→

选项卡：单击“插入”选项卡“块”面板中的“属性定义”按钮

(1) 进入块属性定义的命令。

(2) 根据系统提示拾取块，系统弹出“属性定义”对话框，如图 11-7 所示。

(3) 按需要填写各属性值，填写完毕后单击“确定”按钮即可。

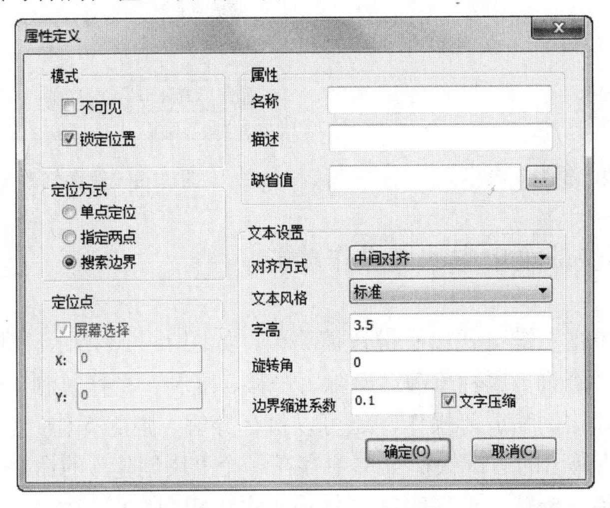

图11-7 “属性定义”对话框

在“属性定义”对话框中所填写的内容将与块一同存储。同时利用该对话框也可以对已经存在的块属性进行修改。

11.1.6 块编辑

在只显示所编辑的块的形式下对块的图形和属性进行编辑。

命令行： bedit。

菜单：“绘图”→“块”→“块编辑”

工具栏：“块工具”工具栏→

选项卡：单击“插入”选项卡“块”面板中的“块编辑”按钮

操作步骤

(1) 按照命令栏提示拾取需要编辑的块，进入块编辑状态。出现“块编辑”工具栏，如图 11-8 所示。

(2) 对块进行绘制和修改等操作。单击“块编辑”工具栏中的“属性定义”按钮对块的属性进行编辑。

(3) 编辑结束后，单击“块编辑”工具栏中的“退出块编辑”按钮，弹出对话框如

图 11-9 所示。单击“是”按钮保存对块的编辑修改，单击“否”按钮取消本次块编辑操作。

图11-8 “块编辑”工具栏

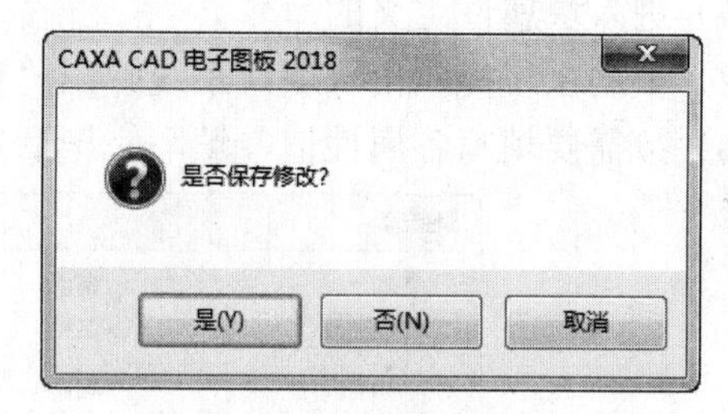

图11-9 保存修改窗口

11.1.7 右键快捷菜单中的块操作功能

拾取块以后，单击右键可弹出右键快捷菜单，如图 11-10 所示。利用该快捷菜单可以对拾取的块执行属性查询、属性修改、删除、平移、复制、平移复制、带基点复制、粘贴、旋转、镜像、阵列和比例缩放等操作，还可以执行分解、消隐操作。当拾取一组非块实体后，单击右键，系统弹出的右键快捷菜单中存在一个“块创建”的命令，如图 11-11 所示。

块的平移、删除、旋转、镜像等操作与一般实体相同，但是块是一种特殊的实体，它除了拥有一般实体的特性以外，还拥有一些其他实体所没有的特性，如线型、颜色、图层等，下面主要介绍一下如何改变块的线型和颜色。操作步骤如下：

（1）绘制好所需定义块的图形。

（2）用窗口方式拾取绘制好的图形，单击右键，在弹出的快捷菜单中单击“特性”选项。系统弹出“特性”对话框，如图 11-12 所示。

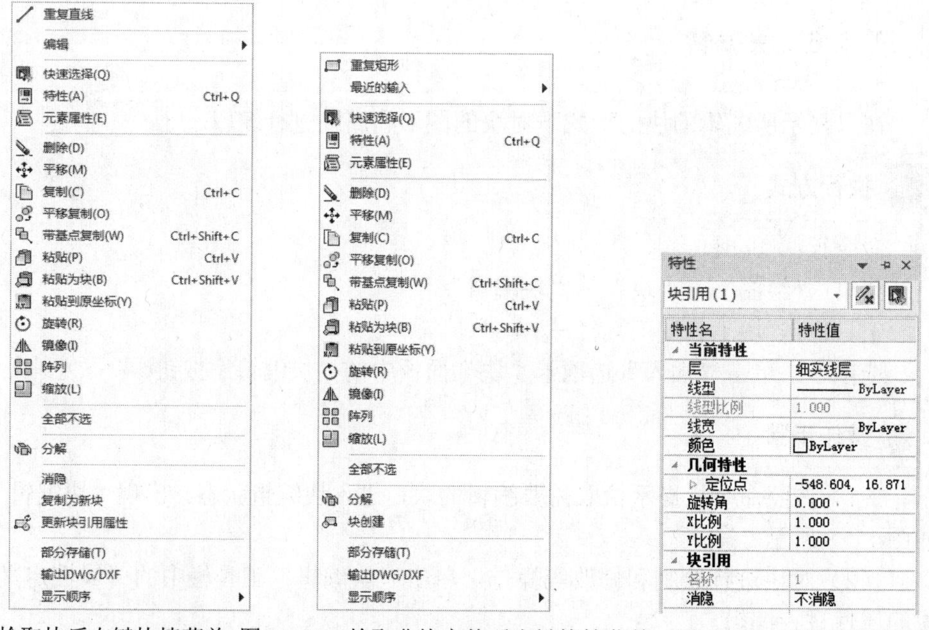

图 11-10 拾取块后右键快捷菜单 图 11-11 拾取非块实体后右键快捷菜单 图 11-12 “特性”对话框

（3）在弹出的菜单中将线型和颜色均改为BYBLOCK，具体方法在第2章中已有详细的说明。

（4）将本节绘制的图形定义成块。

（5）选择刚生成的块，再次单击右键，选择“属性修改”选项，修改线型和颜色。

（6）在属性修改对话框中单击“确定”按钮后，可以看到刚才生成的块已变为自己定义的线型和颜色。

11.2 块的在位编辑

11.2.1 块在位编辑

块在位编辑命令是用来在不打散块的情况下编辑块内实体的属性，如修改颜色、图层等，也可以向块内增加实体或从块中删除实体等。

执行方式

菜单：“绘图”→“块”→“块在位编辑”

工具栏：“块工具”工具栏→

选项卡：单击“插入”选项卡“块”面板中“块编辑”选项下拉菜单中的“块在位编辑”按钮

操作步骤

（1）进入块在位编辑命令。

（2）根据系统提示拾取块在位编辑的实体，单击右键确认。

11.2.2 添加到块内

添加到块内命令是用来向块内添加实体。

执行方式

工具栏：“块在位编辑”工具栏→

选项卡：单击“块在位编辑”选项卡“编辑参照”面板中的“添加到块内”按钮

操作步骤

（1）进入添加到块内命令。

（2）根据系统提示拾取要添加到块内的实体，单击右键确认。

11.2.3　从块中移出

从块内移除命令是用来把实体从块中移出，而不是从系统中删除。

执行方式

工具栏："块在位编辑"工具栏→

选项卡：单击"块在位编辑"选项卡"编辑参照"面板中的"从块内移除"按钮

操作步骤

（1）进入从块中移出命令。

（2）根据系统提示拾取要移出块的实体，单击右键确认。

11.2.4　不保存退出

不保存退出命令是用来放弃对块进行的编辑，退出块在位编辑状态。

执行方式

工具栏："块在位编辑"工具栏→

选项卡：单击"块在位编辑"选项卡"编辑参照"面板中的"不保存退出"按钮

操作步骤

（1）进入不保存退出命令。

（2）系统自动退出块在位编辑状态。

11.2.5　保存退出

保存退出命令是用来对进行的修改进行保存，会更新块。

执行方式

工具栏："块在位编辑"工具栏→

选项卡：单击"块在位编辑"选项卡"编辑参照"面板中的"保存退出"按钮

11.3　库操作

CAXA CAD 电子图板已经定义了在设计时经常要用到的各种标准件和常用的图形符号，如螺栓、螺母、轴承、垫圈、电气元件等。在设计绘图时可以直接提取这些图形插入图中，避免不必要的重复劳动，提高绘图效率。还可以自行定义自己要用到的其他标准件或图形符号，即对图库进行扩充。

CAXA CAD 电子图板对图库中的标准件和图形符号统称为图符。图符分为参量图符和固定图符。电子图板为用户提供了对图库的编辑和管理功能。此外，对于已经插入图中的参量图符，还可以通过尺寸驱动功能修改其尺寸规格。用户对图库可以进行的操作有：提取图符、定义图符、驱动图符、图库管理、图库转换等。

11.3.1 提取图符

提取图符就是从图库中选择合适的图符(如果是参量图符还要选择其尺寸规格)，并将其插入到图中合适的位置。

执行方式

命令行：sym

菜单：“绘图”→“图库”→“提取图符”

工具栏：“图库”工具栏→

选项卡：单击“提取”选项卡“图库”面板中的“提取图符”按钮

操作步骤

（1）进入提取图符的命令；弹出“提取图符”对话框，如图 11-13 所示。

（2）在对话框中选定要提取的图符，单击“下一步”按钮；在“提取图符”对话框中，选择要提取的图符。

（3）系统弹出“图符预处理”对话框如图 11-14 所示，在设置完各个选项并选取了一组规格尺寸后，单击“完成”按钮。

在“图符预处理”对话框中可以对已选定的参量图符进行尺寸规格的选择，以及设置图符中尺寸标注的形式、是作为一个整体提取还是打散为各图形元素、是否进行消隐，对于有多个视图的图符还可以选择提取哪几个视图。“图符预处理”对话框操作方法如下：

◆尺寸规格选择：从左边“尺寸规格选择”一栏的表格中选择合适的规格尺寸。可以用鼠标或键盘将插入符移到任一单元格并输入数值来替换原有的数值。按下 F2 键则当前单元格进入编辑状态且插入符被定位在单元格内文本的最后。列出的尺寸变量名后如果有星号说明该尺寸是系列尺寸，单击相应行中系列尺寸对应的单元格，单元格右端将出现一按钮，单击此按钮弹出一个下拉框，从中选择合适的系列尺寸值；尺寸变量名后如果有问号说明该尺寸是动态尺寸，如果单击右键相应行中动态尺寸对应的单元格，单元格内尺寸值后将出现一问号，这样在插入图符时可以通过鼠标拖动来动态决定该尺寸的数值。再次单击右键该单元格则问号消失，插入时不作为动态尺寸。确定系列尺寸和动态尺寸后单击相应行左端的选择区选择一组合适的规格尺寸。

◆尺寸开关：控制图符提取后的尺寸标注情况，“关”表示提取出的图符不标注任何尺寸；“尺寸值”表示提取后标注实际尺寸值；“尺寸变量”表示提取出的图符里的尺寸文本是尺寸变量名，而不是实际尺寸值。

◆图符预览区：位于对话框的右边，下面排列有 6 个视图控制开关，单击可打开或关闭任意一个视图，被关闭的视图将不被提取出来。

◆如果预览区里的图形显示太小，单击右键预览区内任一点，则图形将以该点为中心放大显示，可以反复放大；在预览区内同时按下鼠标的左右两键则图形恢复最初的显示大小。

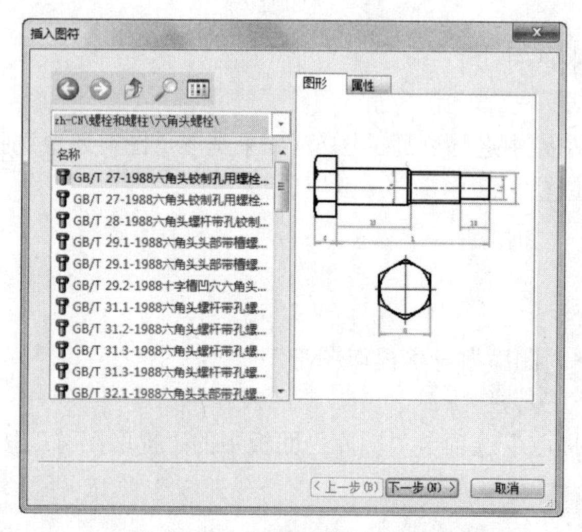

图 11-13 “提取图符”对话框

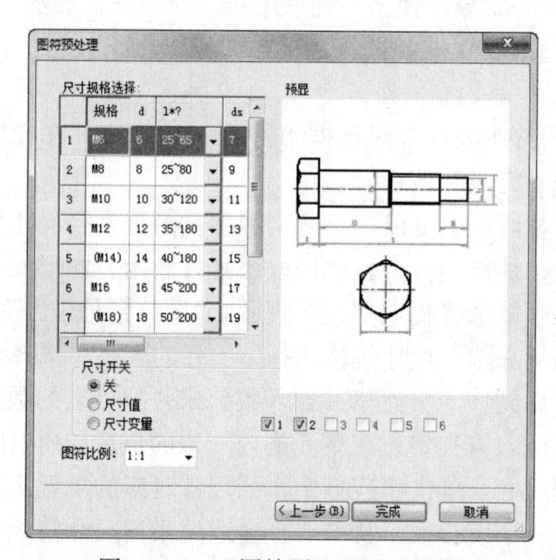

图 11-14 “图符预处理”对话框

注意

如果在第 2 步中选定的是固定图符，则略过第 3 步而直接进入下面第 4 步插入图符的交互过程，通过交互将图符插入到图中合适的位置。

（4）确定了要提取的图符并做了相应选择后，对话框消失，在十字光标处将出现提取的图符的第一个打开的视图。图符的基点被吸附在光标的中心。图符的位置随十字光标的移动而移动。

如果提取的是固定图符，则弹出立即菜单，要求指定横向放缩倍数和纵向放缩倍数，默认值均为 1。如果不想采用默认值，可以单击放缩倍数编辑框，在弹出的输入框中输入新值并按 Enter 键，也可以在立即菜单输入框中输入新值。图符将按指定的放缩倍数沿水平和/或竖直方向进行放大或缩小。

（5）系统提示输入“图符定位点”，将图符的基点定位在合适的位置。在拖动过程中可以按空格键弹出工具点菜单帮助精确定位，也可以利用智能点、导航点等定位。

（6）图符定位后，打开立即菜单，如图 11-15 所示，可以选择块是否打散，是否消隐；状态栏的提示变为“旋转角”，此时单击右键则接受默认值，图符的位置完全确定。否则输入旋转角度值并按 Enter 键，或用鼠标拖动图符旋转至合适的角度并单击，即可定位。

1. 不打散 2. 消隐

图 11-15 立即菜单

如果提取的是参量图符并设置了动态确定的尺寸且该尺寸包含在当前视图中，则在确定了视图旋转角度后，状态栏出现提示“请拖动确定 x 的值:”，其中 x 为尺寸名，此时该尺寸值随鼠标位置变化而变化，拖动到合适的位置时单击，就确定了该尺寸的最终大小，也可以用键盘输入该尺寸的数值。图符中可以含有多个动态尺寸。

（7）插入完图符的第一个打开的视图后光标处又出现该图符的下一个打开的视图(如果有的话)或同一视图(如果图符只有一个打开的视图)，因此可以将提取的图符一次插入多个，插入的交互过程同上。当不再需要插入时，单击右键结束插入过程。

11.3.2 定义图符

定义图符命令是用来将自己要用到而图库中没有的参数化图形或固定图形加以定义，存储到图库中，供以后调用。

命令行：symdef

菜单：“绘图”→“图库”→“定义图符”

工具栏：“图库”工具栏→

选项卡：单击“插入”选项卡“图库”面板中的“定义图符”按钮

可以定义到图库中的图形元素类型有：直线、圆、圆弧、点、尺寸、块、文字、剖面线、填充。如果有其他类型的图形元素（如多义线、样条等）需要定义到图库中，可以将其做成块。

图符中可以含有多个动态尺寸。

例 11-1：将图 11-16 所示的垫片图形以固定图符的形式存入到图库中。

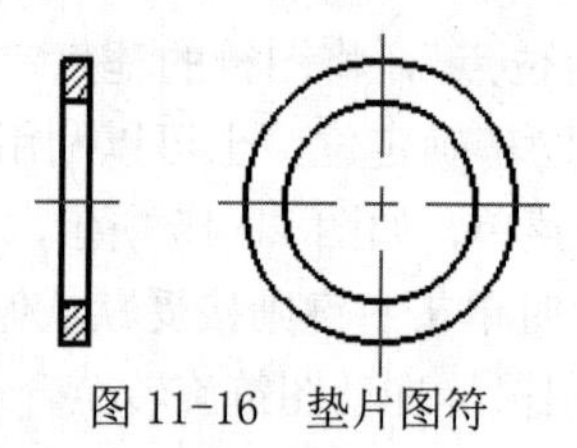

图 11-16　垫片图符

绘制步骤：

（1）打开电子资料中的“初始文件”→“11”→“例 11-1”文件，启动“定义图符”命令。

（2）状态栏提示“请选择第 1 视图：”，用鼠标窗选图符的第 1 视图，如果一次没有选全，可以接着选取遗漏的图形元素。选取完后，单击右键结束选择。

（3）状态栏提示“请单击或输入视图的基点：”，用鼠标指定基点，指定基点时可以用空格键弹出工具点菜单来帮助精确定点，也可以利用智能点、导航点等定位。

注意

基点的选择很重要，如果选择不当，不仅会增加元素定义表达式的复杂程度，而且使提取时图符的插入定位很不方便。

（4）根据系统提示选择第 2 视图并指定基点，方法同第❸步。

（5）指定完所有的视图后，系统弹出“图符入库”对话框，如图 11-17 所示，在该对话框中选择存储到的类，输入类别和符号名称，单击“完成”按钮，图符定义结束。

在“图符入库”对话框中还可以单击“属性编辑”按钮在“属性编辑”对话框中输入图符的属性，如图 11-18 所示。

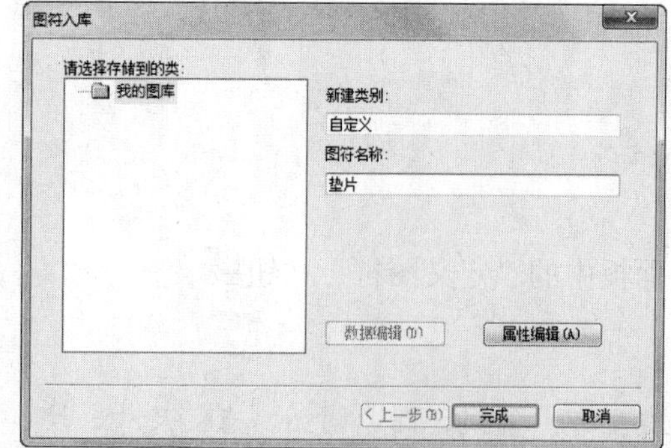

图 11-17　“图符入库”对话框

图 11-18　“属性编辑”对话框

（6）启动插入图符命令后，系统弹出“插入图符”对话框中已经包含了刚才定义的图符，如图 11-19 所示。

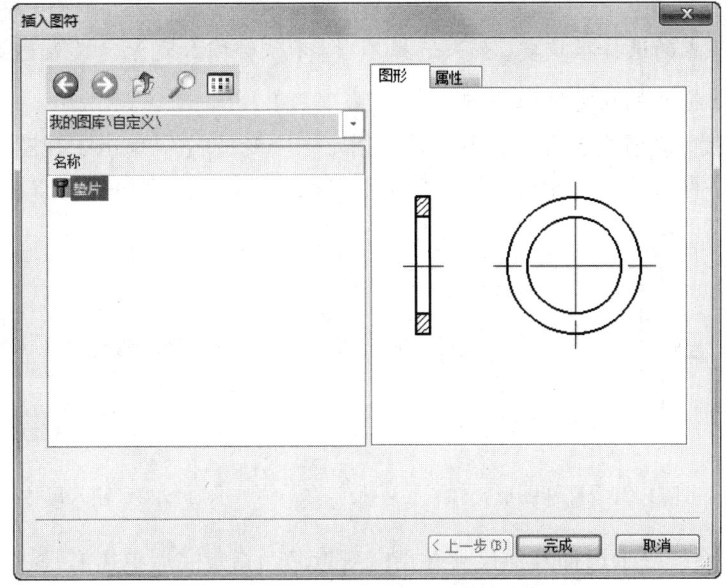

图 11-19 “插入图符”对话框

将图符定义成参数化图符，在提取时可以对图符的尺寸加以控制，因此比固定图符使用起来更灵活。

例 11-2：将图 11-20 所示的图形以参数化图符的形式存入到图库中。

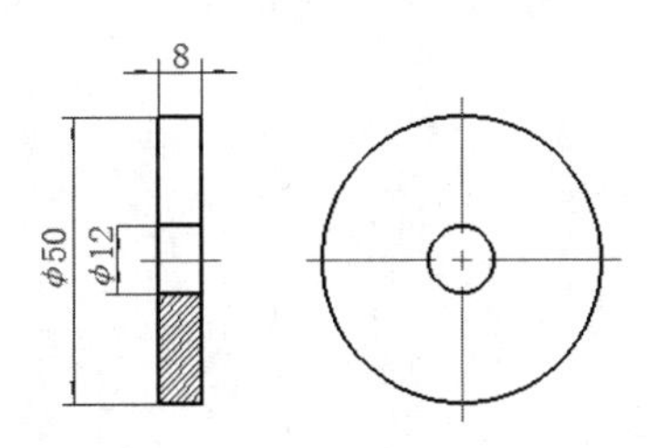

图 11-20 参数化图符定义示例

绘制步骤：

（1）打开电子资料中的“初始文件”→“11”→“例 11-2”文件，如图 11-21 所示。启动“定义图符”命令。

（2）状态栏提示“请选择第 1 视图:”，用鼠标窗选图符的第 1 视图，如果一次没有选全，可以接着选取遗漏的图形元素。选取完后，单击右键结束选择。

（3）状态栏提示“请单击或输入视图的基点:”，用鼠标指定基点，指定基点时可以用空格键弹出工具点菜单来帮助精确定点，也可以利用智能点、导航点等定位。

基点的选择很重要，如果选择不当，不仅会增加元素定义表达式的复杂程度，而且使提取时图符的插入定位很不方便。

（4）系统提示“请为该视图的各个尺寸指定一个变量名”，单击主视图中的一个尺寸，系统弹出输入字符对话框，输入变量名后单击“确定”按钮，如图 11-22 所示。

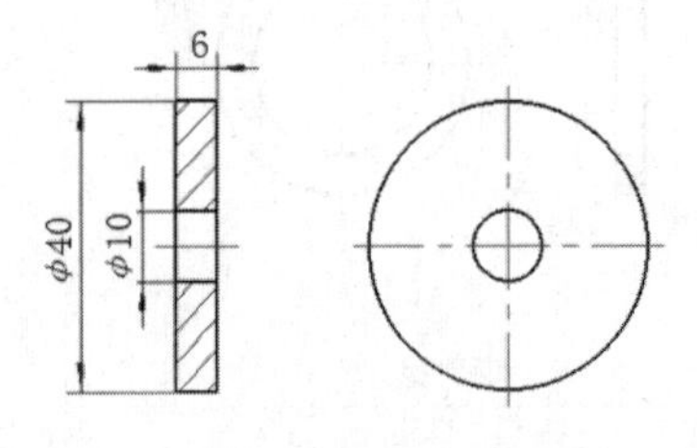

图 11-21　打开图形文件

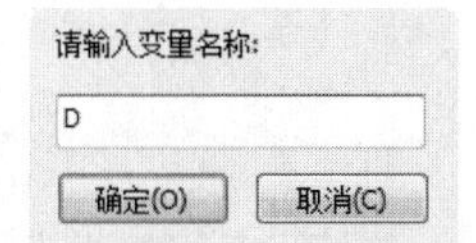

图 11-22　输入尺寸变量名

（5）根据系统提示选择其他尺寸并指定变量名，指定完后单击右键进入下一步。

（6）根据系统提示拾取第 2 视图并指定基点。方法同第（3）～（5）步。

（7）指定完所有的视图后，单击右键确认，系统弹出“元素定义”对话框，如图 11-23 所示。在“元素定义”对话框中，单击“下一元素”按钮，依次对每一个元素进行定义，定义结束单击“下一步”按钮。

对于元素定义过程中需要多次用到的表达式以及不直接出现在图形中但可以作为选择尺寸规格的依据的信息，可以定义成中间变量。单击“中间变量”按钮则弹出“中间变量定义”对话框，如图 11-24 所示，可以进行中间变量的定义和编辑。

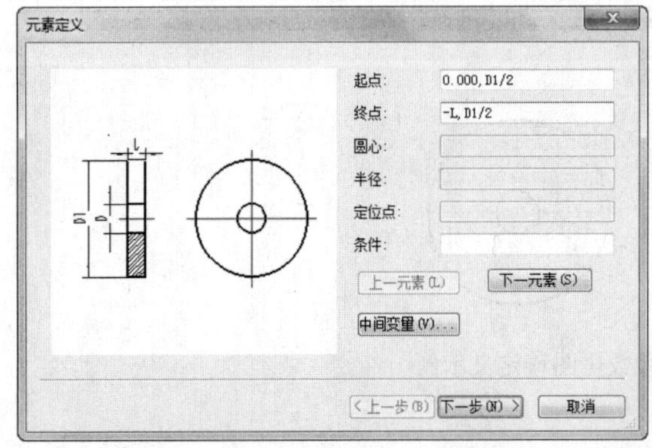

图 11-23　“元素定义”对话框

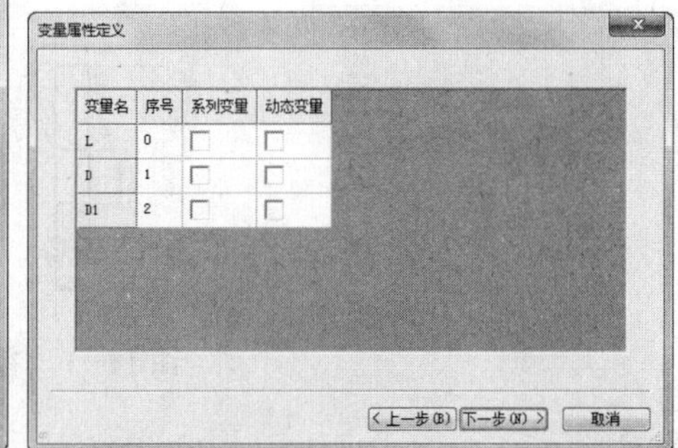

图 11-24　“中间变量定义”对话框

另外，在定义图形元素和中间变量时常常要用到一些数学函数，这些函数的使用格式与 C 语言中的用法相同，所有函数的参数须用括号括起来，且参数本身也可以是表达式。有：sin，cos，tan，asin，acos，atan，sinh，cosh，tanh，sqrt，fabs，ceil，floor，exp，log，log10，sign 共 17 个函数。

三角函数 sin、cos、tan 的参数单位采用角度，如 sin(30) = 0.5，cos(45) = 0.707。

反三角函数 asin、acos、atan 的返回值单位为角度，如 acos(0.5) = 60，atan(1) = 45。

sinh、cosh、tanh 为双曲函数。

sqrt(x)表示 x 的平方根，如 sqrt(36) = 6。

fabs(x)表示 x 的绝对值，如 fabs(-18) = 18。

ceil(x)表示大于等于 x 的最小整数，如 ceil(5.4) = 6。

floor(x)表示小于等于 x 的最大整数，如 floor(3.7) = 3。

exp(x)表示 e 的 x 次方。

log(x)表示 lnx(自然对数)，log10(x)表示以 10 为底的对数。

sign(x)在 x 大于 0 时返回 x，在 x 小于等于 0 时返回 0。如 sign(2.6)=2.6，sign(-3.5)=0。

幂用^表示，如 x^5 表示 x 的 5 次方。

求余运算用%表示，如 18%4 = 2，2 为 18 除以 4 后的余数。

在表达式中，乘号用“*”表示，除号用“/”表示；表达式中没有中括号和大括号，只能用小括号。

如下表达式是合法的表达式：

1.5*h*sin(30)-2*d^2/sqrt(fabs(3*t^2-x*u*cos(2*alpha)))。

（8）系统弹出“变量属性定义”对话框，如图 11-25 所示，在此对话框中可以定义变量的属性：系列变量、动态变量。系统默认的变量属性均为否，即变量既不是系列变量，也不是动态变量，用户可单击相应的单元格，这时单元格的字变为蓝色。可用空格键切换是和否，也可直接输入 Y 和 N 进行切换，变量的序号从 0 开始，决定了在输入标准数据和选择尺寸规格时各个变量的排列顺序。一般应将选择尺寸规格作为主要依据的尺寸变量的序号指定为 0，序号列出了已经默认的序号，可以编辑修改。设定完成后单击“下一步”按钮。

（9）系统弹出“图符入库”对话框，如图 11-26 所示，在该对话框中选择保存类别，并输入图符名称，单击“属性编辑”按钮，在“属性编辑”对话框中输入图符的属性，如图 11-27 所示。单击“数据编辑”按钮，系统弹出“标准数据录入与编辑”对话框，如图 11-28 所示输入相应的数据。然后单击“确定”按钮，图符定义结束。

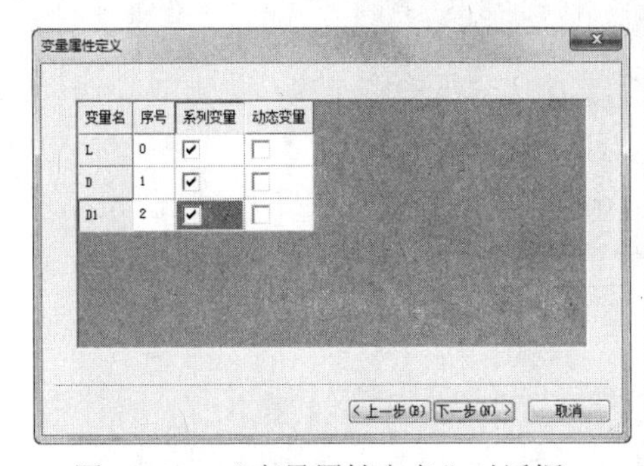

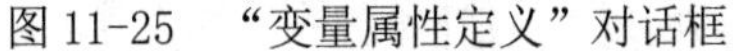
图 11-25 “变量属性定义”对话框

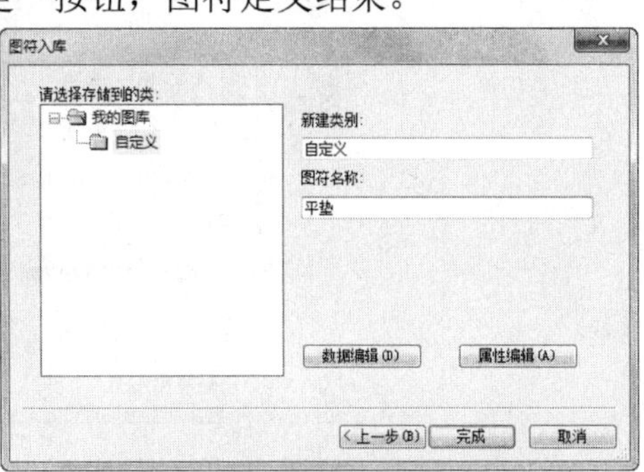

图 11-26 “图符入库”对话框

“标准数据录入与编辑”对话框的操作方法如下：

（1）将光标放置在表格中，按下 F2 键则当前单元格进入编辑状态。此时，在单元格中输入数字的上限值和下限值，尺寸取值下限和取值上限之间用一个除数字、小数点、字母 E 以外的字符分隔，例如 8-40、16/80、“25,100”等。数据输入完毕，结果如图 11-27 所示。

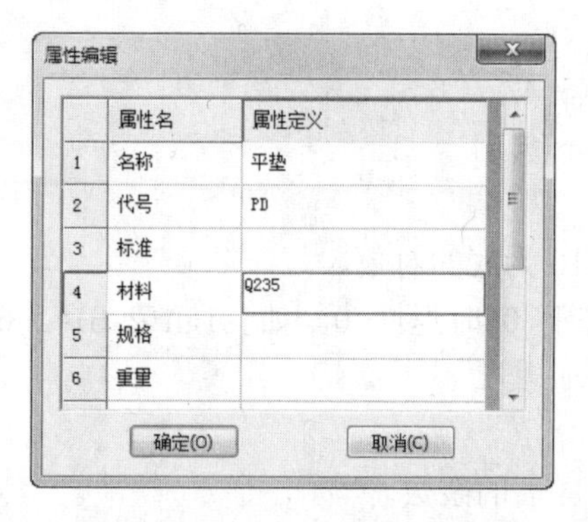

图 11-27 “属性编辑”对话框

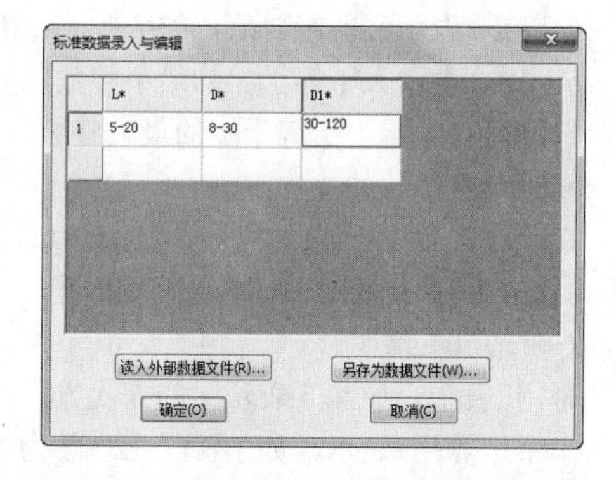

图 11-28 “标准数据录入与编辑”对话框

（2）单击 D1*按钮，弹出“系列变量值输入与编辑”对话框，在该对话框中按由小到大的顺序输入系列变量的所有取值，用逗号分隔，对于标准中建议尽量不采用的数据可以用括号括起来，如图 11-29 所示。同理，设置 L*和 D*的变量值。

设置的变量值应在取值范围内。

如果某一列的宽度不合适，将鼠标光标移动到该列标题的右边缘，光标的形状将发生改变，此时单击并水平拖动，就可以改变相应列的宽度；同样，如果行的高度不合适，将鼠标光标移动到表格左端任意两个相邻行的选择区交界处，光标的形状将发生改变，此时单击并竖直拖动，就可以改变所有行的高度。

“标准数据录入与编辑”对话框对输入的数据提供了以行为单位的各种编辑功能。

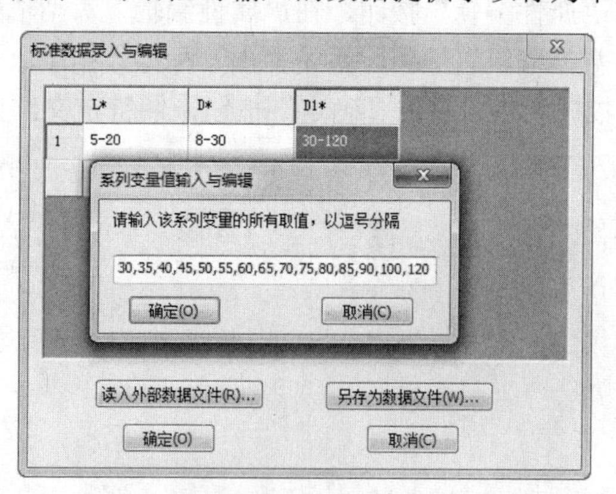

图 11-29 “系列变量值输入与编辑”对话框

将光标定位在任一行，按 Insert 键则在该行前面插入一个空行，以供在此位置输入新的数据；单击任一行左端的选择区则选中该行，按 Delete 键可以删除该行。

在选择了一行或连续的多行数据(选择多行数据时需要在单击的同时按 Ctrl 键，其中选择第一行时可以不按 Ctrl 键后，可以通过鼠标的拖放来实现数据的剪切或复制。单击并拖动(复制时要同时按 Ctrl 键)，光标的形状将改变，提示当前处于剪切或复制状态。拖动到合适的位置释放鼠标键，被选中的数据将被剪切或复制到光标所在行的前面。

也可以对单个单元格中的数据进行剪切、复制和粘贴操作。单击或双击任一单元格中的数据，使数据处于高亮状态，按 Ctrl+X 组合键则实现剪切，按 Ctrl+C 组合键则实现复制，然后将光标定位于要插入数据的单元格，按 Ctrl+V 组合键，剪切或复制的数据就被粘贴到该单元格。

单击“读入外部数据文件”按钮可以将已经用其他编辑软件编辑好的数据纯文本文件读入，填写到表格中。

单击“另存为数据文件”按钮可以将当前表格中的数据存储到一个纯文本文件中，可以在编辑图符时或经修改后在定义数据相类似的图符时读入，以减少重复劳动。

录入或编辑完数据后单击“确定”按钮则记录数据并退出，单击“取消”按钮则放弃所做的编辑。

外部数据文件的格式如下：

①可以用任何一种文字处理软件输入编辑参量图符的标准数据，然后在定义图符需输入数据时读入；也可以在定义某个图符时将输入的数据另存为文本文件，用文字处理软件编辑后在定义另一种相类似的图符时读入。数据文件应满足一定的格式要求。

②数据文件的第一行输入尺寸数据的组数。从第二行起，每行记录一组尺寸数据，其中标准中建议尽量不采用的值可以用括号括起来。一行中的各个数据之间用若干个空格分隔，一行中的各个数据的排列顺序应与将在变量属性定义时指定的顺序相同。

③在记录完各组尺寸数据后，如果有系列尺寸，则在新的一行里按由小到大的顺序输入系列尺寸的所有取值，同样标准中建议尽量不采用的值可以用括号括起来。各数值之间用逗号分隔。一个系列尺寸的所有取值应输入到同一行，不能分成多行。如果图符的系列尺寸不止一个，则各行系列尺寸数值的先后顺序也应与将在变量属性定义时指定的顺序相对应。

(10)启动插入图符命令后，系统弹出“插入图符”对话框中已经包含了刚才定义的图符，如图 11-30 所示。单击“下一步”按钮，系统弹出“图符预处理”对话框，如图 11-31 所示，在该对话框中，可以对已选定的参量图符进行尺寸规格的选择，以及设置图符中尺寸标注的形式、是作为一个整体提取还是打散为各图形元素、是否进行消隐，对于有多个视图的图符还可以选择提取哪几个视

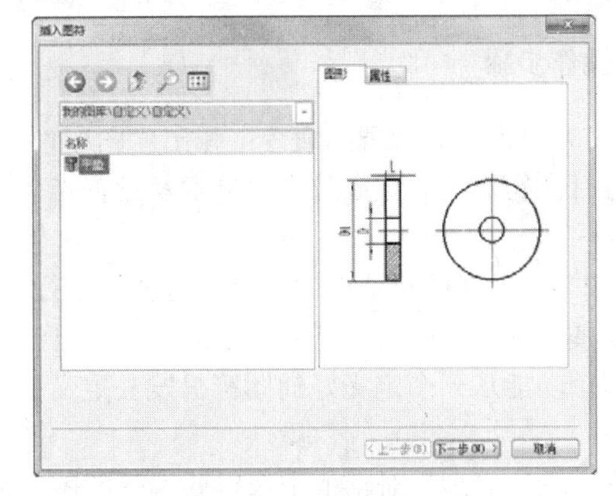

图 11-30 “插入图幅”对话框

图。一句话，此时用户可以像使用标准零件库中的原有图符一样使用这个自定义的参数化图符。

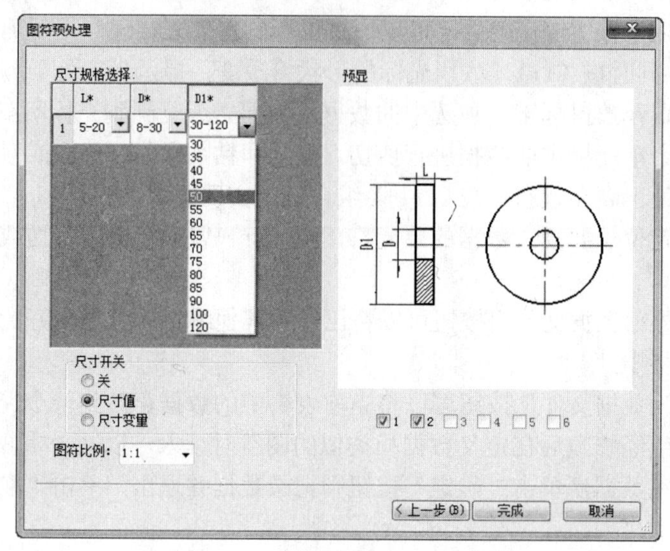

图 11-31　“图符预处理”对话框

11.3.3　图库管理

图库管理命令是用来为用户提供了对图库文件及图库中的各个图符进行编辑修改的功能。

执行方式

命令行：symman

菜单：“绘图”→“图库”→“图库管理”

工具栏：“图库”工具栏→

选项卡：单击“插入”选项卡“图库”面板中的“图库管理”按钮

操作步骤

（1）进入图库管理的命令；弹出“图库管理”对话框，如图 11-32 所示；在此对话框中进行图符浏览、预显放大、检索及设置当前图符的方法与“提取图符”对话框完全相同。

（2）在上面的对话框中，可以对图符进行相关的操作，下面分别介绍。

◆图符编辑。应用图符编辑功能可以对已经定义的图符进行全面的编辑修改，也可以利用这个功能从一个定义好的图符出发去定义另一个相类似的图符，以减少重复劳动。操作方法：

在“图库管理”对话框中选定要编辑的图符后，单击“图符编辑”按钮，将弹出如图 11-33 所示的“图符编辑”下拉菜单。

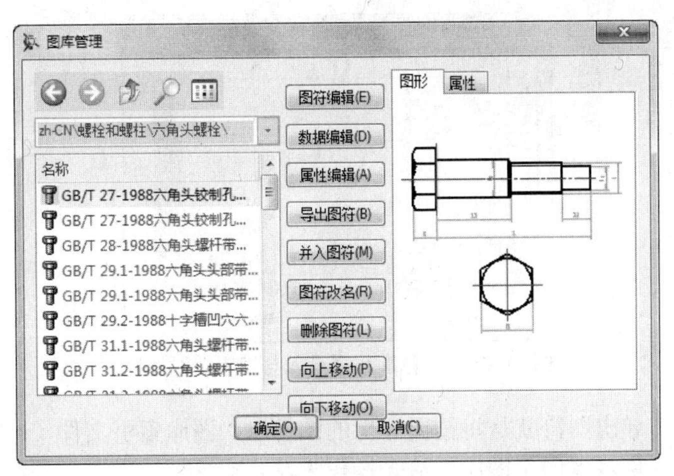

图 11-32 “图库管理”对话框

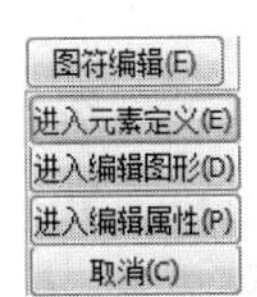

图 11-33 “图符编辑”下拉菜单

如果只是要修改参量图符中图形元素的定义或尺寸变量的属性，可以选择第一项，则“图库管理”对话框被关闭，进入元素定义，开始对图符的定义进行编辑修改。

如果需要对图符的图形、基点、尺寸或尺寸名进行编辑，可以选择第二项，同样“图库管理”对话框被关闭。由于 CAXA CAD 电子图板要把该图符插入绘图区以供编辑，因此如果当前打开的文件尚未存盘，将提示用户保存文件。如果文件已保存则关闭文件并清除屏幕显示。图符的各个视图显示在绘图区，此时可以对图形进行编辑修改。修改完成后单击“定义图符”按钮，后续操作与定义图符完全一样。该图符仍含有除被编辑过的图形元素的定义表达式外的全部定义信息。因此编辑时只需对要变动的地方进行修改，其余保持原样。在图符入库时如果输入了一个与原来不同的名字，就定义了一个新的图符。

如果选择第三项则结束操作，放弃编辑。

◆数据编辑。数据编辑就是对参量图符的标准数据进行编辑修改。操作方法：

在“图库管理”对话框中选定要编辑的图符后，单击“数据编辑”按钮，将弹出如图 11-34 所示的“标准数据录入与编辑”对话框，对话框中的表格里显示了该图符已有的尺寸数据供编辑修改。编辑完成后单击“确定”按钮则保存编辑后的数据，单击“取消”按钮放弃所做的修改退出。

◆属性编辑。属性编辑就是对图符的属性进行编辑修改。操作方法：

在“图库管理”对话框中选定要编辑的图符后，单击“属性编辑”按钮，将弹出“属性编辑”对话框，对话框中的表格里显示了该图符已定义的属性信息供编辑修改，编辑方法见上一节中的“属性编辑”对话框的操作。编辑完成后单击“确定”按钮则保存编辑后的属性，单击“取消”按钮放弃所做的修改退出。

图 11-34 “标准数据录入与编辑”对话框

◆导出图符。导出图符就是将需要导出的图符以“图库索引文件（*.idx）”的方式在系统中进行保存备份或者用于图库交流。操作方法：

在“图库管理”对话框中选择要导出的图符，单击“导出图符”按钮，弹出“浏览文件夹”对话框，如图 11-35 所示。

在对话框中选择要导出的文件夹，单击“确定”按钮完成图符的导出。

◆并入图符。并入图符功能用来将用户在另一台计算机上定义或其他目录下的图符加入到本计算机系统目录下的图库中。操作方法：

在“图库管理”对话框中单击“并入图符”按钮，弹出“并入图符”对话框，如图 11-36 所示，在对话框中选择要并入的图库的索引文件。

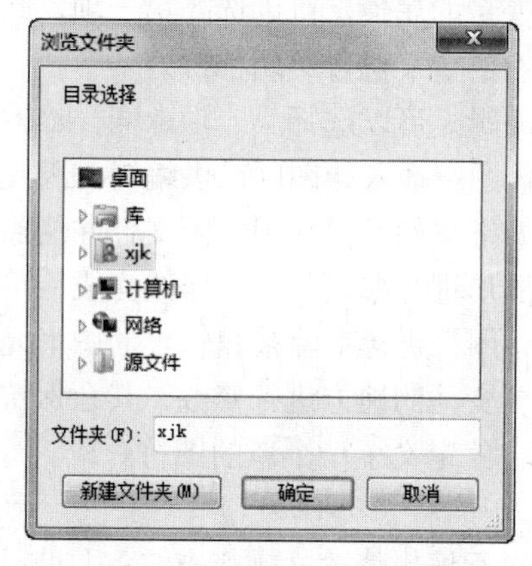

图 11-35 “浏览文件夹”对话框

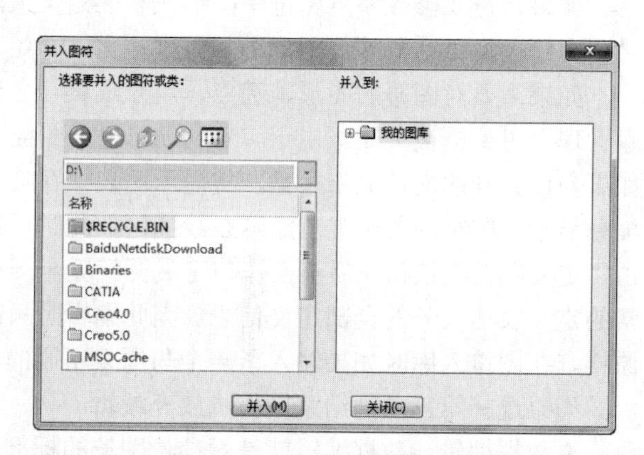

图 11-36 “并入图符”对话框

单击“并入”按钮，被选中的图符会存入指定的类别。并入成功后，被并入的图符从列表中消失。接下来可以再进行其余图符的并入。

◆图符改名。图符改名功能用来给图符起一个新名字。操作方法：

在“图库管理”对话框中选中想要改名的图符(如果是重命名小类或大类，可以不选择具体的图符)，再单击“图符改名”按钮。弹出“图符改名”对话框，如图 11-37 所示。

在编辑框中输入新名字，单击“确定”按钮完成改名，单击“取消”按钮放弃修改。

◆删除图符。删除图符功能用于从图库中删除图符。操作方法：

在“图库管理”对话框中选中想要删除的图符(如果是删除整个小类或大类，可以不选择具体的图符)，再单击“删除图符”按钮，弹出的警示框（图 11-38 所示中单击“确定”按钮即可完成操作。

删除的图符文件不可恢复，删除之前请注意备份。

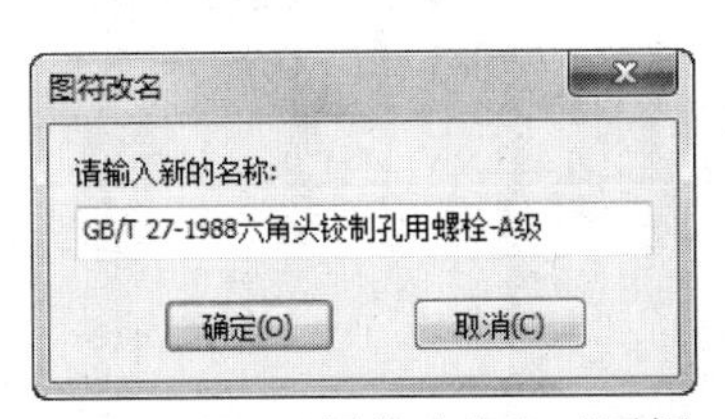

图 11-37 “图符改名”对话框

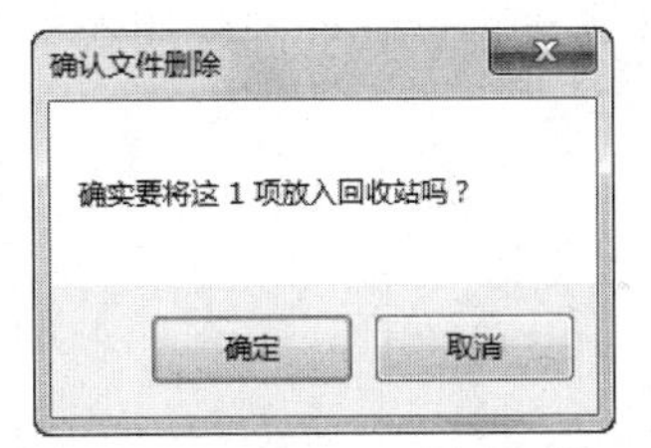

图 11-38 “确认文件删除”警示框

11.3.4 驱动图符

驱动图符就是将已经插入到图中的参量图符的某个视图的尺寸规格进行修改。

命令行：symdrv

菜单：“绘图”→“图库”→“ 驱动图符”

工具栏：“图库”工具栏→

选项卡：单击“插入”选项卡“图库”面板中的“驱动图符”按钮

（1）启动“驱动图符”命令后，系统提示选择想要变更的图符。

（2）选取要驱动的图符，弹出“图符预处理”对话框。在对话框中修改该图符的尺寸及各选项的设置。操作方法与图符预处理时相同。然后单击“确定”按钮，被驱动的图符将在原来的位置以原来的旋转角被按新尺寸生成的图符所取代。

11.3.5 图库转换

图库转换命令是用来将用户在低版本电子图板中的图库(可以是自定义图库)转换为当前版本电子图板的图库格式，以继承用户的劳动成果。

命令行：symtran

菜单：“绘图”→“图库”→“图库转换”

工具栏：“图库”工具栏→

选项卡：单击“插入”选项卡“图库”面板中的“图库转换”按钮

操作步骤

（1）启动“图库转换”命令后，弹出“图库转换”对话框，如图 11-39 所示，单击“下一步”按钮。

（2）系统弹出“打开旧版本主索引或小类索引文件”对话框，如图 11-40 所示；在对话框中选择要转换的图库的索引文件，单击“打开”按钮，该对话框被关闭。

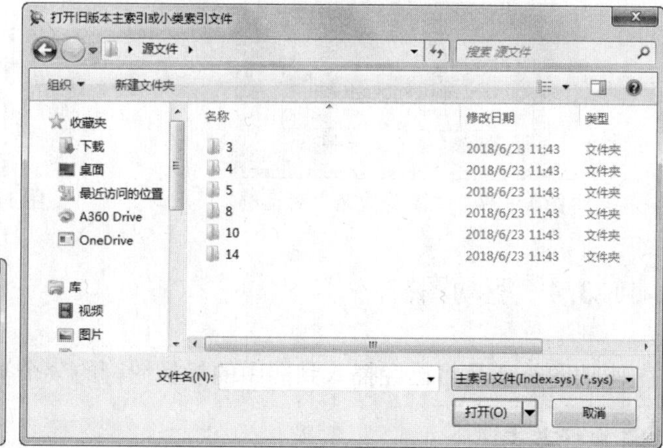

图 11-39 “图库转换”对话框　　图 11-40 “打开旧版本主索引或小类索引文件”对话框

（3）弹出“转换图符”对话框，如图 11-41 所示。选择需要转换的图符和存储的类，单击“转换”按钮完成图库转换。

图 11-41 “转换图符”对话框

11.3.6 构件库

构件库是一种新的二次开发模块的应用形式。

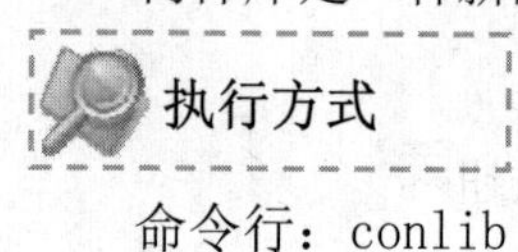

执行方式

命令行：conlib

菜单：“绘图”→“构件库”

选项卡：单击“插入”选项卡“图库”面板中的“构件库”按钮

（1）启动“构件库”命令后，系统弹出“构件库”对话框，如图 11-42 所示。

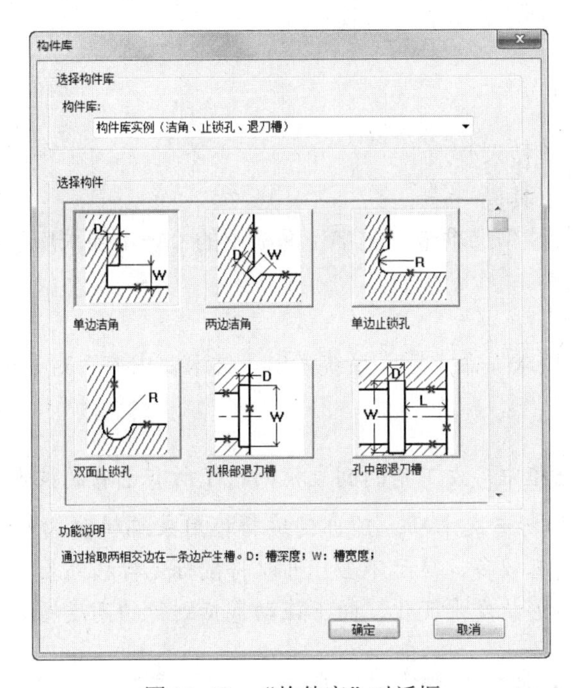

图 11-42 “构件库”对话框

（2）在该对话框中“构件库”下拉列表框中可以选择不同的构件库，在“选择构件”栏中以图标按钮的形式列出了这个构件库中的所有构件，单击选中以后在“功能说明”栏中列出了所选构件的功能说明，单击“确定”按钮以后就会执行所选的构件。

构件库的开发和普通二次开发基本上是一样的，只是在使用上与普通二次开发应用程序有以下区别：

（1）它在 CAXA CAD 电子图板启动时自动载入，在 CAXA CAD 电子图板关闭时退出，不需要通过应用程序管理器进行加载和卸载。关于应用程序管理器的说明。

（2）普通二次开发程序中的功能是通过菜单激活的，而构件库模块中的功能是通过构件库管理器进行统一管理和激活的。

（3）构件库一般用于不需要对话框进行交互，而只需要立即菜单进行交互的功能。

（4）构件库的功能使用更直观，它不仅有功能说明等文字说明，还有图片说明，更加形象。

在使用构件库之前，首先应该把编写好的库文件 eba 复制到 EB 安装路径下的构件库目录\Conlib 中（注：在该目录中已经提供了一个构件库的例子 EbcSample），然后启动电子图板。

11.3.7 技术要求

技术要求用数据库文件分类记录了常用的技术要求文本项，可以辅助生成技术要求文本插入工程图，也可以对技术要求库中的类别和文本进行添加、删除和修改，即进行技术要求库管理。

命令行：speclib

菜单：“标注”→“技术要求”

工具栏：“标注”工具栏→

选项卡：单击“标注”选项卡“文字”面板中的“技术要求库”按钮

（1）启动“技术要求”命令后，系统弹出“技术要求库”对话框，如图 11-43 所示。

在该对话框中，左下角的列表框列出了所有已有的技术要求类别，右下角的表格列出了当前类别的所有文本项。顶部的编辑框用来编辑要插入工程图的技术要求文本。如果某个文本项内容较多、显示不全，可以将鼠标光标移到表格中任意两个相邻行的选择区之间，此时光标形状发生变化，向下拖动鼠标则行的高度增大，向上拖动鼠标则行的高度减小。

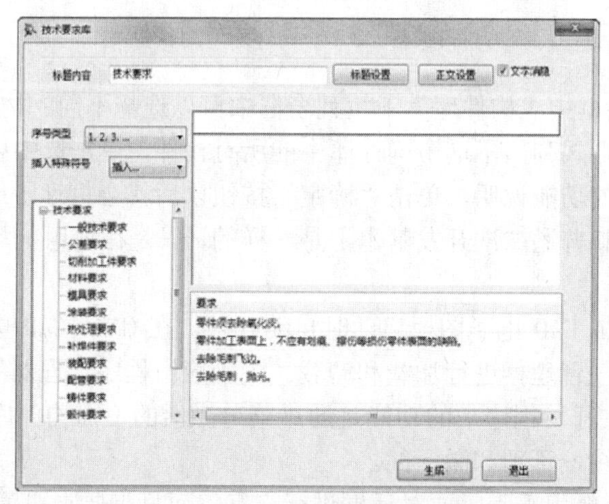

图 11-43 “技术要求库”对话框

如果技术要求库中已经有了要用到的文本，则可以在切换到相应的类别后用鼠标直接将文本从表格中拖到上面的编辑框中合适的位置。也可以直接在编辑框中输入和编辑文本。

（2）单击“正文设置”按钮可以进入“文字参数设置”对话框，修改技术要求文本要采用的文字参数。

（3）完成编辑后，单击“确定”按钮，根据提示指定技术要求所在的区域，系统生成技术要求文本插入工程图。

注意

设置的文字参数是技术要求正文的参数，而标题“技术要求”4 个字由系统自动生成，并相对于指定区域中上对齐，因此在编辑框中也不需要输入这 4 个字。

另外，技术要求库的管理工作也是在如图 11-44 所示对话框中进行。方法如下：

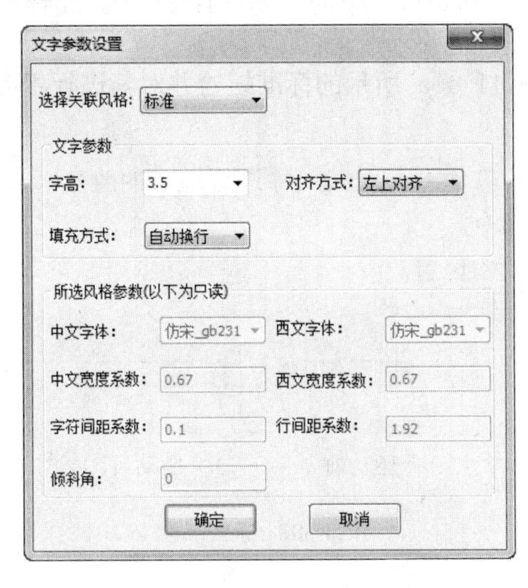

图 11-44 “文字参数设置”对话框

要增加新的文本项，可以在表格最后左边有星号的行输入；要删除文本项，先单击相应行左边的选择区选中该行，再按 Delete 键删除(此时输入焦点应在表格中)；要修改某个文本项的内容，只须直接在表格中修改。

要增加一个类别，选择列表框中的最后一项“增加新类别…”，输入新类别的名字，然后在表格中为新类别增加文本项；要删除某个类别，选中该类别，按 Delete 键，在弹出的对话框中选择 “是”，则该类别及其中的所有文本项都被从数据库中删除；要修改类别名，先双击，再进行修改。完成管理工作后，单击“退出”按钮退出对话框。

11.4 实践与操作

1. 从图库中调用如图 11-45 所示的标准螺母并对其进行相应的操作。

（1）执行“分解”命令。

（2）进行相应的编辑，将中心线缩短，并将所有的线条改为细实线。

（3）执行“块创建”命令重新生成块。

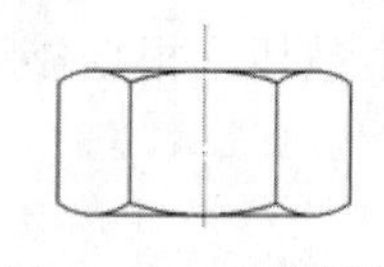

图 11-45　标准螺母

操作提示：

此螺母为 “螺母”“六角螺母”中的“GB/T41-2000 六角螺母-C 级”的第一个视图。

2. 从图库中调用图 11-46a 所示的标准螺栓并对其进行相应的操作，使其结果如图 11-46b 所示。

（1）执行“驱动图符”命令，对其尺寸进行适当的改变（长度由 50 变为 80）。

（2）执行“分解”命令。

（3）编辑调整尺寸线的位置。

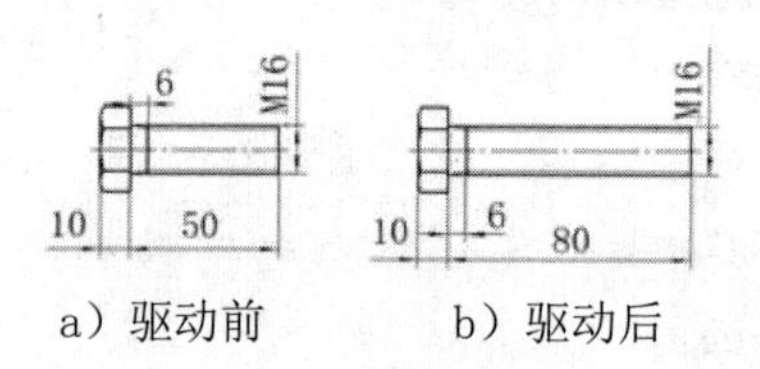

a）驱动前　　　b）驱动后

图 11-46　标准螺栓

操作提示：

此螺栓为图符大类“螺栓和螺柱”、图符小类“六角头螺栓”中的“GB/T5781-2000 六角头螺栓-全螺纹-C 级”的第一个视图。

11.5 思考与练习

1. 从图库中调用一个标准件，试用块操作的命令。

（1）先执行“分解”命令、再执行“块创建”命令重新生成块。

（2）在绘图区绘制一任意图形，用标准件的块来练习“块消隐”命令。

2. 将图 11-47 所示的二极管定义成固定图符存入图形库中。

3. 将图 11-48 所示的图形定义成参数化图符存入图形库中。

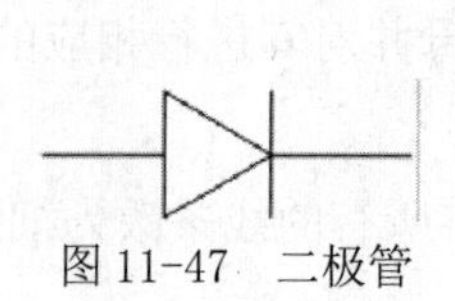

图 11-47　二极管

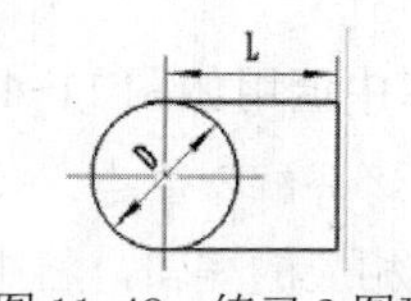

图 11-48　练习 3 图形

第12章

典型机械零件绘制实例

在前面的章节中，读者已经学习了基本图形的绘制方法，对电子图板的各项功能也有了比较全面的了解。在本章中通过对一些典型机械零件如圆弧平板类、轴类、盘套类、齿轮类、叉架类、箱体类零件及装配图的结构特点分析和实例的绘制，主要介绍各类典型零件的绘制思路、过程和技巧，并对各类典型零件的绘制方法进行归纳和总结。

- 圆弧平板类零件的绘制
- 轴类零件的绘制
- 盘套类零件的绘制
- 齿轮类零件的绘制
- 支架类零件的绘制
- 装配图的绘制

12.1 圆弧平板类零件的绘制

12.1.1 思路分析

本节将绘制一个典型的圆弧平板类零件——挂轮架，如图 12-1 所示，这是一个非常不规则的零件，圆弧连接比较多。在机械制图中，这类零件比较多，绘制的难点在于如何光滑的过渡圆弧，绘制的思路是首先确定各圆或圆弧的圆心位置，也就是确定图形的基准点和基准线。

本例视频内容电子资料路径："X：\动画演示\第 12 章\圆弧平板类零件的绘制.avi"。

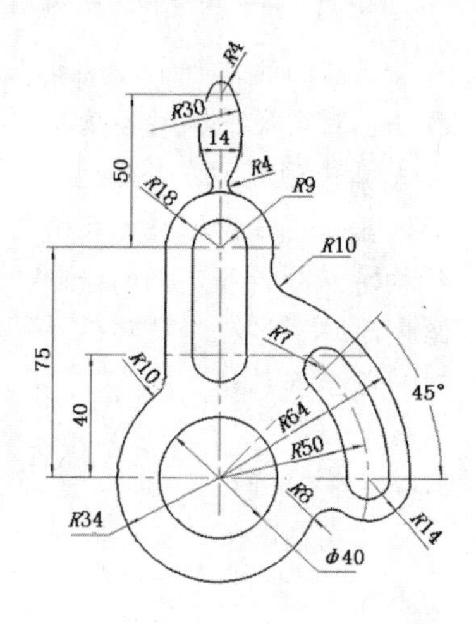

图 12-1 挂轮架

12.1.2 绘制步骤

（1）启动 CAXA CAD 电子图板创建一个新文件。

（2）电子图板系统进行设置。设置的主要内容如下：

❶对图层、线型、颜色进行设置，将当前图层设为"中心线图层"，颜色和线型均为"BYLAYER"；单击"常用"选项卡"特性"面板中的"图层"右侧向下的箭头，从中选择"中心线图层"即可，如图 12-2 所示。（也可以利用"格式"→"图层"菜单命令，在系统弹出的"图层设置"对话框中进行设置）

❷对文本风格进行设置，建议将文字的默认字高设置为"7"；单击"标注"选项卡"标注样式"面板中的"文字样式"按钮（或单击"设置工具"工具栏的文本样式图标），在系统弹出的"文本风格设置"对话框中设置各种文字参数后，单击"确定"按钮。如图 12-3 所示。

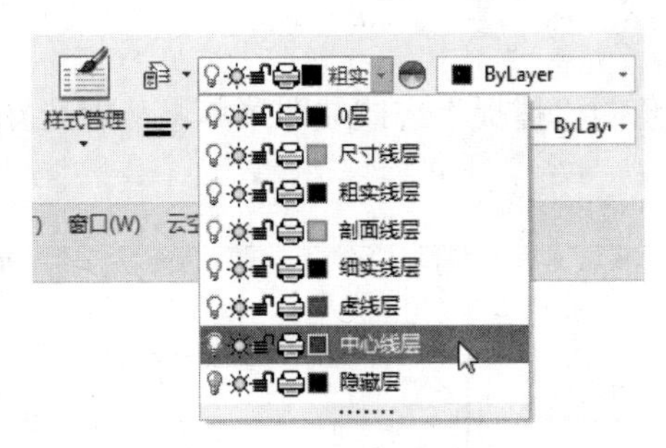

图 12-2 设置当前图层

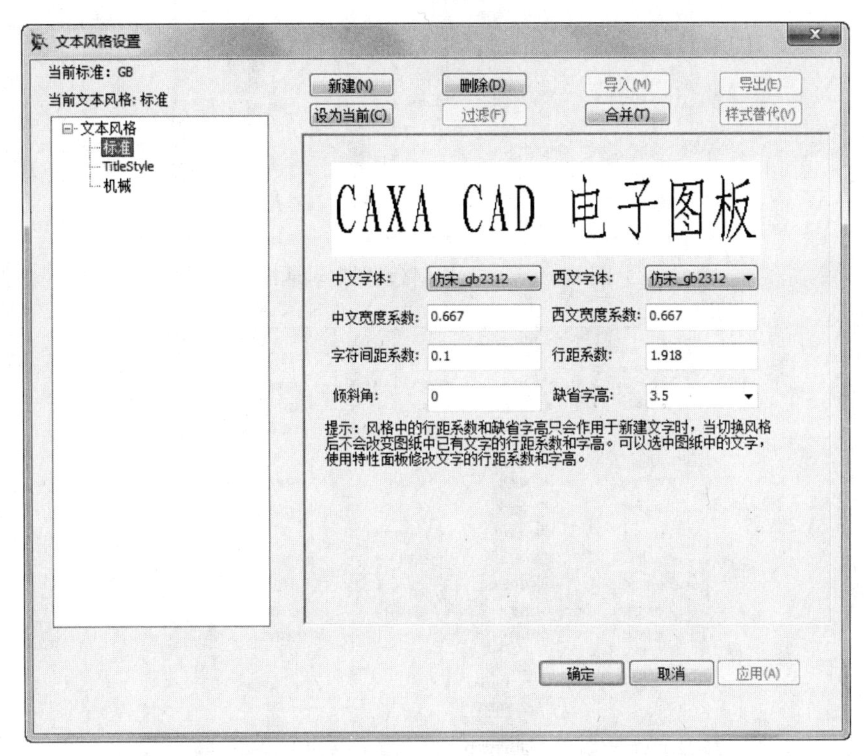

图 12-3 “文本风格设置”对话框

❸对标注风格进行设置，建议将标注文字的默认字高设置为“6”；单击“标注”选项卡“标注样式”面板中的“尺寸样式”按钮（或单击“设置工具”工具栏的尺寸样式图标），系统弹出“标注风格设置”对话框如图 12-4 所示，设置各种文字参数后，单击“确定”按钮。标注参数设置完成。

❹对拾取过滤参数进行设置，建议采用默认设置；选择“工具”→“拾取设置”菜单命令（或单击“设置工具”工具栏的拾取过滤设置图标），系统弹出“拾取过滤设置”对话框，如图 12-5 所示，在该对话框中设置拾取过滤参数后，单击 “确定”按钮。

❺对屏幕点的捕捉方式进行设置，建议用“智能”捕捉方式。利用“工具”→“捕捉设置”菜单命令（或单击“设置工具”工具栏的捕捉点设置图标），系统弹出“智能点工具设置”对话框，如图 12-6 所示，在该对话框中设置捕捉方式后，单击“确定”按钮

即可。

另外，单击屏幕右下角的“捕捉”方式立即菜单，从中选择屏幕点的捕捉方式也可。如图 12-7 所示。

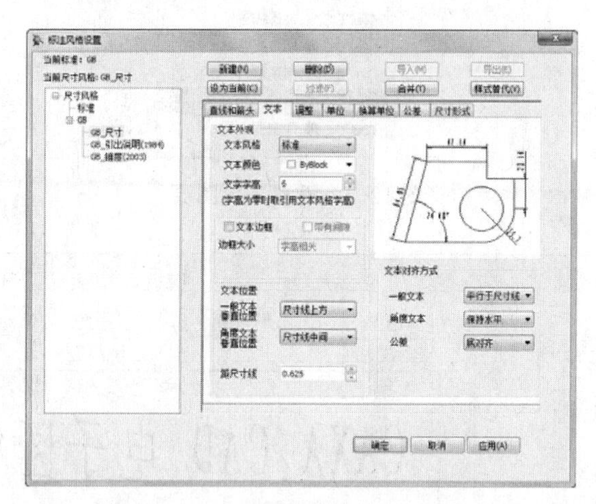

图 12-4 “标注风格设置”对话框

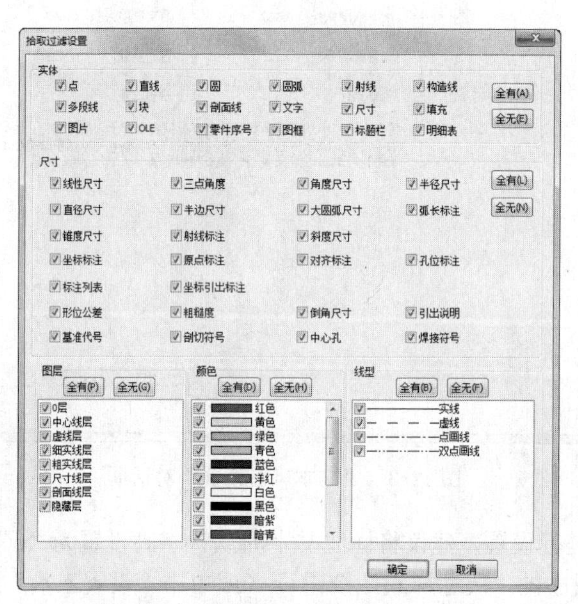

图 12-5 “拾取过滤设置”对话框

（3）设置图纸幅面并且调入图框和标题栏。选择“幅面”→“图幅设置”命令，在弹出的“图幅设置”对话框中设定图纸幅面为 A4，图纸方向为竖放，绘图比例为 1:1，并且在此对话框中选择调入“A4E-A”的图框和“GB-A”标题栏。单击“确定”按钮即可，如图 12-8 所示。

图框和标题栏也可以通过“幅面”→“图框”→“调入”命令和“幅面”→

“标题栏”→“调入”命令单独调入。

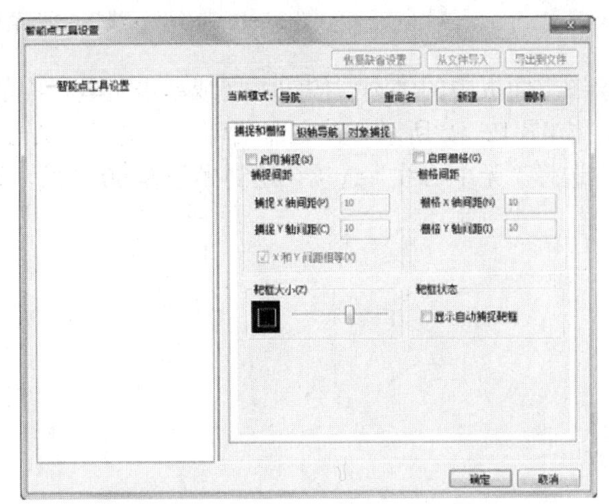

图 12-6 “智能点工具设置”对话框

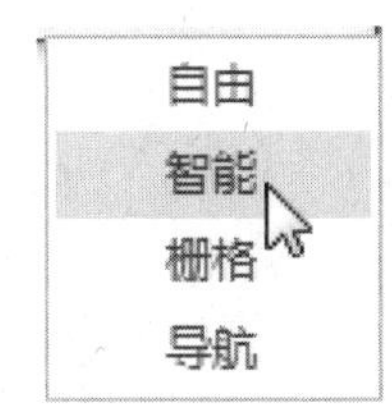

图 12-7 “捕捉”方式立即菜单

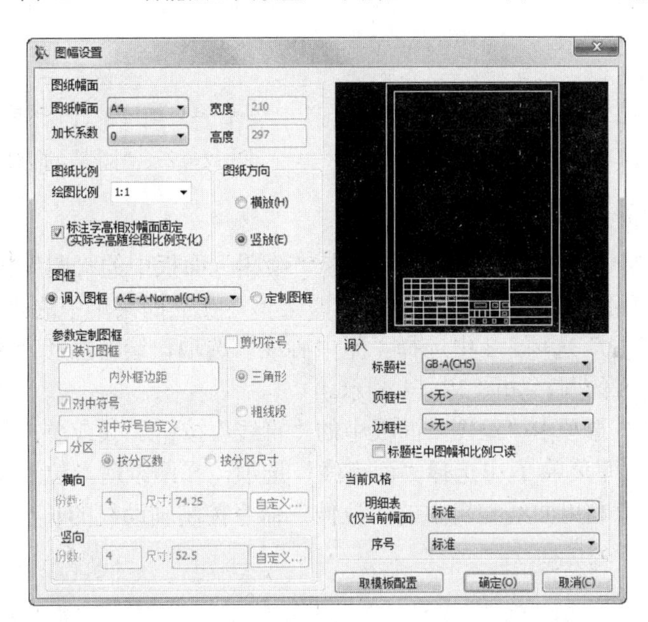

图 12-8“图幅设置”对话框

（4）绘制主要的中心线和定位线。

❶在正交模式下，单击“常用”选项卡“绘图”面板中的“直线”按钮（或单击“绘制”工具栏中绘制直线的图标），弹出“直线”立即菜单，如图 12-9 所示，在立即菜单 1 中选择“两点线”方式；在视图中适当绘制一条水平中心线和竖直中心线；

❷单击“常用”选项卡“绘图”面板中的“平行线”按钮（或单击“绘制”工具栏中绘制平行线的图标）弹出“平行线”立即菜单，如图 12-10 所示。在立即菜单中 1 中选择“偏移方式”选项，2 中选择“单向”选项，拾取水平中心线，将其向上偏移，偏移距离为 40，75，125。在立即菜单中选择“偏移方式”选项，2 中选择“双向”选项，拾取竖直中心线，偏移距离为 7，以确定各圆和圆弧的圆心。调整长度后如图 12-11 所示。

1. 两点线 2. 单根

图 12-9 “直线”立即菜单

1. 偏移方式 2. 单向

图 12-10 “平行线”立即菜单

❸单击“常用”选项卡“绘图”面板中的“圆”按钮（或单击工具栏中的绘制圆的图标），弹出“圆”立即菜单，如图 12-12 所示。在立即菜单 1 中选择“圆心-半径”选项，2 中选择“半径”选项，3 中选择“无中心线”选项，绘制半径为 50 的圆，如图 12-11 所示。

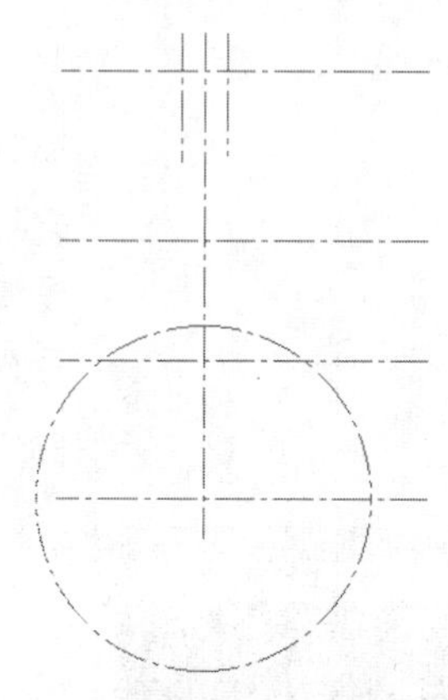

图 12-11 绘制中心线和定位线

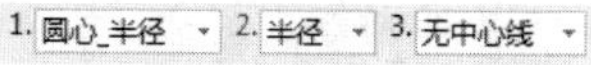

1. 圆心_半径 2. 半径 3. 无中心线

图 12-12 “圆”立即菜单

（5）绘制挂轮架外形的边界圆和直线。

❶在粗实线层中，单击“常用”选项卡“绘图”面板中的“圆”按钮（或单击工具栏中的绘制圆的图标），弹出“圆”立即菜单，在立即菜单中选择“圆心-半径”选项，2 中选择“直径”选项，3 中选择“无中心线”选项，绘制直径为 40，68，128 的同心圆和 28，36 和 8 的圆，如图 12-13 所示。

❷单击“常用”选项卡“绘图”面板中的“直线”按钮（或单击工具栏中的绘制直线的图标），在立即菜单 1 中选择“两点线”选项，在图纸适当位置绘制圆的切线，如图 12-14 所示。注意利用曲线编辑中的“拉伸”命令控制辅助线的长短。

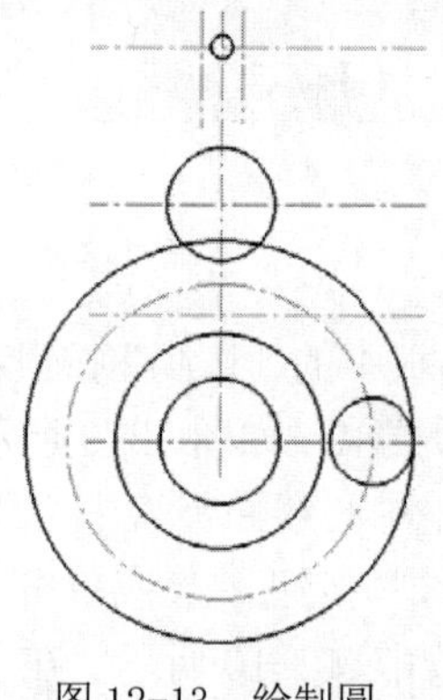

图 12-13 绘制圆

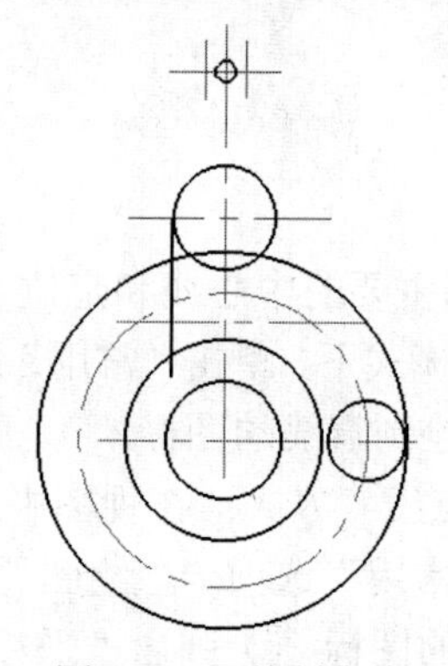

图 12-14 绘制直线

（6）绘制挂轮架手柄处的外形的边界圆。在粗实线图层中，单击“常用”选项卡“绘图”面板中的“圆”按钮（或单击“绘制”工具栏中的绘制圆的图标），在立即菜单

1 中选择“两点-半径”选项，绘制上方手柄处的两边界圆，半径为 30（注意利用工具菜单中的“切点”选项来捕捉特征点），如图 12-15 所示。

（7）绘制过渡圆角。单击“常用”选项卡“修改”面板中的“圆角”按钮（或单击“过渡”工具栏中的圆角图标），在立即菜单 1 中选择“不裁剪”和“剪裁始边”选项，绘制图中的过渡圆角，圆角半径如图 12-16 所示。

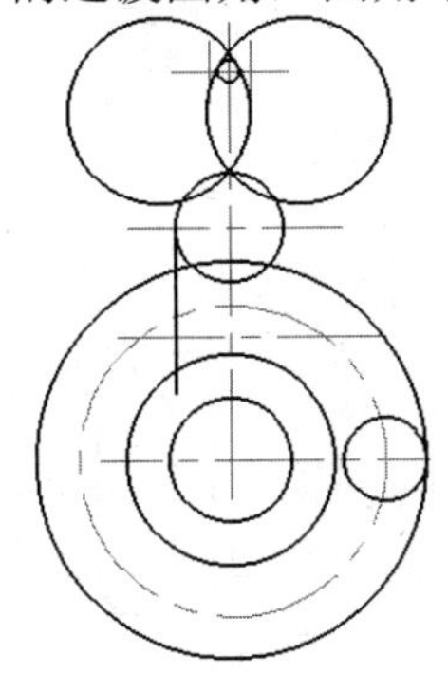

图 12-15 绘制手柄处的两圆

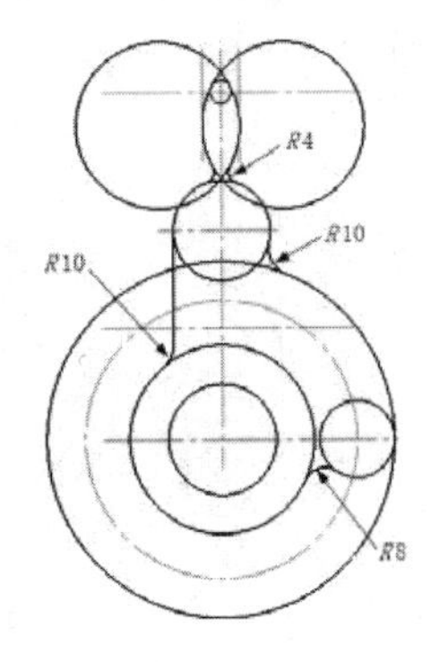

图 12-16 绘制圆角

（8）裁剪、删除多余线段，修整外轮廓的图形。单击“常用”选项卡“修改”面板中的“裁剪”按钮和“删除”按钮（或单击“编辑”工具栏中的裁剪命令图标、删除命令图标）修整外轮廓图形，结果如图 12-17 所示。

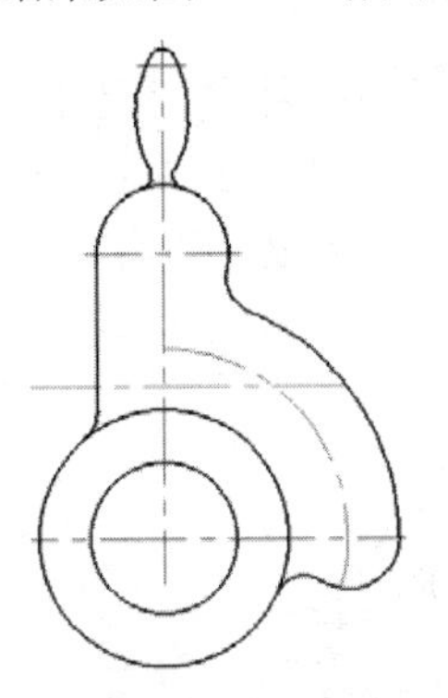

图 12-17 修整外轮廓

（9）绘制两板内槽。

❶在中心线图层中，单击“常用”选项卡“绘图”面板中的“直线”按钮（或单击绘制直线的图标），在立即菜单 1 中选择“角度线”选项，2 中选择“X 轴夹角”选项，3 中选择“到点”选项，4 中输入“45°”，如图 12-18 所示，输入合适的长度，绘制轴心线。

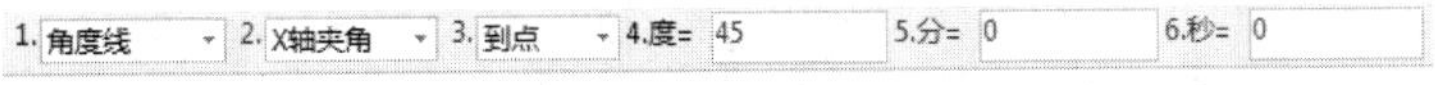

1. 角度线 2. X轴夹角 3. 到点 4.度= 45 5.分= 0 6.秒= 0

图 12-18 “角度线”立即菜单

❷在粗实线图层中，单击“常用”选项卡“绘图”面板中的“圆”按钮（或单击“绘制”工具栏中的绘制圆的图标），在立即菜单 1 中选择“圆心-半径”选项，绘制半径分

别为 9，7，57 和 43 的 6 个圆。

❸单击“常用”选项卡“绘图”面板中的“直线”按钮（或单击绘制直线的图标），在立即菜单中选择“两点线”选项，绘制直槽的边。如图 12-19 所示。

（10）修整两槽轮廓的图形。单击“常用”选项卡“修改”面板中的“裁剪”按钮和“删除”按钮（或单击“编辑”工具栏中的裁剪图标、删除图标）修整两槽的轮廓图形，结果如图 12-20 所示。

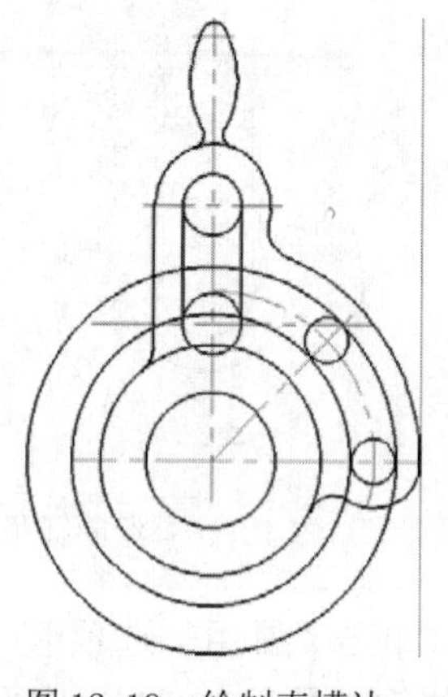

图 12-19　绘制直槽边

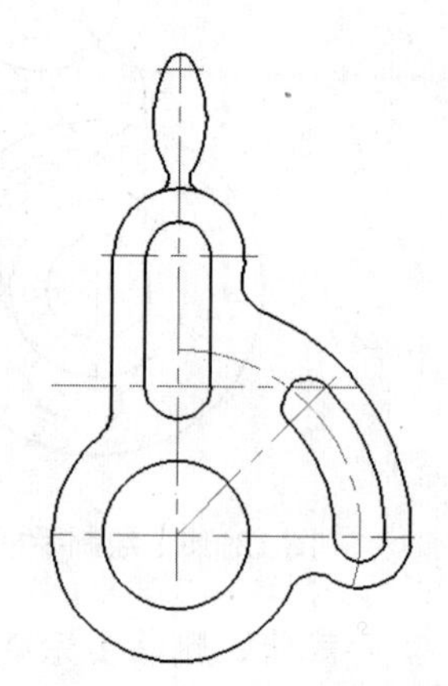

图 12-20　修整两槽轮廓

（11）标注尺寸，填写标题栏。

❶单击“常用”选项卡“标注”面板中的“尺寸标注”按钮（或单击“标注”工具栏中的尺寸标注图标），弹出立即菜单，如图 12-21 所示，在立即菜单 1 中选择“基本标注”方式即可标注全部尺寸，如图 12-22 所示。

1. 基本标注

图 12-21　“标注”立即菜单

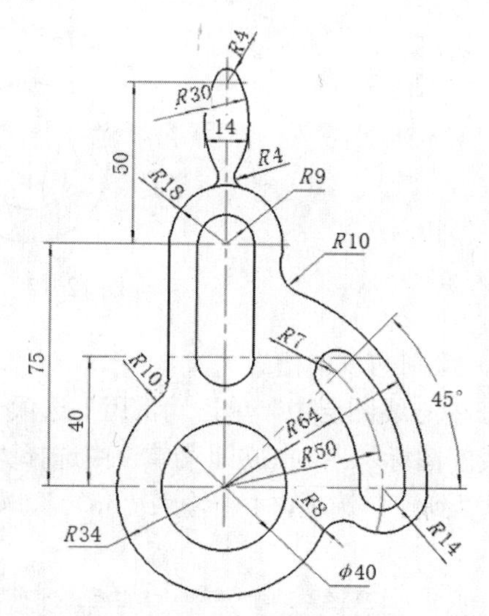

图 12-22　标注尺寸

❷单击“图幅”选项卡“标题栏”面板中的“填写标题栏”按钮，系统弹出“填写标题栏”对话框，如图 12-23 所示，填写相关选项后，单击“确定”按钮。绘制结果如图

12-24 所示。

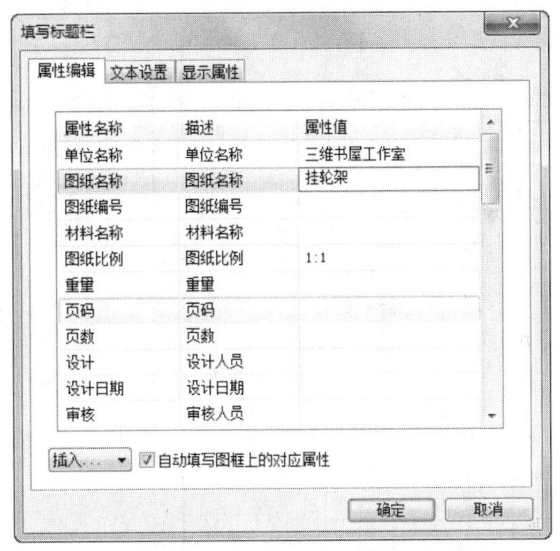

图 12-23 “填写标题栏”对话框

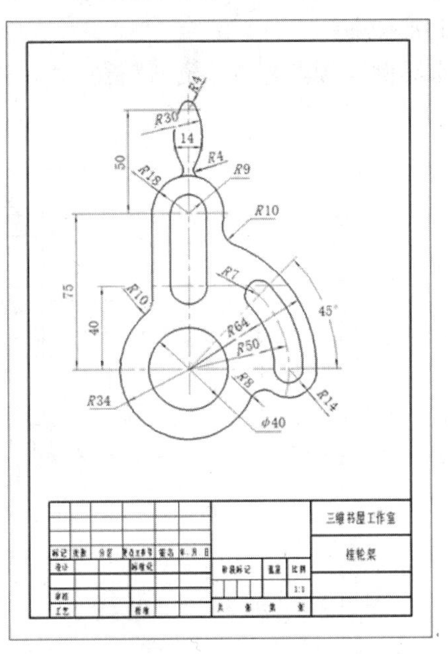

图 12-24 绘制结果

12.1.3 归纳总结

在圆弧平板类零件的绘制过程中，应注意以下问题：

◆ 首先要用绘制平行线方式确定各圆弧或圆的中心位置。

◆ 在绘制这一类图形时，同心、相切、相交是一些常见到的曲线之间的关系，因此往往要涉及一些切点、交点、圆心等特征点的捕捉点问题，充分利用工具点菜单，可以迅速捕捉到这些特征点，从而提高作图的效率。

◆ 利用“智能”“导航”捕捉方式能够自动捕捉到很多已经存在的特征点。

12.2 轴类零件的绘制

轴是机械设计中最常见的一种零件，它在机器中起着支承和传递动力的作用。轴的主体由几段不同直径的圆柱（或圆锥）组成，构成阶梯状，轴上加工有退刀槽、倒角等工艺结构，为了传递动力，轴上还应有键槽等。

12.2.1 思路分析

轴的结构比较简单，使用的图形元素为直线和圆（或圆弧），一般的辅助设计软件都采用偏移直线的方法来绘制轴类零件，而 CAXA CAD 电子图板则提供了轴的直接绘制功能，还在零件库中提供了带键轴截面的剖面图形，为用户提供了很大的方便。下面绘制如图 12-25 所示轴。

本案例视频内容电子资料路径：“X：\动画演示\第 12 章\轴类零件的绘制.avi”。

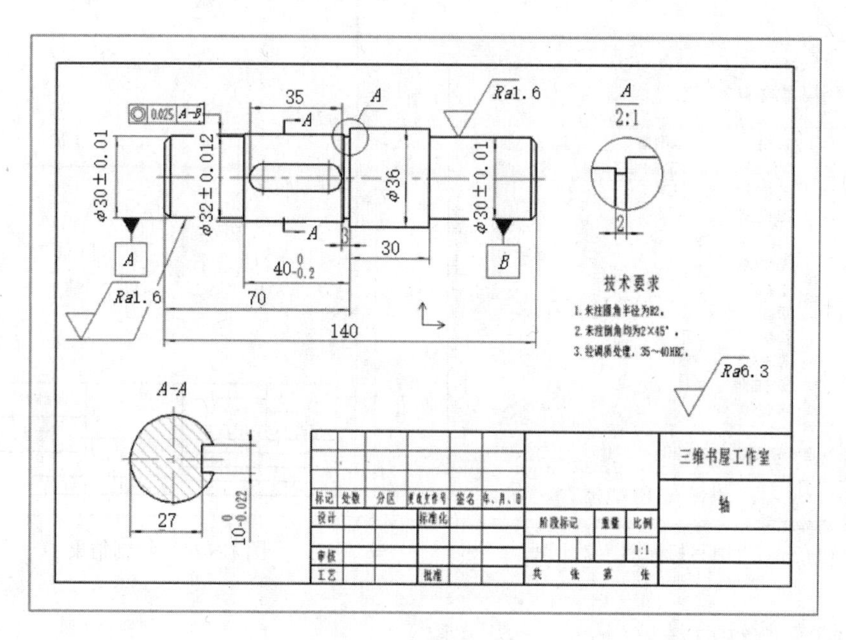

图 12-25　轴的零件图

12.2.2　绘制步骤

（1）启动电子图板创建新文件。

（2）对电子图板的系统进行设置。设置的主要内容如下：

❶对图层、线型、颜色进行设置，建议将当前图层设为“粗实线层”，颜色和线型均为“BYLAYER”。

❷对文字风格进行设置，建议将文字的默认字高设置为 6。

❸对标注风格进行设置，建议将标注文字的默认字高设置为 6，箭头大小设置为 6。

❹对拾取进行设置，建议采用默认设置。

❺对屏幕点进行设置，建议用“智能”捕捉方式。

（3）设置图纸幅面并且调入图框和标题栏。单击“图幅”选项卡“图幅”面板中的“图幅设置”按钮，在弹出的“图幅设置”对话框中设定图纸幅面为 A4，图纸方向为横放，绘图比例为 1:1，并且在此对话框中选择调入“A4A-A”的图框和“GB-A”标题栏。单击“确定”按钮即可。

（4）绘制主视图。

❶绘制轴的外轮廓。单击“常用”选项卡“绘图”面板中的“孔/轴”按钮，系统弹出“绘制孔轴”立即菜单，在立即菜单 1 中选择“轴”选项，2 中选择“直接绘出角度”选项，3 中输入 0，如图 12-26 所示。根根系统提示输入轴的插入点，在立即菜单中输入

第一段轴的起始直径为30、终止直径为30，4中选择“有中心线”选项，如图12-27所示。根据系统提示输入第一段的长度为30，按Enter键或单击右键，第一段轴绘制完成。然后在立即菜单中依次输入后续各轴段的起始直径和终止直径，并按照系统提示在操作提示区依次输入各段的长度值。轴的外轮廓绘制结束，如图12-28所示。

1.轴 2.直接给出角度 3.中心线角度 0

图12-26 “绘制轴”立即菜单

图12-27 “输入轴的插入点”立即菜单

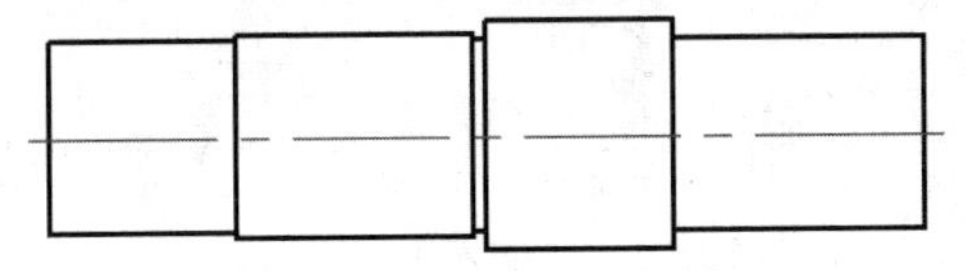

图12-28 绘制轴的轮廓完成

注意

在输入轴的起始和终止直径后，必须把鼠标移向轴的绘制方向，再输入轴的长度，否则，会向相反的方向绘制轴。

❷绘制轴端倒角和轴上的键槽。单击“常用”选项卡“修改”面板中的“外倒角”按钮，系统弹出“外倒角”立即菜单，在立即菜单中输入倒角的长度值和角度值，如图12-29所示。拾取要绘制轴左端倒角的三条相邻直线，系统即可生相成轴端倒角的绘制。重复上述操作，绘制轴右端的倒角。

1.长度和角度方式 2.长度 2 3.角度 45

图12-29 “外倒角”立即菜单

❸单击“常用”选项卡“绘图”面板中的“平行线”按钮，在立即菜单1中选择“偏移方式”选项，2中选择“单向”选项，将右边第二段轴左侧竖直线向左偏移，偏移距离为7，32，绘制图中键槽两半圆的竖直中心线。单击“常用”选项卡“绘图”面板中的“圆”按钮，分别以5为半径，以轴中心线和两偏移直线的交点为圆心绘制圆。

❹单击“常用”选项卡“绘图”面板中的“直线”按钮，在立即菜单1中选择“两点线”选项，绘制两圆的两切线，绘制完成后如图12-30所示。

❺修整键槽。单击“常用”选项卡“修改”面板中的“裁剪”按钮，裁剪两圆的多余部分。

（5）绘制轴截面剖视图。

❶利用“绘图”→“图库”→“插入图符”菜单命令，系统弹出“插入图符”对话框，在对话框中选择常用图形/常用剖面图，在名称中选择

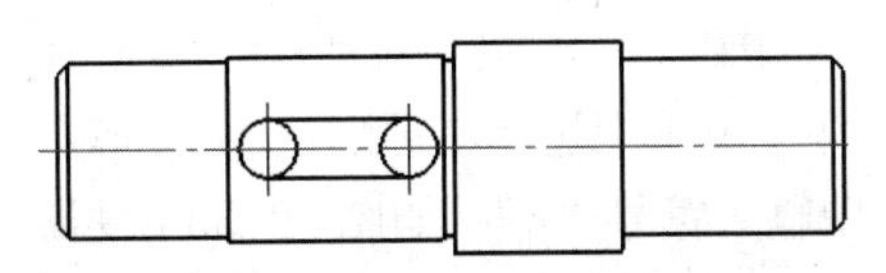

12-30 绘制倒角和键槽轮廓

"轴截面"，对话框右边的预显框中出现轴截面剖视图。如图 12-31 所示。

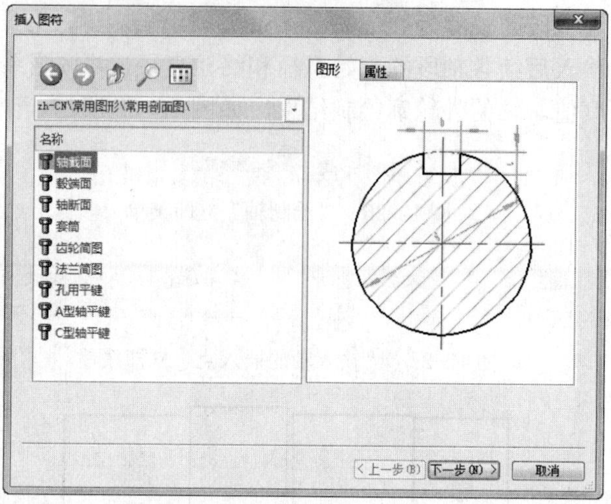

图 12-31　"插入图符"对话框

❷单击"下一步"按钮，系统弹出"图符预处理"对话框，在"尺寸规格选择"列表框中选择"d=38、b=10、t=5"一栏，并把 d 的数改为"32"，如图 12-32 所示。

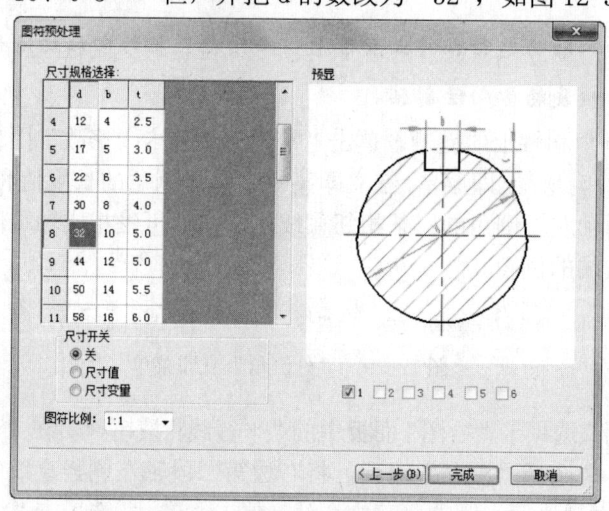

图 12-32　"图符预处理"对话框

❸单击"完成"按钮。轴截面的动态图形出现在绘图区，根据系统提示用鼠标或键盘输入图形的定位点，并输入图形的旋转角度"-90"，轴截面剖视图出现在绘图区。

（6）绘制退刀槽的局部放大图。

❶利用"绘图"→"局部放大图"菜单命令，系统弹出"局部放大图"立即菜单，在立即菜单 1 中选择"圆形边界"选项，2 中选择"加引线"选项，3 中输入放大倍数为 2"，4 中输入符号"A"，如图 12-33 所示。

❷根据系统提示输入放大区域的中心点，再输入半径或圆上一点，再根据系统提示输入符号的插入点。这时一个动态的局部放大图出现在绘图区，根据系统提示输入局部放大

图的插入点、图形的旋转角度“0”，符号插入点、局部放大图形出现在绘图区。

1.圆形边界 2.加引线 3.放大倍数 2 4.符号 A 5.保持剖面线图样比例

图 12-33 “局部放大图”立即菜单

到此为止，基本图形绘制完成，如图 12-34 所示。

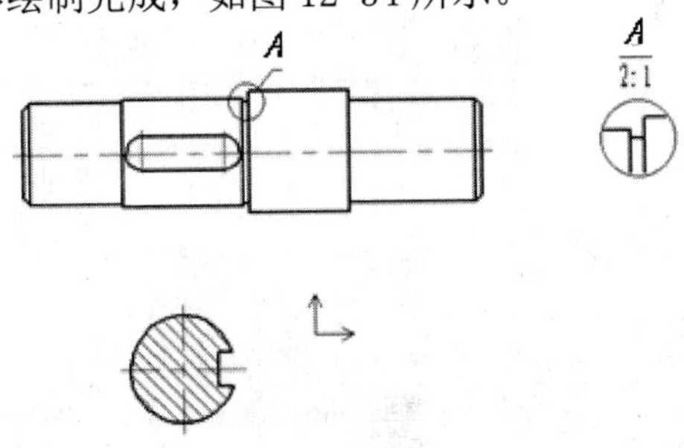

图 12-34 基本图形绘制完成

（7）主视图的标注。

❶标注剖切符号。单击“标注”选项卡“符号”面板中的“剖切符号”按钮，系统弹出“标注剖切符号”立即菜单，在视图名称一栏中输入“A”，在状态栏中选择“正交”选项，如图 12-35 所示。

❷根据系统提示画剖切轨迹线单击右键确认，再利用剖切方向，指定剖切符号的标注位置即可，如图 12-36 所示。

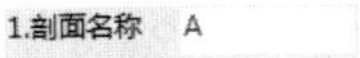

1.剖面名称 A

图 12-35 “标注剖切符号”立即菜单

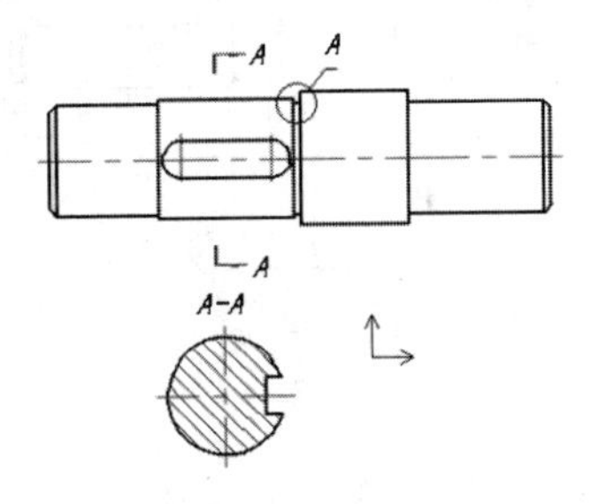

图 12-36 标注剖切符号结束

❸标注尺寸及尺寸公差。先标注最左侧的直径尺寸“$\Phi30\pm0.01$”，单击“常用”选项卡“标注”面板中的“尺寸标注”按钮，系统弹出“尺寸标注”立即菜单，拾取标注位置，各选项如图 12-37 所示。

1.基本标注 2.文字平行 3.直径 4.正交 5.文字居中 6.前缀 %c 7.后缀 8.基本尺寸 30

图 12-37 “尺寸标注”立即菜单

❹按照系统提示，拾取轴的两个边线，同时单击右键。系统弹出“尺寸标注属性设置”对话框，在该对话框中，选择“输入形式”为“对称”，“输出形式”为“偏差”，并填入偏差值，如图 12-38 所示。

❺同理，标注其他直径和长度尺寸及相关的尺寸公差。标注结束后如图 12-39 所示。

❻设置基准符号风格。单击“标注”选项卡“标注样式”面板中的“基准代号”按钮

，弹出如图 12-40 所示的“基准代号风格设置”对话框，选择符号形式为，起点形式为▲，单击“确定”按钮，完成基准符号风格的设置。

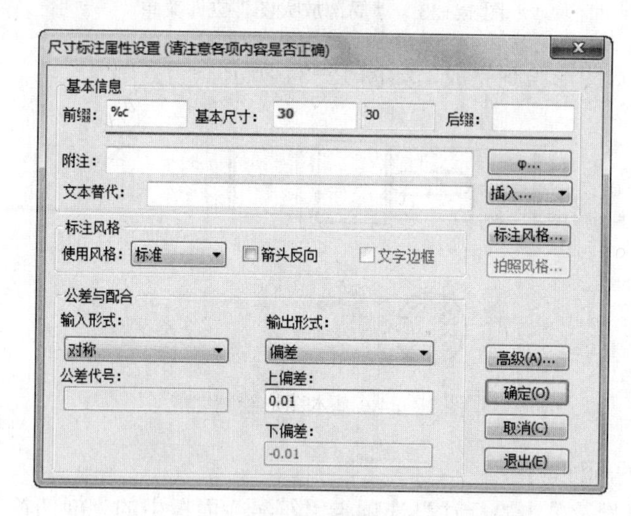

图 12-38 “尺寸标注属性设置”对话框

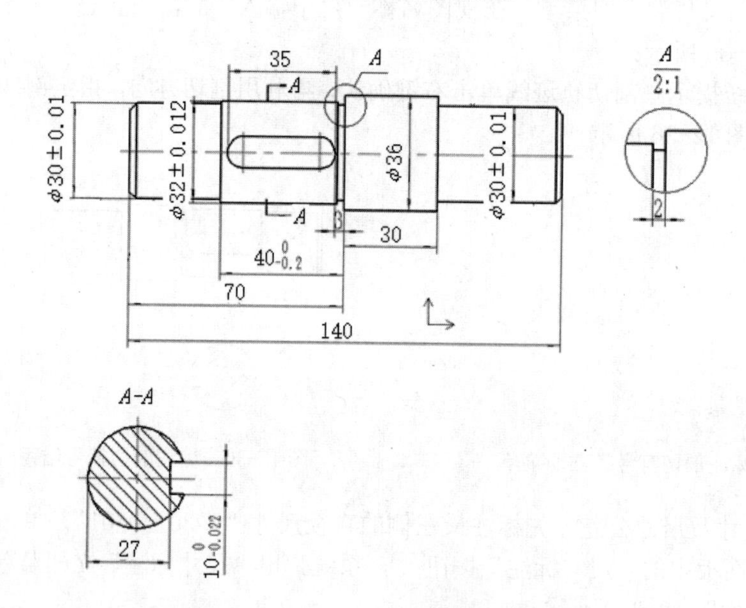

图 12-39 基本尺寸及尺寸公差标注结束

❼标注基准符号。单击“标注”选项卡“符号”面板中的“基准代号”按钮，系统弹出“标注基准代号”立即菜单，立即菜单 1 中选择“基准标注”选项， 2 中选择“给定基准”选项，在基准名称一栏中输入“A”，如图 12-41 所示。根据系统提示选择要标注基准代号的直线或圆弧即可。

同理，完成其他基准代号的标注，如图 12-42 所示。

❽标注形位公差。单击“标注”选项卡“标注样式”面板中的“形位公差”按钮，设置“文本风格”为“机械”。单击“标注”选项卡“符号”面板中的“形位公差”按钮，

系统弹出“形位公差”对话框，如图 12-43 所示，在对话框中选择公差代号，填入公差数值和公差的基准，单击确定，结果如图 12-44 所示。

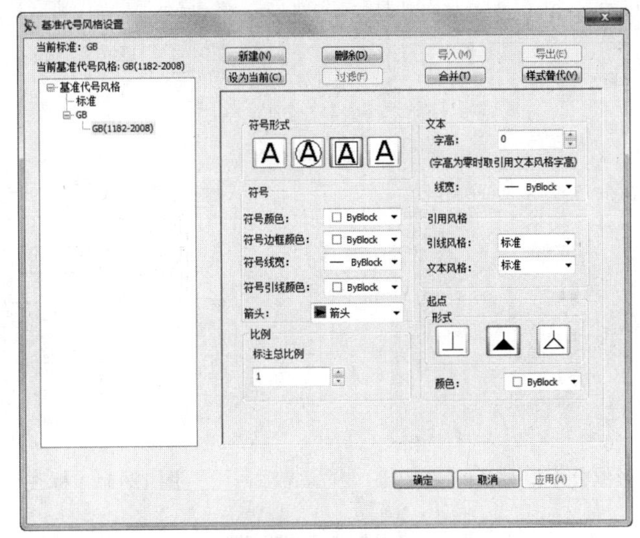

图 12-40 “基准代号风格设置”对话框

1. 基准标注 2. 给定基准 3. 默认方式 4.基准名称 A

图 12-41 “标注基准代号”立即菜单

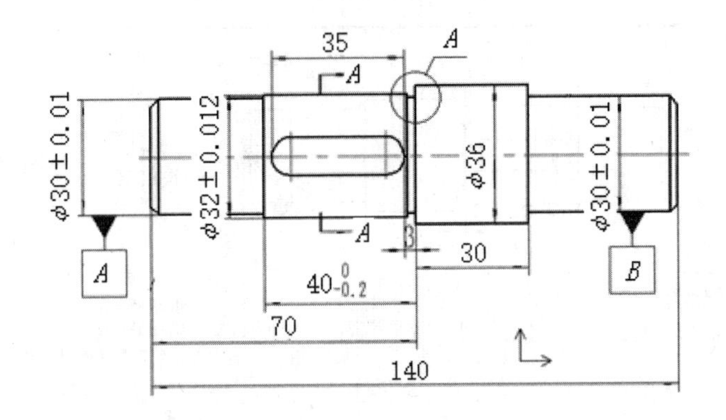

图 12-42 标注基准代号结束

❾标注表面粗糙度符号。单击“常用”选项卡“标注”面板中的“表面粗糙度”按钮√，系统弹出“标注粗糙度”立即菜单，各选项如图 12-45 所示，拾取要标注的直线或圆弧，确定标注位置。

同理，标注其他表面粗糙度。如图 12-46 所示。

（8）标注技术要求。单击“标注”选项卡“文字”面板中的“技术要求”按钮，在“技术要求库”对话框中填写技术要求，如图 12-47 所示，单击“生成”按钮，指定标注技术要求的矩形区域，标注结束。

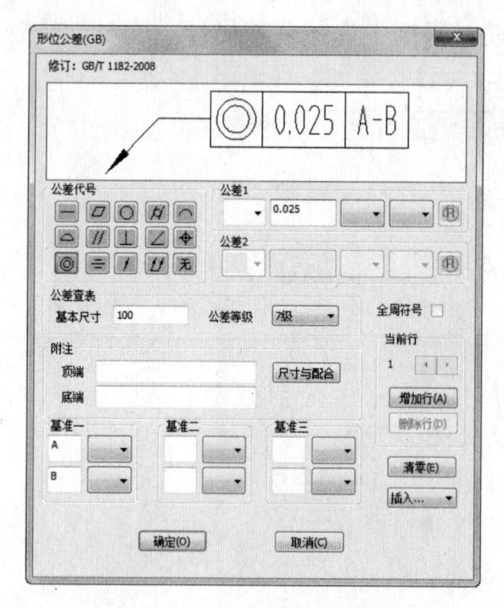

图 12-43 “形位公差”对话框

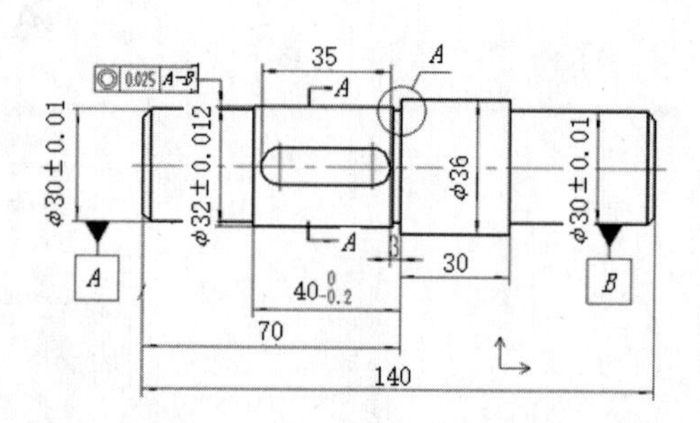

图 12-44 标注形位公差结束

1. 标准标注 2. 默认方式

图 12-45 “标注粗糙度”立即菜单

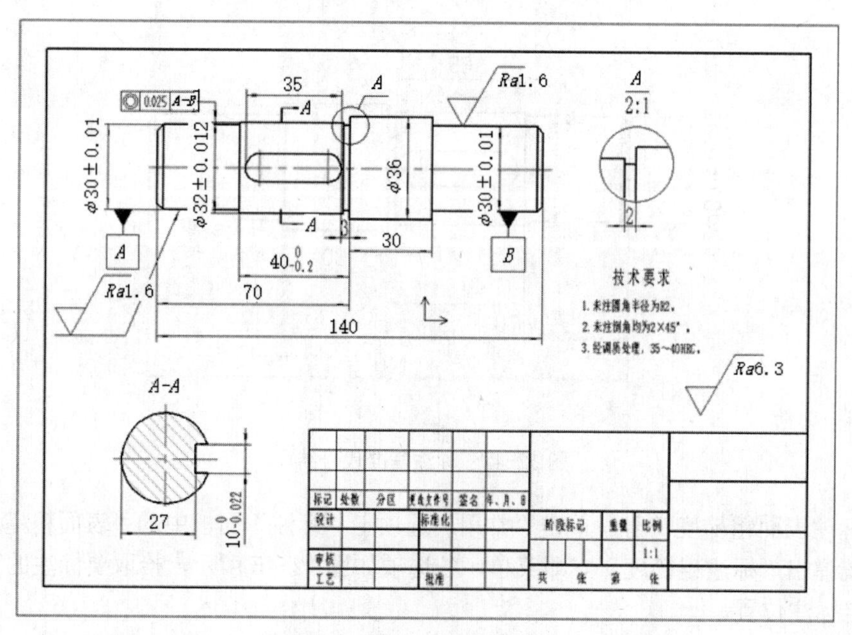

图 12-46 标注粗糙度结束

（9）填写标题栏。单击“图幅”选项卡“标题栏”面板中的“填写标题栏”按钮，系统弹出“填写标题栏”对话框，填写相关选项后，单击“确定”按钮。

全部绘制结束后如图 12-48 所示。

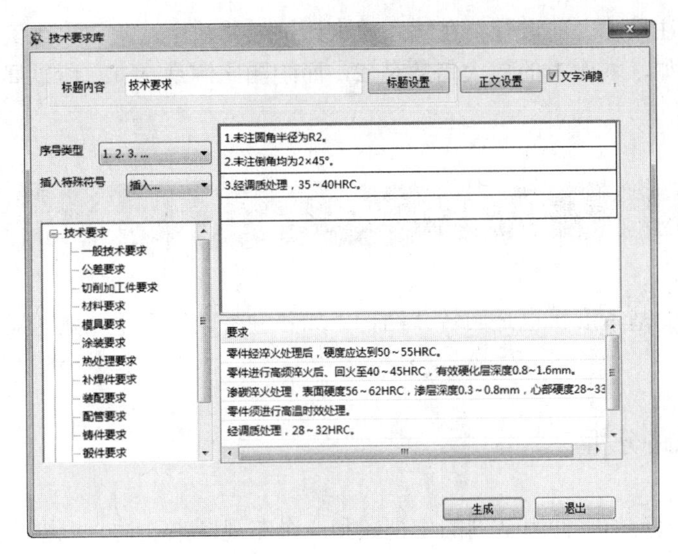

图 12-47 “技术要求库”对话框

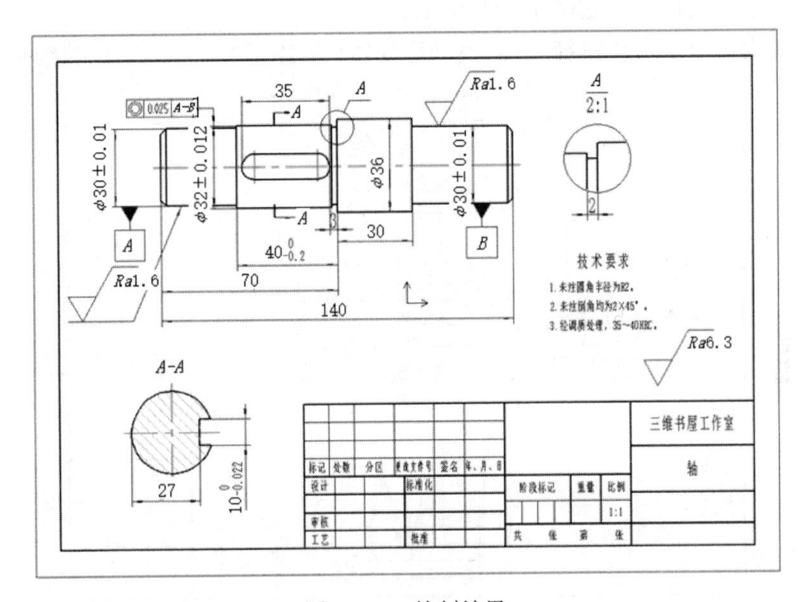

图 12-48 绘制结果

12.2.3 归纳总结

绘制轴类零件时应注意以下问题：

◆ 绘制此类图形尽量采用 CAXA CAD 电子图板提供的孔/轴命令，这样可以提高绘图效率。

◆ 轴截面剖视图既可以从图形库中提取，也可以自行绘制。当然，从库中提取的图符如果不完全符合要求时，可以用“块打散”命令将其打散后再进行编辑。

◆ 局部放大图有圆形边界和矩形边界两种。绘制局部放大图，一般应在绘制完全部基本视图后、标注尺寸之前进行。在输入放大比例时要注意，此放大比例是指对当前图形的放大倍数。例如，本例中的放大倍数是 2，而绘图比例是 1:1，所以局部放大图的比例应为 2:1。

12.3 盘套类零件的绘制

盘套类零件的基本形状也是回转体结构，如各种带轮、手轮、减速器的端盖、齿轮泵的泵盖、齿轮等。

12.3.1 思路分析

一般来说，盘套类零件用全剖的主视图和一个左视图来表达。根据实情况，这种零件可能用到的命令有孔/轴、直线、剖面线、倒角的绘制命令以及平移、镜像等编辑命令。本节将绘制一个轴承端盖，如图 12-49 所示。

本例视频内容电子资料路径：“X：\动画演示\第 12 章\盘套类零件的绘制.avi”。

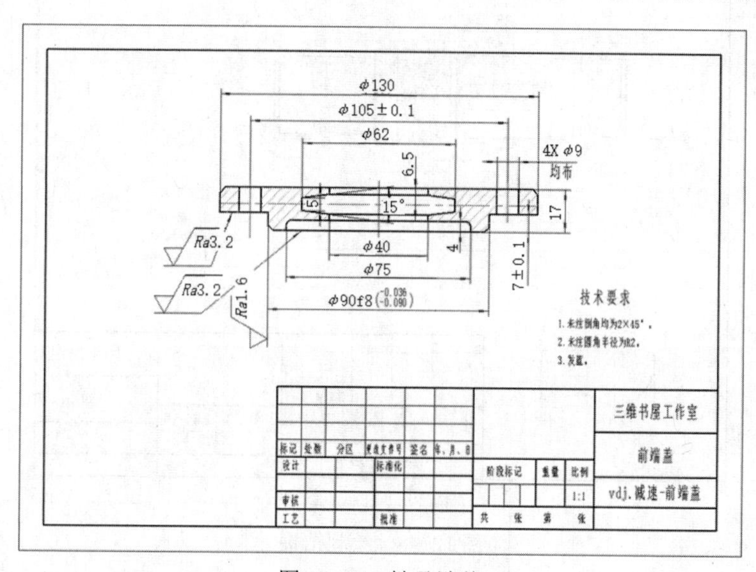

图 12-49　轴承端盖

12.3.2 绘制步骤

（1）启动电子图板创建新文件。

（2）对电子图板系统进行设置。设置的主要内容如下：

❶对图层、线型、颜色进行设置，建议将当前图层设为“粗实线图层”，颜色和线型均为“BYLAYER”。

❷对文字风格进行设置，建议将文字的默认字高设置为 5。

❸对标注风格进行设置，建议将标注文字的默认字高设置为“5”。

❹对拾取进行设置，建议采用默认设置。

❺对屏幕点进行设置，建议设置为“智能”捕捉方式。

（3）设置图纸幅面并且调入图框和标题栏。单击“图幅”选项卡“图幅”面板中的“图幅设置”按钮，在弹出的“图幅设置”对话框中设定图纸幅面为A4，图纸方向为横放，绘图比例为1:1，并且在此对话框中选择调入“A4A-A”的图框和“GB-A”标题栏。单击“确定”按钮即可。

（4）绘制主视图。

❶绘制图形的外轮廓线。单击“常用”选项卡“绘图”面板中的“孔/轴”按钮，系统弹出“绘制孔轴”立即菜单，在立即菜单1中选择“轴”选项，2中选择“直接绘出角度”，3中输入90，如图12-50所示。根根系统提示输入轴的插入点，在立即菜单中输入第一段轴的起始直径130、终止直径130，4中选择“有中心线”，如图12-51所示，根据系统提示输入第一段的长度“10”，按Enter键或单击右键，第一段轴绘制完成。

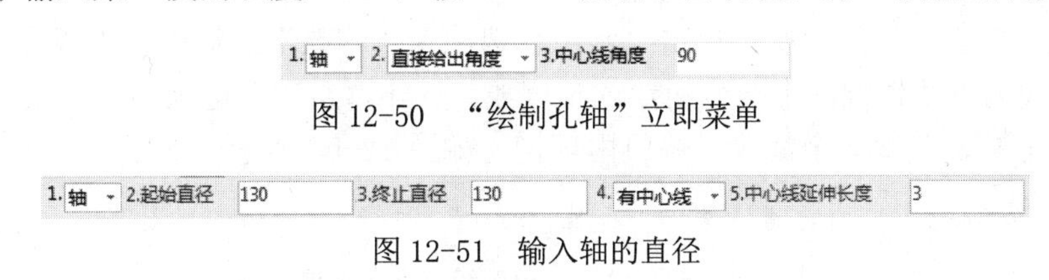

图12-50 “绘制孔轴”立即菜单

图12-51 输入轴的直径

在立即菜单中依次输入第二段轴的起始直径和终止直径90，并按照系统提示在操作提示区输入长度7， 按Enter键或单击右键结束。外轮廓绘制完毕如图12-52所示。

❷绘制图形的内轮廓线。单击“常用”选项卡“绘图”面板中的“孔/轴”按钮，在立即菜单1中选择“孔”选项，2中选择“直接绘出角度”选项，3中输入90，输入第一段孔的直径为40，长度为13；输入第二段孔的直径为75，长度为4；绘制内孔的轮廓线。绘制结束如图12-53所示。

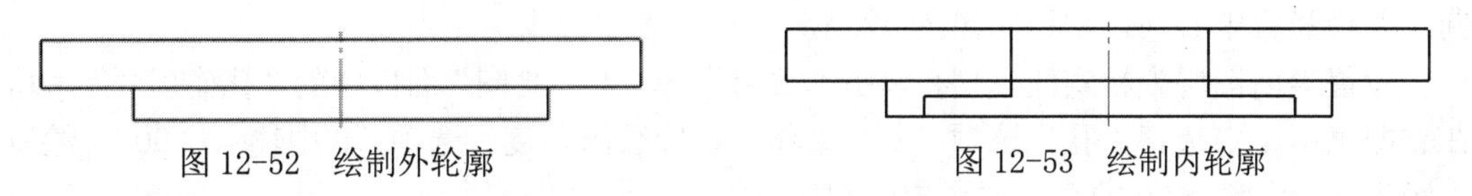

图12-52 绘制外轮廓　　图12-53 绘制内轮廓

❸裁剪修整轮廓。单击“常用”选项卡“修改”面板中的“裁剪”按钮，裁剪多余线段；单击“常用”选项卡“修改”面板中的“拉伸”按钮，拉伸轮廓线使其闭合，如图12-54所示。

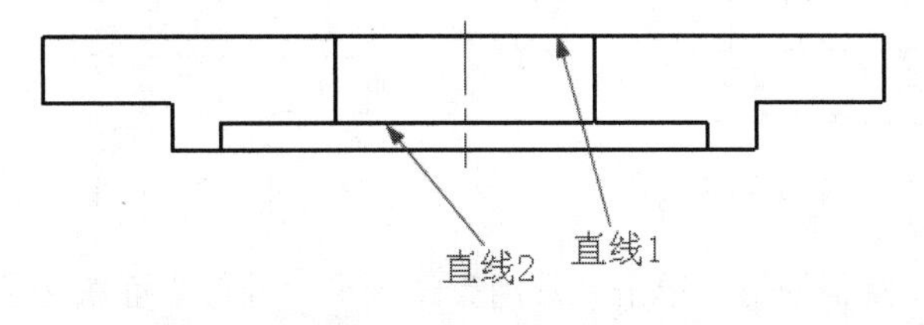

图12-54 修剪图形

❹确定内环槽的关键点。单击“常用”选项卡“绘图”面板中的“中心线”按钮，绘制图 12-54 所示的直线 1 和直线 2 的水平中心线，并对中心线进行拉伸。

单击“常用”选项卡“修改”面板中的“等距线”按钮，将水平中心线向上偏移 2.5，将竖直中心向左偏移 31，分别绘制水平中心线和竖直中心线的平行线，二者的交点为环槽的一个角点，如图 12-55 所示。

图 12-55　确定内环槽的关键点

❺确定内环槽的角度线。单击“常用”选项卡“绘图”面板中的“直线”按钮，在立即菜单 1 中选择“角度线”选项，立即菜单各选项如图 12-56 所示，绘制内环槽的角度线，如图 12-57 所示。

❻完成左侧内环槽的绘制。单击“常用”选项卡“修改”面板中的“镜像”按钮，以水平中心线为轴线镜像向上一步所绘的角度线；单击“常用”选项卡“修改”面板中的“裁剪”按钮，裁剪多余线段，修整内环槽，如图 12-58 所示。

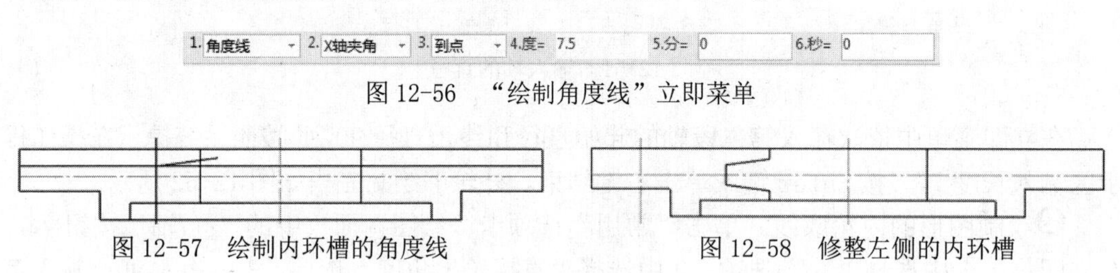

图 12-56　“绘制角度线”立即菜单

图 12-57　绘制内环槽的角度线　　图 12-58　修整左侧的内环槽

❼绘制左侧的通孔。设置当前图层为中心线图层，单击“常用”选项卡“绘图”面板中的“平行线”按钮，在立即菜单 1 中选择“偏移方式”选项，2 中选择“单向”选项，向左偏移竖直中心线，偏移距离为 52.5，绘制孔的中心线。

设置当前图层为粗实线图层，单击“常用”选项卡“绘图”面板中的“孔/轴”按钮，在立即菜单 1 中选择“孔”选项，2 中选择“直接绘出角度”选项，3 中输入“90”，绘制直径为 9，高度为 10 的孔；如图 12-59 所示。

❽镜像右侧的环槽和孔。单击“常用”选项卡“修改”面板中的“镜像”按钮，镜像生成右侧环槽和孔，单击“常用”选项卡“修改”面板中的“裁剪”按钮，修剪多余的线段，如图 12-60 所示。

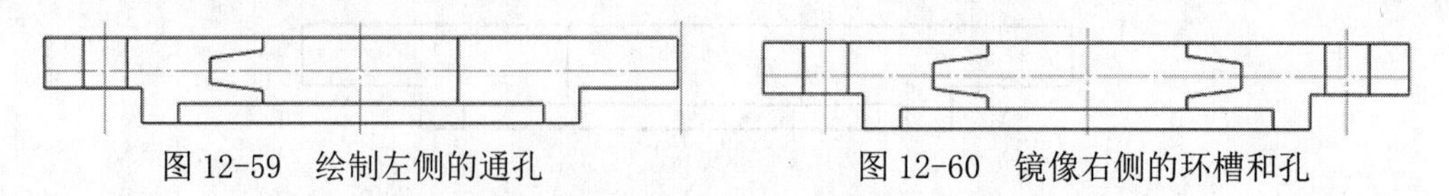

图 12-59　绘制左侧的通孔　　图 12-60　镜像右侧的环槽和孔

❾绘制倒角、修整图形。单击“常用”选项卡“修改”面板中的“倒角”按钮，在立即菜单 1 中选择“长度和角度方式”选项，2 中选择“裁剪”选项，绘制图中的倒角，倒角距离为 2；单击“常用”选项卡“修改”面板中的“圆角”按钮，选择“裁剪”方

式绘制图中的圆角，圆角半径为2。单击“常用”选项卡“绘图”面板中的“直线”按钮，在立即菜单1中选择“两点线”选项，修整图形，如图12-61所示。

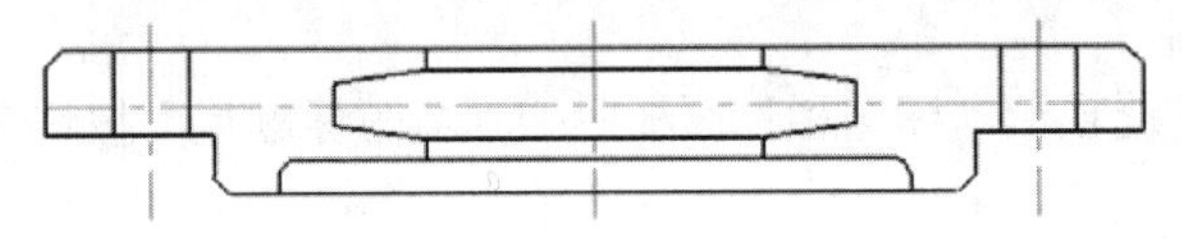

图12-61　绘制倒角及修整图形

⑩绘制剖面线。单击“常用”选项卡“绘图”面板中的“剖面线”按钮，在立即菜单1中选择“拾取点”选项，2中选择“选择剖面图案”选项，在视图中拾取要填充剖面线的区域，单击右键弹出如图12-62所示的“剖面图案”对话框，设置剖面图案参数。单击“确定”按钮，绘制剖面线，如图12-63所示。

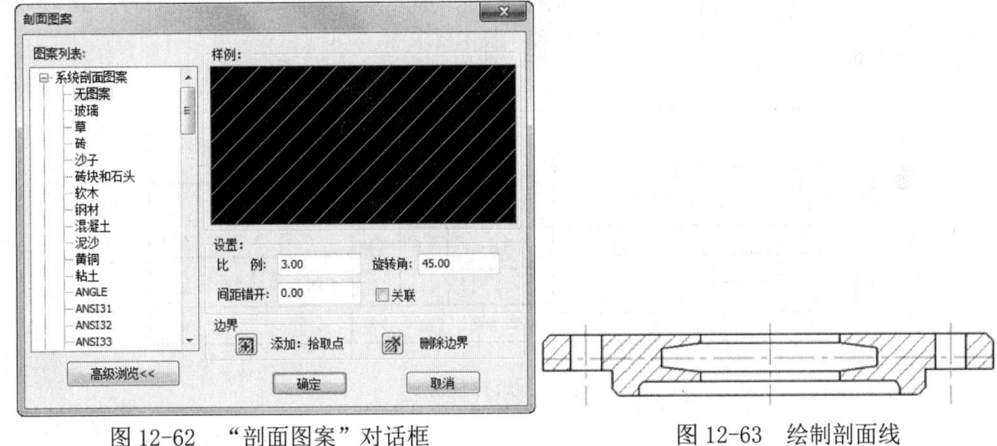

图12-62　“剖面图案”对话框　　　图12-63　绘制剖面线

(5) 标注尺寸。

❶单击“常用”选项卡“标注”面板中的“尺寸标注”按钮，标注尺寸及尺寸公差；单击“常用”选项卡“标注”面板中的“文字”按钮**A**，绘制文字。

❷单击“常用”选项卡“标注”面板中的“粗糙度”按钮√，标注表面粗糙度，结果如图12-64所示。

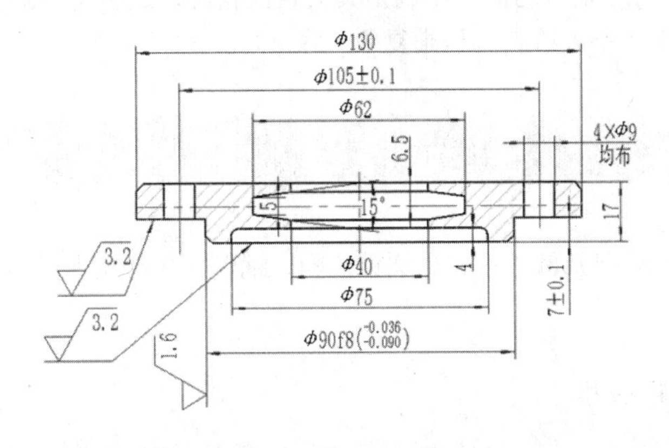

图12-64　标注尺寸

（6）标注技术要求、填写标题栏。

❶单击“标注”选项卡“文字”面板中的“技术要求”按钮，标注技术要求，如图 12-65 所示。

❷单击“图幅”选项卡“标题栏”面板中的“填写标题栏”按钮，填写标题栏，如图 12-66 所示。

绘制结束，如图 12-49 所示。

技术要求

1.未注倒角均为

2×45°。

2.未注圆角半径为R2。

3.发蓝。

图 12-65　技术要求

									三维书屋工作室
标记	处数	分区	更改文件号	签名	年、月、日				前端盖
设计			标准化			阶段标记	重量	比例	
								1:1	vdj.减速-前端盖
审核									
工艺			批准			共　张		第　张	

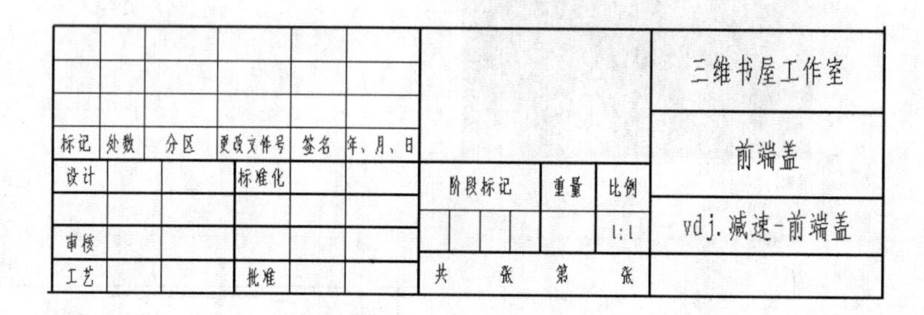

图 12-66　填写标题栏

12.3.3　归纳总结

此轴承盖为一个典型的盘套类零件，该零件用一个主视图即可表达清楚，而有些零件除了主视图以外，还需要一个俯视图或左视图，俯视图或左视图一般为圆形结构，上面有大圆的同心圆需要绘制，另外绘制均布的孔时需要用到阵列命令。

此例中，用“孔/轴”的命令绘制出其大致的轮廓，这也可以通过绘制平行线或直线的平移命令来绘制，不过绘制过程稍复杂一些。

12.4　齿轮类零件的绘制

齿轮类零件一般包括圆柱齿轮、圆锥齿轮、蜗轮，从形状上说，也属于盘套类零件的范畴。

12.4.1　思路分析

因为此类零件比较多，绘制方法也与一般的盘套类零件有所不同。所以单独拿出来介绍。本节将绘制一个蜗轮，如图 12-67 所示。

本例视频内容电子资料路径：“X：\动画演示\第 12 章\齿轮类零件的绘制.avi”。

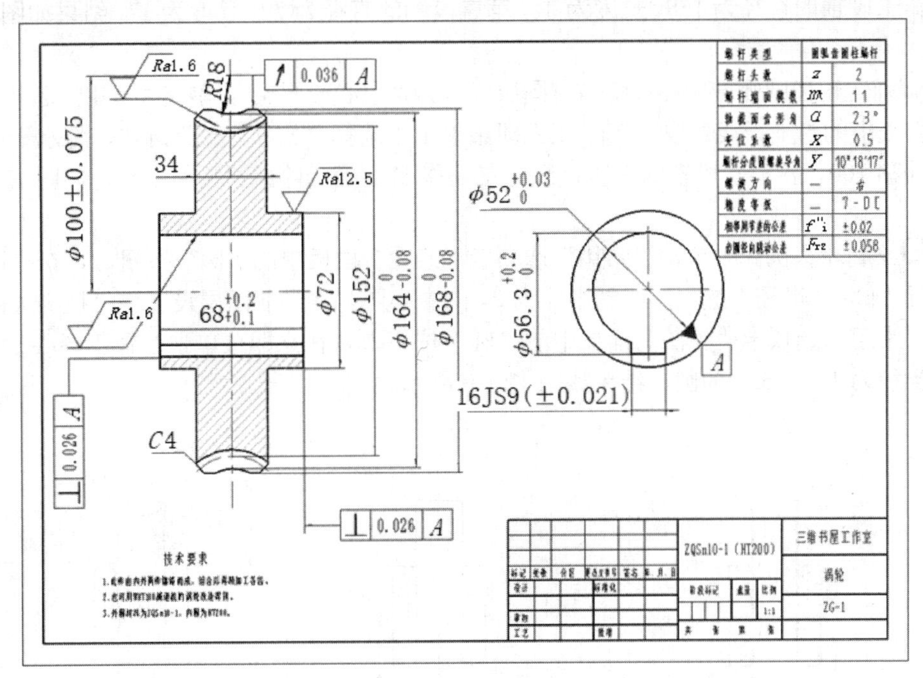

图 12-67　蜗轮零件图

12.4.2　绘制步骤

（1）启动电子图板创建新文件。

（2）对电子图板的系统进行设置。设置的主要内容如下：

❶对图层、线型、颜色进行设置，建议将当前图层设为“粗实线图层”，颜色和线型均为“BYLAYER”。

❷对文字风格进行设置，建议将文字的默认字高设置为 7。

❸对标注风格进行设置，本例中设置的标注文字的默认字高和箭头高度均设置为 10。

❹对拾取进行设置，建议采用默认设置。

❺对屏幕点进行设置，建议设置为“导航”捕捉方式。

（3）设置图纸幅面并且调入图框和标题栏。单击“图幅”选项卡“图幅”面板中的“图幅设置”按钮，在弹出的“图幅设置”对话框中设定图纸幅面为 A3，图纸方向为横放，绘图比例为 1:1，并且在此对话框中选择调入“A3A-A”的图框和“GB-A”标题栏。单击“确定”按钮即可。

（4）图形绘制。

❶绘制主视图的外轮廓线。单击“常用”选项卡“绘图”面板中的“孔/轴”按钮，系统弹出“绘制孔轴”立即菜单，在立即菜单 1 中选择“轴”选项，2 中选择“直接绘出角度”选项，3 中输入角度 0。根根系统提示输入轴的插入点，在立即菜单中输入第一段

轴的起始直径 72、终止直径 72，4 中选择“有中心线”，根据系统提示输入第一段的长度 17，按 Enter 键或单击右键，第一段轴绘制完成。

第二段轴的直径为 168，长度为 34，第三段轴的直径为 72，长度为 17，结果如图 12-68 所示。

❷确定轮齿圆弧的中心。将当前图层设置为“中心线图层”，单击“常用”选项卡“绘图”面板中的“平行线”按钮，在立即菜单 1 中选择“偏移方式”选项，将水平中心线向上偏移 100，将第二段轴的右竖直线向左偏移 17。确定轮齿圆弧的中心，如图 12-69 所示。

❸绘制轮齿圆弧。单击“常用”选项卡“绘图”面板中的“圆”按钮，在立即菜单中选择“圆心-半径”选项，绘制半径为 24 的中心圆。将当前图层设置为“粗实线图层”，单击“常用”选项卡“绘图”面板中的“圆”按钮，在立即菜单中选择“圆心-半径”，绘制半径为 18，26.8 的圆。结果如图 12-70 所示。

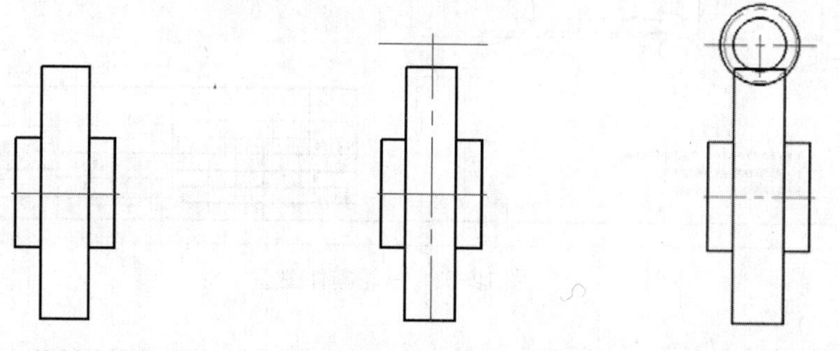

图 12-68　绘制外轮廓　　图 12-69　确定轮齿圆弧中心　　图 12-70　绘制同心圆

❹裁剪线段。单击“常用”选项卡“修改”面板中的“裁剪”按钮，在立即菜单 1 中选择“快速裁剪”选项，裁剪多余线段，如图 12-71 所示。

❺镜像下侧的蜗轮齿弧。单击“常用”选项卡“修改”面板中的“镜像”按钮，在立即菜单 1 中选择“选择轴线”选项，2 中选择“复制”选项，镜像生成下侧的蜗轮齿弧；如图 12-72 所示。

❻绘制左视图。单击“常用”选项卡“绘图”面板中的“圆”按钮，利用“导航”捕捉方式确定圆心位置，绘制左视图中的外圆，如图 12-73 所示。

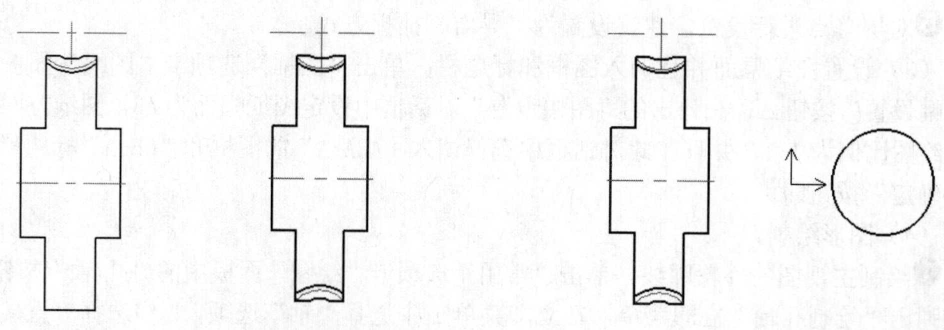

图 12-71　裁剪修整　　图 12-72　镜像下侧蜗轮齿弧　　图 12-73　绘制左视图圆

❼利用“绘制”→“图库”→“插入图符”菜单命令，系统弹出“插入图符”对话框，如图12-74所示。选择“常用图形”/“常用剖面图”/毂端面的图符，单击“下一步”按钮，系统弹出“图符预处理”对话框，选中直径尺寸d为58的一栏，并将58改为52，如图12-75所示。单击“确定”按钮。

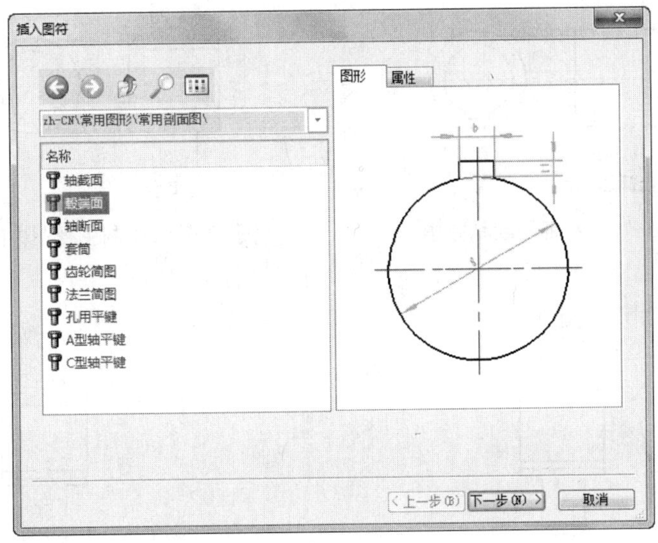

图12-74 “插入图符”对话框

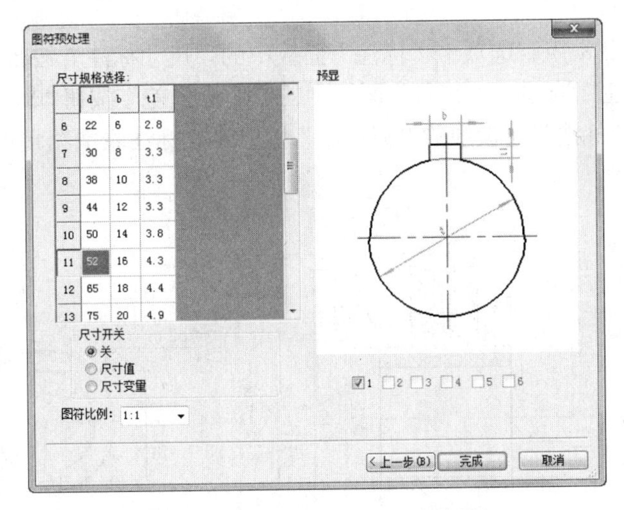

图12-75 “图符预处理”对话框

❽利用“导航”捕捉方式将所调出的图形中心定位与大圆同心的位置上，并在操作提示区输入旋转角“180”，左视图绘制完毕，如图12-76所示。

❾绘制主视图的孔。单击“常用”选项卡“绘图”面板中的“直线”按钮，利用“导航”捕捉方式绘制主视图的三条孔线，如图12-77所示。

❿单击“常用”选项卡“修改”面板中的“倒角”按钮，对涡轮轮齿边缘进行倒角，倒角尺寸为4×45°，如图12-78所示。

⓫绘制剖面线。单击“常用”选项卡“绘图”面板中的“剖面线”按钮，绘制剖面线，结果如图 12-79 所示。

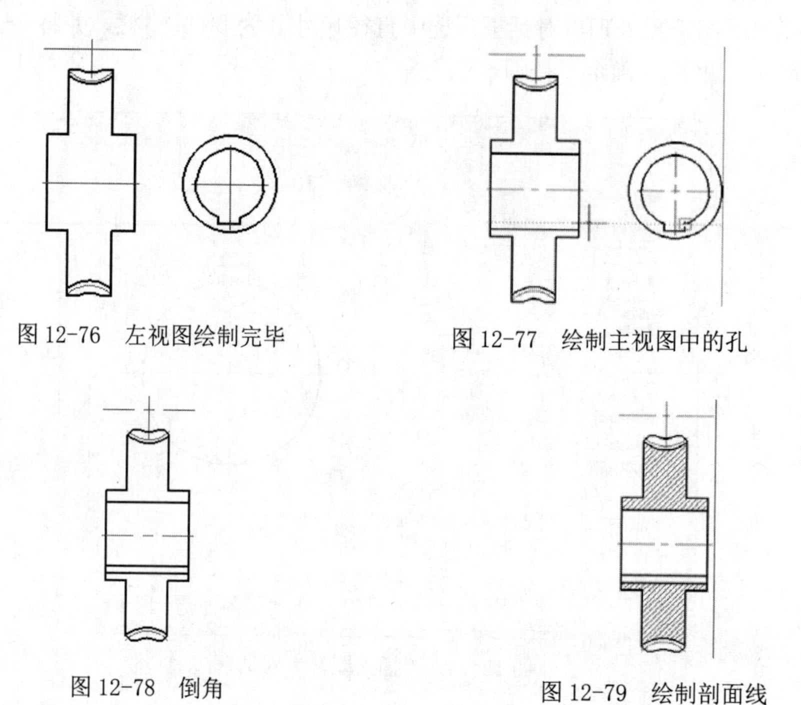

图 12-76　左视图绘制完毕

图 12-77　绘制主视图中的孔

图 12-78　倒角

图 12-79　绘制剖面线

⓬标注。单击“常用”选项卡“标注”面板中的“尺寸标注”按钮，标注尺寸及尺寸公差；单击“标注”选项卡“符号”面板中的“形位公差”按钮，标注形位公差；单击“常用”选项卡“标注”面板中的“粗糙度”按钮，标注表面粗糙度；结果如图 12-80 所示。

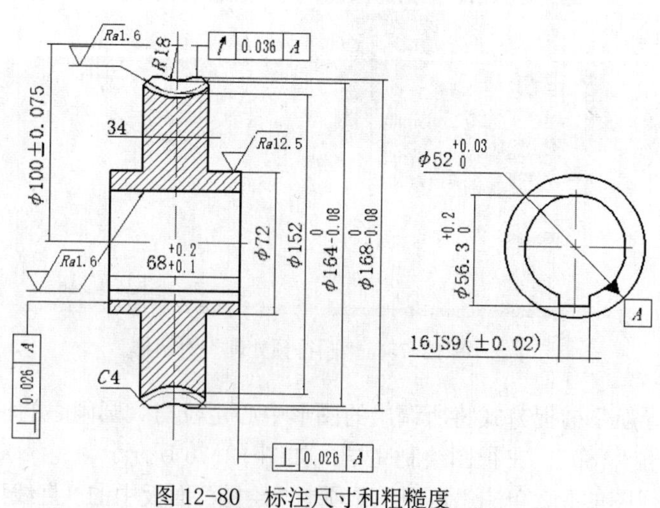

图 12-80　标注尺寸和粗糙度

⓭利用“文件”→“并入”菜单命令，调入“蜗轮参数表”文件，如图 12-81 所示。在立即菜单中输入并入文件比例（一般输入比例为“1”），系统提示输入定位点，可通过

工具点菜单中的“交点”选项将齿轮参数表格定位于图框的右上角。

蜗杆类型	圆弧齿圆柱蜗杆	
蜗杆头数	z	2
蜗杆端面模数	m_t	11
轴截面齿形角	α	23°
变位系数	x	0.5
蜗杆分度圆螺旋导角	γ	10°18′17″
螺旋方向	—	右
精度等级	—	7-DC
相邻周节差的公差	f_i	±0.02
齿圈径向跳动公差	F_{r2}	±0.058

图 12-81 绘制并填写参数表

（5）技术要求、填写标题栏。

❶单击“标注”选项卡“文字”面板中的“技术要求”按钮，标注技术要求，如图 12-82 所示。

技术要求

1. 此件由内外两件镶铸而成，组合后再精加工各齿。
2. 也可用WHT100减速机的蜗轮改造得到。
3. 外圈材料为ZQSn10-1，内圈为HT200。

图 12-82 技术要求

❷单击“图幅”选项卡“标题栏”面板中的“填写标题栏”按钮，填写标题栏，如图 12-83 所示。

						ZQSn10-1（HT200）			三维书屋工作室
标记	处数	分区	更改文件号	签名	年、月、日				蜗轮
设计			标准化			阶段标记	重量	比例	
								1:1	ZG-1
审核									
工艺			批准			共 张 第 张			

图 12-83 填写标题栏

绘制结束，如图 12-67 所示。

12.4.3 归纳总结

本节绘制的蜗轮是机械设计中常用的零件之一，也是一种典型的齿形类零件。从上面的几个例子来说，对于轴类件、盘套类及齿轮类零件均可以使用绘制“孔/轴”的命令来绘制其轮廓，这样可大大提高作图的效率。

◆ 对于盘套类及齿轮类零件，一般都有较强的对称性，所以要注意使用“镜像”命令来提高效率。

◆ 本例有两个视图，所以采用“导航”捕捉方式有利于利用一个视图自动确定另一个视图中的某些尺寸，提高作图的效率。

◆ 齿形类零件都有一个参数表格，这些表格是经常使用的，所以可以预先绘制好一个参数表格，用“文件”→“并入文件”命令调入即可。下面作一简要介绍。

❶根据行业要求绘制出一个齿轮参数表表格并对相关项进行文字填写，如图 12-84 所示。注意，一定要让参数表格的右上角位于坐标系的原点。

❷以 EXB 文件形式保存。

❸建立新文件，调入相应的图框、标题栏。

❹利用“文件”→“并入文件”命令，调入参数表格文件，在立即菜单中输入并入文件比例（一般输入比例为“1”），系统提示输入定位点，可通过工具点菜单中的“交点”选项将齿轮参数表格定位于图框的右上角。

❺对于圆柱齿轮来说，可通过以下几种方法绘制：

1）直接利用 CAXA CAD 电子图板提供的绘制与编辑命令进行绘制。

2）还可以在零件库中直接提取齿轮的图形，选择“常用图形”/“常用剖面图”/“齿轮简图”的图符，如图 12-85 所示。

蜗杆类型	圆弧齿圆柱蜗杆	
蜗杆头数	z	
蜗杆端面模数	m_t	
轴截面齿形角	α	
变位系数	x	
蜗杆分度圆螺旋导角	y	
螺旋方向	—	
精度等级	—	
相邻周节差的公差	f''_i	
齿圈径向跳动公差	F_{r2}	

图 12-84 绘制参数表格

另外，选择“常用图形”/“其他图形”/“腹板式圆柱直齿轮”的零件图符，如图 12-86 所示。

这两种情况下调用的图形如不符合要求，可单击“常用”选项卡“修改”面板中的“分解”按钮，分解后再对其进行编辑修改。

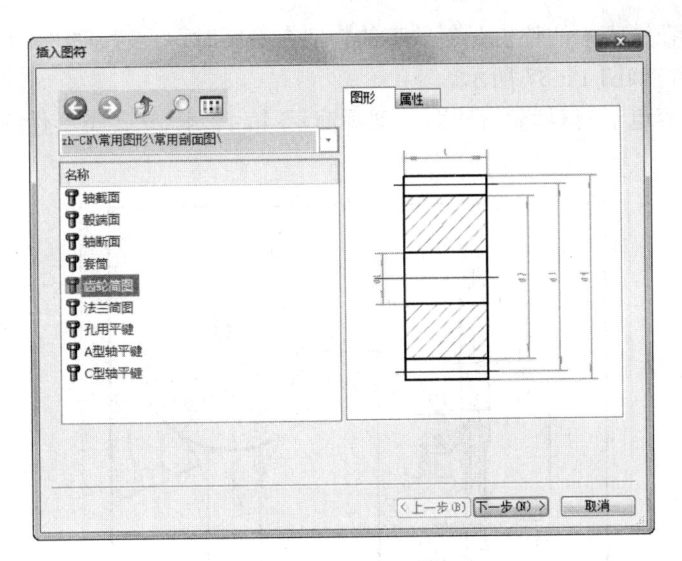

图 12-85　提取“齿轮简图”

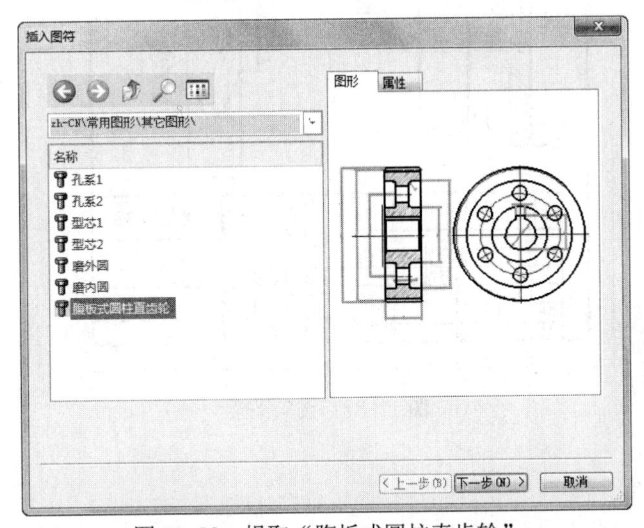

图 12-86　提取“腹板式圆柱直齿轮”

12.5　支架类零件的绘制

叉架类零件包括拨叉、支架、连杆等零件，这类零件，多数形状不规则，结构比较复杂，批量生产中毛坯多为铸件，经多道工序加工制成（在单件小批生产中焊接结构则较为普遍）。

12.5.1　思路分析

叉架类零件在选择主视图时，主要考虑零件的形状特征和工作位置。本节将绘制铣床中的叉架，叉架在铣床中的位置是斜放着的，但在画图时，一般都把零件的主要轮廓放成垂直或水平位置，如图 12-87 所示。

本例视频内容电子资料路径：“X：\动画演示\第 12 章\支架类零件的绘制.avi”。

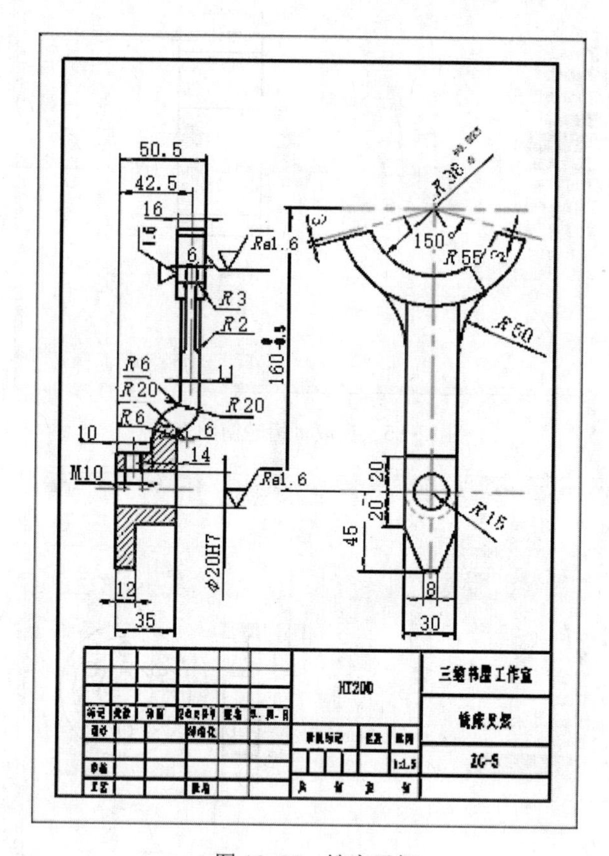

图 12-87　铣床叉架

12.5.2　绘制步骤

（1）启动电子图板创建新文件。

（2）对电子图板的系统进行设置。设置的主要内容如下：

❶对图层、线型、颜色进行设置，建议将当前图层设为“中心线图层”，颜色和线型均为“BYLAYER”。

❷对文字风格进行设置，建议将文字的默认字高设置为“5”。

❸对标注风格进行设置，建议将标注文字的默认字高设置为“6”，将箭头设置为“5”；

❹对拾取进行设置，建议采用默认设置。

❺对屏幕点进行设置，建议设置为“导航”捕捉方式。

（3）设置图纸幅面并且调入图框和标题栏。单击“图幅”选项卡“图幅”面板中的“图幅设置”按钮□，在弹出的“图幅设置”对话框中设定图纸幅面为 A4，图纸方向为竖放，绘图比例为 1:1.5，并且在此对话框中选择调入“A4E-A”的图框和“GB-A”标题栏。

单击“确定”按钮即可。

（4）绘制左视图。

❶绘制中心线。单击“常用”选项卡“绘图”面板中的“直线”按钮，绘制如图12-88所示的定位中心线，两水平中心线之间的距离为160。

❷在“粗实线图层”中，单击“常用”选项卡“绘图”面板中的“圆”按钮，绘制$R38$、$R55$、$\Phi 20$的圆，在“虚线图层”中绘制$R15$的圆，如图12-89所示。

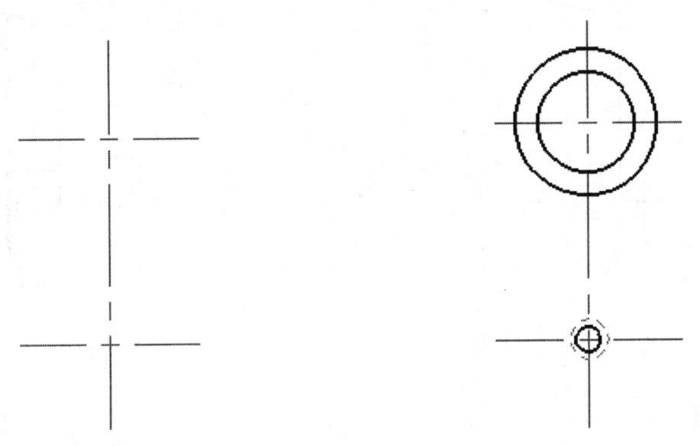

图12-88　绘制中心线　　图12-89　绘制四个圆

❸在“粗实线图层”中，单击“常用”选项卡“绘图”面板中的“平行线”按钮，在立即菜单1中选择“偏移方式”选项，2中选择“双向”选项，绘制竖直中心线的两条平行线，偏移距离为15。

❹单击“常用”选项卡“绘图”面板中的“直线”按钮，用“角度线”方式绘制两条与X轴线夹角为15°和-15°的角度线，并将其放置在中心线图层，如图12-90所示。

❺单击“常用”选项卡“绘图”面板中的“平行线”按钮，在立即菜单1中“偏移方式”选项，2中选择“双向”选项，将竖直中心线向外偏移4，在立即菜单2中选择“单向”选项，分别将两条角度线向下偏移，距离为3；将下面水平中心线向上偏移20，向下偏移20和45。单击“常用”选项卡“绘图”面板中的“直线”按钮，绘制斜线，如图12-91所示。

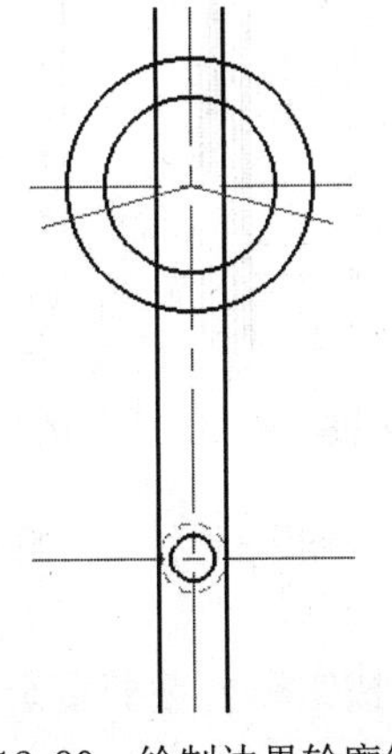

图12-90　绘制边界轮廓线

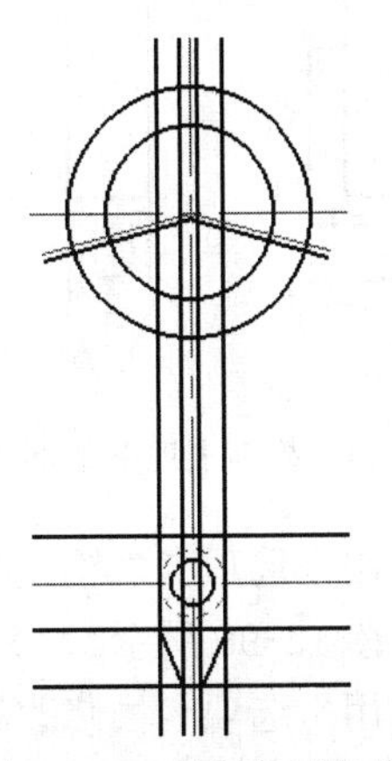

图12-91　绘制各平行线

❻单击“常用”选项卡“修改”面板中的“裁剪”按钮，修整左视图多余线段，如图 12-92 所示。

❼单击“常用”选项卡“修改”面板中的“圆角”按钮，在立即菜单中选择“不裁剪”选项，倒圆角，圆角半径为 50，如图 12-93 所示。

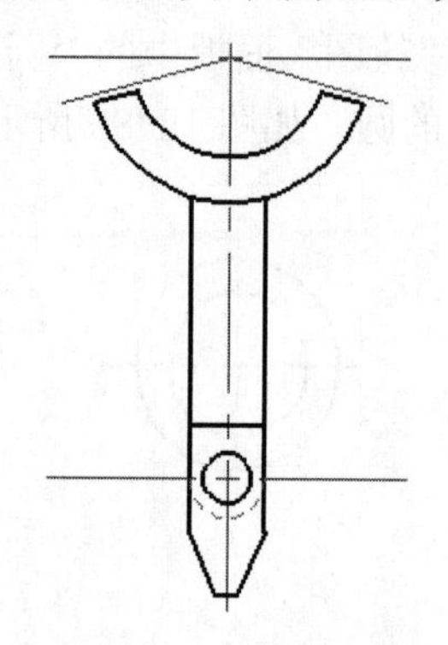

图 12-92　修整多余线段

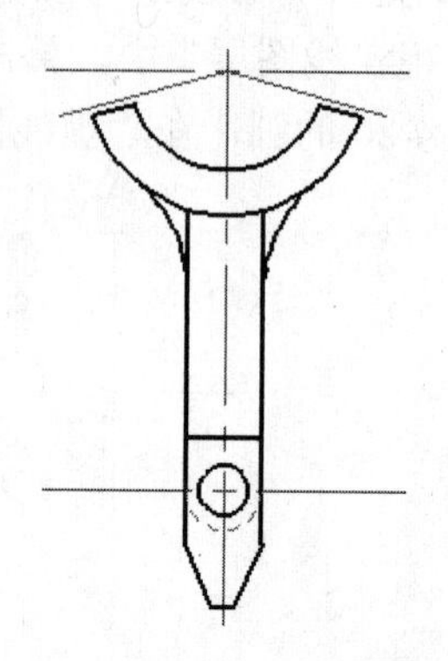

图 12-93　绘制肋板圆弧

（5）绘制主视图。

❶单击“常用”选项卡“绘图”面板中的“平行线”按钮，利用“导航”捕捉结合图 12-87 所示的尺寸绘制主视图的下部轮廓，如图 12-94 所示。

❷单击“常用”选项卡“绘图”面板中的“平行线”按钮，在立即菜单 1 中选择“偏移方式”选项，2 中选择“单向”选项，将最左端的竖直线向右偏移，偏移距离为 42.5，再单击“常用”选项卡“修改”面板中的“拉伸”按钮，进行拉伸；重复“平行线”命令，选择“双向”选项，将刚创建的平行线向两侧偏移，偏移距离为 3，5.5，8，如图 12-95 所示。

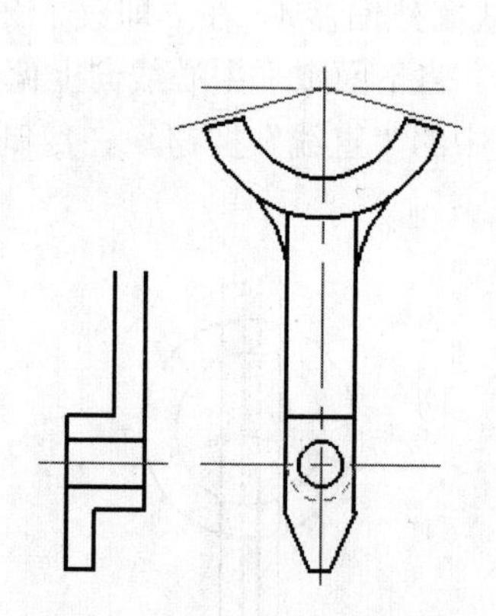

图 12-94　绘制主视图下部轮廓

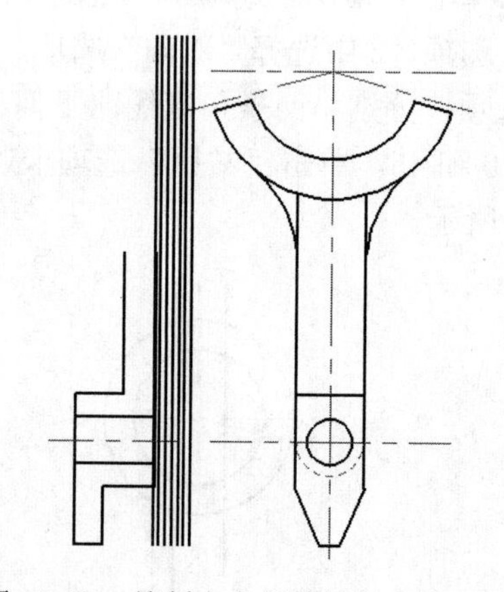

图 12-95　绘制右上侧的轮竖直线

❸单击“常用”选项卡“绘图”面板中的“直线”按钮，利用“导航”捕捉方式绘制各水平线，如图 12-96 所示。

❹单击“常用”选项卡“修改”面板中的“裁剪”按钮，裁剪多余线段，利用“修改”→“拉伸”命令调整直线的长度。如图 12-97 所示。

❺单击“常用”选项卡“绘图”面板中的“平行线”按钮，在立即菜单1中选择“偏移方式”选项，2中选择“单向”选项，结合尺寸“27.8”和“6”找到过渡圆弧的中心，绘制半径为20和6的圆。如图12-98所示。

❻单击“常用”选项卡“修改”面板中的“裁剪”按钮，裁剪多余线段；再单击“常用”选项卡“修改”面板中的“圆角”按钮，在立即菜单1中选择“不裁剪”选项，绘制半径为20和6的圆角，如图12-99所示。

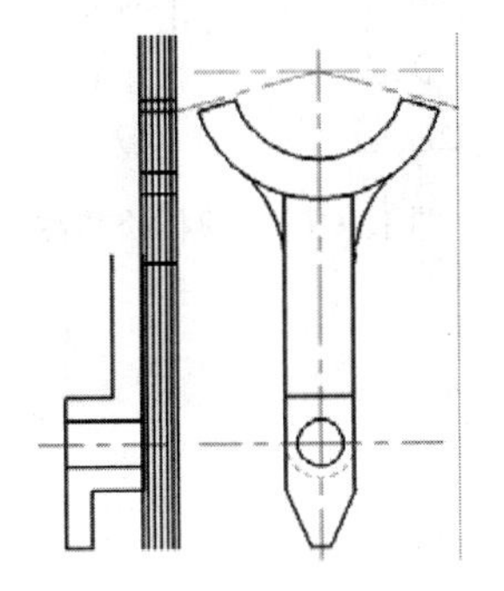
图12-96　绘制其他竖直和水平线

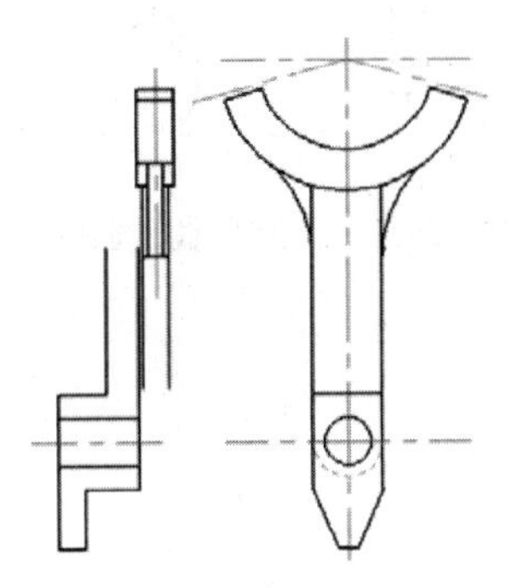
图12-97　修整图形

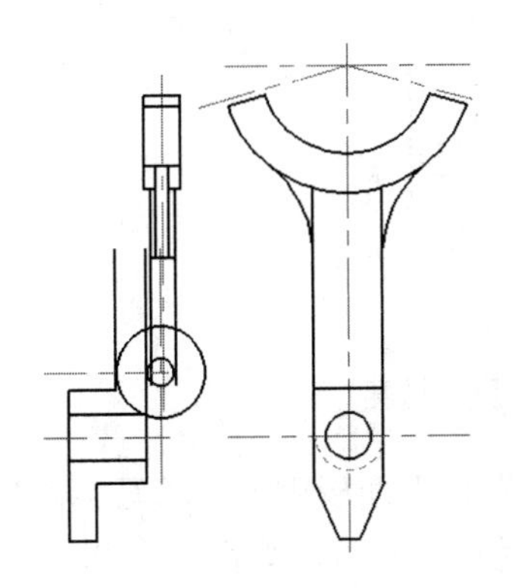
图12-98　绘制过渡圆弧

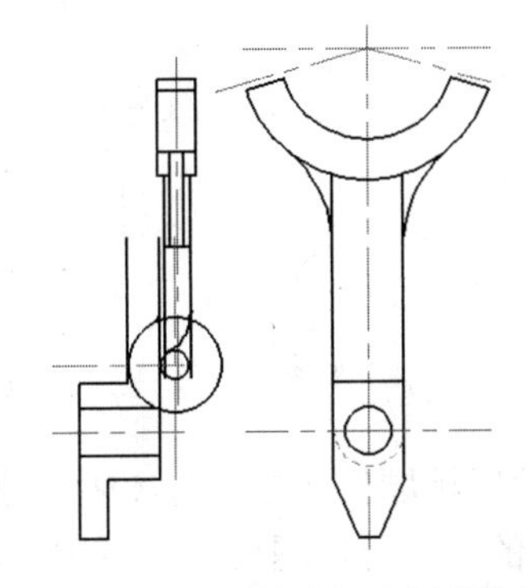
图12-99　修整及绘制过渡圆弧

❼单击“常用”选项卡“修改”面板中的“裁剪”按钮，裁剪多余线段；再单击“常用”选项卡“修改”面板中的“圆角”按钮，在立即菜单1中选择“裁剪始边”选项，绘制*R*3和*R*2的过渡圆弧，如图12-100所示。

（6）整体修整图形。单击“常用”选项卡“绘图”面板中的“平行线”按钮，在立即菜单1中选择“偏移方式”选项，2中选择“单向”选项，将最左端的直线向右偏移10，创建中心线，绘制M10的螺纹孔，并补齐线段、修整图形；单击“常用”选项卡“绘图”面板中的“样条”按钮，在细实线层绘制剖面线的边界线；再单击“常用”选项卡“绘图”面板中的“剖面线”按钮，绘制剖面线，如图12-101所示。

（7）工程标注。

❶单击“常用”选项卡“标注”面板中的“尺寸标注”按钮，标注尺寸及尺寸公差。

❷单击“常用”选项卡“标注”面板中的“粗糙度”按钮，标注表面粗糙度；完成后如图12-102所示。

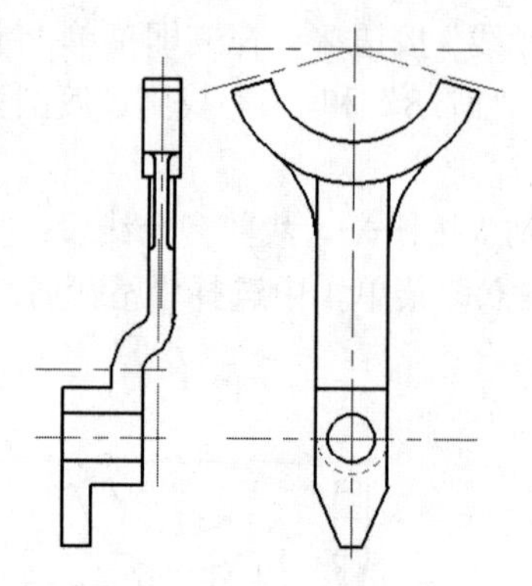

图 12-100　绘制过渡圆弧

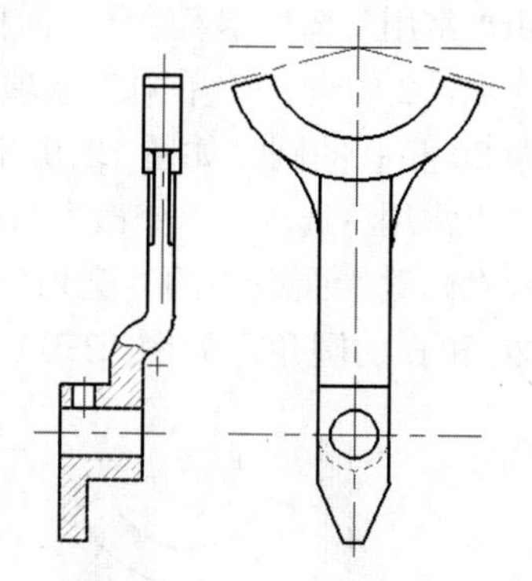

图 12-101　整体修整图形

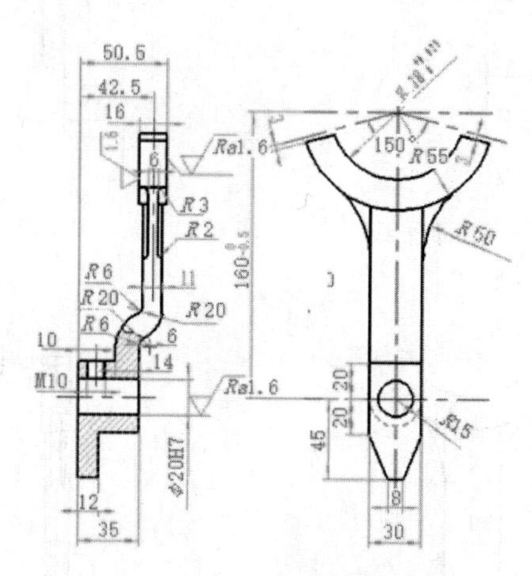

图 12-102　标注尺寸及粗糙度

（8）填写标题栏。单击“图幅”选项卡“标题栏”面板中的“填写标题栏”按钮，在系统弹出的“填写标题栏”对话框中填写标题栏各项即可，如图 12-103 所示。

<table>
<tr><td></td><td></td><td></td><td></td><td></td><td></td><td colspan="3" rowspan="4">HT200</td><td rowspan="3">三维书屋工作室</td></tr>
<tr><td></td><td></td><td></td><td></td><td></td><td></td></tr>
<tr><td></td><td></td><td></td><td></td><td></td><td></td></tr>
<tr><td>标记</td><td>处数</td><td>分区</td><td>更改文件号</td><td>签名</td><td>年、月、日</td><td rowspan="2">铣床叉架</td></tr>
<tr><td>设计</td><td></td><td></td><td>标准化</td><td></td><td></td><td rowspan="2">阶段标记</td><td rowspan="2">重量</td><td rowspan="2">比例</td></tr>
<tr><td></td><td></td><td></td><td></td><td></td><td></td><td rowspan="3">ZG-5</td></tr>
<tr><td>审核</td><td></td><td></td><td></td><td></td><td></td><td></td><td></td><td>1:1.5</td></tr>
<tr><td>工艺</td><td></td><td></td><td>批准</td><td></td><td></td><td colspan="3">共　张　第　张</td></tr>
</table>

图 12-103　标题栏各项

绘制结束，如图 12-87 所示。

12.5.3　归纳总结

绘制支架类零件时应注意以下问题：

◆ 一般来说，支架类零件的形状不规则，其中某一个视图的某些线条必须要通过另一视图“导航”得到。

◆ 对于同一个图形，可用不同的绘图命令来完成。只有熟悉各种绘图命令，才能在绘图中有效地利用它，使绘图过程方便、快捷。

◆ 不论什么样的支架零件，其绘制过程都与绘制此叉架的过程类似，只要我们仔细地观察、分析，就一定能找出最简便、快捷的方法。

12.6 箱体类零件的绘制

箱体类零件主要是用来支承、包容其他零件，因此，内外结构都比较复杂，一般为铸件（单件小批中多用焊件），泵体、阀体、减速箱的箱体都属于这种结构。本节中绘制一个齿轮泵的泵体，如图 12-104 所示。

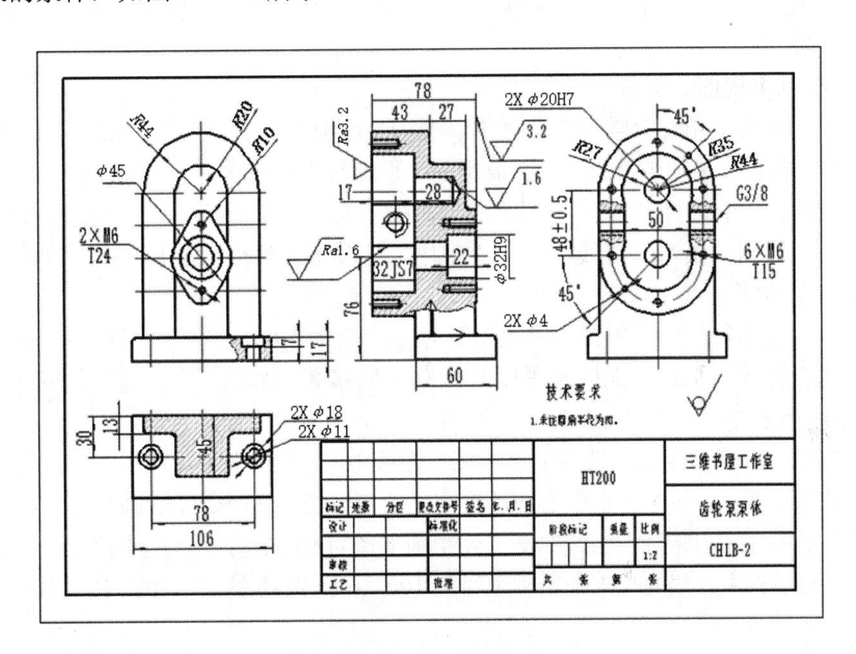

图 12-104 齿轮泵泵体

12.6.1 思路分析

图 12-104 所示泵体由主视图、左视图（剖视图）、后视图及俯视图组成，并结合一定的局部剖视图。对于此泵体图形而言，右视图、左视图尺寸较明确，比较容易绘制，因此，可以先绘制主视图，再利用屏幕点“导航”捕捉功能，绘制左视图、俯视图两个视图，后视图与主视图轮廓相同，可以用平移复制命令复制以后进行适当编辑修改即可。另外，在图中有很多对称或相同图形，所以要利用镜像、复制选择到等编辑命令以提高作图的效率。

本例视频内容电子资料路径：“X：\动画演示\第 12 章\箱体类零件的绘制.avi”。

12.6.2 绘制步骤

（1）启动电子图板创建新文件。

（2）对电子图板的系统进行设置。设置的主要内容如下：

❶对图层、线型、颜色进行设置，建议将当前图层设为“中心线图层”，颜色和线型均为“BYLAYER”。

❷对文字风格进行设置，建议将文字的默认字高设置为5。

❸对标注风格进行设置，建议将标注文字的默认字高设置为6，箭头高度为5。

❹对拾取进行设置，建议采用默认设置。

❺对屏幕点进行设置，建议设置为“导航”捕捉方式。

（3）设置图纸幅面并且调入图框和标题栏。单击“图幅”选项卡“图幅”面板中的“图幅设置”按钮，在弹出的“图幅设置”对话框中设定图纸幅面为A4，图纸方向为横放，绘图比例为1:2，并且在此对话框中选择调入“A4A-A”的图框和“GB-A”标题栏。单击“确定”按钮即可。

（4）绘制主视图。

❶绘制中心线。单击“常用”选项卡“绘图”面板中的“直线”按钮，以“两点线”方式和单击“常用”选项卡“绘图”面板中的“平行线”按钮，在立即菜单1中选择“偏移方式”选项，2中选择“单向”选项，绘制相距为24的三条水平中心线，如图12-105所示（也可先绘制一条水平直线，单击“常用”选项卡“修改”面板中的“平移复制”按钮，复制各水平直线）。

在“粗实线图层”中，单击“常用”选项卡“绘图”面板中的“平行线”按钮，以“偏移方式”方式，将最下端的水平中心线向下偏移35和52，作为底板的两条边界线，如图12-106所示。

❷绘制圆。单击“常用”选项卡“绘图”面板中的“圆”按钮，以“圆心、半径”方式，在最上端水平中心线与竖直中心线的交点处绘制半径为20和44的圆；重复“圆”命令，在第二条水平中心线与竖直中心线的交点处绘制半径为10的圆；重复“圆”命令，在第三条水平中心线与竖直中心线的交点处绘制半径为10、16和22.5的圆，如图12-107所示。

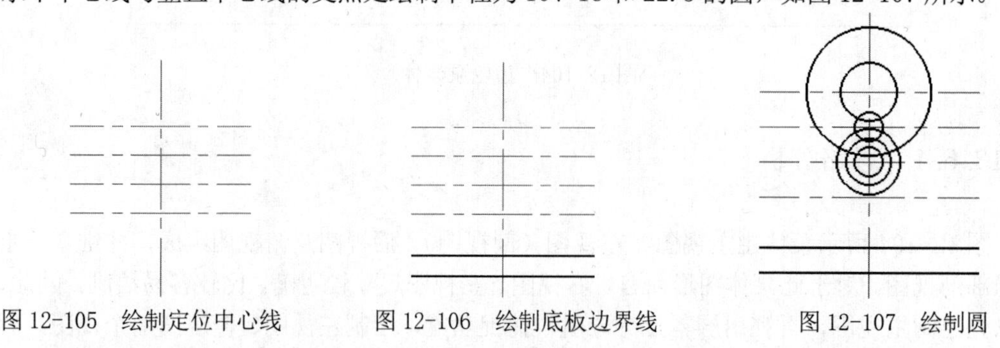

图12-105　绘制定位中心线　　图12-106　绘制底板边界线　　图12-107　绘制圆

❸绘制平行线。单击“常用”选项卡“绘图”面板中的“平行线”按钮，将竖直中心线向左偏移，偏移距离为53。

❹绘制直线。单击“常用”选项卡“绘图”面板中的“直线”按钮╱，以“两点线”方式绘制左侧的竖直圆的切线，如图 12-108 所示（注意用空格键的工具点菜单捕捉特征点）。

❺绘制两圆的切线。单击“常用”选项卡“绘图”面板中的“直线”按钮╱，以“两点线”方式绘制 $R10$ 和 $\Phi45$ 两圆的切线，如图 12-109 所示。

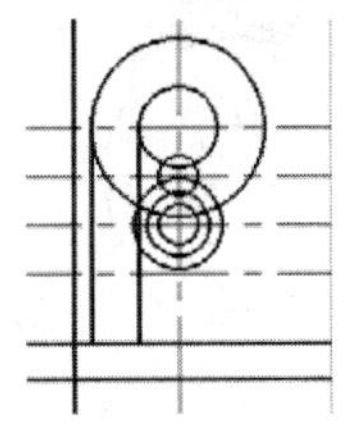

图 12-108 绘制左侧的竖直边界线

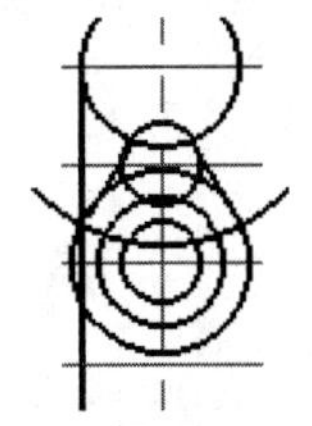

图 12-109 绘制二圆的切线

❻裁剪多余线段。单击“常用”选项卡“修改”面板中的“裁剪”按钮，裁剪多余线段，结果如图 12-110 所示。

❼镜像图形。单击“常用”选项卡“修改”面板中的“镜像”按钮，镜像复制各边界线和切线、圆弧，结果如 12-111 所示。

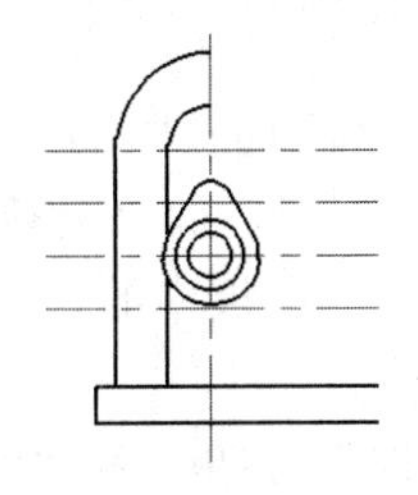

图 12-110 裁剪多余线段

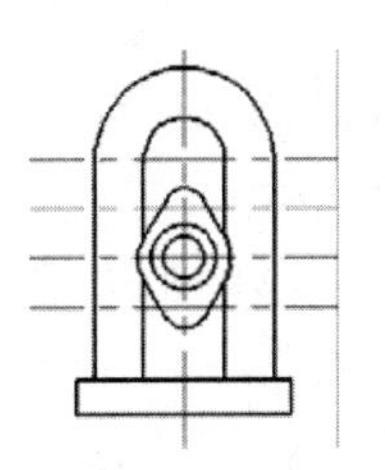

图 12-111 镜像图形

❽利用“绘图”→“图库”→“插入图符”命令，选择“常用图形”/“螺纹”/“内螺纹-粗牙”，单击“下一步”按钮，在“图符预处理”对话框中选择 M6 的螺纹。在绘图区将图形定位在相应的位置，如图 12-112、图 12-113 所示。结果如图 12-114 所示。

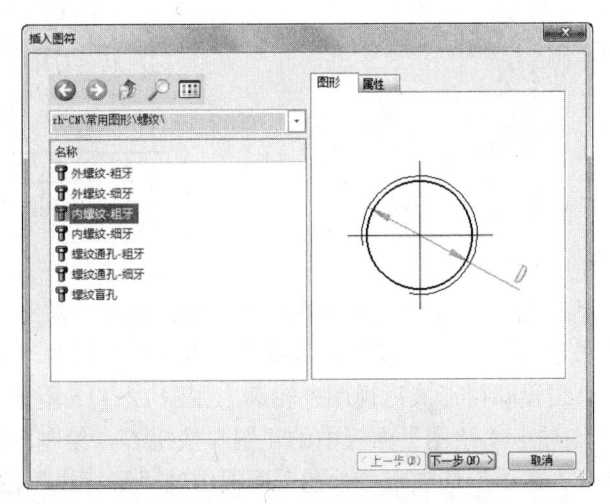

图 12-112 提取粗牙内螺纹

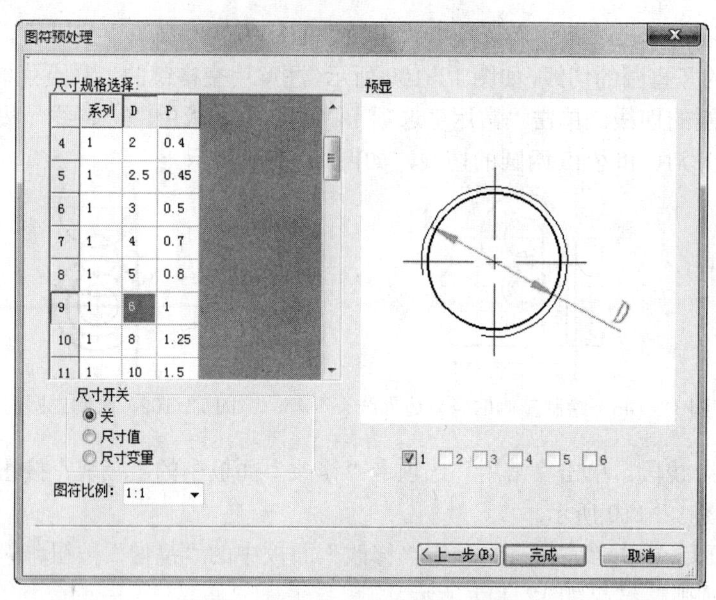

图 12-113　选取 M6 的粗牙内螺纹

❾修整主视图的图形。单击“常用”选项卡“绘图”面板中的“平行线”按钮，在立即菜单 1 中选择“偏移方式”选项，2 中选择“双向”选项，偏移距离为 39，确定图中阶梯孔的中心线位置，再单击“常用”选项卡“绘图”面板中的“孔/轴”按钮，绘制 Φ11×10 和 Φ18×7 的孔。

❿单击“常用”选项卡“修改”面板中的“拉伸”按钮和“裁剪”按钮等修整图形。单击“常用”选项卡“修改”面板中的“圆角”按钮，对图形进行 *R*3 的圆角处理，结果如图 12-115 所示。

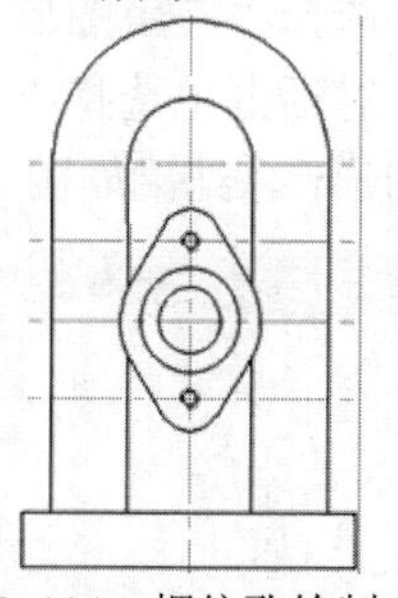

图 12-114　螺纹孔绘制完成

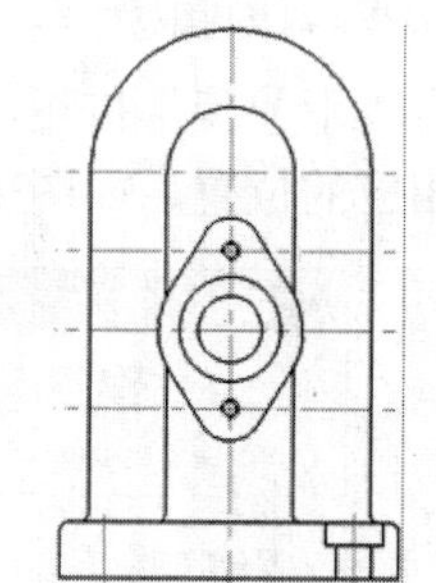

图 12-115　主视图结束

（5）绘制后视图大体轮廓。

❶绘制轮廓线。因为后视图轮廓与主视图相同，所以单击“常用”选项卡“修改”面板中的“平移复制”按钮，复制主视图，再单击“常用”选项卡“修改”面板中的“删除”按钮，删除多余线段即可形成后视图外轮廓，如图 12-116 所示。

❷单击“常用”选项卡“绘图”面板中的“圆”按钮，绘制半径分别为 44、35、27 和 10 的圆。再单击“常用”选项卡“绘图”面板中的“平行线”按钮，将竖直中心线向两侧偏移，偏移距离为 25（注意各线所在的图层不同）如图 12-117 所示。

❸单击“常用”选项卡“绘图”面板中的“直线”按钮，绘制半径为 35 的圆的切线，单击“常用”选项卡“修改”面板中的“裁剪”按钮，裁剪多余线段，并将半径 35 的圆和切线放置在中心线图层，如图 12-118 所示。

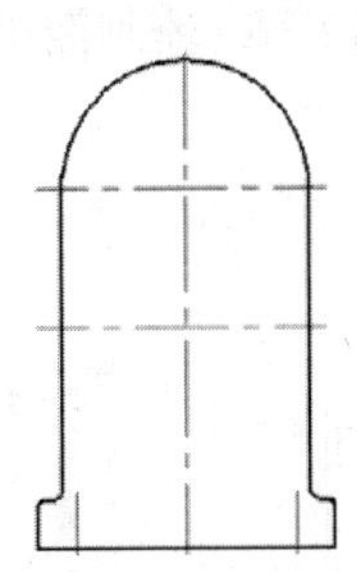
图 12-116　以复制方式形成后视图的外轮廓

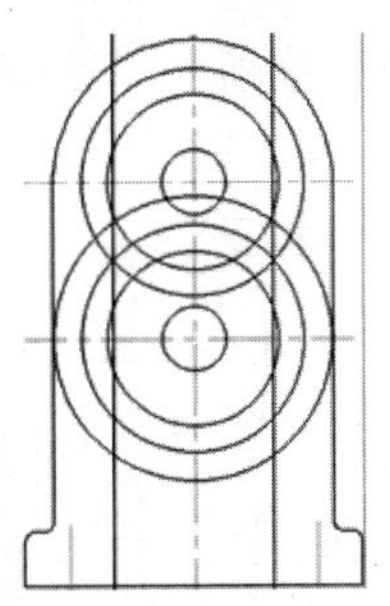
图 12-117　绘制同心圆及竖直线

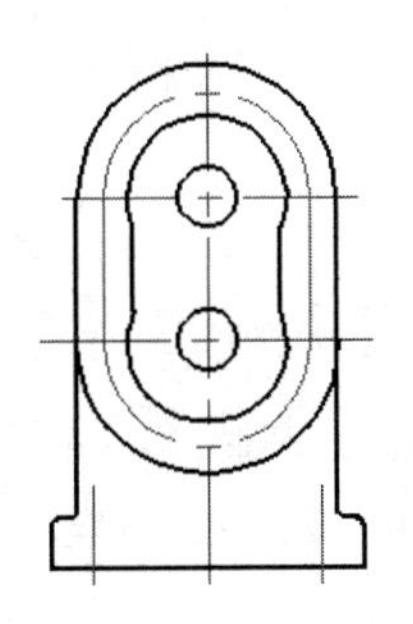
图 12-118　裁剪后图形

（6）绘制左视图（剖视图）。

❶绘制轮廓线。单击“常用”选项卡“绘图”面板中的“直线”按钮，以“两点线”方式绘制如图 12-119 所示的左视图的轮廓线（此步中要利用屏幕点“导航“捕捉方式）。

❷绘制孔。单击“常用”选项卡“绘图”面板中的“孔/轴”按钮，绘制图中的两个孔，如图 12-120 所示。

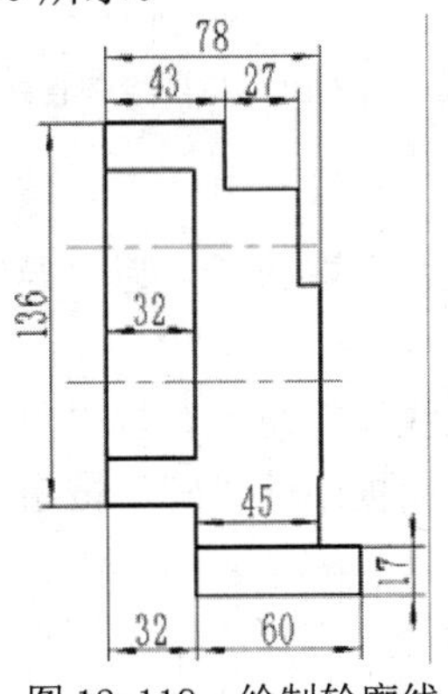

图 12-119　绘制轮廓线

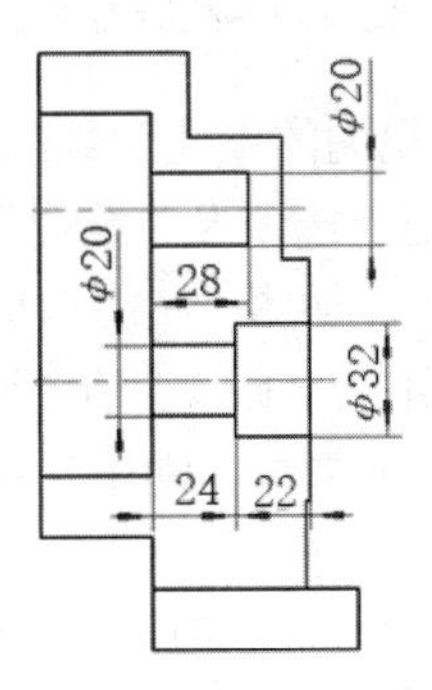

图 12-120　绘制孔

❸利用“绘图”→“图库”→“插入图符”命令，选择“常用图形”/“螺纹”/“螺纹盲孔”，如图 12-121 所示，单击“下一步”按钮，在“图符预处理“对话框中选择 M6 的螺纹盲孔的尺寸。以“导航”方式确定图中各螺纹孔的中心线位置，在绘图区将图形定

位在相应的位置。

❹同理调用另一个螺纹盲孔，注意两孔的深度不同。利用直线命令补全直线，如图12-122所示。

❺单击“常用”选项卡“绘图”面板中的“圆”按钮，绘制图中G3/8R的管螺纹。结果如图12-123所示。

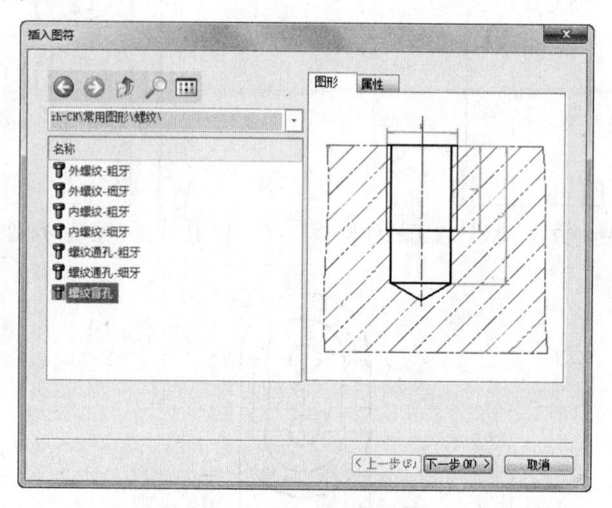

图12-121　提取螺纹盲孔

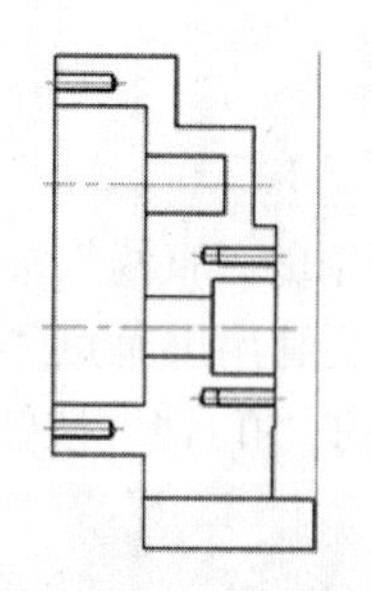

图12-122　绘制螺纹孔

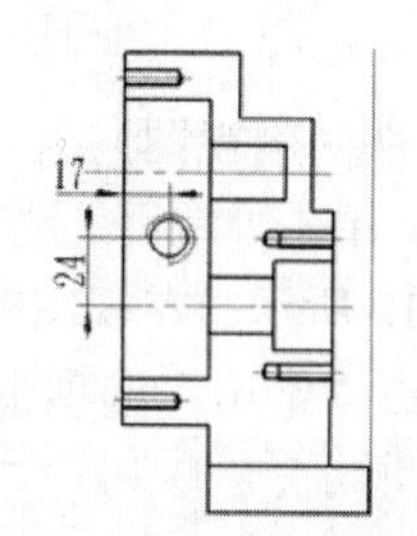

图12-123　绘制管螺纹

（7）绘制后视图的销孔和螺纹孔。

❶单击“常用”选项卡“绘图”面板中的“直线”按钮，以“导航”方式绘制后视图的两个管螺纹孔，如图12-124所示。

❷单击“常用”选项卡“绘图”面板中的“直线”按钮，以“角度线”方式确定两Φ4销孔的位置，再单击“常用”选项卡“绘图”面板中的“圆”按钮，绘制直径为4的两个圆。

❸利用“绘图”→“图库”→“插入图符”命令，选择“常用图形”/“螺纹”/“内螺纹-粗牙”提取一个M6的螺纹并定位。再平移复制其他M6的螺纹孔。完成后如图12-125所示。

（8）绘制俯视图。

❶利用“导航”捕捉方式绘制俯视图的外轮廓，如图12-126所示。

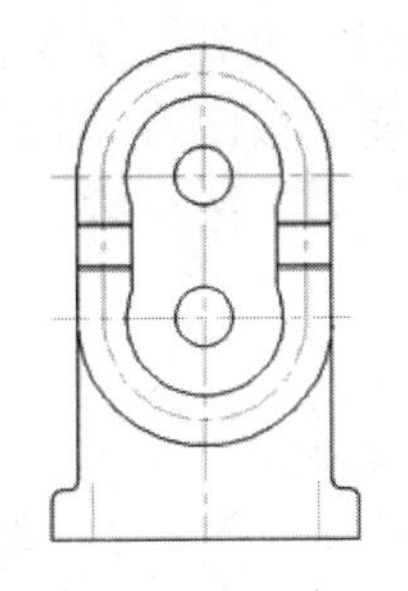

图 12-124 裁剪后绘制螺纹孔

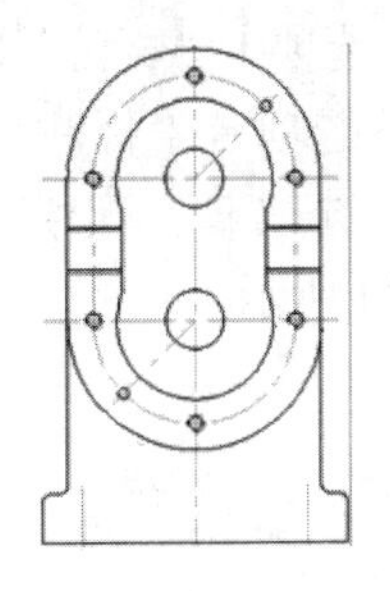

图 12-125 绘制销孔及螺纹孔

❷单击“常用”选项卡“绘图”面板中的“平行线”按钮，将最上面的水平线以“偏移方式”向下平移 30，确定两组孔的位置，再单击“常用”选项卡“绘图”面板中的“圆”按钮，绘制两组同心圆。如图 12-127 所示。

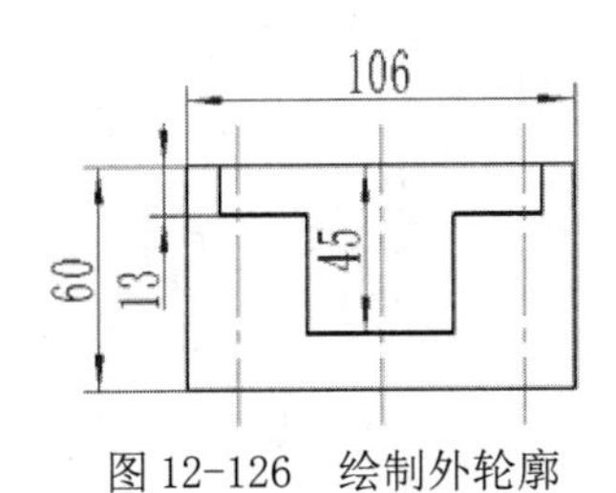

图 12-126 绘制外轮廓

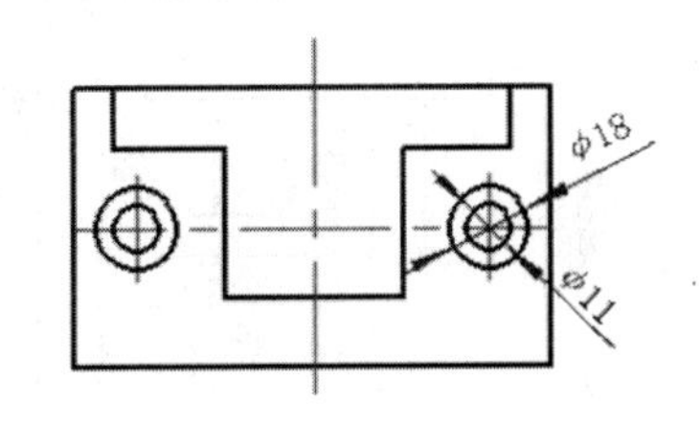

图 12-127 绘制圆

（9）整体修整图形并绘制剖面线，如图 12-128 所示。

❶利用“导航”捕捉方式补画其余线段。

❷单击“常用”选项卡“修改”面板中的“圆角”按钮，绘制各圆角。

❸单击“常用”选项卡“修改”面板中的“拉伸”按钮和“裁剪”“删除”命令，调整线段长度，裁剪和删除多余线段。

❹单击“常用”选项卡“绘图”面板中的“样条”按钮，绘制剖面线的边界线。

❺单击“常用”选项卡“绘图”面板中的“剖面线”按钮，绘制剖面线。

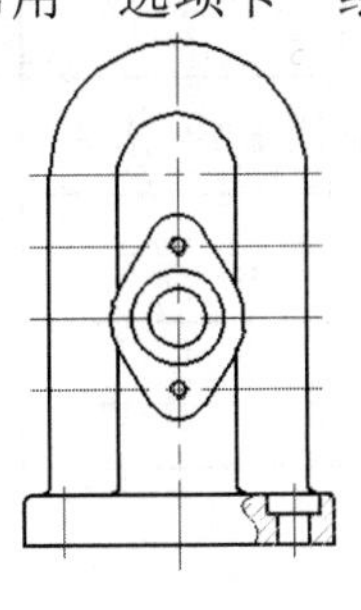

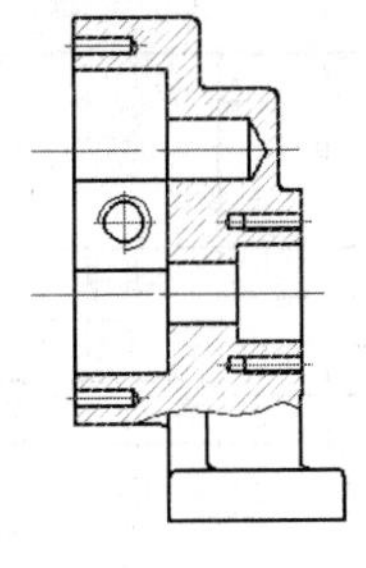

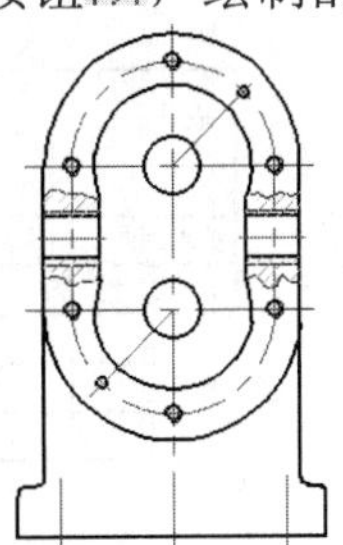

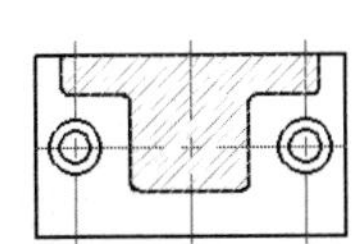

图 12-128 图形修整完毕

（10）工程标注。

❶单击“常用”选项卡“标注”面板中的“尺寸标注”按钮，标注尺寸及尺寸偏差。
❷单击“常用”选项卡“标注”面板中的“粗糙度”按钮√，标注表面粗糙度。
❸单击“标注”选项卡“符号”面板中的“剖切符号”按钮，标注剖切符号。
结果如图 12-129 所示。

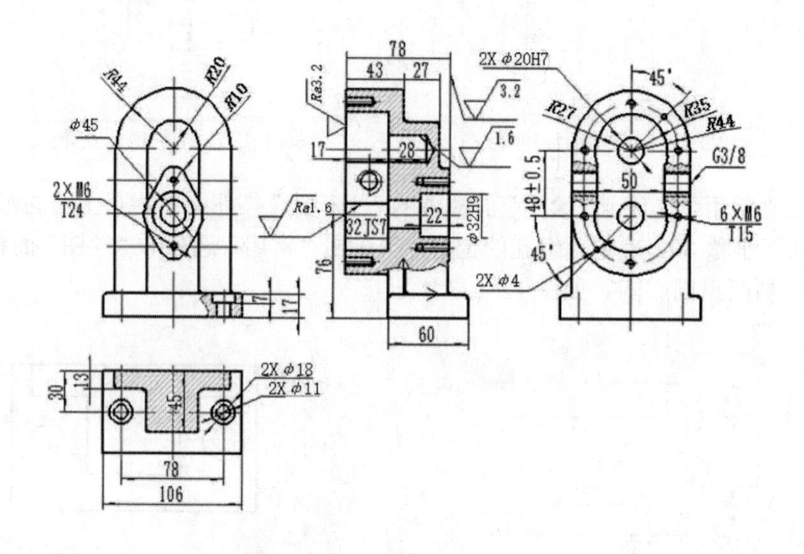

图 12-129　标注尺寸

（11）标注技术要求、填写标题栏。

❶单击“标注”选项卡“文字”面板中的“技术要求”按钮，在系统弹出的对话框中填写技术要求的内容，完成后单击“确定”按钮。

❷单击“图幅”选项卡“标题栏”面板中的“填写标题栏”按钮，在系统弹出的“填写标题栏”对话框中填写标题栏各项的内容，结果如图 12-130 所示。

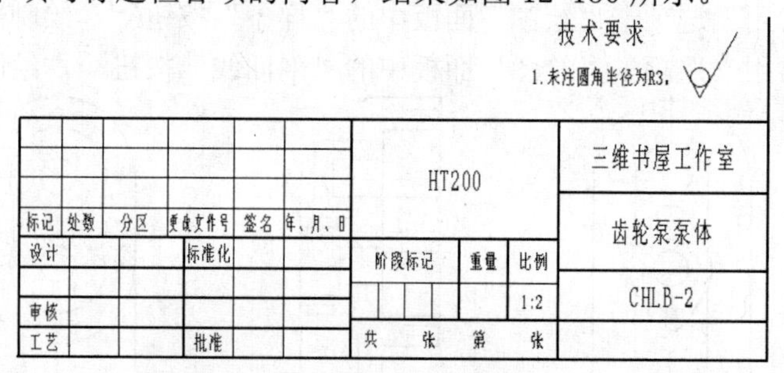

图 12-130　技术要求和标题栏

绘制结束，如图 12-104 所示。

12.6.3　归纳总结

箱体类零件是各类零件中较复杂的一种，而且大部分箱体形状不规则，相贯线比较多，需要的视图比较多，在绘制箱体类零件时要注意以下几点：

◆ 绘图之前要确定图纸图幅、比例，并对系统进行设置，当然，如果不合适，在绘制的过程中可随时进行调整。

◆ 在绘图之前要仔细观察各个视图，确定绘制的顺序，一般来说，应先绘制形状简单、尺寸较明确，比较容易绘制的视图，然后再利用屏幕点的“导航”捕捉功能，绘制其他视图。

◆ 绘图时要充分利用“导航”“三视图导航”工具点菜单来定位一些特殊点，这样才能使所画图形准确无误。

12.7 装配图的绘制

一台比较复杂的机器，都是由若干个部件组成，而部件又是由许多零件装配而成。装配图是用来表示机器或部件的图样。它主要反映机器或部件的整体结构和零件原理、零件之间的装配关系。

12.7.1 思路分析

一张完整的装配图包括视图和必要的尺寸，另外，还有技术要求、零件的序号、明细表、标题栏等。本节将绘制一个连轴器的装配图，如图 12-131 所示。

本例视频内容电子资料路径：“X：\动画演示\第 12 章\装配图的绘制.avi”。

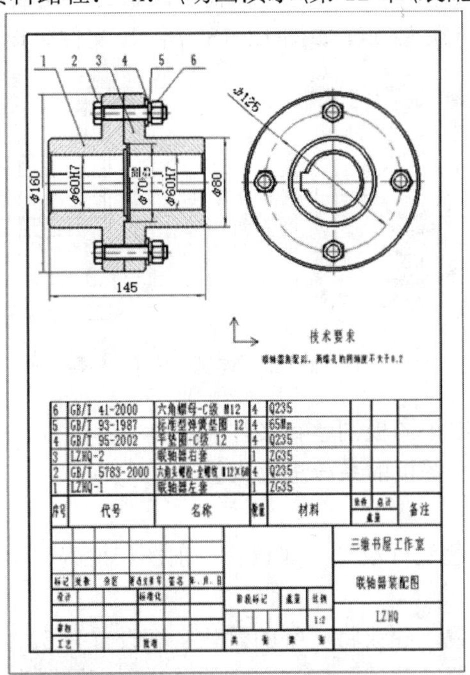

图 12-131 连轴器装配图

12.7.2 绘制步骤

（1）将非标准件的图形以部分存储的方式保存。

❶部分存储连轴器左套图形。打开“连轴器左套”的图形文件，利用“文件”→“部分存储”命令，根据系统提示拾取要存储的图形（本例中要拾取连轴器左套的两个视图），单击右键确认。

❷根据系统提示给出图形的基准点，（本例中选择 A1 点作为图形的基准），然后系统弹出“部分存储”对话框，输入文件的名称为“连轴器左套图形”。单击“保存”按钮即可。连轴器左套的图形及其基点的选择如图 12-132 所示。

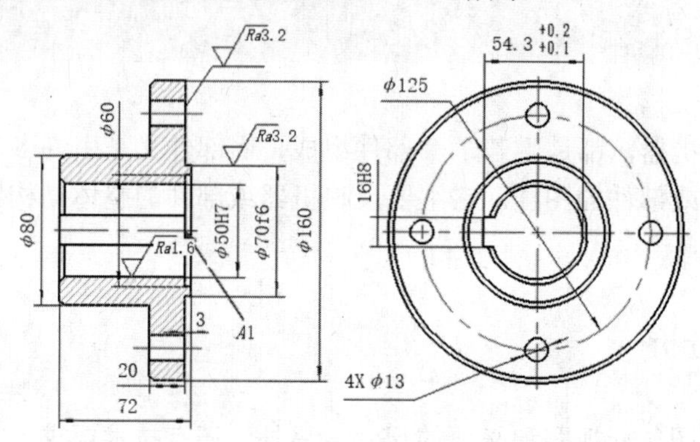

图 12-132　连轴器左套

❸同理，可部分存储连轴器右套图形，但需要注意的是连轴器右套只需部分保存左视图即可，图形的基点应选择在 A2 点，如图 12-133 所示。文件名设置为“连轴器右套图形”。

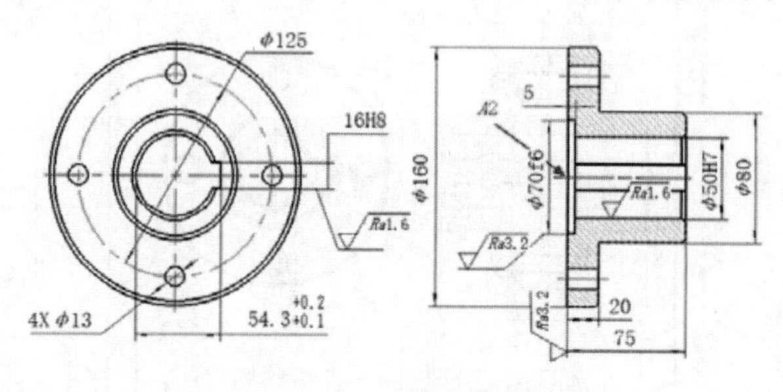

图 12-133　连轴器右套

（2）启动 CAXA CAD 电子图板创建新文件

（3）对 CAXA CAD 电子图板的系统进行设置

设置的主要内容如下：

❶对图层、线型、颜色进行设置，建议将当前图层设为“粗实线图层”，颜色和线型均为“BYLAYER”。

❷对文字风格进行设置，建议将文字的默认字高设置为 5。

❸对标注风格进行设置，建议将标注文字的默认字高设置为 5。

❹对拾取进行设置，建议采用默认设置。

❺对屏幕点进行设置，建议设置为“智能”捕捉方式。

（4）设置图纸幅面并且调入图框和标题栏。单击“图幅”选项卡“图幅”面板中的“图幅设置”按钮，在弹出的“图幅设置”对话框中设定图纸幅面为A4，图纸方向为竖放，绘图比例为1:2，并且在此对话框中选择调入“A4E-A”的图框和“GB-A”标题栏。单击“确定”按钮即可。

（5）并入部分存储的文件。

❶并入连轴器左套的部分存储文件。利用“文件”→“并入”命令，在“并入文件”对话框中选中要打开的“连轴器左套图形”文件（此文件即为第1步中部分存储的文件），单击“打开”按钮，左套的动态图形出现在绘图区，在立即菜单中输入图形的比例，（在装配图时，此比例均为“1”，如图12-134所示，系统提示输入图形的定位点。在绘图区选择合适的位置单击，然后再根据系统提示输入图形的旋转角（本例中旋转角为0）。并入后如图12-135所示。

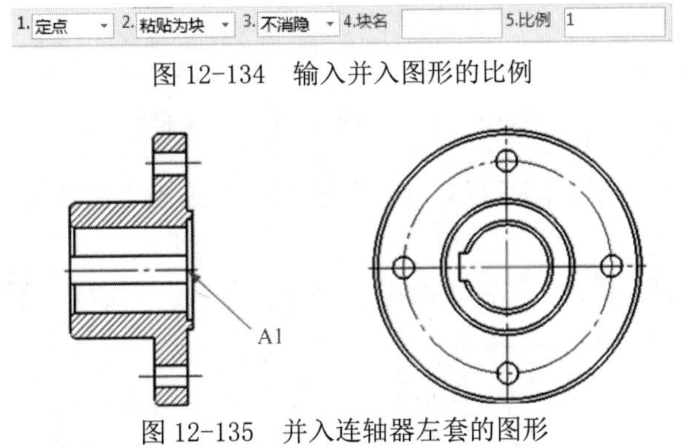

图12-134　输入并入图形的比例

图12-135　并入连轴器左套的图形

❷并入连轴器右套的图形。步骤同上，只是要注意：一定要选择图12-133中的“A2”点为连轴器右套图形的定位点。右套图形并入后如图12-136所示。

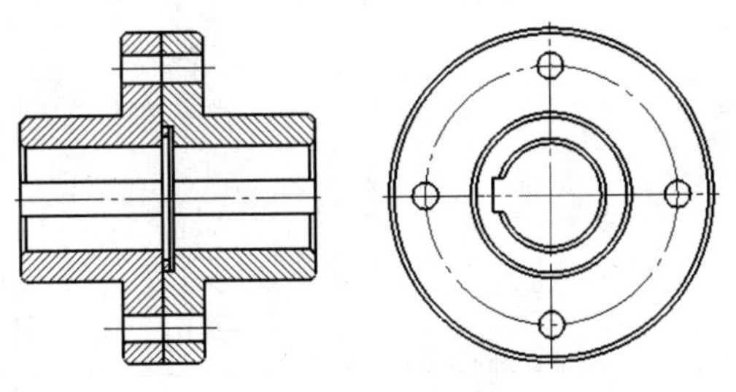

图12-136　并入连轴器右套后的图形

注意

为了清楚起见，本例中部分存储时没有存储标注的尺寸和符号。

（6）在库中提取标准件

❶提取螺栓。利用“绘图”→“图库”→“插入图符”命令，系统弹出“插入图符”对话框，如图12-137所示。选择“螺栓和螺柱”/“六角头螺栓”/“GB/T　5783—2000

六角头螺栓-全螺纹”，单击“下一步”按钮。

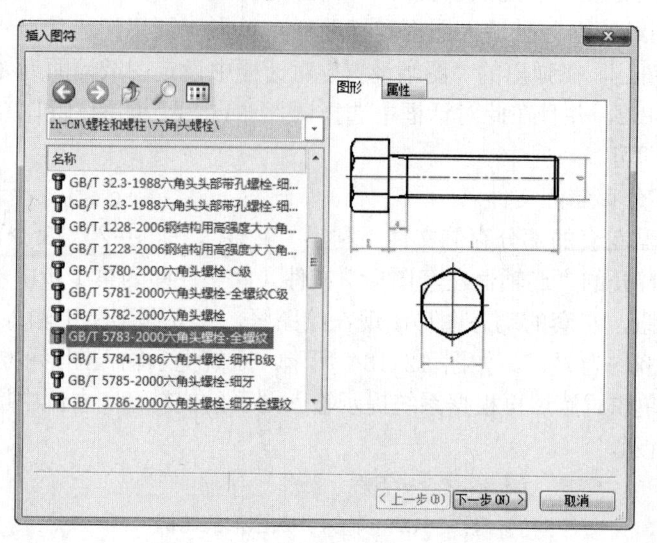

图 12-137 “插入图符”对话框

❷在如图 12-138 所示“图符预处理”对话框中选择 M12 长度为 60 的螺纹，单击“完成”按钮。

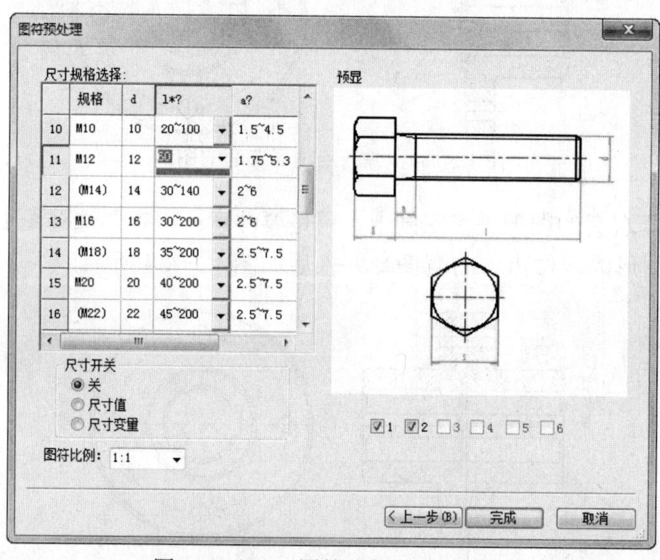

图 12-138 “图符预处理”对话框

在绘图区出现螺栓的动态图形，根据系统提示输入定位点，本操作中可利用“智能”捕捉方式选择图 12-139a 中的“交点”为定位点即可。然后在左视图中选择边圆的中心作为螺栓的第二个视图的定位点，如图 12-139b 所示。

❸提取平垫圈。利用“绘图”→“图库”→“插入图符”命令，系统弹出“插入图符”对话框，如图 12-140 所示。选择“垫圈和挡圈”/“圆形垫圈”/“GB/T95-2002 平垫圈-c 级”，单击“下一步”按钮；在“图符预处理”对话框中选择直径为 12 的平垫圈的视图 1，

单击“完成”按钮。如图 12-141 所示。

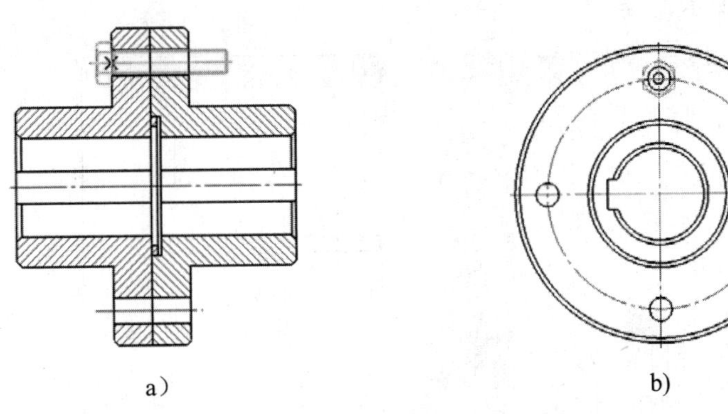

图 12-139　确定螺栓的定位点

在绘图区出现平垫圈的动态图形，根据系统提示输入定位点，本操作中可利用工具点菜单中的“交点”选项捕捉图中螺栓的中心线与右套边界的交点来定位，再输入图形的旋转角度“-90”或“270”，提取完成，如图 12-142 所示。

❹同理，在“垫圈和挡圈”图符大类、“弹簧垫圈”图符小类的图形列表中选取“GB　93—1987 标准弹簧垫圈”，并提取直径为 12 的弹簧垫圈，如图 12-142 所示。

❺同理，在“螺母”图符大类、“六角螺母”图符小类的图形列表中选取“GB/T　41—2000 六角螺母-C 级”，并提取 M12 的螺母，提取完成如图 12-142 所示。

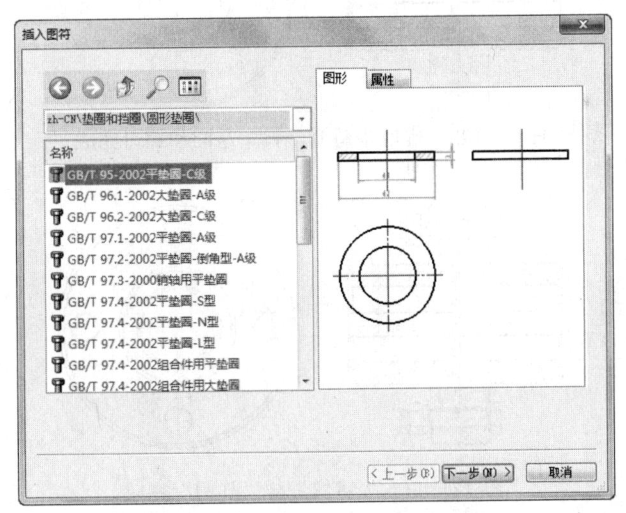

图 12-140　“插入图符”对话框

（7）单击“常用”选项卡“修改”面板中的“镜像”按钮，镜像复制主视图下方的螺栓、垫圈和螺母。单击“常用”选项卡“修改”面板中的“阵列”按钮，阵列复制左视图中的螺栓，结果如图 12-143 所示。

（8）块消隐。从图 12-144a 中可以看出，平垫圈将螺栓遮挡住了。

单击“插入”选项卡“块”面板中的“消隐”按钮，拾取螺栓，结果如图 12-144b

所示；再单击“插入”选项卡“块”面板中的“消隐”按钮，拾取弹簧垫圈和螺母，结果如图 12-144c 所示。

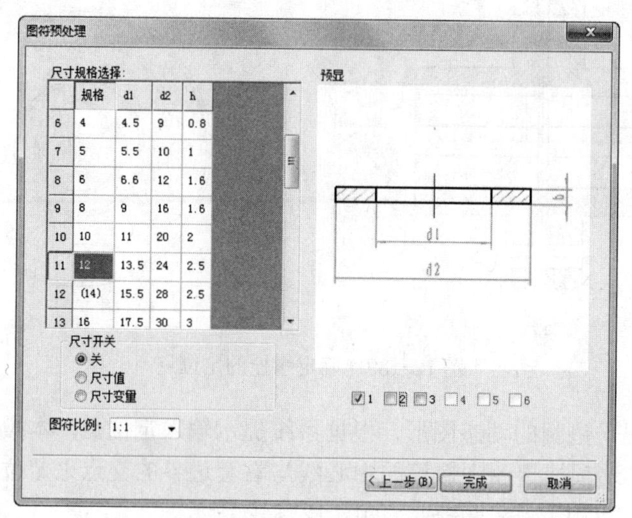

图 12-141　选择垫圈规格

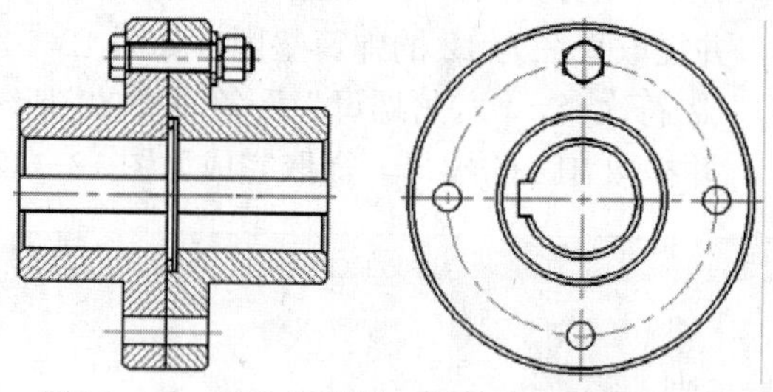

图 12-142　提取平垫圈、弹簧垫圈和螺母完成

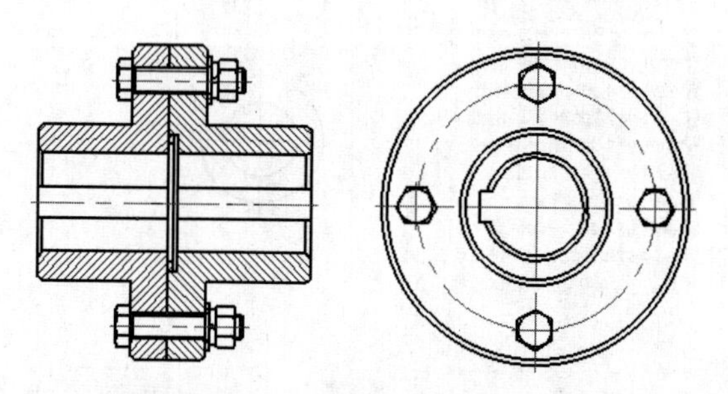

图 12-143　“镜像”与“阵列”完成

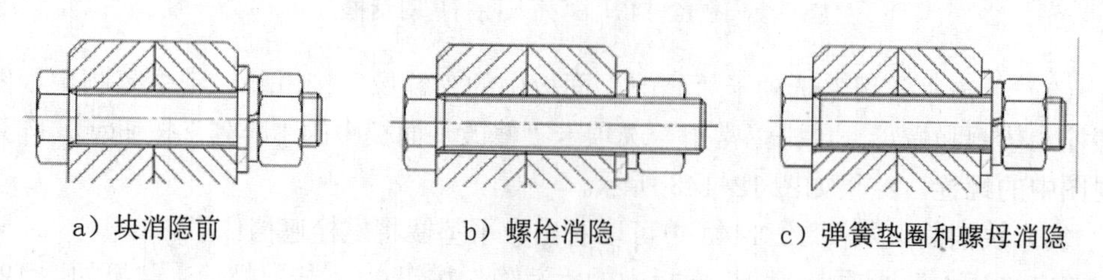

a）块消隐前　　b）螺栓消隐　　c）弹簧垫圈和螺母消隐

图 12-144　块消隐

同理，消隐其他的块。

（9）修整图形。单击“常用”选项卡“修改”面板中的“分解”按钮、“拉伸”按钮、“裁剪”按钮、“删除”按钮等命令，调整线段长度，裁剪和删除多余线段，结果如图12-145所示。

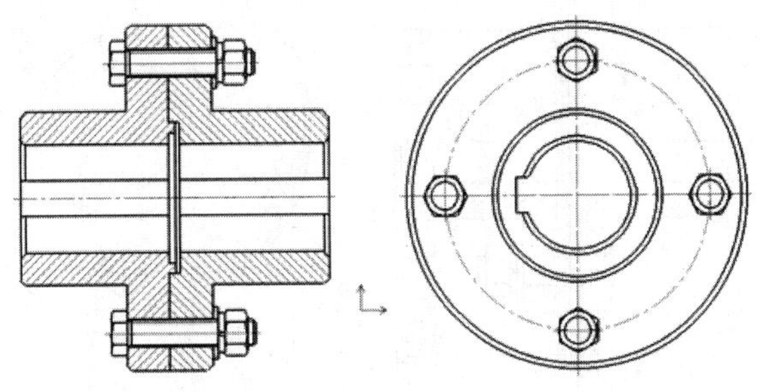

图12-145 修整图形

（10）标注尺寸与公差。

❶标注配合尺寸 Φ70H6/f5。单击“常用”选项卡“标注”面板中的“尺寸标注”按钮，在立即菜单1中选择“基本标注”方式。

❷根据系统提示拾取要标注的直线，系统弹出“标注直线”立即菜单填写各项如图12-146所示。

1.基本标注 2.文字平行 3.直径 4.正交 5.文字居中 6.前缀 %c 7.后缀 8.基本尺寸 160

图12-146 “标注直径”立即菜单

❸拾取所要标注的直线图素后，单击右键即弹出“尺寸标注属性设置”对话框，如图12-147所示。在输入形式一栏中选择“配合”方式，在配合方式中选择“间隙配合”方式，在公差带一栏中选择合适的孔公差带代号和轴公差带代号，单击“确定”按钮。

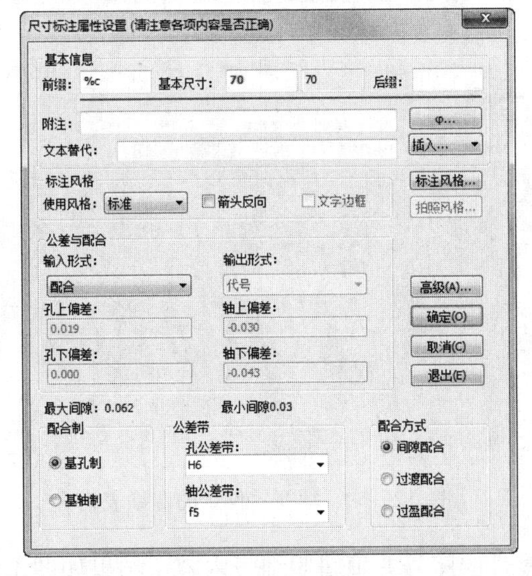

图12-147 “尺寸标注属性设置”对话框

❹在绘图区拖动光标将尺寸标注在适当的位置。

❺同理，标注其他尺寸，结果如图 12-148 所示。

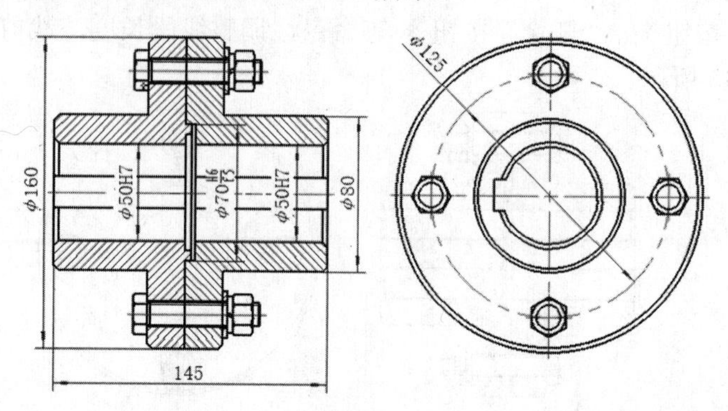

图 12-148　标注尺寸和公差

（11）生成零件序号及填定明细表。

❶单击“幅面”选项卡“序号”面板中的“生成序号”按钮，系统弹出“生成序号”立即菜单，如图 12-149 所示（注意：在立即菜单 5 中选择“生成明细表”选项，6 中选择“填写”选项）。

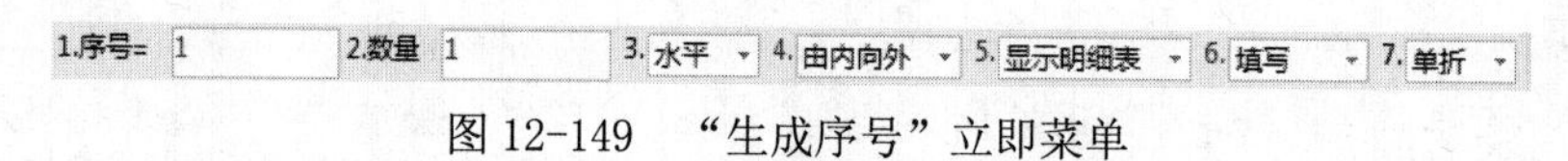

图 12-149　“生成序号”立即菜单

❷在图纸中零件 1（连轴器左套）上单击，确定序号引线的引出点，引出后再确定序号的转折点。系统弹出“填写明细表”立即菜单，填写各项内容后单击“确定”按钮即可。如图 12-150 所示。

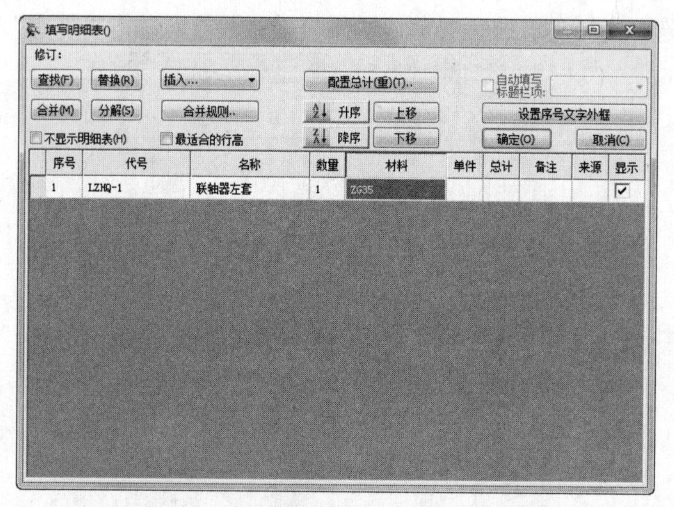

图 12-150　填写零件 1 的明细表内容

❸依次生成其他零件的序号并填写明细表内容，结果如图 12-151 所示。

（12）标注技术要求、填写标题栏。

6	GB/T 41-2000	六角螺母-C级 M12	4	Q235			
5	GB/T 93-1987	标准型弹簧垫圈 12	4	65Mn			
4	GB/T 95-2002	平垫圈-C级 12	4	Q235			
3	LZHQ-2	联轴器右套	1	ZG35			
2	GB/T 5783-2000	六角头螺栓-全螺纹 M12X60	4	Q235			
1	LZHQ-1	联轴器左套	1	ZG35			
序号	代号	名称	数量	材料	单件 重量	总计 重量	备注

图 12-151 填写明细表

❶单击“标注”选项卡“文字”面板中的“技术要求”按钮，在系统弹出的“技术要求库”对话框中填写技术要求的内容，完成后单击“确定”按钮。

❷单击“图幅”选项卡“标题栏”面板中的“填写标题栏”按钮，在系统弹出的“填写标题栏”对话框中填写标题栏各项的内容。

绘制结束，如图 12-131 所示。

12.7.3 归纳总结

在装配图绘制过程中，应注意以下问题：

（1）CAXA CAD 电子图板将常用的螺纹紧固件，如螺栓、螺母、垫圈等，都作成了参数化的图形库，并放在了图库中，当用户需要时，只须从图库中提取相应的图符即可。

（2）在图库中调出的图形，以块的形式出现在绘图区，对其执行“块打散”命令后，可以进行编辑修改。

（3）在图库中调出的图形，以块的形式出现在绘图区，对其执行“块消隐”命令后，可以使其遮挡住与其重叠的其他图形。在多个块图形互相重叠时，要按合理的顺序依次对各图形执行“块消隐”命令，以使显示的图形符合绘图的要求。

（4）本例中采用了先“部分存储”，再“并入图形文件”的方式绘制装配图。用户也可采用定义图符的方式来绘制装配图，步骤简介如下：

1）将各零件图以固定图符的形式存入到图形库中，当然，如果相同形状的零件要以不同尺寸在多个装配图中应用，也可定义成参数化图符；

2）依次从图形库中调用各图形即可绘制装配图，其他步骤与本例相同。

3）与本例相同的是，定义图符时也要合理选择图形的基准点，以便于装配定位。

12.8 实践与操作

1．绘制如图 12-152～图 12-155 所示滑动轴承的四个零件图。

操作提示：

（1）设置图纸幅面为横 A4，比例为 1:1.5，并调入标题栏。

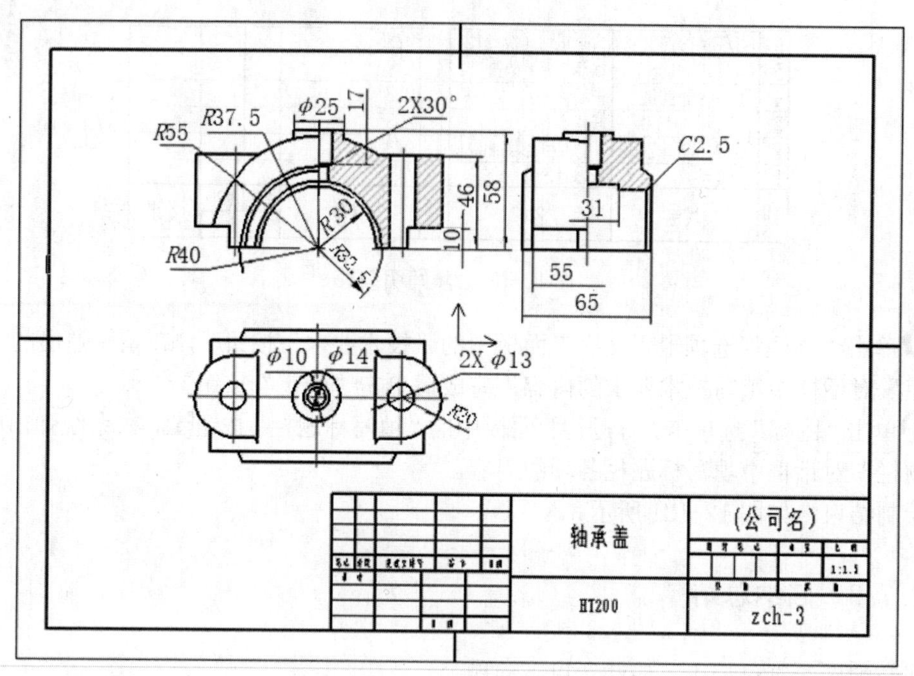

图 12-152　滑动轴承的上盖

（2）先绘制三图的定位基准线，再绘制主视图。

（3）利用“导航”捕捉方式绘制俯视图。

（4）利用三视图导航功能绘制左视图。

（5）标注并存盘。

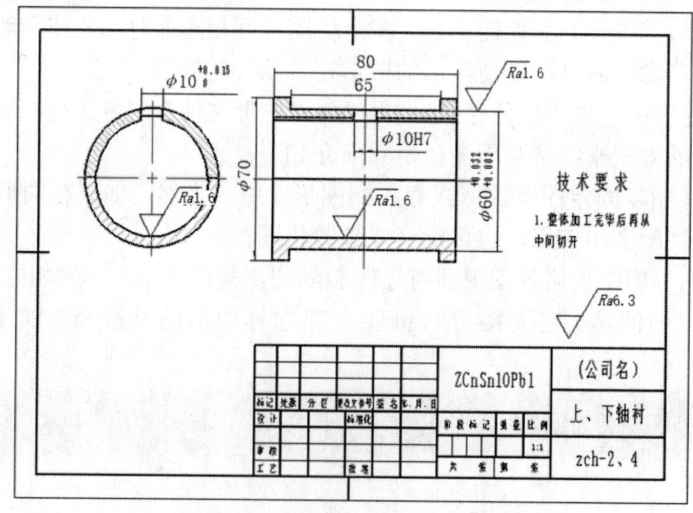

图 12-153　滑动轴承的上、下轴衬

操作提示：

（1）设置图纸幅面为横 A4，比例为 1:1，并调入标题栏。

（2）利用孔/轴的绘制命令绘制左视图。

（3）利用“导航”捕捉方式绘制加主视图。

（4）标注存盘。

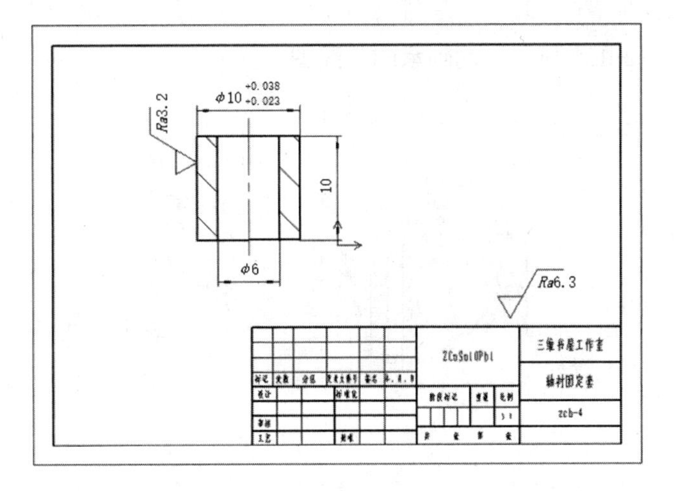

图 12-154　滑动轴承的轴衬固定套

操作提示：

（1）设置图纸幅面为横 A4，比例为 5:1，并调入标题栏；

（2）直接利用孔/轴的绘制命令绘制即可；

（3）标注并存盘。

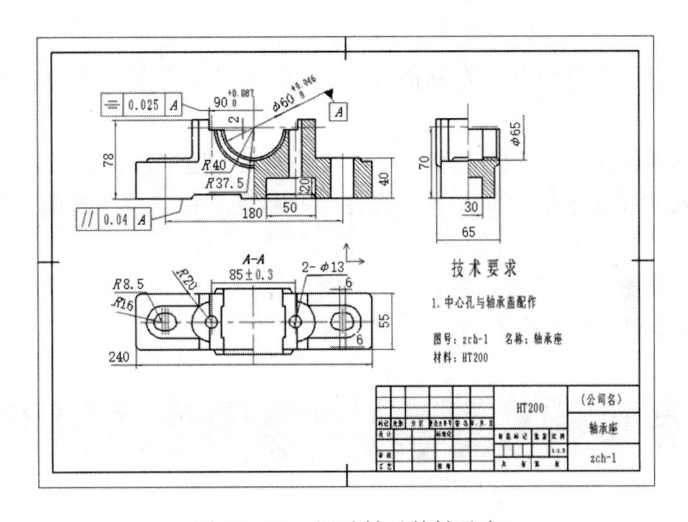

图 12-155　滑动轴承的轴承座

操作提示：

（1）设置图纸幅面为横 A3，比例为 1:1.5，并调入标题栏。

（2）先绘制三图的定位基准线，再绘制主视图。

（3）利用“导航”捕捉方式和三视图导航功能绘制其他两个视图。

（4）标注并存盘。

2．绘制如图 12-156 所示滑动轴承的装配图。

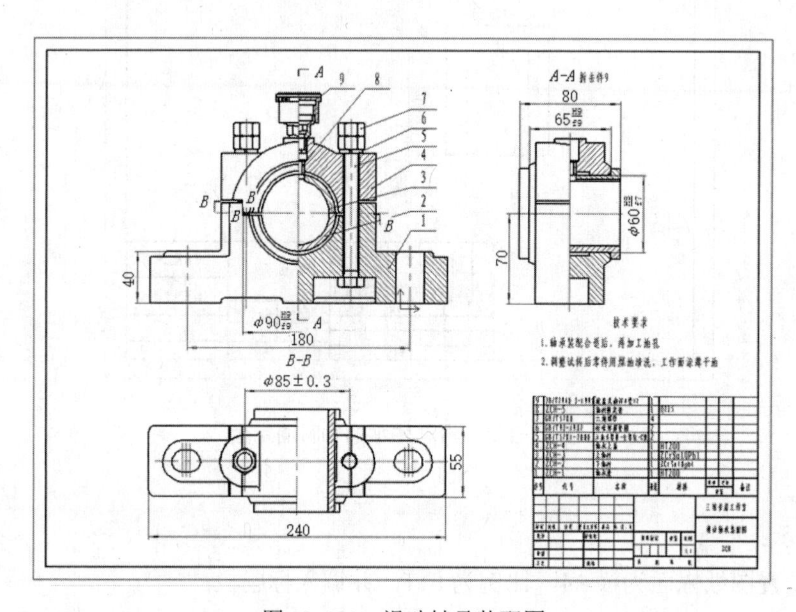

图 12-156　滑动轴承装配图

操作提示：

（1）将四个非标零件以部分存储命令另存在磁盘中，注意定位基准点的选取要便于装配时的定位。

（2）设置图纸幅面为横 A2，比例为 1:1，并调入标题栏。

（3）用并入文件命令依次并入各个文件；并将各零件放置在准确位置（注意：并入时的比例为 1:1）。

（4）编辑修整图形。

（5）调入标准件、标注并存盘。

12.9 思考与练习

1．在 CAXA CAD 电子图板中绘制齿轮的方法有几种？

2．为什么利用绘制孔/轴的命令能够快速绘制一些对称图形？

3．绘制装配图时，如何保证图形的准确定位？

4．绘制装配图的方法有几种？

附录

附录 A CAXA CAD 电子图板 2018 命令一览表

下拉菜单		键盘命令	图标	快捷键	功 能
文件	新文件	New		Ctrl+N	调出模板文件
	打开文件	Open		Ctrl+O	读取已有文件
	存储文件	Save		Ctrl+S	存储当前文件
	另存文件	Saveas			用另一个文件名存储当前文件
	并入	Merge			将原有文件并入到当前文件中
	部分存储	Partsave			将当前绘制的图形的一部分存储为一个文件
	绘图输出	Plot		Ctrl+P	输出图形文件
	文件检索	Idx			按给定条件查找符合条件的图形文件
	DWG/DXF 批转换器				实现 DWG/DXF 和 Exb 文件的格式转换
	应用程序管理器	Ebamng			管理用户的应用程序
	实体设计数据接口 接收视图				接收从 CAXA 实体设计软件中输出的工程布局图
	实体设计数据接口 输出草图				将已绘制好的二维图样输出到实体设计中
	退出	Quit/exit/end		Alt+X	退出电子图板系统
编辑	取消操作	Undo		Ctrl+Z	取消上一项的操作
	重复操作	Redo		Ctrl+Y	取消一个“取消操作“命令
	图形剪切	Cut		Ctrl+X	将选中的图形或 OLE 对象剪切到剪贴板中
	图形复制	Copy		Ctrl+C	将选中的图形或 OLE 对象复制到剪贴板中
	图形粘贴	Paste		Ctrl+V	将剪贴板中存储的图形或 OLE 对象粘贴到文件中
	选择性粘贴	Specialpaste			将剪贴板中内容按所需类型和方式粘贴到文件中
	插入对象	Insertobject			在文件中插入一个 OLE 对象
	链接				实现以链接方式插入文件中对象的有关链接操作
	对象属性	Objectatt			编辑当前激活的 OLE 对象的属性
	删除	Del/delete/e			删除拾取到的实体
	删除所有	Delall			删除所有的系统拾取设置所选中的实体
视图	重新生成	Refresh			将拾取到的显示失真图形进行重新生成
	全部重新生成				将绘图区中所有显示失真的图形进行重新生成
	显示窗口	Zoom			用窗口将图形放大
	显示平移	Pan			指定屏幕显示中心，将图形平移
	显示全部	Zoomall			将当前所绘制的图形全部显示在屏幕绘图区内
	显示复原	Home		Home	恢复初始显示状态
	显示比例	Vscale			按用户输入的比例系数将图形缩放
	显示回溯	Prev			返回到上一次显示变换前的状态

下拉菜单			键盘命令	图标	快捷键	功能
视图	显示向后		Next			返回到下一次显示变换后的状态
	显示放大		Zoomin		Pageup	按固定比例（1.25 倍）放大显示当前图形
	显示缩小		Zoomout		Pagedown	按固定比例（0.8 倍）缩小显示当前图形
	动态平移		Dyntrans		Shift+鼠标左键	用鼠标拖动，进行动态平移
	动态缩放		Dynscale		Shift+鼠标右键	用鼠标拖动，进行动态缩放
格式	层控制		Layer			通过层控制对话框进行层操作
	线型		Ltype			为系统定制线型
	颜色		Color			为系统设置颜色
	文字风格		Textpara			设置绘图区文字的各种参数
	标注风格		Dimpara			设置绘图区的标注参数
	剖面图案		Hpat			设置或者编辑剖面图案
	点样式		Ddptype			设置点的形状和大小
幅面	图幅设置		Setup			调用并设置图幅参数
	调入图框		Frmload			调入与当前绘图幅面一致的标准图框
	定义图框		Frmdef			将绘制的图形定义成图框
	存储图框		Frmsave			将当前界面中的图框存储到文件中以供以后使用
	调入标题栏		Headload			选取所需标题栏插入到当前图样中
	定义标题栏		Headdef			将绘制的图形定义成标题栏
	存储标题栏		Headsave			将当前定义的标题栏存储到文件中以供以后使用
	填写标题栏		Headerfill			填写系统提供的标题栏
	生成序号		Ptno			生成或插入零件的序号
	删除序号		Ptnodel			删除不需要的零件序号
	编辑序号		Ptnoedit			编辑零件序号的位置和排列方式
	交换序号		ptnowap			交换序号的位置，并根据需要交换明细表内容
	明细表	删除表项	Tbldel			删除明细表的表项及序号
		表格折行	Tblbrk			使明细表从某一行处进行左折或右折
		填写明细表	Tbledit			填写或修改明细表各项的内容
		插入空行	Tblnew			插入空行明细表
		输出明细表				将当前图样中的明细表单独在一张图样中输出
		关联数据库				对当前明细表的关联数据库进行设置 或将内容单独保存在数据库文件中
绘图	直线		Line			绘制直线
	平行线		Ll			根据已知直线，绘制平行线
	圆		Circle			绘制圆

下拉菜单			键盘命令	图标	快捷键	功　能
绘图		圆弧	Arc			绘制圆弧
		样条	Spline			生成样条曲线
		点	Point			绘制点
		公式曲线	Formula			绘制数学表达式的曲线图形
		椭圆	Ellipse			绘制椭圆
		矩形	Rect			绘制矩形
		正多边形	Polygon			绘制正多边形
		中心线	Centerl			绘制孔、轴或圆、圆弧的中心线
		等距线	Offset			绘制等矩线
		剖面线	Hatch			绘制封闭图形的剖面线
		填充	Solid			填充封闭区域
		文字	Text			标注文字
		局部放大图	Enlarge			将图形的任意一个局部图形进行放大
		轮廓线	Contour			生成由直线和圆弧构成首尾相接或不相接轮廓线
		波浪线	Waved			按给定方式生成波浪曲线
		双折线	Condup			用于表达直线的延伸
		箭头	Arrow			绘制单个的实心箭头或给弧、直线增加实心箭头
		齿轮	Gear			按给定参数生成整个齿轮或生成给定个数的齿形
		圆弧拟合样条	Nhs			用圆弧来表示样条
		孔/轴	Hole			画出带有中心线的孔和轴
	块操作	块创建	Block			将一组实体组成一个整体
		块插入	insertblock			
		块消隐	Hide			用前景零件的外环对背景实体进行填充式调整
		属性定义	Attrib			赋予、查询或修改块的非图形属性
	库操作库操作	提取图符	Sym			从图库中选择合适的图符插入到图中合适的位置
		定义图符	Symdef			将自己要用到而图库中没有的参数化图形或固定图形加以定义，存储到图库中
		图库管理	Symman			对图库文件及图库中的各个图符进行编辑修改
		驱动图符	Symdrv			将已经插入到图中的参量图符的某个视图的尺寸规格进行修改
		图库转换	Symtran			将用户在低版本电子图板中的图库(可以是自定义图库)转换为当前版本电子图板的图库格式
		构件库	Conlib			二次开发模块的应用形式
		技术要求库	Speclib			
标注		尺寸标注	Dim			按不同形式标注尺寸
		坐标标注	Dimco			按坐标形式标注尺寸

下拉菜单			键盘命令	图标	快捷键	功能
标注		倒角标注	Dimch			标注倒角尺寸
		引出说明	Ldtext			标注引出注释
		粗糙度	Rough			标注表面粗糙度
		基准代号	Datum			标注基准代号或基准目标
		形位公差	Fcs			标注形位公差
		焊接符号	Weld			标注焊接符号
		剖切符号	Hatchpos			标出剖面的剖切位置
修改		删除	Del/delete/e		Delete	删除选中的图形
		复制	Copy			对拾取到的实体进行复制操作
		平移	Move			对拾取到的实体进行平移操作
		旋转	Rotate			对拾取到的实体进行旋转或复制操作
		镜像	Mirror			对拾取到图形元素进行镜像复制或镜像位置移动
		缩放	Scale			对拾取到的实体按给定比例进行缩小或放大
		阵列	Array			对图形进行阵列复制
		裁剪	Trim			对给定曲线进行裁剪修整
		过渡	Corner			绘制圆角、尖角、倒角
		齐边	Edge			以一条曲线为边界对一系列线进行裁剪或延伸
		打断	Break			将一条曲线在指定点处打断成两条曲线
		拉伸	Stretch			对曲线或曲线组进行拉伸操作
		分解	Explode			将块打散成为单个实体
		标注编辑	Dimedit			对工程标注（尺寸、符号和文字）进行编辑
		尺寸驱动	Driver			对当前拾取实体组（已标注尺寸）进行尺寸驱动
		特性匹配	Match			使目标对象依照源对象的属性进行变化
工具		三视图导航	Guide		F7	根据两个视图生成第三个视图
		特性			Ctrl+Q	对所选取的图素进行属性查看以及属性修改
	查询查询	点坐标	Id			查询点的坐标
		两点距离	Dist			查询两点之间的距
		角度	Angle			查询圆弧的圆心角、两直线夹角和三点夹角
		周长	Circum			查询一条曲线的长度
		面积	Area			查询一个或多个封闭区域的面积
		重心	Barcen			查询一个或多个封闭区域的重心
		惯性矩	Iner			查询一个或多个封闭区域相对于任意回转轴、回转点的惯性矩
	用户坐	新建	Newucs			设置新的用户坐标系
		管理	Swith			管理当前的用户坐标系
		切换			F5	切换当前的用户坐标系

下拉菜单			键盘命令	图标	快捷键	功　能
工具	外部工具	打印排版工具				用于多张图样的打印排版输出
		Exb 文件浏览器				用于浏览图样
		计算器				
		画笔				
	捕捉点设置		Potset			设置鼠标在屏幕上的捕捉方式
	拾取过滤设置		Objectset			设置拾取图形元素的过滤条件和拾取盒大小
	自定义操作		Customize			定制界面
	界面操作	恢复老面孔	Newold			切换新旧界面
		界面重置				使软件界面恢复成软件的出厂设置界面
		加载界面配置				调用自定义的用户界面
		保存界面配置				将自定义的用户界面进行保存
帮助	日积月累					
	帮助索引		Help		F1	CAXA CAD 电子图板的帮助
	新增功能					CAXA CAD 电子图板 2018 的新增功能
	实例教程					
	命令列表		Cmdist			CAXA CAD 电子图板的所有命令列表
	关于电子图板		About			CAXA CAD 电子图板的版本信息

附录 B　绘制直线、圆、圆弧的二级命令

键盘命令	功　能	说　明
Lpp	两点线	绘制两点直线
La	角度线	绘制角度线
Lia	角等分线	绘制角等分线
Ltn	切线/法线	绘制切线或法线
Ccr	绘制圆	以圆心半径方式绘制圆
Cpp	绘制圆	绘制两点圆
Cppp	绘制圆	绘制三点圆
Cppr	绘制圆	以两点半径的方式绘制圆
Appp	绘制圆弧	绘制三点圆弧
Acsa	绘制圆弧	通过圆心起点圆心角的方式绘制圆弧
Appr	绘制圆弧	以两点半径的方式绘制圆弧
Acra	绘制圆弧	以圆心半径起终角的方式绘制圆弧
Asea	绘制圆弧	以起点终点圆心角的方式绘制圆弧
Asra	绘制圆弧	以起点终点起终角的方式绘制圆弧

附录C　CAXA CAD电子图板2018图库种类清单

1．螺栓和螺柱
六角头螺栓
其他螺栓
双头螺柱
焊接螺柱
2．螺母
六角螺母
六角锁紧螺母
六角开槽螺母
圆螺母
滚花螺母
其他螺母
3．螺钉
圆柱头螺钉
紧定螺钉
定位螺钉
十字槽螺钉
木螺钉
自攻螺钉
其他螺钉
4．销
圆柱销
圆锥销
其他销
5．键
平键
楔键
半圆键
6．垫圈和挡圈
圆形垫圈
弹簧垫圈
异形垫圈
止动垫圈
轴端挡圈
锁紧挡圈
弹性挡圈
其他挡圈
7．弹簧
圆柱螺旋弹簧
碟型弹簧
其他弹簧
8．常用图形
孔
中心孔
螺纹
常用剖面图
其他图形
9．铆钉
粗制铆钉
其他铆钉
10．液压气动符号
泵和马达
气缸和液压缸
阀
控制方式符号
测量指示仪表
液压附件
排气装置
其他装置
11．电气符号
连接器件
无源元件
半导体
电子管
电动机和变压器
触点和开关
二进制逻辑单元
模拟单元
转换器
其他符号
电路开关
电路接点
元器件标注
电子元件
12．轴承
向心球轴承
圆柱滚子轴承
推力球轴承
滚针轴承
球面滚子轴承
圆锥滚子轴承
角接触球轴承
三点和四点接触球轴承
13．润滑件
油杯
油标
14．法兰
整体法兰
螺纹法兰
对焊法兰
15．密封件
密封圈
油封
垫片
16．操作件
手柄
把手
17．管接头
通用管接头
液压用管接头
18．电动机
三相异步电动机
电磁调速电动机
19．机床夹具
螺栓
螺母
螺钉
垫圈
销和键
压板
压块、挡块和V形块
衬套、钻套和镗套
支承（钉）
其他零件
20．农机符号
风机和泵
种植业设备
粮食加工设备
养殖业设备
喷头和喷枪
其他装置
21．夹紧符号
22．机构运动简图符号

机构构件的运动
运动副
构件及其组成部分的连接
多杆构件及其组成部分
摩擦机构与齿轮机构
凸轮机构
槽轮机构和棘轮机构
连轴器、离合器及制动器

23．型钢

24．减速器和减速机

ZD 系列圆柱齿轮减速器
ZL 系列圆柱齿轮减速器
ZS 系列圆柱齿轮减速器
蜗轮减速器
摆线针形轮减速机

25．紧固件-组合件

螺栓或螺钉和平垫圈
螺栓或螺钉和弹簧垫组合件
螺栓或螺钉、弹簧垫圈和
平垫圈组合件

26．模具

螺钉
冲头
销
导柱
套筒
模柄
镶块